U0344152

金属加工技术的材料建模基础

——理论与应用

[英]林建国◇著

周科朝　蔺永诚　宋　旼　陈　超◇译

·长　沙·

导 论

对于现代工程应用来说，成形的金属部件要求具备特定的显微结构、机械性能和物理性能，以保证部件的服役性能和使用寿命。为了满足这一要求，已开发出材料及其加工模型，它们除了可以表征材料宏观流变的力学特性之外，还可以展示材料显微结构的演化过程。为了实现这一目标，多年来研究者们一直在努力推进经典材料力学模型的发展。这些进展不仅可以统一地对材料进行描述，还可以模拟大变形金属在成形过程中产生的力学现象和物理现象。

本书的主要目的是介绍材料及其加工技术模拟的研究现状，使其可以帮助工程师改进生产工艺和改善金属成形零件的质量。本书要求读者具备固体力学、塑性理论和金属成形工艺的基础知识，并熟悉数值方法和计算技术。本书不仅适用于本科生、研究生和工程技术人员，也有益于学术导师和工程管理人员。

本书的核心是发展统一的材料模拟理论，以便于分析金属成形过程中遇到的各类力学问题和显微结构演化问题。为了涵盖更广泛的主题，本书取名为《金属加工技术的材料建模基础——理论与应用》。许多金属加工技术不涉及块体材料的大塑性变形，如摩擦搅拌焊(FSW)、惰性气体焊接、材料热处理(如固溶热处理加淬火)、激光联接与切割。在这些情况下，机械载荷和热载荷的作用会使材料产生小尺度的塑性变形，而且在高温和复杂应力应变状态下，其显微结构也发生了变化。采用本书引入的统一理论，也可以模拟这些工艺的加工力学现象和动态显微结构演变。本书给出了若干例子，指导读者将这些模型和技术应用于某些特定的工艺，这些工作是由伦敦帝国理工学院金属成形与材料模拟团队完成的，有些工作是他们早年在伯明翰大学完成的。例如，建立了统一的黏塑性本构方程，模拟 RR1000 超合金和贝氏体钢在惰性气体焊接过程中的力学行为和显微结构构的演变(Shi, Doel, Lin, 等, 2010)。

在研究材料模拟的基础问题时，需要研究者具备比较宽广的知识，在为金属成形技术从宏观尺度到微观尺度构建一个统一的本构方程时更是如此。与模拟相关的许多专题更需要简明扼要地阐述，想要详细了解的读者可参阅本书列出的相关参考文献。

本书内容包括统一的材料建模理论以及相关的实际工程应用。全书内容涵盖基本的力学理论，基本的材料与冶金基础，变形与失效机理，以及如何将上述知识用于构建材料与加工模型，并采用计算机模拟金属成形过程。此外，书中还包含了用于微观成形模拟的晶体塑性理论。本书主要划分为四个部分:

- 金属成形技术、力学和材料等方面的基础知识。这部分包括第 1 章和第 2 章内容，介绍了表征材料所需要的基础知识，以及基于金属塑性变形理论制造过程的分析。这一部分内容是专门为从事金属成形研究与应用的青年学生、研究人员和工程技术人员而撰写的。

- 统一本构方程的构建与应用。本书的第二部分包括第 3 章至第 7 章内容，介绍了构建和确定统一本构方程的基本技术，详细叙述了塑性力学(第 4 章)和黏塑性力学在各种工艺中的应用范围(第 5 章)。这对于青年研究人员和工程技术人员选择正确的理论用于特定的应用很重要。第 6 章详细介绍了各种变形条件下变形与失效的机理和理论。最后，第 7 章介绍了解答和校验统一本构方程的数值方法。这一章主要面向大学和研究院所的高级研究人员。

- 应用举例。第 8 章以工业界资助的项目研究结果为基础，介绍了这些理论应用于实际工程技术的案例。这些案例有助于学生、科研人员和工程技术人员获取运用理论方法、恰当地解决特定工艺问题的技巧。

- 晶体塑性与微成形应用。变形模式、产品大小和晶粒尺寸都是影响微成形工艺的至关重要的因素，但是宏观力学理论常常不适用于微成形过程。因此，要引入建立在晶格结构中的滑移系基础上的晶体塑性理论。第 9 章主要针对从事微观力学技术的研究者，包括微成形和微型机加工；另外，它还有益于从事断裂力学的研究者。这章内容有助于理解基本的塑性变形机理。

本书的撰写得到了很多人的支持。在我忙于指导各类研究项目期间，我的妻子玉琴全力支持我写作此书。没有她的支持，我是不可能完成这本书的。此外，我的女儿 Kelly 和女婿 Edward 也花了很多宝贵的时间来校验、阅读书稿，因为他俩是经济学家，这尤其难能可贵。

著名金属成形技术专家，伯明翰大学 Trevor Dean 教授给本书提出了建设性意见，并给了我诸多的建议和鼓励，他还帮我审阅和修正了本书的大部分章节。为了使我集中精力完成本书，Dean 教授还帮我指导博士生，审阅和修改他们的学位论文。著名材料力学权威，伦敦帝国理工学院 Gordon Williams 教授也在百忙之中审阅了本书的许多章节。英国雷丁大学的 Anthony Atkins 教授也给予了很多帮助。在此对他们的支持和帮助一并表示诚挚的感谢。

我还要感谢金属成形和材料模拟团队在岗和离岗的许多员工。他们帮助我校稿、验证方程、绘图、提供照片，以及处理一部高质量专著必不可少的许多细节。他们是(以姓氏字母排序)：

Dr Qian Bai, Dr Jian Cao, Mr Omer El Fakir, Mr Haoxiang Gao, Mr Jiaying Jiang, Miss Erofili Kardoulaki, Dr Morad Karimpour, Dr Michael Kaye, Mr Aaron Lam, Dr Nan Li, Dr Jun Liu, Dr Mohamed Mohamed, Dr Denis Politis, Mr Nicholas Politis, Mr Zhutao Shao, Dr Zhusheng Shi, Dr Shiwen Wang and Mr Kailun Zheng. Particularly, major editing work has been carried out by Dr Zhusheng Shi of the Group.

林建国　教授

2014 年 8 月 23 日于伦敦帝国理工学院

目　录

第 1 章　金属成形与材料模拟 ······ 1

1.1　金属成形工艺简介 ······ 1

1.1.1　压制成形 ······ 2

1.1.2　金属板材成形 ······ 4

1.1.3　成形的优势 ······ 8

1.2　成形过程中材料显微结构的调控 ······ 10

1.2.1　晶粒尺寸 ······ 10

1.2.2　缺陷的消除 ······ 11

1.2.3　硬化 ······ 12

1.2.4　成形过程中材料的失效 ······ 13

1.3　材料建模方法 ······ 14

1.3.1　本构方程 ······ 14

1.3.2　材料物理性能与力学性能的建模 ······ 19

1.3.3　统一本构方程及状态变量 ······ 21

第 2 章　金属变形力学 ······ 23

2.1　结晶材料与塑性变形 ······ 23

2.1.1　结晶材料 ······ 23

2.1.2　单晶体的塑性变形 ······ 28

2.2　主变形机制 ······ 31

2.2.1　冷成形过程中的塑性变形 ······ 31

2.2.2　温/热成形中的黏塑性变形 ······ 33

2.3　应力和应变的定义 ······ 36

2.3.1　应力 ······ 37

2.3.2 位移、应变和应变速率 …… 41
2.3.3 有限变形和其他应变的定义 …… 46
2.3.4 应力应变关系 …… 51
2.3.5 弹性应变能 …… 54
2.4 屈服准则 …… 56
2.4.1 von-Mises 屈服准则 …… 56
2.4.2 Tresca 屈服准则 …… 57
2.4.3 von-Mises 和 Tresca 屈服面的图解说明 …… 58
2.4.4 其他屈服准则 …… 59
2.5 不同金属成形条件下的应力状态 …… 60
2.5.1 简单变形条件 …… 61
2.5.2 成形过程中的应力状态 …… 63

第 3 章 统一本构建模技术 …… 67

3.1 黏塑性势函数和基本本构法则 …… 68
3.1.1 弹塑性问题的基本定义 …… 68
3.1.2 塑性应变的计算 …… 70
3.1.3 黏塑性势函数 …… 74
3.2 塑性变形硬化 …… 75
3.2.1 各向同性硬化 …… 75
3.2.2 随动硬化 …… 78
3.3 状态变量和统一本构方程 …… 81
3.3.1 统一本构方程 …… 81
3.3.2 统一本构方程的求解 …… 82
3.3.3 方程组常数的确定 …… 83
3.3.4 多轴本构方程组 …… 88

第 4 章 金属冷成形过程中的塑性 …… 90

4.1 应用领域 …… 90
4.2 增量法和硬化法则 …… 93
4.2.1 单轴行为 …… 93
4.2.2 基于 von-Mises 屈服准则的塑性流变法则 …… 97
4.3 其他的塑性流动法则 …… 103
4.3.1 Hill 的各向异性屈服准则和流动法则 …… 103
4.3.2 Tresca 准则的各向同性流动法则 …… 105

4.4 随动硬化法则 …… 107

第5章 金属温/热成形过程中黏塑性和微观结构的演变 …… 109

5.1 应用领域 …… 110
5.2 金属的黏塑性变形 …… 111
5.2.1 高温蠕变 …… 111
5.2.2 应力松弛 …… 114
5.2.3 黏塑性的基本特征 …… 115
5.3 超塑性变形机理 …… 117
5.3.1 过程和特点 …… 117
5.3.2 应变速率硬化，敏感性和延展性 …… 120
5.3.3 SPF 材料建模 …… 122
5.4 黏塑性和硬化的模拟 …… 122
5.4.1 耗散势和正交法则 …… 122
5.4.2 材料的黏塑性变形 …… 124
5.4.3 各向同性硬化方程 …… 127
5.5 位错硬化、回复和再结晶 …… 128
5.5.1 位错密度演化 …… 128
5.5.2 再结晶 …… 132
5.5.3 晶粒演变模拟 …… 135
5.5.4 再结晶和晶粒尺寸对位错密度的影响 …… 136
5.5.5 晶粒尺寸对材料黏塑性流动的影响 …… 137
5.6 统一黏塑性本构方程示例 …… 138
5.6.1 用于超塑性的统一本构方程 …… 138
5.6.2 用于钢热轧的统一本构方程 …… 140

第6章 金属成形中的连续损伤力学 …… 143

6.1 损伤力学的概念 …… 144
6.1.1 损伤及损伤变量的定义 …… 145
6.1.2 具体的损伤定义方法 …… 146
6.2 损伤机制，变量和模型 …… 150
6.2.1 Kachanov 蠕变损伤方程 …… 150
6.2.2 由于高温蠕变中移动位错的增殖造成的损伤 …… 150
6.2.3 由于蠕变约束的孔洞形核与扩展造成的损伤 …… 151
6.2.4 由于连续孔洞扩展造成的损伤 …… 152

6.2.5 金属成形中的损伤和变形机理 …… 152

6.3 基于损伤演变的应力状态建模 …… 155

6.3.1 高温蠕变应力状态损伤模型 …… 155

6.3.2 热成形应力状态损伤模型 …… 156

6.3.3 热冲压二维应力状态模型 …… 158

6.4 金属冷成形损伤建模 …… 160

6.4.1 Rice 和 Tracey 模型 …… 160

6.4.2 应变能量模型 …… 160

6.4.3 Gurson 模型 …… 161

6.5 温/热金属成形造成的损伤建模 …… 163

6.5.1 超塑性成形的损伤建模 …… 163

6.5.2 热成形时晶粒尺寸和应变率的影响 …… 171

6.6 热压缩成形损伤愈合 …… 173

第 7 章 材料建模的数值方法 …… 174

7.1 材料建模中的数值框架 …… 175

7.1.1 求解 ODE 型本构方程的方法 …… 175

7.1.2 基于实验数据确定统一本构方程 …… 177

7.2 数值整合 …… 183

7.2.1 显式欧拉法 …… 183

7.2.2 中点法 …… 185

7.2.3 Runge-Kutta 法 …… 185

7.2.4 隐式欧拉法 …… 186

7.3 误差分析和步长控制方法 …… 189

7.3.1 误差和步长控制 …… 189

7.3.2 统一本构方程中的单位 …… 189

7.3.3 无量纲误差评估方法 …… 191

7.4 隐性数值积分的案例研究 …… 192

7.4.1 隐式积分法 …… 192

7.4.2 归一化误差估计和步长控制 …… 193

7.4.3 雅可比矩阵和计算效率 …… 194

7.4.4 对解决 ODE 型统一本构方程的评价 …… 198

7.5 构建优化目标函数 …… 199

7.5.1 用于材料建模的目标函数的个体特征 …… 199

7.5.2 最短距离修正法(OF-Ⅰ) …… 201

7.5.3 通用多重目标函数(OF-Ⅱ) …… 202
7.5.4 真误差定义多重目标函数(OF-Ⅲ) …… 204
7.5.5 评估目标函数的特征 …… 205
7.6 从实验数据确定本构方程的优化方法 …… 206
7.6.1 优化的定义 …… 206
7.6.2 基于梯度的优化方法 …… 208
7.6.3 基于进化编程(EP)的方法 …… 208
7.7 确定本构方程示例 …… 210
7.7.1 材料建模的系统开发 …… 210
7.7.2 本构方程的确定 …… 212
7.7.3 讨论 …… 216

第8章 材料与过程建模在金属成形中的应用 …… 217

8.1 先进的金属成形过程建模框架 …… 217
8.2 超塑性成形过程建模 …… 220
8.2.1 统一超塑性成形本构方程 …… 220
8.2.2 有限元模型和数值计算程序 …… 224
8.2.3 晶粒尺寸对 Ti-6Al-4V 合金矩形框成形的影响 …… 229
8.2.4 在 515℃条件下 Al-Zn-Mg 合金框的成形 …… 233
8.3 大型铝板的蠕变时效成形(CAF) …… 235
8.3.1 蠕变时效成形工艺与变形机制 …… 235
8.3.2 铝合金的时效强化 …… 238
8.3.3 统一蠕变时效本构方程 …… 243
8.3.4 蠕变时效成形工艺模拟的数值程序 …… 252
8.3.5 蠕变时效成形过程模拟分析 …… 253
8.4 铝合金板型零件的成形工艺 …… 256
8.4.1 HFQ 工艺介绍 …… 257
8.4.2 热冲压成形极限 …… 258
8.4.3 HFQ 铝的统一本构方程 …… 262
8.4.4 HFQ 特性的测试 …… 267
8.5 钢的热轧 …… 271
8.5.1 统一黏塑性本构方程 …… 271
8.5.2 有限元模型和模拟程序 …… 275
8.5.3 预测结果 …… 276
8.6 锻造过程中二相钛合金的建模 …… 280

8.6.1 Ti－6Al－4V 燃气轮机叶片的热成形 …… 280
8.6.2 变形和软化机制 …… 281
8.6.3 统一黏塑性本构模型 …… 283
8.6.4 确定的统一黏塑性本构方程 …… 287

第 9 章 微成形过程建模的晶体塑性理论 …… 290

9.1 晶体塑性及微成形 …… 291
9.1.1 微型零件及尺度效应 …… 291
9.1.2 晶体塑性现象 …… 292
9.2 晶体塑性本构方程 …… 297
9.2.1 晶体动力学 …… 297
9.2.2 晶体黏塑性本构方程 …… 299
9.3 晶粒组织生成 …… 302
9.3.1 晶粒分布和生成算法 …… 303
9.3.2 基于物理材料参数的晶粒组织产生 …… 307
9.3.3 2D－VGRAIN 系统的建立 …… 311
9.4 内聚模型和 3D 晶粒组织模型的建立 …… 314
9.4.1 内聚模型 …… 314
9.4.2 3D 晶粒组织模型 …… 320
9.5 VGRAIN 系统的搭建 …… 324
9.5.1 总体系统 …… 324
9.5.2 晶粒组织生成 …… 328
9.6 微成形过程建模的案例研究 …… 330
9.6.1 平面应变拉伸的颈缩现象 …… 331
9.6.2 挤压微型销 …… 335
9.6.3 微管液压成形 …… 337
9.6.4 微柱压缩 …… 342

参考文献 …… 347

附录 A 统一本构方程组 …… 363

第 1 章
金属成形与材料模拟

本章的主要目的是介绍各种金属成形工艺的概念、特征与应用。将金属成形工艺的典型特性与其他类型的制造工艺进行对比，然后引入基本模拟的概念，以讨论将力学和建模列为金属成形研究和开发的基础的原因。

1.1　金属成形工艺简介

纯金属及其合金是多用途的工程材料。当温度低于熔点温度(T_m)时，金属呈固态，能够承受载荷。若增加载荷，金属变形则会增大。在卸载之前如果最终载荷足够低，则金属会回复到最初的状态，如图 1.1 中Ⅰ区所示。这种暂时的变形称为弹性形变。弹性变形通常很小，变形后与初始状态几乎没有差别。

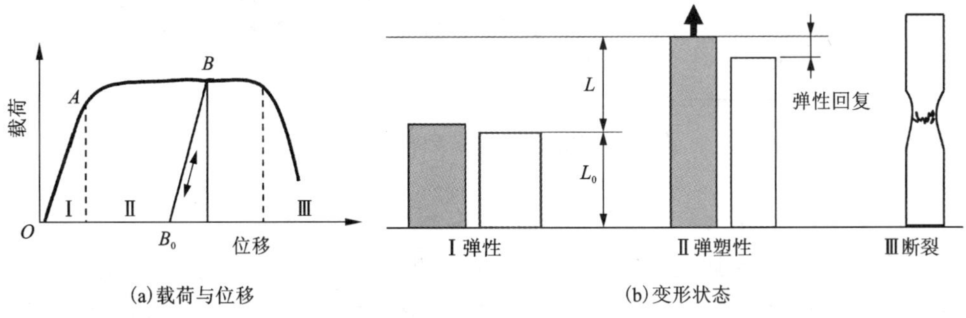

图 1.1　金属受力时的载荷 - 位移关系以及金属的变形区间

当载荷增加到超过金属的弹性极限时(如图 1.1 中 A 点所示)，则发生永久变形(图 1.1 中Ⅱ区)，最终位移就是断裂点(图 1.1 中Ⅲ区)。处于图 1.1 中Ⅱ区所对应位移，都足以克服材料弹性变形的能力而又不至于使材料断裂，此时称金属处于弹-塑性状态。因为金属的弹性回复通常很小，处于这种状态的金属在卸载之后(图1.1中B_0点)会保持大部分形变位移，于是塑性状态的金属可以根据其延展性(失效前的变形总量)成形为各种复杂的形状。轧制、锻造、拉拔和挤压就是通过控制塑性变形将金属成形为特定形状的典型工艺，称为金属成形工艺。

本节的目的是介绍常用的金属成形工艺以及它们的变形特征和模拟条件。

1.1.1 压制成形

金属压制成形是在压应力条件下将金属制成所需要的形状。如果在三维正交方向上主压应力高且彼此有显著差异(偏应力在第2章进一步讨论)，则延展性金属可以被成形为任意形状。但是，实际中很难做到在整个成形过程中保持压应力状态，这是因为有些部位可能发生断裂或开裂现象。

1. 锻造

锻造是一种利用局部压应力的成形方法，如图1.2所示。锻造能够制造出比铸造或机加工性能更强的工程部件。锻造过程中，随着金属形状的改变，其内部的晶粒结构发生了变化。锻造过程中整个零部件中的晶粒都是连续的，改善了零部件的强度。图1.2中的飞边是从模具中挤出来的多余材料，其对于闭模锻造是必不可少的，以保证在相对较小的锻造压力下模腔被全部填充。

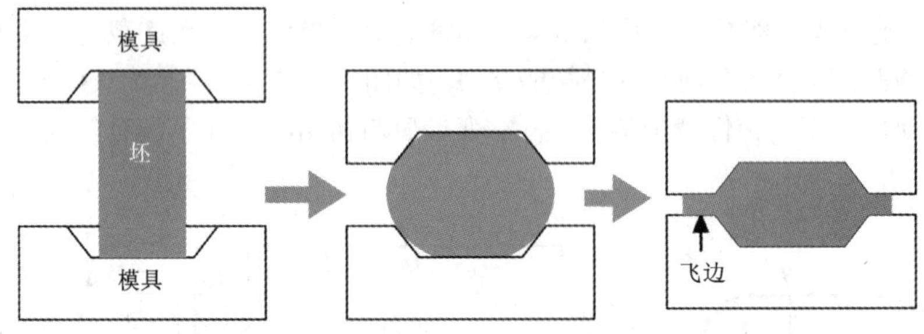

图1.2　固态圆锭压缩模锻的几个阶段

2. 挤压与拉拔

挤压过程中，金属坯件被推送通过模具，如图1.3所示。在整个工艺过程中模具的几何尺寸不变，因而挤压的产品具有相同的横截面积。挤压工艺可分为正挤压[图1.3(a)]和反挤压[图1.3(b)]，这主要取决于材料相对于冲头的运动方向。

拉拔过程中，材料是从模具中被拉出来的，而不是推出来的，如图1.4所示。这种工艺通常用于生产圆棒或线材，且会使材料的横截面积显著减小。这种工艺也被用于成形管材。

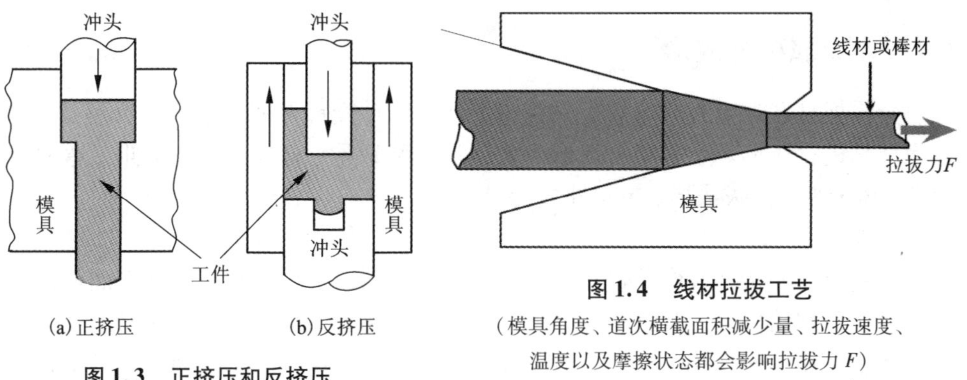

图 1.3　正挤压和反挤压

图 1.4　线材拉拔工艺

（模具角度、道次横截面积减少量、拉拔速度、温度以及摩擦状态都会影响拉拔力 F）

3. 轧制

轧制过程中，金属坯料穿过一对旋转的轧辊，如图 1.5 所示。轧制工艺按金属坯料的温度分类，如果高于再结晶温度，叫作热轧。还有许多其他类型的轧制，包括板材轧制、箔材轧制、环件轧制、弯曲轧制、轧制成形、型材轧制和控制轧制。

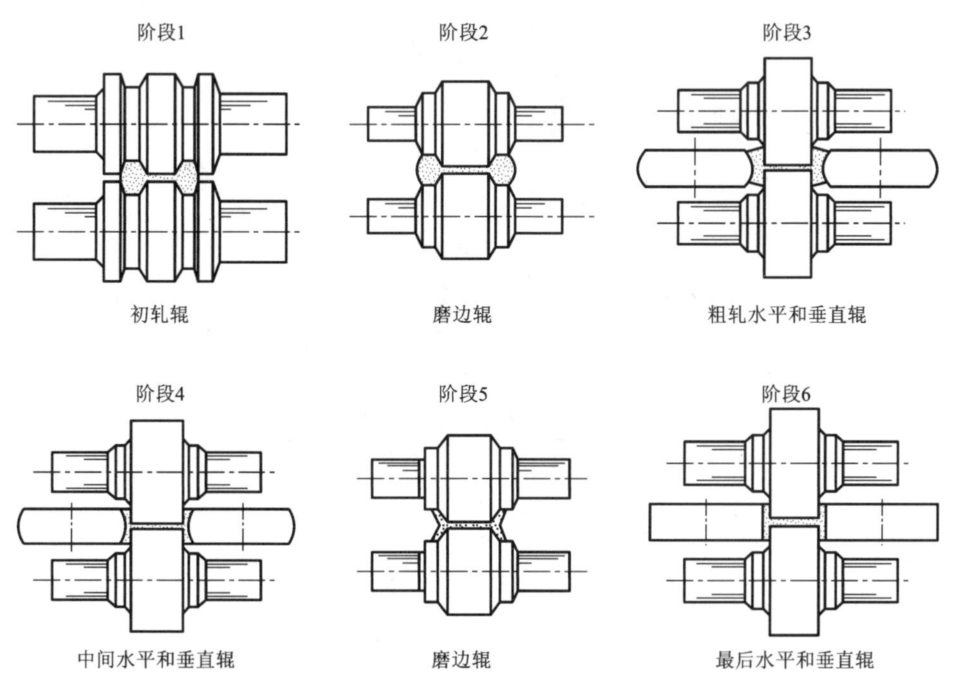

图 1.5　H 形零件的轧制步骤

（多种其他截面形状的零件，如水槽和 I 形梁等都是通过这些步骤轧制而成）

（Kalpakjian，Schmid，2001）

1.1.2 金属板材成形

金属板材在拉应力或弯曲应力作用下通过塑性变形形成二维或三维形状，这称为金属板材成形。金属板材成形工艺包括坯料成形、弯曲成形、拉伸－弯曲成形、冲压成形、拉拔成形、超塑性成形等。

1. 弯曲成形

弯曲成形的特征及弯曲过程的回弹如图 1.6 所示。中性轴或中性平面是指板材的应变为零的位置，因而其长度保持恒定。中性平面中，其一侧的材料处于拉应力状态，另一侧的材料则处于压应力状态，如图 1.6 和图 1.7 所示，其中列举了金属板材弯曲成形的几个示例。因弹性回复而产生的回弹现象是弯曲成形工艺中非常重要的特征，且该现象一旦产生便难以减轻或消除。这对于低杨氏模量的材料，如铝合金和高强度材料（如超高强钢）的成形尤为重要。在材料的成形过程中，可通过部件的过度弯曲来补偿回弹量。另外，还可采用在弯曲半径范围内增加局部塑性变形的方法来解决。

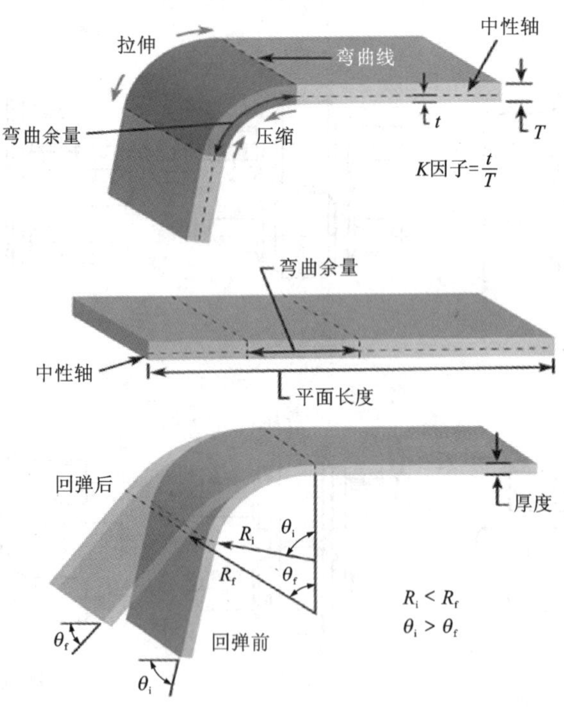

图 1.6 弯曲轧制工艺中的弯曲特征与回弹现象

2. 液压成形

组合挤压和液压成形的工艺如图 1.8(a)所示，该工艺能够成形形状较复杂

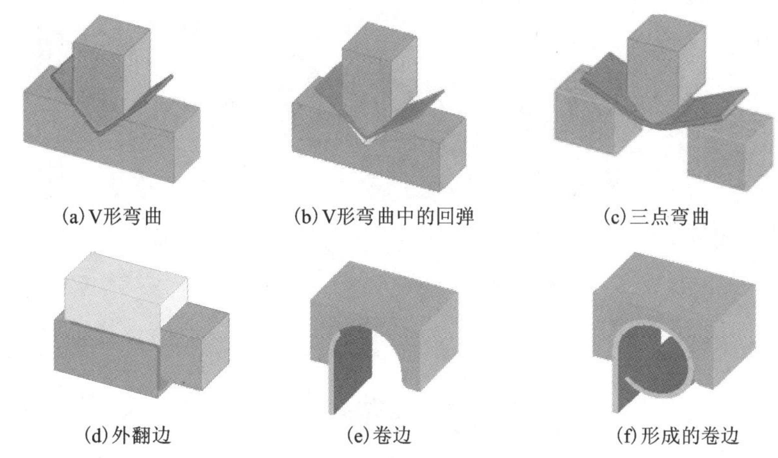

图1.7　弯曲成形工艺示例

（弯曲过程中回弹是个大问题，尤其是高强度和低弹性模量金属板材的冷弯曲成形）

的涡轮部件，其局部变薄现象较轻。液压成形在多头排气管道部件成形方面有较多应用，如图1.8(b)所示。这种工艺既可以成形金属板材，也可以成形金属管材，这取决于实际要求和坯料的厚度。

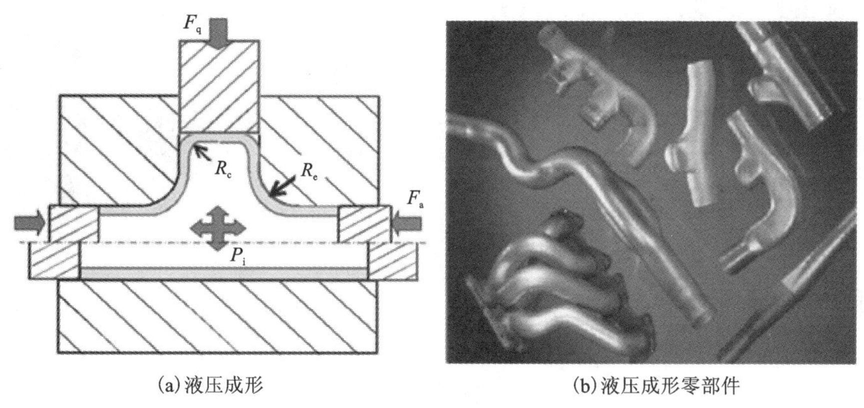

图1.8　一种液压成形工艺及其成形部件示例

3. 拉拔成形

图1.9示出了一种深拉拔工艺。在深拉拔过程中，既需要足够大的板坯夹持力以避免板料起皱，又要有合适的板坯夹持力以保证材料被拉进模腔而又不致断裂。板坯夹持力与滑动表面的摩擦系数和坯料的强度有关。

经常用拉延筋，如图1.10所示，来增强材料流进模腔的约束力，以减少或消除发生扭曲的可能性。

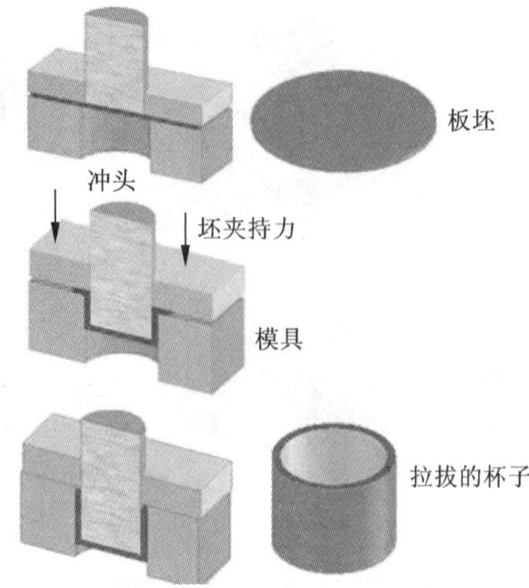

图 1.9　一种深拉拔工艺——杯子的拉拔

（板坯夹持对避免起皱和撕裂很重要）

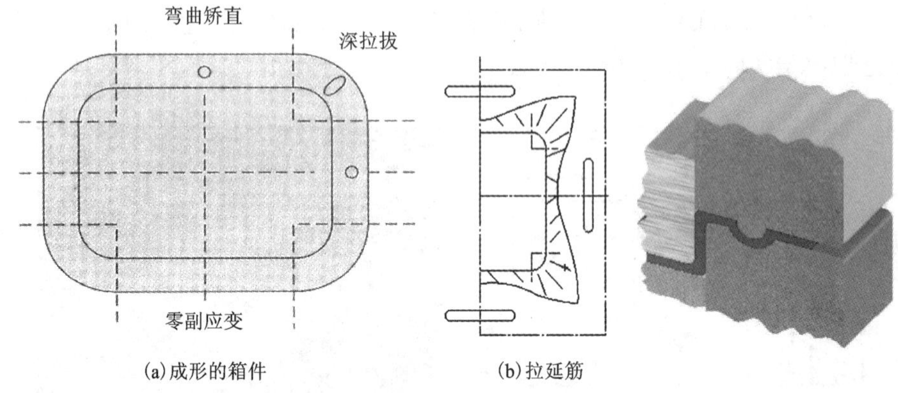

(a)成形的箱件　　(b)拉延筋

图 1.10　拉延筋用于拉拔盒状部件

整平工艺可用于减薄拉拔杯子或管子的厚度，如图 1.11 所示。深拉拔和整平是生产饮料罐的关键工艺，其典型过程如图 1.12 所示。饮料罐的生产从取料到最后封焊一共包含七个工序。要用两次深拉拔和一次整平工序才能生产出罐子的主体结构。其上颈部用旋压成形工艺生产，如图 1.12 所示。

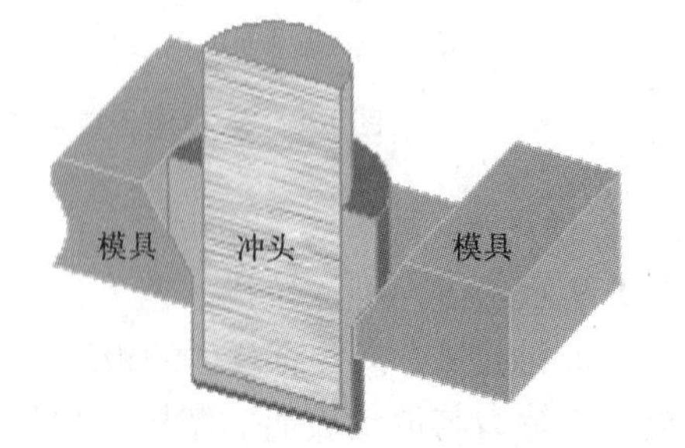

图 1.11　杯状物的整平——减薄工件的壁厚

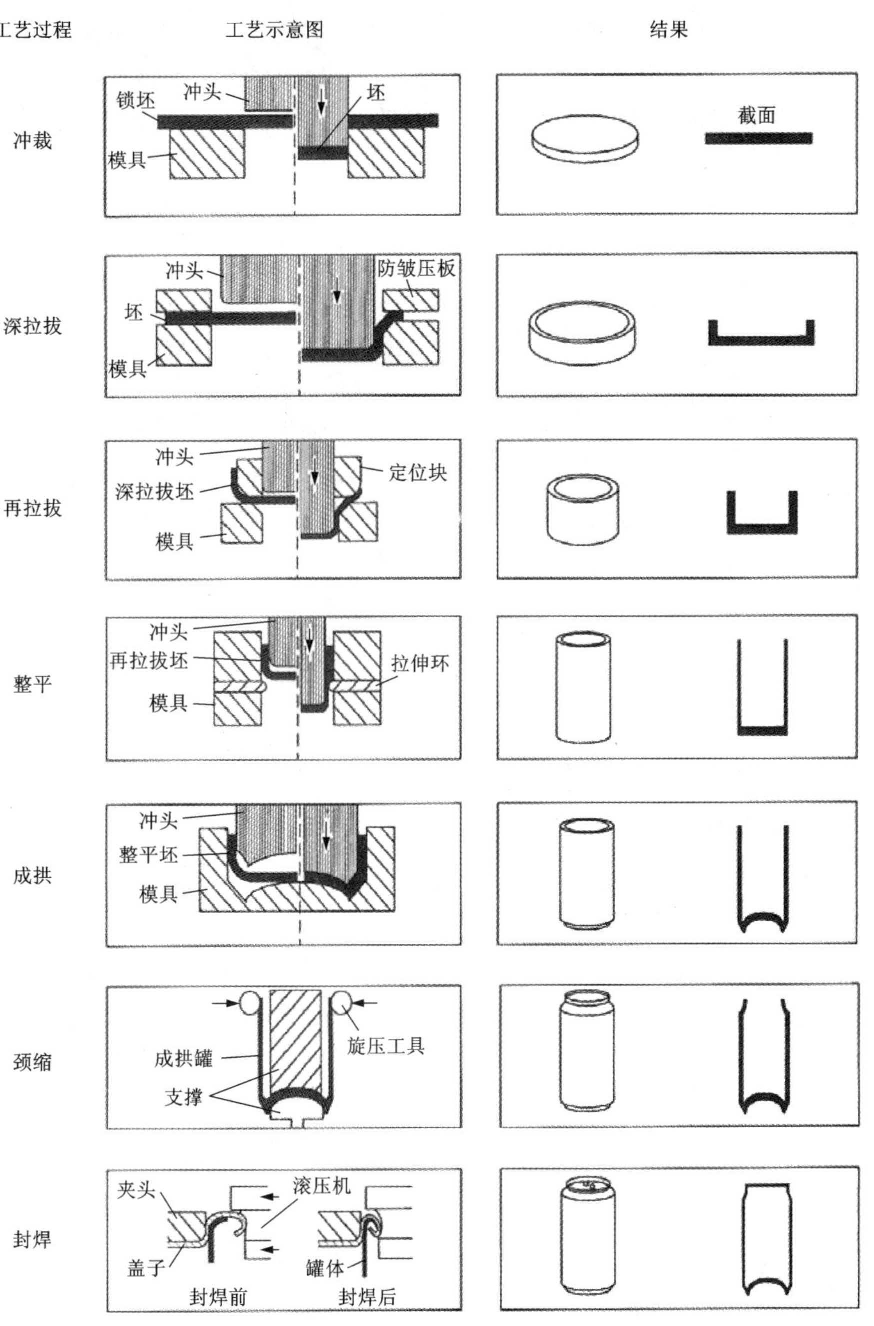

图 1.12　制造铝合金两片罐的金属板材成形工艺

4. 旋压成形

旋压成形可用于成形轴对称的部件，如图 1.13 所示。先将金属板贴紧芯轴，然后转动芯轴，再将旋轮按照设定的轨迹压在金属板材表面以形成设计的零部件形状。旋压成形部件通常是空心的，如圆筒、圆锥或半球。例如炊具、轮毂盖、星盘、火箭鼻锥和乐器等。

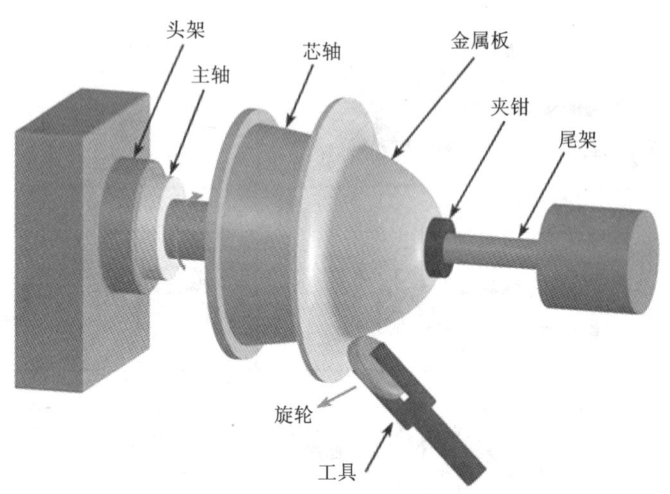

图 1.13　旋压成形工艺

1.1.3　成形的优势

金属成形的主要优势如下。

1. 适合大批量产品的高效生产

如图 1.12 所示，铝合金饮料罐的生产流程包含一系列成形工艺，虽然铝合金饮料罐的生产需要昂贵的模具以及自动化处理和控制装置，但若建立起生产线，则其生产效率非常高。尽管针对小批量市场也开发出了许多成形工艺，如增材成形（Won, Dean 和 Lin, 2003）、超塑性成形（Lin, 2003）和蠕变成形（Zhan, Lin and Dean, 2011），但是金属成形工艺还是适合于大批量生产。

2. 提高了材料的利用率

成形工艺是利用材料的塑性变形而将形状简单的金属坯料变成形状更复杂、几何尺寸更精确的部件的工艺。这种工艺不同于机加工工艺，它不需要去除多余的材料。目前开发的精密成形和近净成形技术，可以使材料的加工废料降低到很少或无余量。图 1.14 示出了齿轮的近净型锻造模具和装置，它无须再对齿廓进行机加工，这在一定程度上可以增加材料的强度和疲劳寿命。

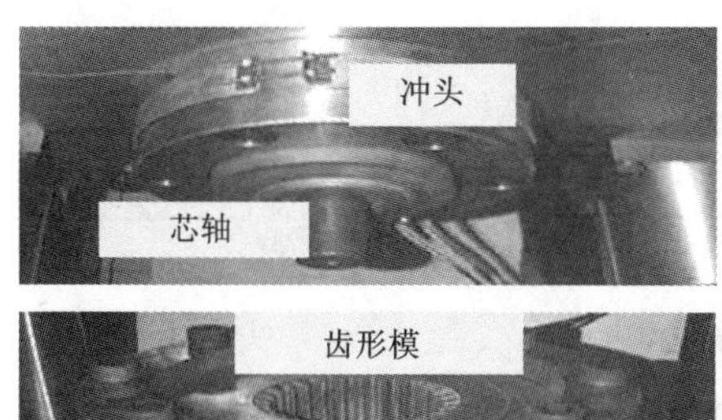

图 1.14　齿轮轮齿的近净型锻造

（齿轮轮齿的轮廓误差可以控制在 5 μm 以内，能够满足汽车变速箱对齿轮精度的要求）

（伯明翰大学的 T A Dean 教授提供）

3. 减少缺陷和提高强度

材料中的各种缺陷，如铸造过程产生的孔洞和短裂纹[图 1.15(a)]，可以采用热压成形工艺(以扩散联接或焊合等途径)予以减少或消除。特别是热轧工艺[图 1.15(b)]，它能够减少或消除金属铸锭中的缺陷，且使初始大晶粒变形，通过再结晶形成细小的等轴晶粒，从而提高材料的力学性能，实现性能的均匀性[图 1.15(c)]。

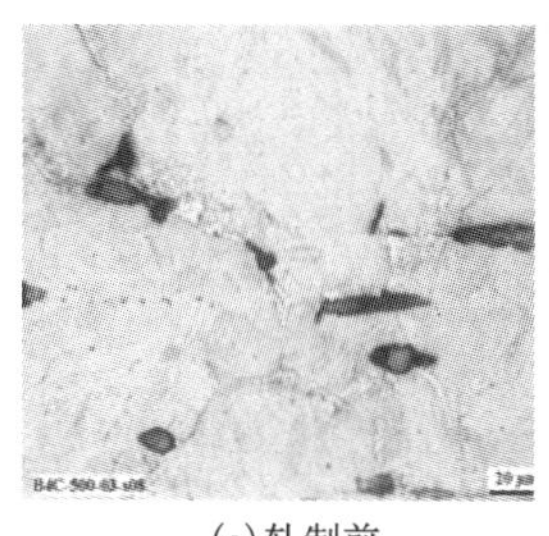

(a)轧制前

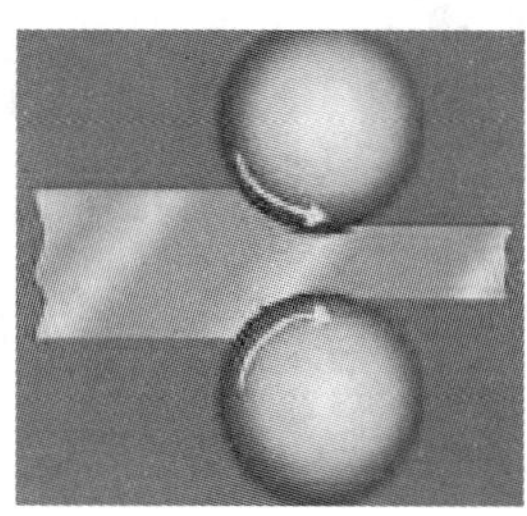

(b)热轧

(c)热轧后

图 1.15　热压成形工艺

材料中的各类缺陷通过热轧工艺可能会减少或消除，热轧过程也可能导致再结晶，细化晶粒尺寸，从而提高材料的强度、延展性和韧性。

4. 提高结构紧凑性

不同工艺制备的棒材的织构组织如图 1.16 所示。通过挤压工艺可得到设计的最大强度方向的定向排列结构。这也提高了材料的延展性以及抗冲击和疲劳性能。

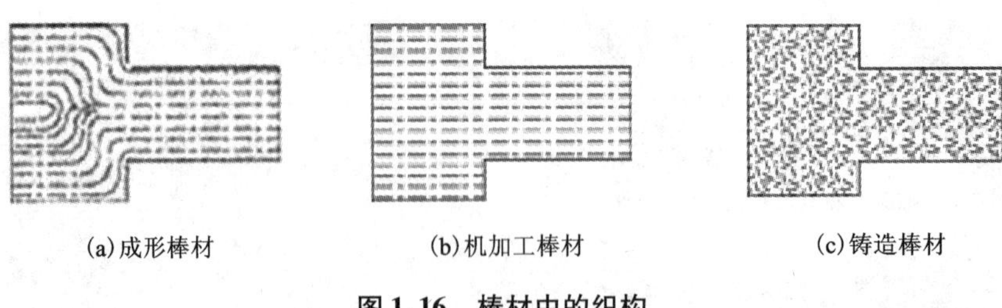

(a)成形棒材　(b)机加工棒材　(c)铸造棒材

图 1.16　棒材中的织构

1.2　成形过程中材料显微结构的调控

本节介绍了如何利用成形工艺调控材料的机械性能和物理性能。

1.2.1　晶粒尺寸

1. 结晶材料

金属都具有晶体结构，如图 1.17 所示。金属从熔融状态凝固时，微小的晶体开始长大成晶粒，其晶粒尺寸取决于化学成分和冷却速度。在热成形过程中，晶体可以固溶和再结晶。

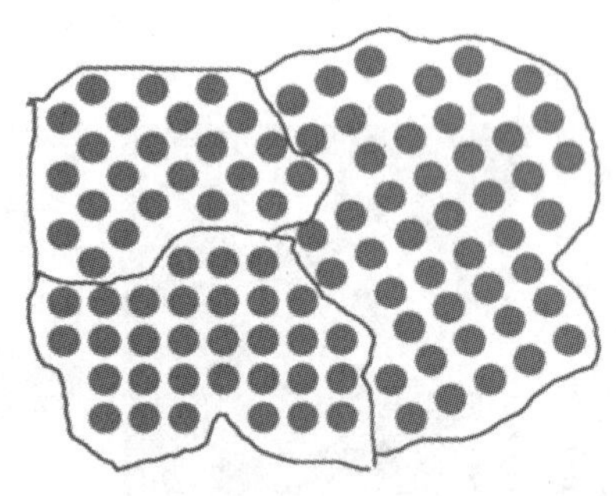

图 1.17　金属中的晶体结构(包含了原子和晶界)

2. 再结晶与晶粒长大

金属成形过程中的塑性变形能提高金属中位错的密度。热成形条件下，新晶粒通常在晶界形核，这称为再结晶，如图 1.18 所示。如果在变形过程中发生再结晶，则称为动态再结晶。静态再结晶发生在金属没有变形时——要么发生在热变形之前，要么发生在热变形之后。其晶粒长大发生在再结晶过程中或者再结晶过程之后，且晶粒尺寸与时间和温度有关。由于机械性能取决于晶粒特征，因此预测热成形过程中再结晶和晶粒长大的特性非常重要。

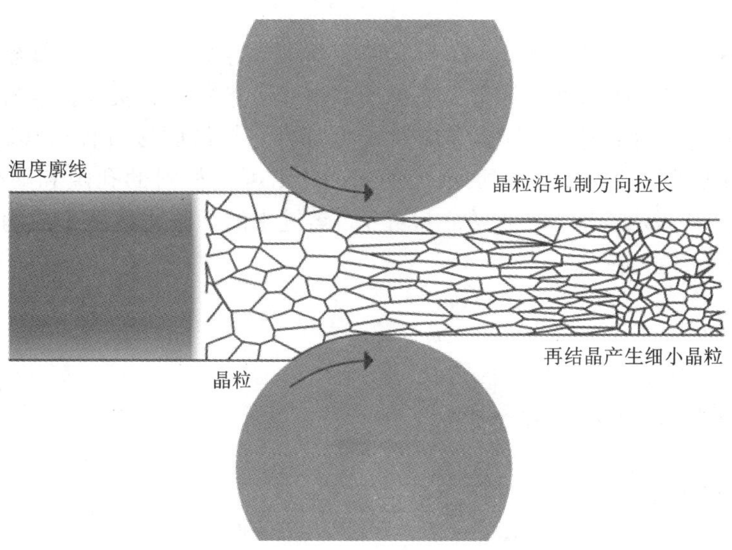

图 1.18　热轧过程中的变形、再结晶和晶粒长大

1.2.2　缺陷的消除

1. 金属中的缺陷

制备纯金属和合金的起点通常是铸造工艺。在铸造工艺中，气孔、缩孔、偏析等缺陷难以避免，但是后续的热轧变形可以减少或消除这些缺陷。图 1.19 给出了铸造过程中可能产生的各类孔隙型缺陷。采用热轧工艺，在高温高压应力条件下通过孔隙闭合和扩散联接等方式可以消除这些缺陷。

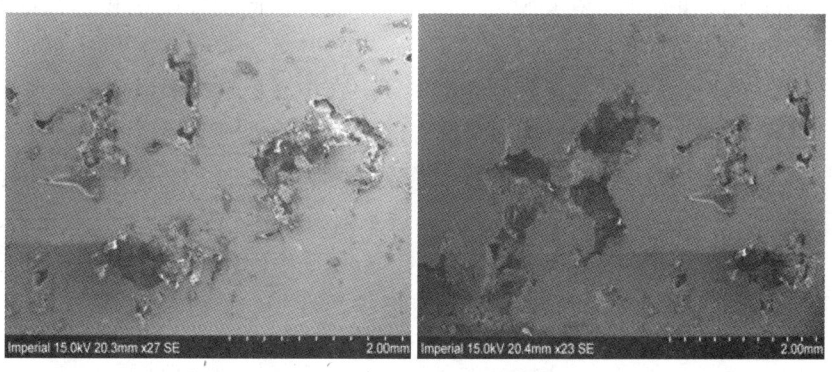

图 1.19　易切削钢钢坯在冷却过程中因体积收缩产生的空隙的 SEM 图

(Afahan, 2013)

2. 扩散联接

扩散联接是在高温、压应力作用下联接多种同类和异类材料的固态工艺。常见的如扩散联接和超塑性成形等工艺可用于制造形状复杂的钛合金板材部件，粉末热等静压和烧结工艺可用于制备高性能零部件。扩散联接过程通常比较缓慢，但是在热压成形过程中，若施加极大的压力，则可使材料的孔隙和缺陷很快愈合，如图1.20所示。因此，在热轧过程中，铸锭中的缺陷得以减少或消除，从而使金属变得更“密实”。

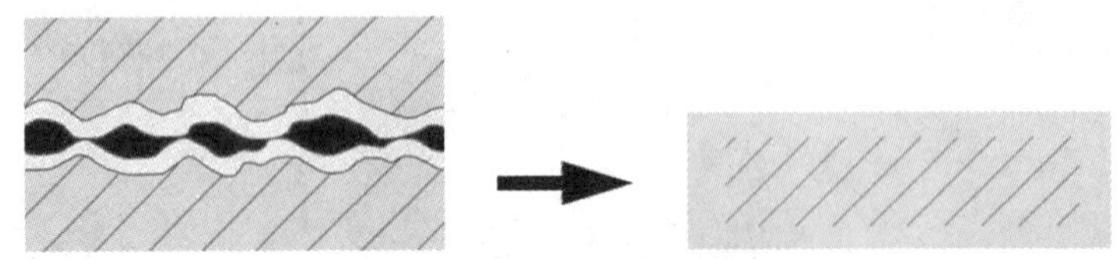

图1.20　热压成形过程中孔隙被愈合

1.2.3　硬化

加工硬化，也称应变硬化，是通过塑性变形使金属强化的过程。这个过程主要与金属晶体中的位错累积有关。

典型的应变硬化特性如图1.21(a)所示，在20℃下，材料的流变应力随应变的增加而增加。流变应力随应变减小的现象称为流变软化，如图1.21(a)中300℃对应的曲线。对于恒定应变速率条件下金属的变形，如果温度较低，则位错的回复现象很少发生，因此可观察到更多的硬化现象。对于高应变硬化材料，材料变形更均匀。该现象对于金属板材成形尤为重要，对于应变硬化金属而言，可减少局部缩颈和失效。应变硬化可以进一步分为各向同性硬化和动态硬化，这将在第4章详细描述。

图1.21(b)所示为应变速率硬化的例子。在金属板材的温成形或热成形工艺中，流变应力随应变速率的增加而升高，这称为黏塑性行为，该内容将在第5章详细描述。从图1.21(b)中可以发现，当应变速率增加时，应变硬化现象逐渐增强(应变速率为1.0 s^{-1}时对应的曲线)。这是因为在一定温度下，变形速率越高，退火时间越短，这样可以蓄积高密度位错。应变速率硬化的特性也可用来成形局部变薄少的盘形部件。这种硬化机制用于超塑性工艺，以减少局部缩颈(Lin, 2003)。

如果金属的应变硬化和高应变速率硬化能够有效地用于金属板材成形(尤其是热冲压/拉拔，超塑性成形和液压成形)，则可以减少甚至消除材料中局部变薄/缩颈/失效等缺陷。室温成形过程中，工件的力学特征直接由应力-应变曲线

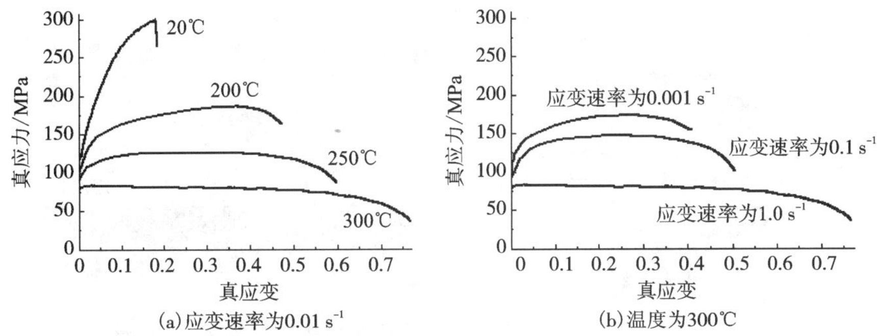

图 1.21　金属(AA5754 合金)成形中的应变硬化(a)和应变速率硬化(b)

决定。但对于高温成形工艺，工件的力学特征则与材料、温度和应变速率有关，且这些都是很难控制的因素。

1.2.4　成形过程中材料的失效

金属板材在成形过程中，其材料受拉应力作用，常常发生撕裂现象，如图 1.22 所示。因此，为得到合格的部件，监测失效前材料中微裂纹的萌生和生长过程是非常重要的。

在块体材料的成形工艺中，如十字楔形的轧制(图 1.23)，若某些区域出现循环拉应力，则可能形成微裂纹，从而降低部件质量。大多数情况下，微裂纹产生在工件的对称轴附近，而且只有将成形的部件剖开做详细的观察分析，才能检测出微裂纹。这种失效演变过程已经由 Foster、Lin、Farrugia 等采用损伤力学理论进行了研究，将在第 6 章中详细介绍。

(a)冲击速度166 mm/s

(b)成形速度640 mm/s

图 1.22　AA6082 合金经热冲压和冷模淬火后发生撕裂

(在 166 mm/s 的冲击速度下发现了环形裂纹，在 640 mm/s 的成形速度下在中心孔附近出现裂纹)

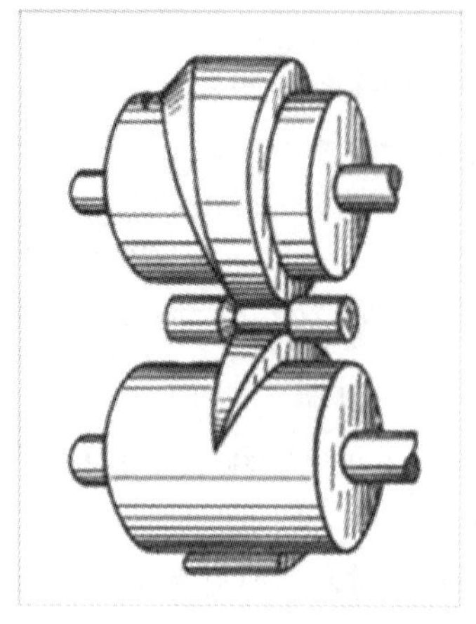
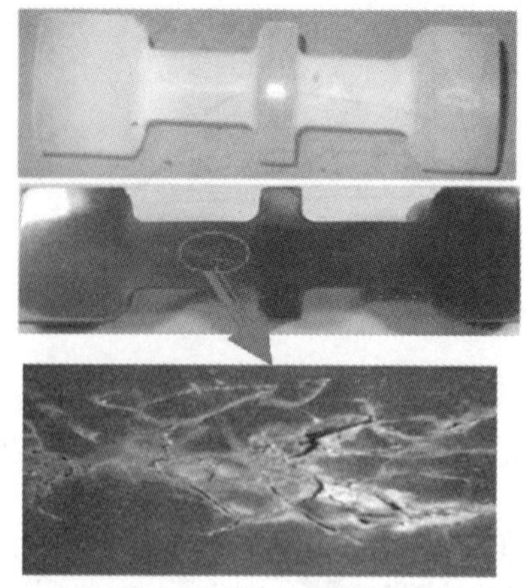

图 1.23　十字楔形轧制工艺和十字轧制部件中心的微裂纹

（由北京科技大学 B. Wang 教授提供）

1.3　材料建模方法

1.3.1　本构方程

1. *应力－应变关系*

通常采用拉伸实验来确定材料的力学性能，如强度、延展性、弹性模量和应变硬化。金属板材的标准拉伸试样如图 1.24(a)所示。这个“狗骨型”试样的平行部分为 120 mm，其初始标距长度(L_0)为 100 mm，试样的横截面积为 A_0。

拉伸实验的典型载荷－位移曲线如图 1.24(a)所示，并可以转换为如图 1.24(b)所示的应力－应变关系曲线(应力＝载荷/垂直于加载方向的横截面积，也就是单位面积上的力，应变＝试样测量长度伸长量/试样测量长度，也就是单位长度上的伸长量)。此处 F 为施加的外力，A 是变形状态下试样的横截面积，L 为试样的长度。

工程应力或名义应力被定义为施加载荷 F 与试样初始横截面积 A_0 的比值：

工程应力(名义应力)

$$\sigma = \frac{F}{A_0} \tag{1.1}$$

工程应变定义为

$$\varepsilon = \frac{L - L_0}{L_0} \tag{1.2}$$

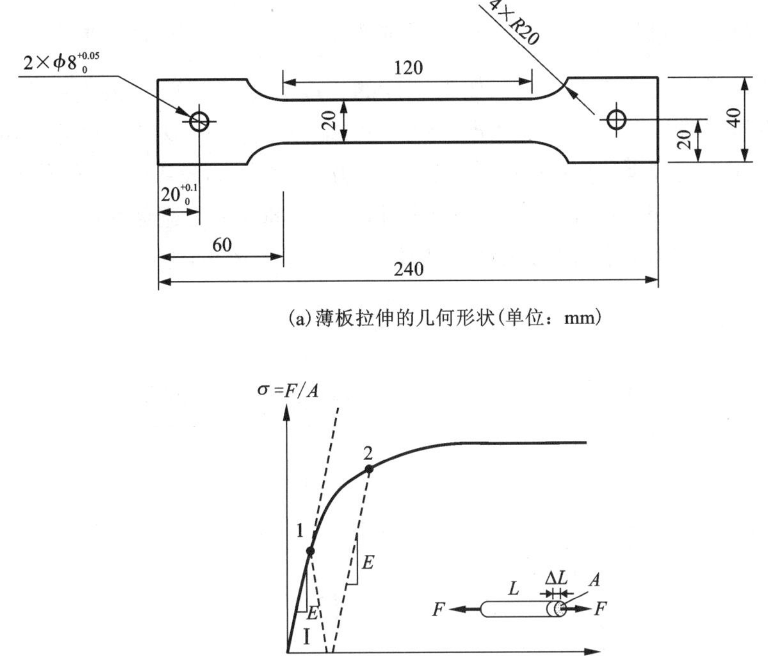

(a) 薄板拉伸的几何形状(单位：mm)

(b) 应力-应变曲线

图 1.24　标准拉伸试样及从拉伸实验得到的典型应力－应变曲线

式中：L 为样品的即时测量长度。

随着载荷的增加，在图 1.24 中可以观察到线性应力－应变关系(图 1.1 中的Ⅰ区)。在某一应力条件下，金属经历永久变形(塑性变形)。超过此应力水平之后，应力与应变就不像在弹性区域一样成比例关系，这个应力称为材料的屈服应力。对于延展性好的金属(即可以不断变形的材料)，要确定准确的屈服点是很难的，因为曲线(弹性)应变段的斜率是缓慢减小的。这样，屈服点常常被定义为应力－应变曲线上偏移应变为 0.002(0.2%)时对应的应力，如图 1.24 所示。

随着载荷不断增加，试样继续变形，在整个标距长度内其横截面将发生永久性且均匀地减小，在这个过程中流变应力一般会增加，通常称之为应变硬化。其最高应力点称为金属的拉伸强度(即最终拉伸应力 σ_u)。值得注意的是，“屈服强度”和“拉伸强度”这两个术语只适用于室温下变形的金属。在高温下金属呈现黏塑性行为，难以确定其屈服强度。此外，颈缩发生之前，载荷常常降低，类似于超塑性成形过程。

上述应力和应变的计算都是假设应力均匀地分布在试样的整个横截面上，如图 1.25 所示。实际上，应力和应变取决于试样两端是如何夹持的以及试样是如何制备的(这个假设可能是无效的)。在此情况下，$\sigma=\dfrac{F}{A_0}$的值只是平均应力，称为工程应力或名义应力。但是，如果试样的长度 L 是其直径 D 或宽度 W 的倍数，且没有明显缺陷，则可以假设在远离试样两端若干个直径 D 的长度范围内的任意横截面上的应力是均匀分布的。这种观测方法称为 Saint-Venant 准则(Adhémar Jean Claude Barré de Saint-Venant，法国，1797—1886)。为避免在试样两端出现应力集中，试样中等横截面部分的长度应取决于试样的变形总量。

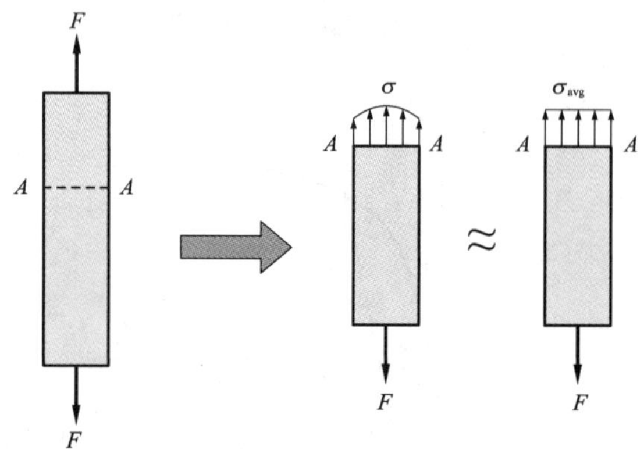

图 1.25　平均应力的测量

在“狗骨型”试样的初始弹性变形阶段，可以假设均匀应力存在于远离杆半径 1.5D(或 1.5W)的横截面上，其中 D 为试样杆的半径(W 为试样杆的宽度)。试样的设计对试样在测量范围内的应力 - 应变分布有显著影响，以致影响应力和应变的测量精度。在 Lin、Hayhurst 和 Dyson(1993a；1993b)，Lin、Dunne 和 Hayhurst(1999)以及 Kowalewski、Lin 和 Hayhurst(1994)等发表的一系列论文中，均对高温蠕变和疲劳试样的设计开展了重要研究。

延展性是衡量材料变形时在断裂之前的变形程度。通常采用单轴应力(圆棒试样)或平面应力(薄板试样)拉伸试验来测量。常采用两种测量方法来评估材料的延展性，其一是试样断裂时的总伸长量的百分比 ε_f：

$$\varepsilon_f=\frac{L_f-L_0}{L_0}\times 100\% \tag{1.3}$$

式中：L_f 为试样断裂时的测量长度。这是基于试样的初始测量长度来计算的。

延展性的另一种测量方法是断面收缩率，其计算式为：

$$\text{断面收缩率}=\frac{A_0-A_f}{A_0}\times 100\% \tag{1.4}$$

式中：A_f 为试样断裂处的横截面积。金属的断面收缩与伸长量通常是相关的。

对于大变形，特别当其应用于金属成形过程中时，通常采用真应力应变，其定义如下：

$$\text{真应力}, \sigma = \frac{F}{A} \tag{1.5}$$

对于真应变，考虑试样从标距长度 L_0 变形到某长度 L 时的瞬时伸长量 $\mathrm{d}L$ 的累积量，即

$$\text{真应变}, \varepsilon = \int_{L_0}^{L} \frac{\mathrm{d}L}{L} = \ln\left(\frac{L}{L_0}\right) = \ln\left(\frac{A_0}{A}\right) = 2\ln\left(\frac{D_0}{D}\right) \tag{1.6}$$

式中：D_0 和 D 分别为试样在初始状态和变形状态的直径（或宽度）。

对于小变形，此时材料尚未产生颈缩，其工程应变和真应变的值很接近。但是在大变形状态下，它们的值很快就变得不同。在本书的其他章节，除非特别说明，都将采用真应力和真应变，因为金属成形是大变形过程。

2. 简单的本构方程

用于描述在外力状态下固体变形过程的方程叫作本构方程。较简单的本构方程是描述金属弹性应力（σ）和应变（ε）关系的线性关系式，如图 1.24 中的弹性区域（图 1.1 中的 Ⅰ 区）

$$\sigma = E\varepsilon \tag{1.7}$$

式中：弹性区域中应力与应变的比值称为弹性模量 E，或杨氏模量（Thomas Young，英国人，1773—1829）。

$$\text{弹性模量}, E = \frac{\sigma}{\varepsilon} \tag{1.8}$$

这个线性关系式称为胡克定律（Robert Hooke，英国人，1635—1703）。弹性模量是测量曲线的弹性段的斜率，即材料的刚度。E 的单位和应力是一样的，即 $\mathrm{N/m^2}$。1 $\mathrm{N/m^2}$ 称为 1 帕斯卡（Blaise Pascal，法国人，1623—1662）。弹性模量高的金属需要施加大的外力才能变形，因此具有较高的刚度。

如果考虑材料在大的弹塑性变形、弹性－黏塑性变形或者高温状态下的力学响应，则用于构建材料模型的本构方程将变得更加复杂。通常需要用一组本构方程来精确描述材料在不同温度和不同应变速率条件下的每一个变形机制。其中占主导地位的变形机制与金属种类、显微结构以及变形温度和变形速率有关。

3. 应变硬化模型

真应力－真应变曲线可近似地表述为

$$\text{应变硬化幂律}: \sigma = K\varepsilon^n \tag{1.9}$$

式中：K 为强度系数；n 为应变硬化（或加工硬化）指数。对方程两边取对数 lg，则有

$$\lg\sigma = \lg K + n\lg\varepsilon \tag{1.10}$$

于是在双对数坐标系中，应力－应变呈直线关系，如图1.26所示。线的斜率即为应变硬化指数 n。它表示流变应力随应变的增加而增加。这种现象称为应变硬化，且可用指数 n 合理说明。金属的应变硬化程度越大，它在被拉伸时的强度越大。在拉伸和冲压过程中，具有高应变速率硬化的金属发生缩颈的趋势将减弱，因此在冷冲压过程中，它可用于成形局部减薄少的部件。在冷冲压工艺中，n 值可用来判断金属是否易于冲压成形而不会出现局部减薄现象。

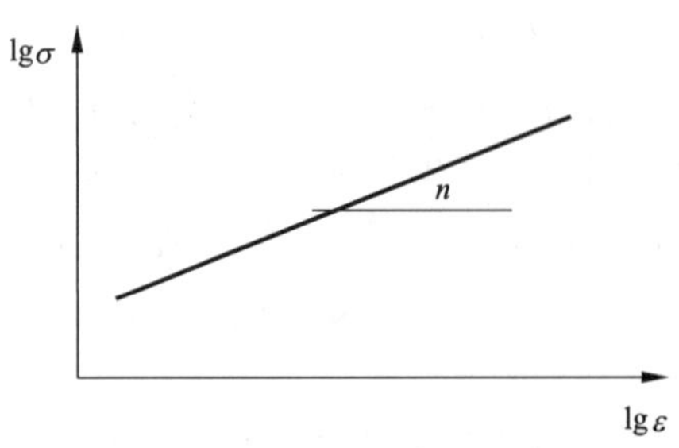

图1.26　应变硬化曲线

从物理层面来看，硬化是由位错密度的增加引起的，位错倾向于互锁和相互阻塞。对于第一个近似，假定一旦重新加载，弹性极限的增加将伴随着超过屈服点应力的增加，而这个近似便构成了经典塑性的理论基础。因此，对于单向加载，当前的弹性极限(也称为塑性阀值，即屈服应力)，就等于此前达到的最高应力值。对于正应变硬化材料，$\mathrm{d}\sigma/\mathrm{d}\varepsilon_{\mathrm{p}}>0$，自然弹性极限 σ_{y} 就是最小屈服应力，屈服应力是塑性变形方程的函数。

对于高温变形过程，应变硬化与应变速率(即变形速率)和温度相关。一般而言，如果应变速率低而变形温度高，则应变硬化低，甚至可能为负，即应变软化，因为变形过程中可能启动了回复机制。所以，缩颈和局部变薄现象很容易在温冲压或热冲压工艺中发生。

4．应变速率硬化模型

当试样在高温下变形时，材料的流变应力与变形速率(即应变速率 $\dot{\varepsilon}=\frac{\mathrm{d}\varepsilon}{\mathrm{d}t}$，其中 t 为时间)有关，且材料发生黏塑性变形。忽略应变硬化现象，流变应力可表示为：

$$\text{应变速率硬化幂律，}\sigma=A\dot{\varepsilon}^{m} \tag{1.11}$$

式中：A 为系数；m 为应变速率硬化指数(应变速率敏感因子)。对式(1.11)两边取对数，则有：

$$\lg\sigma=\lg A+m\lg\dot{\varepsilon} \tag{1.12}$$

因此，在双对数坐标系中，式(1.12)表示的是一条直线，如图 1.27 所示。直线的斜率是应变速率敏感因子 m，这表明流变应力随应变速率的增加而增加。这种现象称为应变速率硬化，可以用因子 m 合理解释，其中 m 的值介于 0 和 1 之间。具有高应变速率硬化的材料能够减少在拉伸或冲压过程中的缩颈趋势。在超塑性成形过程中，应变速率敏感因子 m 的值是影响成形质量的关键因素，高 m 值的材料能够减少局部变薄现象。

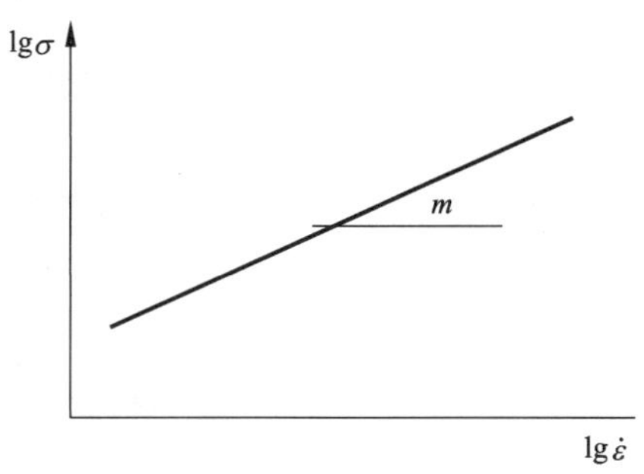

图 1.27　应变速率硬化曲线

对于热冲压工艺，可以为大多数金属选择合适的温度和应变速率，以得到高的应变硬化和高应变速率硬化值。因此，这两种机制都可用于成形形状较复杂的无局部失效的盘形部件。对于超塑性成形工艺，应变速率硬化是成形复杂形状部件的主要机制。

1.3.2　材料物理性能与力学性能的建模

如前所述，材料的弹塑性或者弹黏塑性(流变应力)响应都与显微结构有关，而显微结构在变形过程中是动态变化的，特别是在高温成形条件下。此外，在两次变形操作过程的间隙，材料的显微结构可能继续发生变化。比如，在热轧工艺两个道次之间，虽然没有发生变形，但仍然会发生再结晶现象。变形过程中可能发生变化的材料物理性能包括：

1. 再结晶

这包括在静态、动态以及再结晶循环过程中再结晶晶粒的形核和长大。正常情况下，如满足以下三个条件则发生再结晶：

(1) 足够高的温度——大多数金属在室温下不会发生再结晶；

(2) 足够高的位错密度——如果位错密度太低，则不会发生再结晶。由于塑性变形而产生的位错的数量取决于温度和变形速率；

(3) 足够长的时间——孕育时间与温度和位错密度有关。

用变量 X 代表再结晶体积分数，其值从 0(初始态无再结晶)变化到 1.0(全部再结晶)，再结晶演变过程可以用函数表述为：

$$再结晶速率，\dot{X} = \frac{dX}{dt} = f_X(T, \rho, \cdots) \tag{1.13}$$

式中：T 为温度；ρ 为位错密度。它是在塑性变形和热成形过程中可能发生回复的函数。

$$位错密度累积速率，\dot{\rho} = \frac{d\rho}{dt} = f_\rho(T, \dot{\varepsilon}, \rho, \cdots) \tag{1.14}$$

式中："…"代表许多其他相关的参数，它们取决于金属的成分、加工方法以及变形状态。

在方程中引入状态变量来表达金属在变形过程中各个物理现象的演变，得到具有显著物理意义的精确的本构方程，有时候也称为物理本构方程。

2. 晶粒大小演变

再结晶会引起晶粒细化，在热成形状态下，如超塑性变形(Lin, 2002)，晶粒发生静态和动态再结晶长大。若用 d 表示晶粒尺寸，则有如下本构方程：

$$晶粒尺寸演变，\dot{d} = \frac{dd}{dt} = f_d(T, \dot{\varepsilon}, X, d, \cdots) \tag{1.15}$$

晶粒长大速率随温度升高而显著增加，随晶粒尺寸增加而减小。

3. 析出相演变

析出相的分布对轻合金和超合金的力学性能来说特别重要。适当控制析出相的形状、尺寸和分布对达到合金的设计性能很重要。已有析出相的静态和动态溶解可能发生在加热、保温和变形过程中。析出相可能在冷却过程中形核长大。析出相的溶解、形核和长大对评价焊接结构的力学性能特别重要，然而这些因素很难控制。可以引入状态变量描述析出相的形状、大小和分布。为方便起见，用 S 表示单个析出相的平均尺寸，其本构方程为：

$$析出相尺寸的变化，\dot{S} = \frac{dS}{dt} = f_S(T, \dot{T}, \rho, S, \cdots) \tag{1.16}$$

高位错密度 ρ 有利于析出物更快形核。

4. 相变

合金都会发生相变，钢铁尤其如此。在升温时，所有物相都转变为奥氏体；而降温时，奥氏体会转变为铁素体、珠光体、贝氏体以及马氏体，转变为哪种物相取决于冷却速率和合金成分。相变会引起合金的体积变化，从而产生额外的应变，这种现象称为相变塑性，其对于预测已成形部件中的残余应力和变形特别重要。为这种现象建立模型的过程很复杂，本节将不再讨论，留待后续章节详述，并一起解释相及相变机制。

1.3.3　统一本构方程及状态变量

1. 统一本构方程

如前所述，金属的力学响应与其显微结构有关，而显微结构在变形过程中是动态变化的。此外，显微结构的变化会改变主导的变形机制，从而改变金属的力学响应，其标志就是应力－应变关系。因此，便需要一组方程来表征金属与加工状态之间相互作用的响应过程。比如，下列方程组可以表达为：

$$
\begin{aligned}
&\text{塑性应变速率，}\dot{\varepsilon}^{\mathrm{p}}=f_{\varepsilon}(T,\ \rho,\ d,\ \cdots)\\
&\text{再结晶速率，}\dot{X}=\frac{\mathrm{d}X}{\mathrm{d}t}=f_{X}(T,\ \rho,\ \cdots)\\
&\text{位错累积速率，}\dot{\rho}=\frac{\mathrm{d}\rho}{\mathrm{d}t}=f_{\rho}(T,\ \dot{\varepsilon}^{\mathrm{p}},\ \rho,\ d,\ \cdots)\\
&\text{晶粒尺寸变化率，}\dot{d}=\frac{\mathrm{d}d}{\mathrm{d}t}=f_{d}(T,\ \dot{\varepsilon}^{\mathrm{p}},\ X,\ d,\ \cdots)\\
&\cdots\\
&\text{应变速率，}\dot{\sigma}=E(\dot{\varepsilon}^{\mathrm{T}}-\dot{\varepsilon}^{\mathrm{p}})
\end{aligned}
\tag{1.17}
$$

式中：$\dot{\varepsilon}^{\mathrm{T}}$ 和 $\dot{\varepsilon}^{\mathrm{p}}$ 分别表示总应变速率和塑性应变速率，这组方程称为统一本构方程，且它们之间是相互关联的。例如，金属的塑性流动与晶粒尺寸和位错密度(应变硬化)有关。晶粒尺寸与再结晶及其他因素有关。再结晶与位错密度有关，而位错密度又与塑性变形速率和晶粒尺寸有关。可见，金属中物理变量的相互关系可以用方程组来建模。若需考虑更多的物理变量，如超合金中的析出相、钢的相变，则需要建立更多的方程。本书余下的章节中将详细介绍针对不同材料和应用情况下构建本构方程的各种技术和方法。

假定在变形/加工过程中，所有的物理现象都随时间而变化，则方程就是一组包含时间 t 的常微分方程(ODE)，通常可采用数值积分方法求解。对于所有的物理参数，时间是唯一的尺度。因此，通过对一组统一本构方程进行积分，可以解决一系列特定的物理问题。要解方程组，必须赋予各个状态变量初始值，这在数值积分中叫作初值问题。为简化问题，建议在方程组中只考虑占主导地位或重要的物理现象，这样可以减少方程的数量。方程的数量取决于所要解决的特殊问题。

2. 状态变量

根据上述讨论，在塑性变形状态下材料中的物理现象可以用一系列变量来描述。这些状态变量可以分为三种类型：

- 可观测变量：包括温度 T；从测试开始时的总应变 ε^{T}(测量到的应变)；材料的物理性质，如再结晶体积分数 X、晶粒尺寸 d；材料的损伤 ω。这些变量与材料的塑性或黏弹性变形有关。

- 内变量：弹性应变 $\boldsymbol{\varepsilon}^{e}$ 和塑性应变 $\boldsymbol{\varepsilon}^{p}$（它们不能从弹塑性变形或黏塑性变形中测试出来）；硬化变量，如各向同性硬化和随动硬化则可以通过拟合实验数据确定（后续章节中将详细讨论）。
- 辅助变量（连带变量）：包括应力张量 $\boldsymbol{\sigma}$，它们是根据测量到的变量计算出来的。

状态变量的类型归纳如表 1.1 所示。对于某些参数，它们很难定义。例如，材料在塑性/黏塑性变形过程中的微观损伤可以通过孔隙体积分数来测量（Lin 和 Dean，2005）。但是在大多数情况下，它被视为一个内变量，并通过实验数据的最优拟合来确定，如蠕变断裂问题（Lin，Hayhurst 和 Dyson，1993a；1993b），以及通过演变方程计算出来。许多物理变量也可以被定义为内变量，由于时间限制和成本高昂，在测验期间并不经常进行实际测量。

表 1.1　状态变量类型

可观测变量	内变量	辅助变量
温度	弹性应变	真应力
总应变	塑性应变	偏应力
物理性能	硬化变量	—
损伤	可能的损伤参数	—

本书的目的是介绍构建统一本构方程所必需的力学和材料的基本知识，以预测一定变形或成形条件下材料的机械响应和物理性质之间的相互作用。另外，还介绍求解方程和运用实验数据确定方程的技巧。

第 2 章
金属变形力学

本章的目的是简要介绍金属物理、冶金和结构方面的知识，以及用于表征金属的基础力学理论以建立数学模型。要基本掌握金属在不同的加载条件下的变形机制，进而构建以力学为基础的本构方程，这些知识都是必需的。本章首先介绍结晶材料的结构，然后阐述金属塑性变形的主要机制，最后介绍力学的基本概念，包括弹性和塑性理论，它们与各种各样的金属成形技术有关。

2.1　结晶材料与塑性变形

2.1.1　结晶材料

1. 原子

金属及其合金是通过相邻原子间电子的电磁作用力，将原子有序排列而构成的。如图 2.1 所示，原子的大小或“半径”介于 10^{-10} m 和 10^{-9} m 之间(0.1 ~ 1 nm)。原子的稳定排列方式是由原子堆垛的最低能量状态决定的，它是热激活能的函数。图 2.1 表示能量状态是两个原子之间距离的函数。其最高结合强度处于最低能量状态。在金属中，原子间的键是由外层电子的共用而形成的(即“金属键”)。

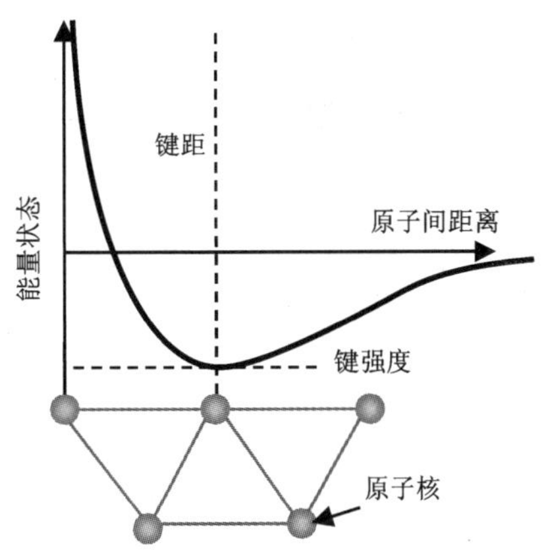

图 2.1　原子通过电磁力结合

从微观尺度而言，金属是由紧密堆垛的晶体构成的。图 2.2 所示为从毫米到微米直至纳米等不同长度标尺下的结构零件。晶体中原子的典型排列如图 2.2 所示。

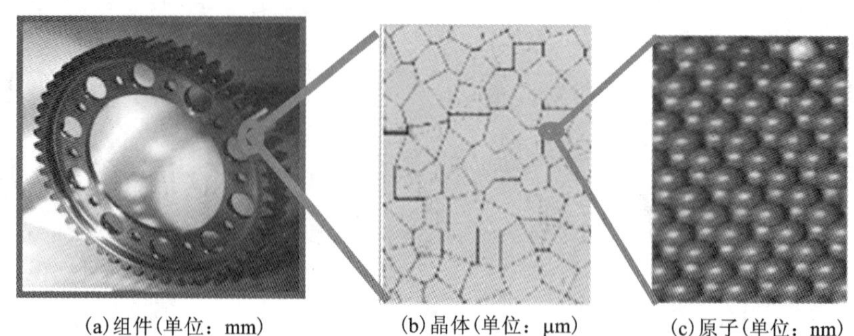

(a)组件(单位：mm)　(b)晶体(单位：μm)　(c)原子(单位：nm)

图 2.2　不同长度标尺下的金属零件

(伯明翰大学 H. Dong 教授提供)

2. 晶格结构与晶体

在固态金属中，原子自身排列成各种各样的有序结构，称为晶体。显示某种金属本征晶格结构的最小原子团称为晶胞。单晶(也称晶粒)通常包含许多晶胞。晶胞有三种基本的原子排列方式：

- 体心立方(BCC)——其晶格结构如图 2.3 所示，其中每个球代表一个原子。在晶体结构中，原子中心间距的数量级是 0.1 nm。BCC 晶体结构中每个原子有 8 个近邻原子。α-铁，铬，钼和钨具有 BCC 结构。

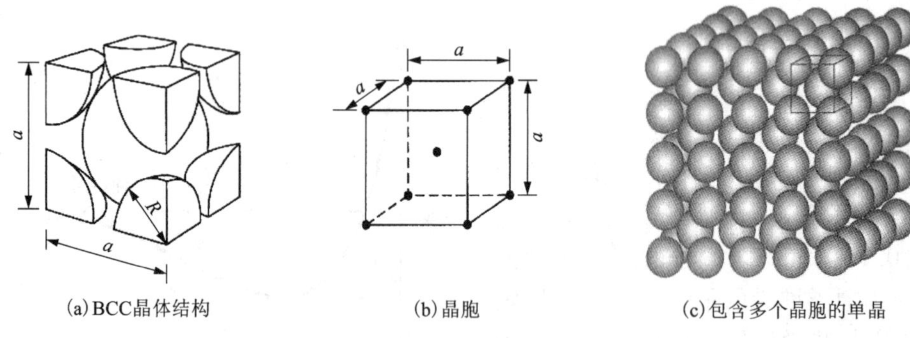

(a)BCC晶体结构　(b)晶胞　(c)包含多个晶胞的单晶

图 2.3　体心立方晶格结构

(Moffatt, Pearsall 和 Wulff, 1976)

- 面心立方(FCC)——其晶格结构如图 2.4 所示，每个平面上包含一个原子。γ-铁、铝、铜、镍、铅、银、金和铂都具有 FCC 结构。
- 密排六方结构(HCP)——其晶格结构如图 2.5 所示。在 HCP 结构中，顶

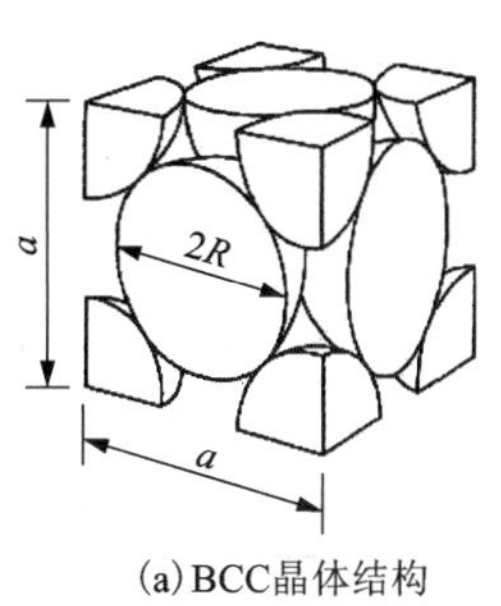

(a) BCC晶体结构

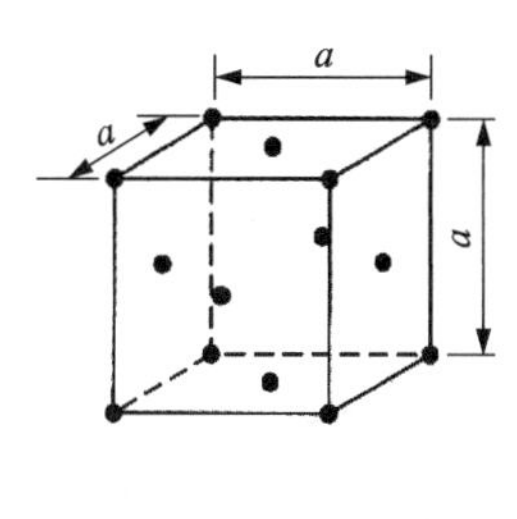

(b) 晶胞

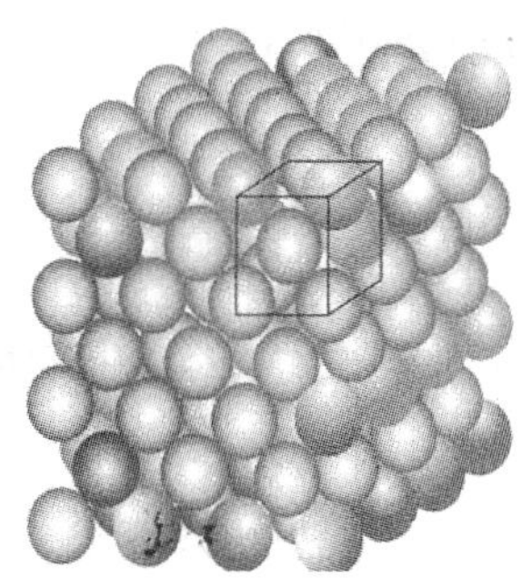
(c) 包含多个晶胞的单晶

图 2.4　面心立方晶格结构

(Moffatt, Pearsall 和 Wulff, 1976)

面和底面称为基面。铍、镉、钴、镁、α－钛、锌和锆具有 HCP 结构。

金属形成不同的晶体结构的原因在于它将所需要的能量降到最低以使原子结合成各种规则构型。在不同的温度下，同一种金属可能会形成不同的晶体结构，因为在特定的温度下需要的能量不一样。例如，铁在 912℃ 下形成 BCC 结构（α－铁），但是在 912～1394℃下则为 FCC 结构（γ－铁）。

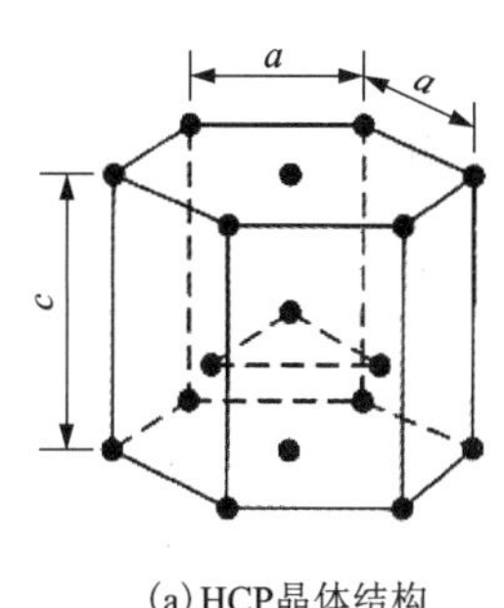

(a) HCP晶体结构

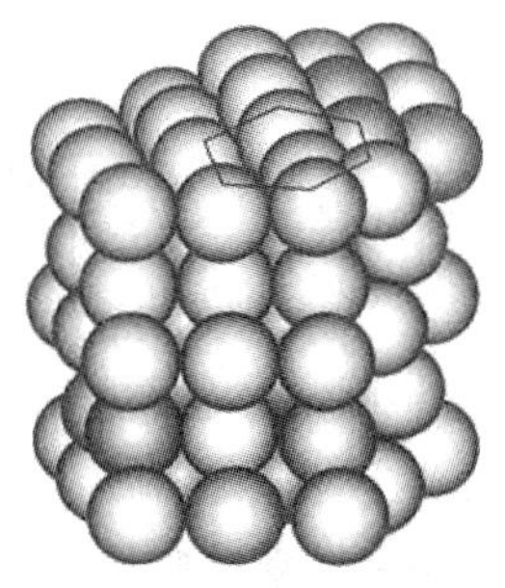
(b) 有多个晶胞的单晶

图 2.5　密排六方晶格结构

(Moffatt, Pearsall 和 Wulff, 1976)

3. 钢的晶格结构

钢是最常用的金属之一，其晶体结构与化学成分和温度有关。市售纯铁的含碳量低于 0.008%，钢的含碳量在 0.008% 和 2.11% 之间，而铸铁的含碳量可高达 6.67%。本节介绍铁－碳系，将着重介绍温度和碳含量是如何影响钢的晶体结构的。

铁－碳相图如图 2.6 所示。该相图可以向右扩展到碳含量 100% 处（纯石墨）。由于 Fe_3C（渗碳体）是稳定相，故对工程应用而言至关重要的碳含量范围高达 6.67%。

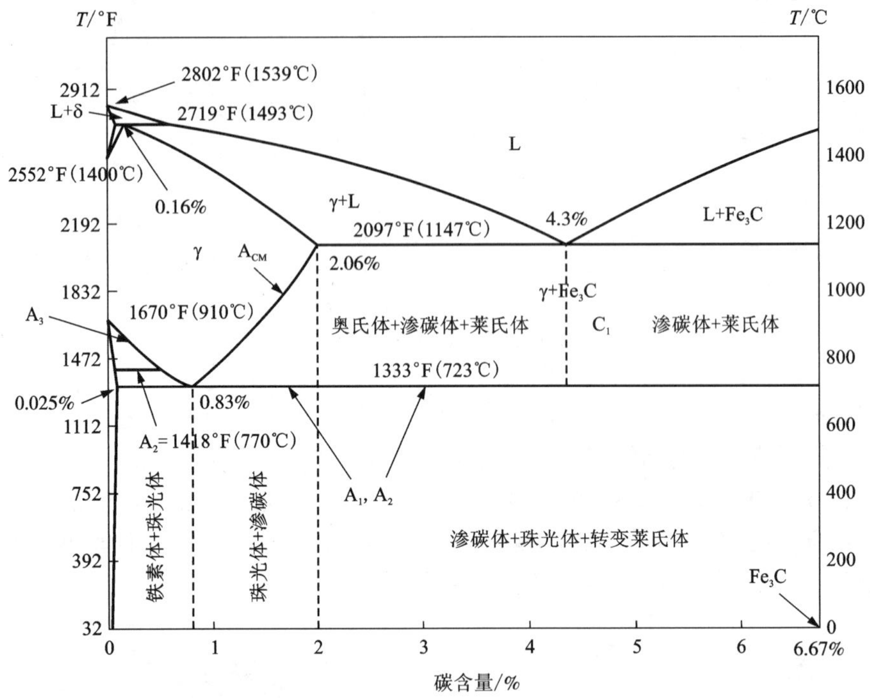

图 2.6　Fe－Fe_3C 相图

(引自：www.substech.com/)

• 铁素体——α－铁具有 BCC 结构，其碳的溶解度低(723℃下为 0.025%)。室温下存在的 α－铁在工程应用中是非常重要的。δ－铁素体只在高温下才是稳定的，1493℃下 δ－铁素体中的最高含碳量为 0.09%，如图 2.6 所示。铁素体相当柔软，其延展性好，容易成形，因为其中的碳溶解度非常有限。

• 奥氏体——被称为 γ－铁，具有 FCC 结构。在 1148℃下，其碳的固溶度达到 2.06%。由于 FCC 结构有更多的间隙原子位置，故碳在奥氏体中的固溶度远高于铁素体，碳原子占据间隙原子位置的示意图如图 2.7(a)所示。在钢的热处理过程中，奥氏体是一个重要的相。它比铁素体更致密，而且其 FCC 单相在高温下具有延展性，因此通常也具有极佳的成形性。许多其他合金元素都可以溶解在 FCC 结构的铁中，以改善钢的各种性能。

• 马氏体——奥氏体被快速冷却时，比如水淬，就形成了马氏体，FCC 结构转变成体心四方结构(BCT)。这种结构可以被描绘为一种体心矩阵棱柱，沿其中一个主轴稍微被拉长，如图 2.7(d)所示。马氏体没有 BCC 结构那么多滑移系

（滑移系的概念将在后面介绍），因而又硬又脆。马氏体相变几乎是瞬间发生的，因为其相变机制是滑移（塑性变形），而非与时间相关的扩散。奥氏体转变为马氏体过程中，其体积增加 4%（密度降低）时，可能会产生淬火开裂现象。

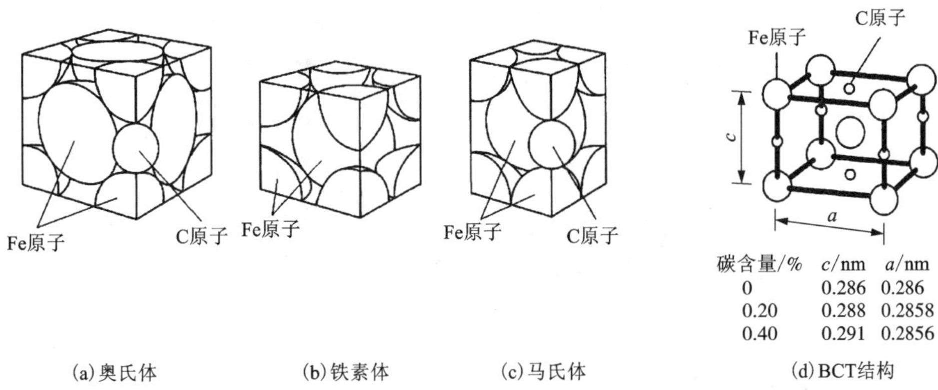

(a) 奥氏体　(b) 铁素体　(c) 马氏体　(d) BCT结构

图 2.7　晶格结构

C 轴随碳含量的增加而增加，这种影响会造成马氏体的晶胞呈矩形棱柱结构

（Kalpakjian 和 Schmid，2001）

渗碳体——指 100% 的铁碳化合物（Fe_3C），其碳含量为 6.67%，如图 2.6 所示。渗碳体也被称为碳化物，是一种非常硬而脆的金属间化合物，对钢的性能有显著影响，它可能也含有其他的合金元素。

4. 晶粒

金属中所有晶胞并非都是规则排列的，常用的金属是由许多随机取向的晶体（也称晶粒）构成的。晶粒是指由共同取向的晶胞规则排列而构成的区域，如图 2.8 所示。在晶粒边界，原子错排区域将产生高密度位错（位错概念将在后面讨论）。因此，常见的金属结构不是单晶体，而是多晶体，如图 2.9 所示。

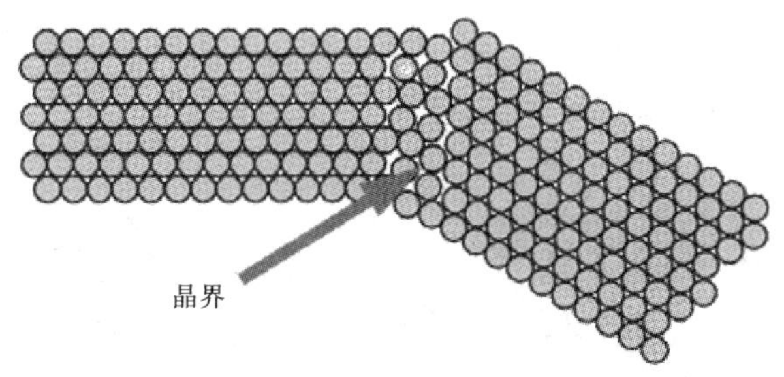

图 2.8　晶粒与晶界

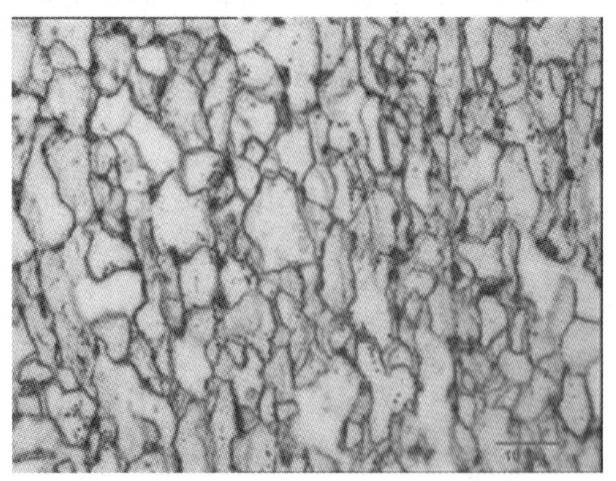

图 2.9　管材钢的多晶结构中的晶界

2.1.2　单晶体的塑性变形

1. 弹性和塑性变形概念

弹性变形。如果在金属上施加小的应力，原子层将开始互相滚动。如果卸掉应力，它们就会回落到原来的位置，这称为弹性变形，如图 2.10 所示。

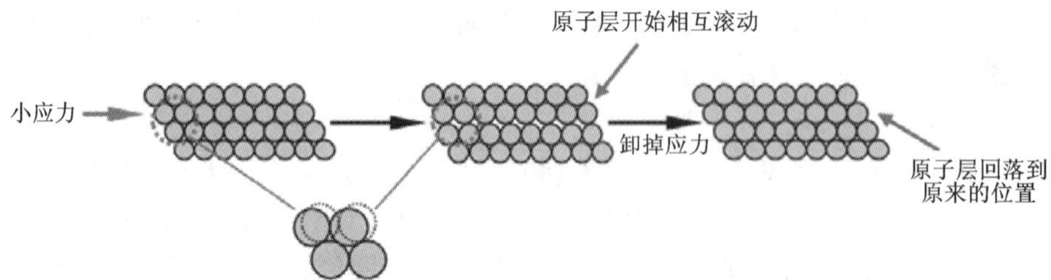

图 2.10　弹性变形与弹性回复

塑性变形。如果施加较大的应力，原子相互滚动到一个新位置，金属的形状发生永久性变化，这称为塑性变形，如图 2.11 所示。

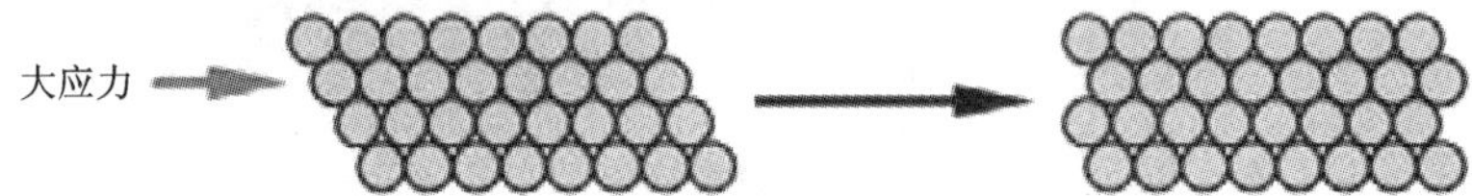

图 2.11　塑性(永久)变形

2. 滑移系

一个原子面在剪切应力作用下从相邻原子面（滑移面）上滑移的过程如图 2.12 所示。单晶中发生滑移所需要的剪切应力（剪切应力的定义将在下一节给出）与图 2.12 中 b/a 比值呈正比，其中 a 是原子面间距，b 与原子面中的原子密度呈反比。若 b/a 减小，则引发滑移所需要的剪切应力降低。这样便可以认为晶体的滑移是沿原子密度最大的平面进行的，也就是说，滑移发生在密排面上的密排方向。

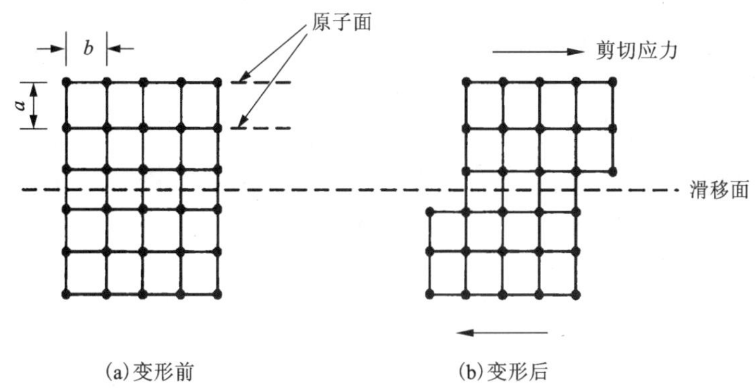

图 2.12　永久变形前和变形后的单晶

（Kalpakjian 和 Schmid，2001）

因为晶体中不同方向的 b/a 值是不同的，故单晶在不同方向的性质不同，这称为各向异性。

对于 FCC 晶体，4 个平面上共有 12 个滑移系，如图 2.13 所示。此类晶体发生滑移的机会适中，但滑移所需要的应力较低，因为 b/a 值低（此处 $b=a$）。这些金属通常具有中等强度和良好的延展性，比如铜。

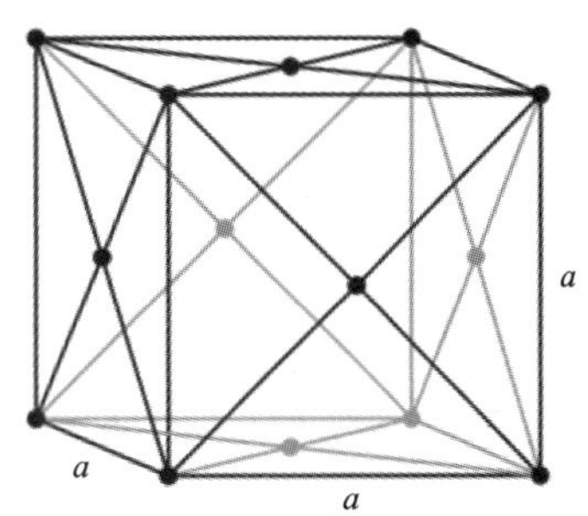

图 2.13　面心立方结构中的 12 个滑移系

体心立方（BCC）晶体中有 48 个可滑移系。因为施加应力的方向可能处在其中一个优先滑移方向上，且外加剪切应力能启动其中一个滑移系引起滑移，所以该类晶体滑移的概率高。但是，由于该类晶体中 b/a 值相对较高，故其所需剪切应力高。BCC 结构的金属通常具有高强度和中等延展性。

密排六方（HCP）晶体有 3 个滑移系，故其滑移的概率低；但在高温条件下，更多滑移系趋于活跃。具有密排六方结构的金属(如镁合金)一般在室温下是脆性的,所以其冷成形性很差。

3. 单晶中的滑移线

给单晶施加一个拉应力,其最大剪切应力出现在与拉伸方向呈45°角的平面内。变形在靠近最大剪切应力方向的晶体滑移面上开始。如果拉应力足够大,则金属会发生塑性变形。这种现象如图2.14所示。另外还可以观察到,已经发生滑移的那部分单晶发生了旋转,它们离开了起初的角位置而朝向拉应力方向。值得注意的是,滑移只是沿某些平面发生的。采用扫描电子显微镜(SEM)可以发现,该图像看起来像单个滑移面,而实际上则是一个滑移带,且其中包含多个滑移面,如图2.15所示。

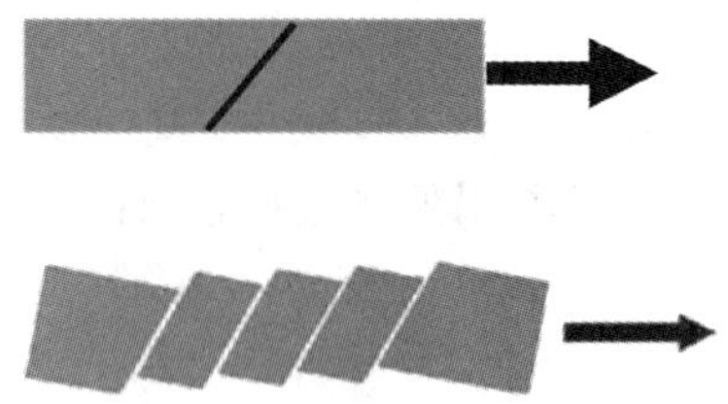

图2.14 塑性变形中的滑移

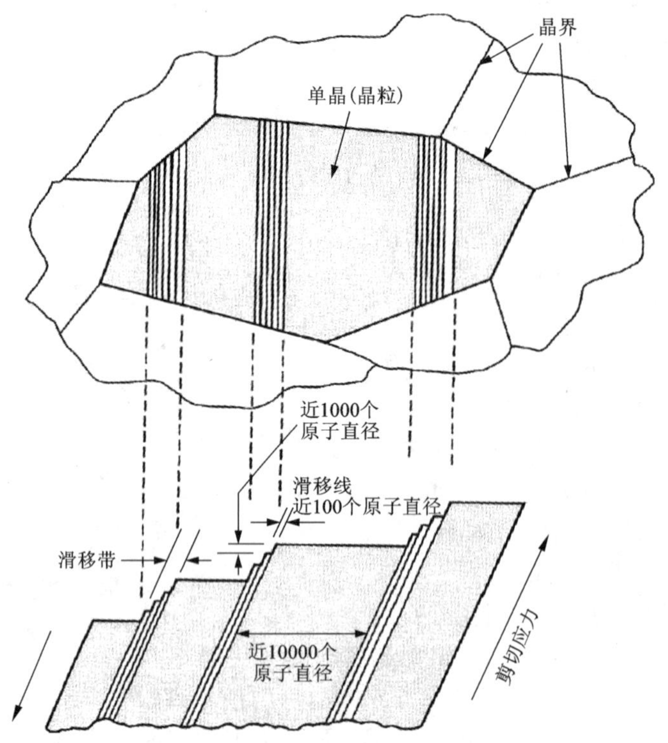

图2.15 剪切应力作用下单晶(晶粒)中的滑移线和滑移带

图中的晶体是被多个其他晶粒包围的单晶(Kalpakjian和Schmid, 2001)

2.2　主变形机制

2.1 节介绍了金属的基本结构和变形机制。但是，在金属成形工艺中，特定显微结构的金属是按特殊的主变形机制发生塑性变形的，这可能导致金属的失效，本节将讨论这个问题。

2.2.1　冷成形过程中的塑性变形

冷成形在温度低于材料绝对熔点温度（T_m）下进行，即常常低于 $0.3T_m$。通常，冷成形在室温下进行。

1. 金属中的缺陷和位错

如 2.1 节所述，晶体材料是由规则排列的原子列排成晶格平面而组成的。这仅是理想情况。实际上，晶体结构中存在缺陷和瑕疵，这些因素使得金属的实际强度比其理论强度低 1～2 个数量级。与前述理想模型不同的是，实际金属晶体中含有大量的缺陷和瑕疵，其中主要是位错。位错有两种类型，如图 2.16 所示。

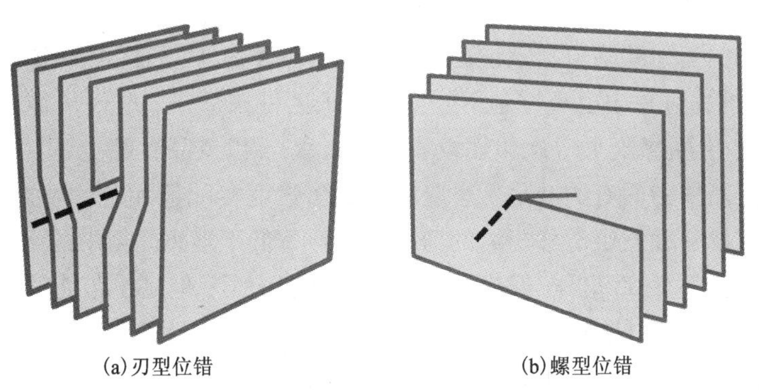

(a) 刃型位错　　(b) 螺型位错

图 2.16　位错示意图

图 2.16(a) 所示为刃型位错，此类位错在缺陷处存在多余的半原子面，使周围的原子面发生畸变。如果从晶体的一面施加足够大的力，这多余的原子面将从半途穿过原子平面、切割并键合这些原子面直到抵达晶体边界。可以用两个性质来定义位错：①线方向，它是沿半原子面底部的方向；②伯氏矢量 $\boldsymbol{b}$，它描述晶格畸变的大小和方向。在刃型位错中，伯氏矢量垂直于位错线方向。伯氏矢量如图 2.17 所示。

螺型位错如图 2.16(b) 和图 2.17(b) 所示，对它进行直观描述是比较困难的，它包括这样一个结构：围绕一个线缺陷（位错线）沿晶格中的原子面形成一个螺旋回路，可以设想滑移面的两边相对移动了一个螺旋。在纯螺型位错中，伯氏矢量平行于位错线方向。

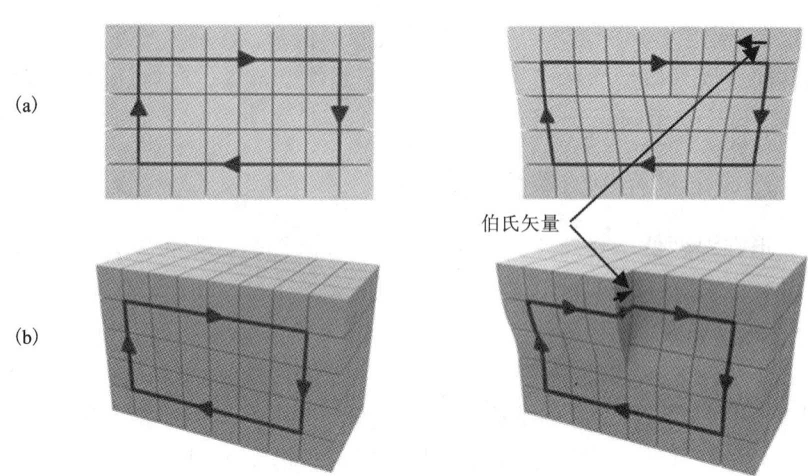

图 2.17　单晶中的位错类型

(a)刃型位错；(b)螺型位错

金属中的其他缺陷包括空位(缺失原子)、间隙原子(晶格中的多余原子)、杂质(通常在熔炼过程中由于控制不严格而引入的外来原子，取代了纯金属原子)、孔隙或夹杂(例如氧化物、硫化物及非金属元素)，以及晶界瑕疵等。

位错是晶体中固有的缺陷，这造成了金属强度实际值和理论值之间的偏差。含有位错的滑移面发生滑移所需的剪切应力显著低于理想晶格中的平面。

尽管位错的存在降低了发生滑移所需的剪切应力，但是位错能够：

- 逐渐缠结并且相互干扰；
- 被晶界、杂质、析出相和夹杂等障碍物阻碍。

析出相等障碍物周围的位错缠结和塞积提高了发生滑移所需的应力，这就提高了金属的整体强度。这种效应称为加工硬化或应变硬化。大的塑性变形会产生高的位错密度，从而提高金属的强度。在冷轧、金属板材冷成形和冷锻造之类的冷成形工艺中，加工硬化可广泛用于强化金属。

2. 冷成形金属的塑性

金属冷成形时，主导的塑性变形机制是由施加在滑移系上的高剪切应力引起的位错运动。

位错的累积引起金属硬化，因此成形作用力在成形过程中会增加。通常冷成形部件的强度因加工(或应变)硬化而上升，变形初期形成位错缠绕并出现模糊的晶界。动态回复最终导致形成胞状结构，其中包含有小于15°的失配晶界(小角度晶界)。

如果变形程度太大，位错的累积最终会导致工件在冷成形过程中开裂而失效，因此冷成形工艺中金属的可塑性较低。累积的位错可通过适当的热处理(退火)消除，以再结晶的方式促进回复，重新获得可塑性。因此，通过交替成形和退火工艺可以实现大变形。

2.2.2　温/热成形中的黏塑性变形

金属的温成形发生在高于0.3T_m 而低于材料的再结晶温度之间。金属的热成形发生在固态再结晶温度之上。为了理解材料在温/热成形工艺中的主导变形机制，需要先介绍金属的以下关键特征。

1. 晶界扩散

在高温下，原子扩散沿晶界进行，晶界上有很高的位错密度。这样，由于空位通过其晶格扩散而发生塑性变形，扩散速率对温度和应力状态很敏感。缺陷沿最大应力方向迁移到晶体表面(Meyers 和 Chawla，1999)，如图 2.18 所示。这是金属高温蠕变的典型变形机制。这种变形机制促使晶界滑动，导致塑性变形。热成形过程中的晶界扩散通常很快。

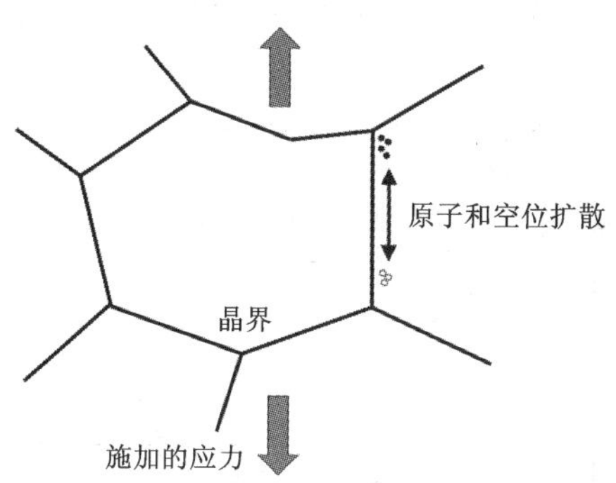

图 2.18　晶界处原子运动

2. 位错湮灭与重排

每个位错都关联一个应变场，该应变场对金属中储存的能量都有微小且有限的贡献。当温度升高时，位错开始运动，发生交滑移和攀移。如果两个相反方向(符号)的位错相遇，那么它们将相互湮灭，其对储能的贡献也就没有了。当位错湮灭彻底完成时，将只剩下唯一一种位错。

位错湮灭之后，任何剩余的位错都可以自动排列成有序阵列，其各自对储能的贡献会因它们的应力场重叠而减少。最简单的情形之一是一列伯氏矢量相同的刃型位错。刃型位错将重新排列成倾角晶界。晶界位错理论认为，晶界错配度的增加将提高晶界能，但会降低每个位错的能量。因此，存在一个驱动力去产生数量更少、错配度更高的晶界。在变形程度高的多晶材料中，此类情形自然更复杂。许多具有不同伯氏矢量的位错之间可发生相互作用，形成复杂的二维网络结构。

3. 再结晶，晶粒细化与晶粒长大

对于高温成形状态，金属发生变形，晶粒形状因位错运动而发生畸变。累积的位错在高温下发生动态或静态退火（松弛），不仅可减少加工硬化，还能提高金属的延展性。这种显微结构没有发生显著变化的机制，称为回复。

如果累积的位错密度达到某个水平且变形温度足够高时，则会发生再结晶，从而产生新的晶粒（晶粒细小且无位错）。这种现象通常从晶界开始，这归因于晶界处存在较高的位错密度。

再结晶会降低位错密度，而且可能因晶粒细化而改变主导的变形机制。一旦再结晶完毕，新形成的晶粒就开始长大。最终的晶粒尺寸取决于时间和温度。

图 2.19 所示为金属的力学性能随温度和显微结构变化的曲线。变形抗力随时间延长而降低，而延展性随温度增加而增加。注意当温度升高到非常高时，延展性不会继续增加，成形所需载荷不会进一步降低。这是因为晶粒在高温下很快长大，大晶粒导致变形机制发生改变，减少了晶界滑移和晶粒转动的自由度。后续章节将对此进行详细讨论。冷变形产生的残余应力在退火（回复）和再结晶过程中随温度升高而减小。

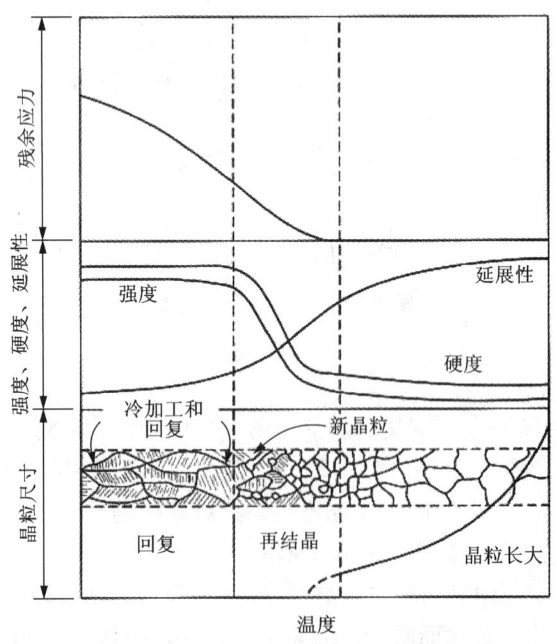

图 2.19　回复、再结晶、晶粒细化和晶粒长大及其对力学性能影响的示意图

4. 晶粒转动与晶界滑动

在超塑性成形(SPF)过程中，细晶材料在恒定高温状态下低速变形。在超塑性成形温度下晶界扩散很快。这有利于晶界滑动(一种蠕变型变形机制，后续将讨论)，但应变速率很高。此外由于晶界扩散，细晶材料促进晶粒转动。这样，超塑性成形的主导变形机制是晶界滑动和晶粒转动。

为了保证晶界滑动和晶粒转动机制在整个超塑性成形过程中持续进行，必须控制成形温度下超塑性材料中晶粒的长大过程。如果晶粒长大过快，大晶粒将使晶粒转动困难，这可能会增加成形过程中施加的应力或压力，或导致工件过早失效。减小工件的晶粒尺寸，可提高成形速率。

5. 黏塑性变形

在温/热成形状态中，涉及许多与时间相关的机制。比如扩散，回复/湮灭，再结晶和晶粒长大都是取决于成形时间。这导致塑性变形所需要的外力也取决于成形时间。对于某个工件来说，高温变形取决于变形速度(应变速率)。高应变速率对应高应力，如图 2.20 所示。这种塑性变形称为黏塑性，将在第 5 章讨论。

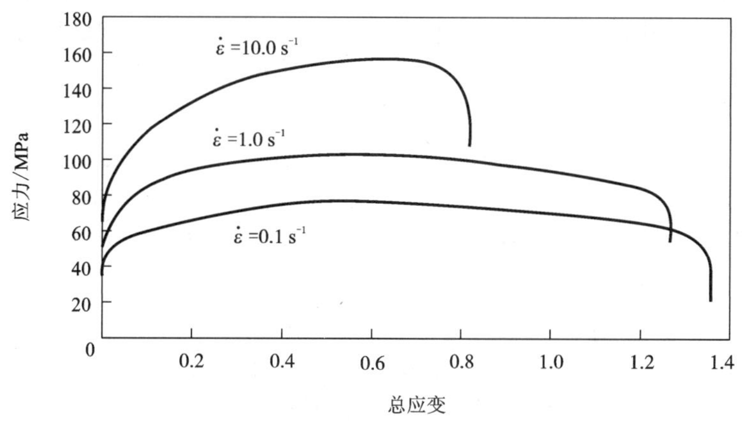

图 2.20　易切割钢在 1000℃温度下变形的应力 - 应变关系

[应变速率分别为 $0.1\ s^{-1}$、$1.0\ s^{-1}$、$10.0\ s^{-1}$(热成形状态)]

6. 温/热成形中的变形机制

正如上面所讨论的，金属温/热成形中的变形机制非常复杂，它们取决于金属的成分和显微结构、温度和成形速率。有时候，成形过程中的主导变形机制因为温度和显微结构的变化而发生改变。例如，在热成形过程中，工件温度可能因塑性变形而升高；此外，局部工件温度可能因与冷模接触而降低。同时，工件也可能发生动态再结晶，从而改变晶粒尺寸。

温成形和热成形过程中的主导变形机制与下列因素相关：

- 温度——较高温度使晶界扩散更容易，促使更多的晶界滑移。
- 变形速率——低变形速率有益于晶界扩散，从而促使更多的晶界滑移。
- 晶粒尺寸——较小的晶粒有利于晶界滑移和晶粒转动。

因此，如果温度相对较低、变形速率高且晶粒尺寸大，则主导变形机制可能就是基于位错运动(类似于冷成形条件下的塑性变形)。值得注意的是，在实际温/热成形工艺中，温度和变形速率通常随工件的位置而发生改变，而且随时间变化而改变。这导致变形机制在整个工件和变形过程中都会发生变化。

在高温下，细晶材料的强度较低，所以更容易变形。这是由晶界扩散、晶粒转动和晶界滑移引起的(恰似超塑性成形中的黏塑性变形)。但在室温下(冷成形条件下)，细晶材料具有高强度和高延展性。这是因为存在更多的高位错密度晶界，导致变形抗力升高。

2.3 应力和应变的定义

单轴拉伸或压缩试验是确定金属力学性能常用的试验，如强度(屈服应力和最大应力)、延展性(失效应变)、弹性模量、应变硬化等。拉伸试样可以按照各种应用标准设计成不同的形状。应力和应变定义见第1章(1.3节)。图2.21给出了材料拉伸试验的典型应力-应变曲线。

开始施加应力时，试样的伸长量与载荷呈正比，这称为线弹性行为。当应力升高到屈服量级(用σ_r表示)，称为屈服应力(或拉伸屈服强度)，试样开始经历永久(塑性)变形。超过这个应力量级，则应力与应变不再呈比例关系。由于这种比例极限很难确定，通常以在应力-应变曲线上偏移0.002的应变线性区来确定屈服应力，如图2.21所示。

随着变形继续进行，由于位错不断积累，应力非线性地增加，即表现为应变硬化，此时试样截面持续而均匀地减小，直到达到峰值应力，该应力称为最大应力(最大拉伸强度)。如果试样在屈服应力以下卸载，将回复到最初的形状。但如果试样从高于屈服应力水平卸载，曲线则沿直线朝下且与最初的斜率线平行，如图1.1所示。这称为弹性回复。

如果试样在超过抗拉强度处卸载，则会发生缩颈，且沿试样测量长度方向上的截面积不再是均匀的。若变形继续进行，则试样最终会断裂。该点的应变称为断裂应变ε_f。这即是对材料延展性的测量。

需要注意的是，以上描述适用于材料的室温变形，即冷变形。在高温下，由于动态再结晶、显微结构演变以及静态/动态回复，试样在变形的最初始阶段就会发生软化，但其横截面积在标定的测量长度内仍然是均匀的(试样的横截面均匀收缩)。温/热成形试样的屈服应力是很难确定的，且其蠕变是在很低的应力水

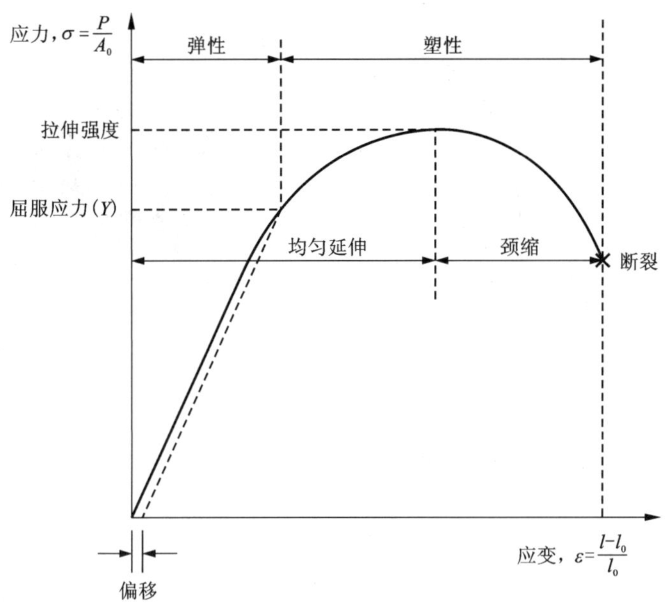

图 2.21　典型的应力－应变曲线

（Kalpakjian 和 Schmid，2001）

平下发生的。

2.3.1　应力

1. 三维应力分量

图 2.22 所示的一个物体，假设其为一个连续体，且在 F_1、F_2、F_3 等力的作用下发生变形。作用于材料中一个无限小立方体上的 3D 应力在图 2.22 中被放大显示。按照标准标示法，第一个下标数字表示垂直于作用力平面的方向，第二个下标数字表示力作用的方向。因此，σ_{11}、σ_{22} 和 σ_{33} 为平行于整体正交轴线的应力（即法向应力），其他应力分量是相应平面上的剪切应力。如果在轴方向的应力为零，则平面应力状态存在，即非零应力是 σ_{11}、σ_{12}、σ_{22} 和 σ_{21}，其中 $\sigma_{12}=\sigma_{21}$。板材成形过程通常被认为是平面应力变形条件，这是因为与板材厚度方向有关的应力常被忽略。

2. 应力和应变张量

对于一个复杂的应力状态，应力可以表达为应力张量，即：

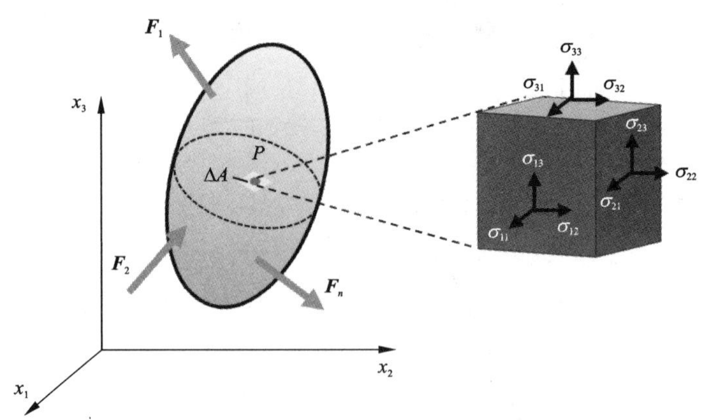

图 2.22　假设为连续体的应力加载变形材料的 3D 应力示意图

$$\boldsymbol{\sigma} = \sigma_{ij} = \begin{bmatrix} \sigma_{11} & \sigma_{12} & \sigma_{13} \\ \sigma_{21} & \sigma_{22} & \sigma_{23} \\ \sigma_{31} & \sigma_{32} & \sigma_{33} \end{bmatrix} \tag{2.1}$$

应力张量也被称为柯西应力张量(Augustin-Louis Cauchy, 法国人, 1789—1857), 用于材料发生小变形时的应力分析, 这是弹性线性理论的核心概念。对于大变形, 也称有限变形, 还需要其他的应力测量方法, 比如 Piola-Kirchhoff 应力张量、Biot 应力张量和 Kirchhoff 应力张量。这些应力张量将在本章的后续章节讨论。

由于矩阵的对称性, 式(2.1)也可写成

$$\boldsymbol{\sigma}^{\mathrm{T}} = [\sigma_{11} \quad \sigma_{22} \quad \sigma_{33} \quad \tau_{12} \quad \tau_{13} \quad \tau_{23}]$$

式中: τ 表示剪切应力。

在 3D(x, y, z)或(1, 2, 3)或(x_1, x_2, x_3)坐标系中, 应力总和为:

$x(1)$,	$y(2)$,	$z(3)$,	$xy(12)$,	$xz(13)$,	$yz(23)$
σ_{11},	σ_{22},	σ_{33},	σ_{12},	σ_{13},	σ_{23}
σ_x,	σ_y,	σ_z,	τ_{xy},	τ_{xz},	τ_{yz}
			τ_{12},	τ_{12},	τ_{12}。

这些符号常用于力学书籍及科技文献中。

3. 主应力和应力张量不变量

进行定义的主应力 σ_1、σ_2、σ_3 是在剪切应力为零的平面内, 并且在三维各向同性连续介质中互相垂直。某代数定理指出, 主应力可以从下面的方程中求解:

$$\det(\boldsymbol{\sigma} - \sigma\delta_{ij}) = |\sigma_{ij} - \sigma\delta_{ij}| = 0$$

式中：δ_{ij}为一个克罗内克符号，定义为

$$\delta_{ij}=\begin{vmatrix}1&0&0\\0&1&0\\0&0&1\end{vmatrix}=\begin{cases}1 & i=j\\0 & i\neq j\end{cases}$$

所以方程又表示为

$$|\sigma_{ij}-\sigma\delta_{ij}|=\begin{vmatrix}(\sigma_{11}-\sigma)&\sigma_{12}&\sigma_{13}\\\sigma_{21}&(\sigma_{22}-\sigma)&\sigma_{23}\\\sigma_{31}&\sigma_{32}&(\sigma_{33}-\sigma)\end{vmatrix}=0 \tag{2.2}$$

3×3矩阵的行列式的值可从右下对角项减去左上对角项的乘积得到，因此式(2.2)可简化为

$$(\sigma_{11}-\sigma)(\sigma_{22}-\sigma)(\sigma_{33}-\sigma)+\sigma_{12}\sigma_{23}\sigma_{31}+\sigma_{13}\sigma_{21}\sigma_{32}-(\sigma_{11}-\sigma)\sigma_{23}^2-(\sigma_{33}-\sigma)\sigma_{12}^2-(\sigma_{22}-\sigma)\sigma_{13}^2=0 \tag{2.3}$$

这就是所需要的三次方程，也称主应力三次方程。合并项及重新排列后可以写成

$$\sigma^3-(\sigma_{11}+\sigma_{22}+\sigma_{33})\sigma^2+(\sigma_{11}\sigma_{22}+\sigma_{22}\sigma_{33}+\sigma_{33}\sigma_{11}-\sigma_{12}^2-\sigma_{23}^2-\sigma_{31}^2)\sigma-(\sigma_{11}\sigma_{22}\sigma_{33}+2\sigma_{12}\sigma_{23}\sigma_{31}-\sigma_{11}\sigma_{23}^2-\sigma_{22}\sigma_{31}^2-\sigma_{33}\sigma_{12}^2)=0 \tag{2.4}$$

或者

$$\sigma^3-J_1\sigma^2+J_2\sigma-J_3=0 \tag{2.5}$$

式中：

$$J_1=\sigma_{ii}=\sigma_{11}+\sigma_{22}+\sigma_{33} \tag{2.6a}$$

$$J_2=\frac{1}{2}(\sigma_{ii}\sigma_{kk}-\sigma_{ik}\sigma_{ki})=\sigma_{11}\sigma_{22}+\sigma_{22}\sigma_{33}+\sigma_{33}\sigma_{11}-(\sigma_{12}^2+\sigma_{23}^2+\sigma_{31}^2) \tag{2.6b}$$

$$\begin{aligned}J_3&=\frac{1}{6}(\sigma_{ii}\sigma_{jj}\sigma_{kk}+2\sigma_{ij}\sigma_{jk}\sigma_{ki}-3\sigma_{kk}\sigma_{ij}\sigma_{ji})\\&=\sigma_{11}\sigma_{22}\sigma_{33}+2\sigma_{12}\sigma_{23}\sigma_{31}-\sigma_{11}\sigma_{23}^2-\sigma_{22}\sigma_{31}^2-\sigma_{33}\sigma_{12}^2\end{aligned} \tag{2.6c}$$

式(2.5)有三个实根$\sigma=\sigma_1$、σ_2和σ_3，通常设定$\sigma_1>\sigma_2>\sigma_3$。这是一个很重要的方程，因其系数$J_1$、$J_2$和$J_3$一定是不变量。也就是说，对于物体中一个给定的应力状态，原始一组轴x_1、x_2、x_3在物体中定向，三次方程必须给出相应的σ_1、σ_2和σ_3。因此，从坐标系导出的系数值必须相同。因此有

$$J_1=\sigma_{11}+\sigma_{22}+\sigma_{33}=\sigma_1+\sigma_2+\sigma_3$$

$$J_2=\sigma_{11}\sigma_{22}+\sigma_{22}\sigma_{33}+\sigma_{33}\sigma_{11}-(\sigma_{12}^2+\sigma_{23}^2+\sigma_{31}^2)=\sigma_1\sigma_2+\sigma_2\sigma_3+\sigma_3\sigma_1$$

$$J_3=\sigma_{11}\sigma_{22}\sigma_{33}+2\sigma_{12}\sigma_{23}\sigma_{31}-\sigma_{11}\sigma_{23}^2-\sigma_{22}\sigma_{31}^2-\sigma_{33}\sigma_{12}^2=\sigma_1\sigma_2\sigma_3$$

主应力平面上的剪切应力为零。本书不讨论求解主应力三次方程和主应力平面方向的方法。然而，在讨论塑性的数学理论时这些考虑将再次提出。

4. 静水应力

静水应力也称平均应力。这是一个作用在单元体上所有方向相等的应力，并且该应力仅引起体积的变化，由于在纯压缩静水应力状态下不能发生屈服，所以在去除应力时材料的变形是可恢复的。静水应力可表示为

$$\sigma_H=\frac{\boldsymbol{J}_1(\boldsymbol{\sigma})}{3}=\frac{\sigma_{ii}}{3}=\frac{1}{3}(\sigma_{11}+\sigma_{22}+\sigma_{33}) \tag{2.7}$$

对于简单单轴拉伸情况，有

$$\sigma_{11}=\sigma_1=\sigma_H/3 \quad \sigma_{22}=\sigma_{33}=\sigma_2=\sigma_3=0$$

静水应力已广泛用于评估材料在塑性/黏塑性变形条件下损伤的起始和生长。例如，可以假定当 $\sigma_H<0$ 时，材料是压缩成形并且没有引起微观损伤的。

5. 偏应力

在构建三维本构方程时，应力张量可用其他两个应力张量的总和表示：平均体积应力张量和应力偏张量 S，即

$$\sigma_{ij}=S_{ij}+\frac{1}{3}\delta_{ij}\sigma_{kk}$$

因此，偏应力 S_{ij} 可以定义为

$$S_{ij}=\sigma_{ij}-\frac{1}{3}\delta_{ij}\sigma_{kk}\text{，或 }\boldsymbol{S}=\boldsymbol{\sigma}-\frac{1}{3}\boldsymbol{J}_1(\boldsymbol{\sigma})\delta_{ij}=\boldsymbol{\sigma}-\frac{1}{3}\mathrm{Tr}(\boldsymbol{\sigma})\delta_{ij} \tag{2.8}$$

或

$$S_{ij}=\sigma_{ij}-\frac{1}{3}(\sigma_{11}+\sigma_{22}+\sigma_{33})\delta_{ij}$$

或

$$S_{ij}=\begin{bmatrix}\dfrac{2\sigma_{11}-\sigma_{22}-\sigma_{33}}{3} & \sigma_{12} & \sigma_{13}\\ \sigma_{21} & \dfrac{2\sigma_{22}-\sigma_{11}-\sigma_{33}}{3} & \\ \sigma_{31} & \sigma_{32} & \dfrac{2\sigma_{33}-\sigma_{22}-\sigma_{11}}{3}\end{bmatrix}$$

连续体的塑性变形是由偏应力直接引起的。S_{ij} 有主轴，这是因为它是一个二阶张量。偏应力的主值是三次方程的根[类似于式(2.5)]，偏应力张量的不变量可表示为

$$J_1'=S_{ii}=S_{11}+S_{22}+S_{33}=(\sigma_{11}-\sigma_H)+(\sigma_{22}-\sigma_H)+(\sigma_{33}-\sigma_H)=0 \tag{2.8a}$$

$$\begin{aligned}J_2'&=\frac{1}{2}(S_{ii}S_{kk}-S_{ik}S_{ki})=S_{11}S_{22}+S_{22}S_{33}+S_{33}S_{11}-(\sigma_{12}^2+\sigma_{23}^2+\sigma_{31}^2)\\&=\frac{1}{2}[(\sigma_{11}-\sigma_{22})^2+(\sigma_{22}-\sigma_{33})^2+(\sigma_{33}-\sigma_{11})^2+6(\sigma_{12}^2+\sigma_{23}^2+\sigma_{31}^2)]\end{aligned}$$

$$= \frac{1}{2}[(\sigma_1 - \sigma_2)^2 + (\sigma_2 - \sigma_3)^2 + (\sigma_3 - \sigma_1)^2] \tag{2.8b}$$

第三个不变量 J_3' 是偏应力张量的决定性因素。应力张量(J_2)的第二个不变量和偏应力张量(J_2')的关系是

$$J_2' = 3\sigma_H^2 - J_2$$

对于单轴拉伸/压缩的情况，导致材料塑性变形的偏应力张量是

$$\boldsymbol{S} = \begin{bmatrix} \frac{2\sigma_{11}}{3} & 0 & 0 \\ 0 & -\frac{1}{3}\sigma_{11} & 0 \\ 0 & 0 & -\frac{1}{3}\sigma_{11} \end{bmatrix}$$

式中：$S_{12} = \sigma_{12} = 0$，$S_{13} = \sigma_{13} = 0$，$S_{23} = \sigma_{23} = 0$。

6. von-Mises 应力

von-Mises 应力是一个标量，也称等效应力，其定义为偏应力张量(J_2')的第二个不变量。

$$\sigma_e = \sqrt{J_2'(\boldsymbol{S})} = \left[\frac{3}{2}S_{ij}:S_{ij}\right]^{1/2}$$

$$= \sqrt{\frac{1}{2}[(\sigma_{11} - \sigma_{22})^2 + (\sigma_{22} - \sigma_{33})^2 + (\sigma_{33} - \sigma_{11})^2] + 3(\sigma_{12}^2 + \sigma_{23}^2 + \sigma_{31}^2)}$$

$$= \sqrt{\frac{1}{2}[(\sigma_1 - \sigma_2)^2 + (\sigma_2 - \sigma_3)^2 + (\sigma_3 - \sigma_1)^2]} \tag{2.9}$$

对于在“11”方向的单轴拉伸或压缩来说，有

$$\sigma_e = \sigma_{11} = \sigma_1$$

von-Mises 屈服准则常用来评估材料在多轴应力条件下塑性变形的开始。这将在后面的章节中讨论。

2.3.2　位移、应变和应变速率

3D(x, y, z)、(1, 2, 3)或者(x_1, x_2, x_3) 坐标系中位移和应变分量的符号为：

$x(1)$，　$y(2)$，　$z(3)$，　$xy(12)$，　$xz(13)$，　$yz(23)$

ε_{11}，　ε_{22}，　ε_{33}，　γ_{12}，　γ_{13}，　γ_{23}

ε_x，　ε_y，　ε_z，　ε_{12}，　ε_{13}，　ε_{23}

u，　v，　w

这些符号常用于力学书籍及科技文献中。

1. 应变和位移

用实验来测量应变具有一定的局限性，不适合科学分析。在本节中，介绍了有关应变和位移之间的常见关系。应变与刚体运动无关，但是与连续体中位置的相对移动有关。这表示应变可以写成位移的函数。

为了证明这一点，选择一个各向同性体中的单元进行分析，如图 2. 23 所示。AB 是变形前的对角线。线 $A'B'$ 是线 AB 变形和移动后的状态。假定单元(此处为线)均匀地变形，并且变形后的线 $A'B'$ 平行于原始线 AB。A' 的新位置是$(x+u, y+v, z+w)$，其中 u、v 和 w 分别是 x、y 和 z 方向上 A 到 A' 的位移。A' 是$(x+u, y+v, z+w)$，其中 u、v 和 w 分别是从 A 到 A' 时，x、y、z 方向的位移。

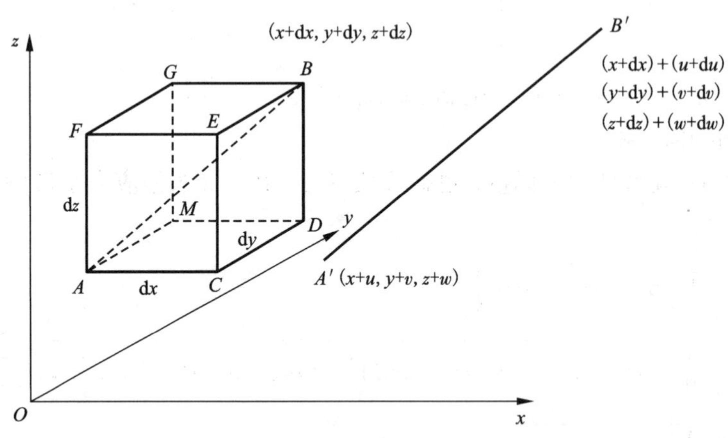

图 2.23 线 AB 到线 $A'B'$ 的变形

位置 B 的坐标为$(x+\mathrm{d}x, y+\mathrm{d}y, z+\mathrm{d}z)$，变形后位置 B' 的坐标为$[(x+\mathrm{d}x)+(u+\mathrm{d}u), (y+\mathrm{d}y)+(v+\mathrm{d}v), (z+\mathrm{d}z)+(w+\mathrm{d}w)]$，其中 $\mathrm{d}u$、$\mathrm{d}v$ 和 $\mathrm{d}w$ 是直线 AB 变形后的增量。如果 $u=f(x, y, z)$，则 $u+\mathrm{d}u=f(x+\mathrm{d}x, y+\mathrm{d}y, z+\mathrm{d}z)$。使用泰勒级数展开后，得：

$$u+\mathrm{d}u=f(x, y, z)+\frac{\partial f}{\partial x}\mathrm{d}x+\frac{\partial f}{\partial y}\mathrm{d}y+\frac{\partial f}{\partial z}\mathrm{d}z+\cdots \tag{2.10}$$

由于 $u=f(x, y, z)$的值很小，故其高阶微分更加小，可以忽略。因此，x 方向的增量(即图 2. 23 所示的线 AC 的增量)可以表示为

$$\mathrm{d}u=\frac{\partial u}{\partial x}\mathrm{d}x+\frac{\partial u}{\partial y}\mathrm{d}y+\frac{\partial u}{\partial z}\mathrm{d}z \tag{2.11a}$$

同样地，y、z 方向的增量：

$$\mathrm{d}v=\frac{\partial v}{\partial x}\mathrm{d}x+\frac{\partial v}{\partial y}\mathrm{d}y+\frac{\partial v}{\partial z}\mathrm{d}z \tag{2.11b}$$

$$dw = \frac{\partial w}{\partial x}dx + \frac{\partial w}{\partial y}dy + \frac{\partial w}{\partial z}dz \tag{2.11c}$$

式中：$\frac{\partial u}{\partial x}dx$ 表示图 2.23 中的初始长度 dx 或 AC 的位置变化，并且由图 2.24 可知，在二维空间中，Ox 方向的应变 ε_x（或 ε_{11}）可以表示为

$$\varepsilon_x = \frac{\partial u}{\partial x}dx/dx = \frac{\partial u}{\partial x} \tag{2.12}$$

同样地，y、z 方向的应变可分别表示为：

$$\varepsilon_y = \frac{\partial v}{\partial y} \qquad \varepsilon_z = \frac{\partial w}{\partial z}$$

从图 2.24 中的 xOz 面可以看出，$\angle JA'C' = \angle F'A'M$。因此

$$\angle JA'C' = \alpha_{zx} \approx \tan\alpha_{zx} = \frac{C'J}{A'J} = \frac{\frac{\partial w}{\partial x}dx}{dx + \frac{\partial u}{\partial x}dx} = \frac{\frac{\partial w}{\partial x}}{1 + \frac{\partial u}{\partial x}} \approx \frac{\partial w}{\partial x}$$

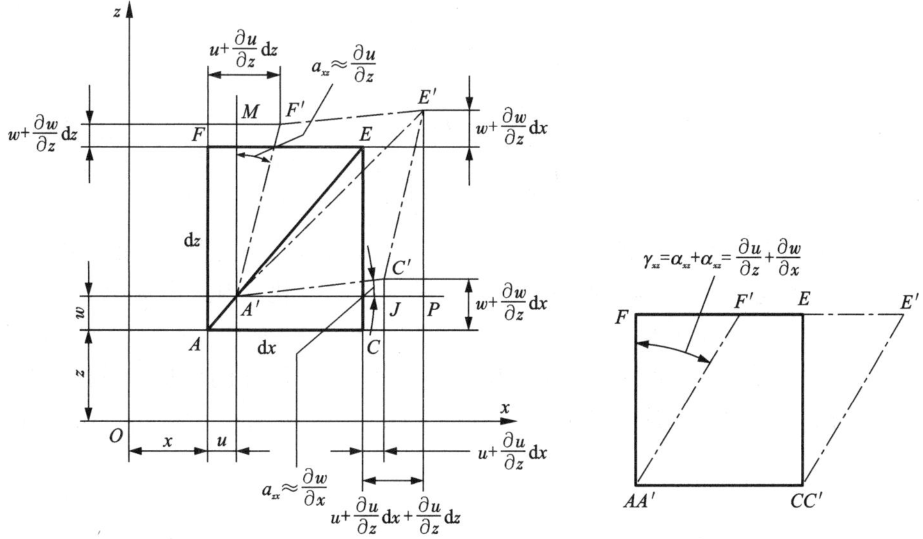

图 2.24　xOz 面的位移和应变

（Ford 和 Alexander，1977）

同样地，

$$\angle F'A'M' = \alpha_{xz} \approx \tan\alpha_{xz} = \frac{F'M}{A'M} \approx \frac{\partial u}{\partial z}$$

因此，xOz 面的剪切应变可以表示为

$$\gamma_{xz}=\frac{\partial w}{\partial x}+\frac{\partial u}{\partial z} \tag{2.13a}$$

同样地，对于其他的面，有：

$$\gamma_{yz}=\frac{\partial w}{\partial y}+\frac{\partial v}{\partial z} \tag{2.13b}$$

$$\gamma_{xy}=\frac{\partial v}{\partial x}+\frac{\partial u}{\partial y} \tag{2.13c}$$

根据变形可知，两个半剪切应变值可以表示剪切变形。因此$\frac{1}{2}\gamma_{xz}$和$\frac{1}{2}\gamma_{zx}$可以用来表示 γ_{xz}。剪切应变张量可以写成

$$\boldsymbol{\varepsilon}=\varepsilon_{ij}=\begin{bmatrix}\frac{\partial u}{\partial x} & \frac{1}{2}\left(\frac{\partial u}{\partial y}+\frac{\partial v}{\partial x}\right) & \frac{1}{2}\left(\frac{\partial u}{\partial z}+\frac{\partial w}{\partial x}\right)\\ \frac{1}{2}\left(\frac{\partial u}{\partial y}+\frac{\partial v}{\partial x}\right) & \frac{\partial v}{\partial y} & \frac{1}{2}\left(\frac{\partial v}{\partial z}+\frac{\partial w}{\partial y}\right)\\ \frac{1}{2}\left(\frac{\partial u}{\partial z}+\frac{\partial w}{\partial x}\right) & \frac{1}{2}\left(\frac{\partial v}{\partial z}+\frac{\partial w}{\partial y}\right) & \frac{\partial w}{\partial z}\end{bmatrix}$$

$$=\begin{bmatrix}\varepsilon_{11} & \frac{1}{2}\gamma_{12} & \frac{1}{2}\gamma_{13}\\ \frac{1}{2}\gamma_{21} & \varepsilon_{22} & \frac{1}{2}\gamma_{23}\\ \frac{1}{2}\gamma_{31} & \frac{1}{2}\gamma_{32} & \varepsilon_{33}\end{bmatrix}=\begin{bmatrix}\varepsilon_{11} & \varepsilon_{12} & \varepsilon_{13}\\ \varepsilon_{21} & \varepsilon_{22} & \varepsilon_{23}\\ \varepsilon_{31} & \varepsilon_{32} & \varepsilon_{33}\end{bmatrix} \tag{2.14}$$

应变张量具有与应力张量相同的特性[参考式(2.1)]。它决定变形体的一个单元的应变状态。对于刚塑性变形，其体积不发生变化，因此有 $\varepsilon_x+\varepsilon_y+\varepsilon_z=\varepsilon_{11}+\varepsilon_{22}+\varepsilon_{33}=0$，且静水应变 $\varepsilon_{\mathrm{H}}=(\varepsilon_x+\varepsilon_y+\varepsilon_z)/3=0$。偏应变应是一个变张量。

在弹性变形中，固体的体积是变化的。一般来说，固体的变形涉及体积和形状变化的组合。类似于应力张量不变量的定义，三个主应变可以用三次方程来计算。

$$\varepsilon^3-I_1\varepsilon^2+I_2\varepsilon-I_3=0 \tag{2.15}$$

式中：

$$I_1=\varepsilon_{ii}=\varepsilon_{11}+\varepsilon_{22}+\varepsilon_{33} \tag{2.15a}$$

$$I_2=\frac{1}{2}(\varepsilon_{ii}\varepsilon_{kk}-\varepsilon_{ik}\varepsilon_{ki})=\varepsilon_{11}\varepsilon_{22}-\varepsilon_{22}\varepsilon_{33}-\varepsilon_{33}\varepsilon_{11}-\frac{1}{4}(\gamma_{12}^2+\gamma_{23}^2+\gamma_{31}^2) \tag{2.15b}$$

$$I_3=\varepsilon_{11}\varepsilon_{22}\varepsilon_{33}+\frac{1}{4}\gamma_{12}\gamma_{23}\gamma_{31}-\frac{1}{4}(\varepsilon_{11}\gamma_{23}^2+\varepsilon_{22}\gamma_{31}^2+\varepsilon_{33}\gamma_{12}^2) \tag{2.15c}$$

类似于应力分析，主应变 $\varepsilon_1>\varepsilon_2>\varepsilon_3$，且它们可以通过计算式(2.15)得到。

最大剪切应变可表示为

$$\gamma_{\max} = \pm\frac{1}{2}(\varepsilon_1 - \varepsilon_2) \tag{2.16a}$$

应变张量的第一不变量可以用来表示体积的变化：

$$\Delta = I_1 = \varepsilon_{ii} = \varepsilon_{11} + \varepsilon_{22} + \varepsilon_{33} \tag{2.16b}$$

平均应变或静水应变可以定义为

$$\varepsilon_{\mathrm{H}} = \frac{I_1}{3} = \frac{\varepsilon_{ii}}{3} = \frac{\varepsilon_{11} + \varepsilon_{22} + \varepsilon_{33}}{3} \tag{2.16c}$$

应变张量中涉及形状改变而不是体积改变的部分称为偏应变张量，ε'。与偏应力的定义类似，偏应变可以表示为

$$\varepsilon'_{ij} = \varepsilon_{ij} - \varepsilon_{\mathrm{H}}\delta_{ij} \tag{2.16d}$$

或

$$\varepsilon'_{ij} = \begin{bmatrix} \varepsilon_{11} - \varepsilon_{\mathrm{H}} & \varepsilon_{12} & \varepsilon_{13} \\ \varepsilon_{21} & \varepsilon_{22} - \varepsilon_{\mathrm{H}} & \varepsilon_{23} \\ \varepsilon_{31} & \varepsilon_{32} & \varepsilon_{33} - \varepsilon_{\mathrm{H}} \end{bmatrix}$$

$$= \begin{bmatrix} \dfrac{2\varepsilon_{11} - \varepsilon_{22} - \varepsilon_{33}}{3} & \varepsilon_{12} & \varepsilon_{13} \\ \varepsilon_{21} & \dfrac{2\varepsilon_{22} - \varepsilon_{11} - \varepsilon_{33}}{3} & \varepsilon_{23} \\ \varepsilon_{31} & \varepsilon_{32} & \dfrac{2\varepsilon_{33} - \varepsilon_{11} - \varepsilon_{22}}{3} \end{bmatrix}$$

式中：有效应变为

$$\varepsilon_{\mathrm{e}} = \sqrt{\frac{2}{9}[(\varepsilon_1 - \varepsilon_2)^2 + (\varepsilon_2 - \varepsilon_3)^2 + (\varepsilon_3 - \varepsilon_1)^2]} \tag{2.16e}$$

有效应变与等效应力相似，仅用来量化只有主应变时复杂的应力状态。对于单轴的情况，$\varepsilon_{\mathrm{e}} = \varepsilon_1 = \varepsilon_{11}$，其中 $\varepsilon_2 = \varepsilon_3 = -\varepsilon_1/2$。

2. 应变速率和应变速率张量

变形材料内部两个点之间的距离在塑性变形过程中会发生变化。应变的大小取决于距离变化的程度和应变率，其中应变率与位移率有关，$\dot{u}$、$\dot{v}$ 和 $\dot{w}$ 定义了变化发生的速度。三个方向的位移率可以表示为

$$\begin{aligned} \dot{u} &= f_1(x, y, z, t) \\ \dot{v} &= f_2(x, y, z, t) \\ \dot{w} &= f_3(x, y, z, t) \end{aligned} \tag{2.17}$$

对于小变形，位移率可以表示为：

$$
\begin{aligned}
\dot{u} &= \frac{\partial u}{\partial t} \\
\dot{v} &= \frac{\partial v}{\partial t} \qquad (2.18) \\
\dot{w} &= \frac{\partial w}{\partial t}
\end{aligned}
$$

因此，应变速率可以表示为位移速率，即

$$\dot{\varepsilon}_x = \frac{\partial \dot{u}}{\partial x} = \frac{\partial}{\partial t}\left(\frac{\partial u}{\partial x}\right) = \frac{\partial \varepsilon_x}{\partial t} \qquad (2.19)$$

$$\dot{\gamma}_{xy} = \frac{\partial \dot{u}}{\partial y} + \frac{\partial \dot{v}}{\partial x} = \frac{\partial}{\partial t}\left(\frac{\partial u}{\partial y} + \frac{\partial v}{\partial x}\right) = \frac{\partial \gamma_{xy}}{\partial t}$$

其他应变率分量可以用类似的方法获得。值得注意的是，位移率的单位是m/s，与应变率的单位1/s是不同的。

2.3.3 有限变形和其他应变的定义

假设材料中有一点 P，其位置矢量为 $\boldsymbol{X} = X_i\boldsymbol{I}_i$，在可变形的体坐标系 X_i 中，有一单位矢量 $\boldsymbol{I}_i$，其中 $i=1, 2, 3$(图2.25)。在材料发生位移以及变形之后，点 P 的位置在新的坐标系 x_i(单位矢量为 $\boldsymbol{e}_i$)中表示为 $\boldsymbol{x} = x_i\boldsymbol{e}_i$。为了方便起见，假设可对未变形和变形的坐标系进行叠加，如图2.25所示。

1. 有限变形

假设 Q 是 P 附近的一个点(即 d$\boldsymbol{X}$ 非常小)，其位置矢量为

$$Q: \boldsymbol{X} + \mathrm{d}\boldsymbol{X} = (X_i + \mathrm{d}X_i)\boldsymbol{I}_i$$

Q 被一个新位置 q 代替，则

$$q: \boldsymbol{x} + \mathrm{d}\boldsymbol{x} = \boldsymbol{X} + \mathrm{d}\boldsymbol{X} + \boldsymbol{u}(\boldsymbol{X} + \mathrm{d}\boldsymbol{X})$$

因此，有：

$$\mathrm{d}\boldsymbol{x} = \mathrm{d}\boldsymbol{X} + \mathrm{d}\boldsymbol{u} \qquad (2.20)$$

式中：d$\boldsymbol{u}$ 为矢量，代表变形体 Q 和 P 位置的相对位移，其值与变形量有关。

假设在连续的位移场中，对于一个无穷小的元素 d$\boldsymbol{X}$，可以在材料内一点 P 附近使用泰勒级数展开并忽略高阶项逼近相对位移矢量的分量来表示相邻点 Q：

$$\boldsymbol{u}(\boldsymbol{X} + \mathrm{d}\boldsymbol{X}) = \boldsymbol{u}(\boldsymbol{X}) + \mathrm{d}\boldsymbol{u} \approx \boldsymbol{u}(\boldsymbol{X}) + \nabla_x \boldsymbol{u} \cdot \mathrm{d}\boldsymbol{X}$$

或

$$u_i^q = u_i + \mathrm{d}u_i \approx u_i + \frac{\partial u_i}{\partial X_j}\mathrm{d}X_j$$

2. 变形梯度张量

式(2.20)可以写成：

$$\mathrm{d}\boldsymbol{x} = \mathrm{d}\boldsymbol{X} + \mathrm{d}\boldsymbol{u} = \mathrm{d}\boldsymbol{X} + \nabla_x \boldsymbol{u} \cdot \mathrm{d}\boldsymbol{X} = (\boldsymbol{I} + \nabla_x \boldsymbol{u})\mathrm{d}\boldsymbol{X} = \boldsymbol{F}\mathrm{d}\boldsymbol{X} \qquad (2.21)$$

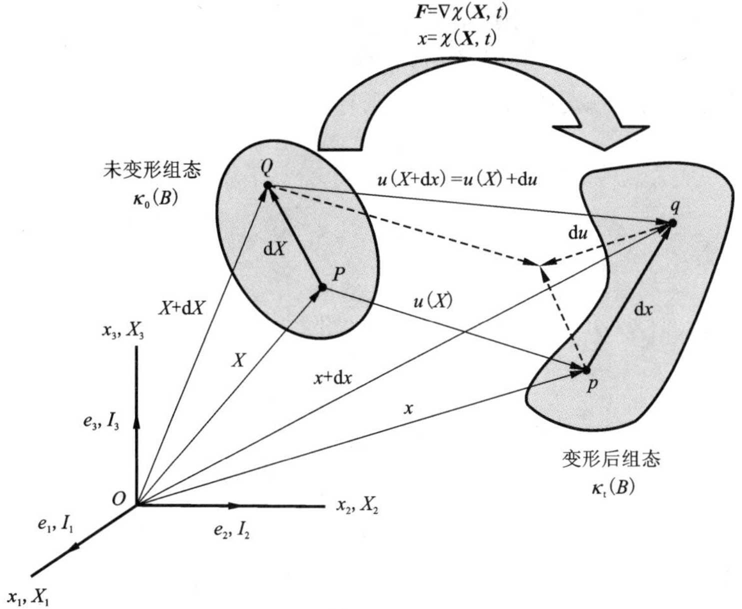

图 2.25　一个连续体的有限变形

式中：

$$\boldsymbol{F}=\frac{\partial \boldsymbol{x}}{\partial \boldsymbol{X}}=F_{ij}=\frac{\partial x_i}{\partial X_j},\ i=1,2,3,\ j=1,2,3 \tag{2.22}$$

因此，

$$\boldsymbol{F}=\frac{\partial x_i}{\partial X_j}=\begin{bmatrix}\dfrac{\partial x_1}{\partial X_1} & \dfrac{\partial x_1}{\partial X_2} & \dfrac{\partial x_1}{\partial X_3}\\ \dfrac{\partial x_2}{\partial X_1} & \dfrac{\partial x_2}{\partial X_2} & \dfrac{\partial x_2}{\partial X_3}\\ \dfrac{\partial x_3}{\partial X_1} & \dfrac{\partial x_3}{\partial X_2} & \dfrac{\partial x_3}{\partial X_3}\end{bmatrix}$$

这就是变形梯度张量，它是一个表示映射函数关系梯度的二阶张量。张量描述一个连续的运动。材料的变形梯度张量通过将线元从原来的构型转换成当前的(或变形的)构型来表征邻近区域某点的局部变形。$\boldsymbol{F}$ 被定义为一对一的映射(以确保连续性)。因此有

$$\mathrm{d}\boldsymbol{x}=\frac{\partial \boldsymbol{x}}{\partial \boldsymbol{X}}\mathrm{d}\boldsymbol{X}=\boldsymbol{F}\mathrm{d}\boldsymbol{X}$$

或

$$\mathrm{d}x_i=\frac{\partial x_i}{\partial X_j}\mathrm{d}X_j=F_{ij}\mathrm{d}X_j$$

对于刚体平移的一个特例 $\boldsymbol{S}$，则有

$$\boldsymbol{x} = \boldsymbol{X} + \boldsymbol{S}$$

若变形梯度张量减小到单位张量，则有：

$$x_1 = X_1 + S_1$$

$$x_2 = X_2 + S_2$$

$$x_3 = X_3 + S_3$$

或

$$\boldsymbol{F} = \begin{bmatrix} \dfrac{\partial x_1}{\partial X_1} & \dfrac{\partial x_1}{\partial X_2} & \dfrac{\partial x_1}{\partial X_3} \\ \dfrac{\partial x_2}{\partial X_1} & \dfrac{\partial x_2}{\partial X_2} & \dfrac{\partial x_2}{\partial X_3} \\ \dfrac{\partial x_3}{\partial X_1} & \dfrac{\partial x_3}{\partial X_2} & \dfrac{\partial x_3}{\partial X_3} \end{bmatrix} = \begin{bmatrix} 1 & 0 & 0 \\ 0 & 1 & 0 \\ 0 & 0 & 1 \end{bmatrix}$$

对于刚体旋转 $\boldsymbol{R}$，

$$\boldsymbol{x} = \boldsymbol{R}\boldsymbol{X}$$

则变形梯度张量为

$$\boldsymbol{F} = \boldsymbol{R}$$

在不变形刚体运动的情况下，应变张量消失。

3. 极分解

与任何二阶张量一样，变形梯度张量 $\boldsymbol{F}$ 可以用极化分解定理分解成两个二阶张量的乘积：正交张量 $\boldsymbol{R}$ 和正定对称张量 $\boldsymbol{U}$，即

$$\boldsymbol{F} = \boldsymbol{R}\boldsymbol{U} = \boldsymbol{V}\boldsymbol{R} \tag{2.23}$$

式中：正交张量 $\boldsymbol{R}$ 具有 $\boldsymbol{R}^{-1} = \boldsymbol{R}^{\mathrm{T}}$ 以及 $|\boldsymbol{R}| = +1$ 的性质，并且表示物体的旋转。张量 $\boldsymbol{U}$ 是旋转张量 $\boldsymbol{R}$ 的右拉伸张量，$\boldsymbol{V}$ 是左拉伸张量(图 2.26)。$\boldsymbol{U}$ 和 $\boldsymbol{V}$ 都是正定二阶对称张量，即 $\boldsymbol{U} = \boldsymbol{U}^{\mathrm{T}}$ 和 $\boldsymbol{V} = \boldsymbol{V}^{\mathrm{T}}$。

这种分解表明，未变形的线元 $\mathrm{d}\boldsymbol{X}$ 在变形状态下的变形为 $\mathrm{d}\boldsymbol{x}$，即 $\mathrm{d}\boldsymbol{x} = \boldsymbol{F}\mathrm{d}\boldsymbol{X}$，可以通过先将元件拉伸 U 个单元然后旋转 R 个单元来获得(图 2.26)，即 $\mathrm{d}\boldsymbol{x} = \boldsymbol{R}\boldsymbol{U}\mathrm{d}\boldsymbol{X}$；或者等同的先施加刚性旋转 $\boldsymbol{R}$ 然后拉伸 $\boldsymbol{V}$，即 $\mathrm{d}\boldsymbol{x} = \boldsymbol{V}\boldsymbol{R}\mathrm{d}\boldsymbol{X}$(图 2.26)。在这种情况下，

$$\boldsymbol{V} = \boldsymbol{R} \cdot \boldsymbol{U} \cdot \boldsymbol{R}^{\mathrm{T}}$$

所以 $\boldsymbol{U}$ 和 $\boldsymbol{V}$ 具有相同的特征值和主延伸。

由于纯旋转不能在变形体中诱发应力，因此连续介质力学中通常使用与旋转无关的变形；一个旋转后再进行反向旋转，不会导致任何变化。即

$$\boldsymbol{R}\boldsymbol{R}^{\mathrm{T}} = \boldsymbol{R}^{\mathrm{T}}\boldsymbol{R} = 1$$

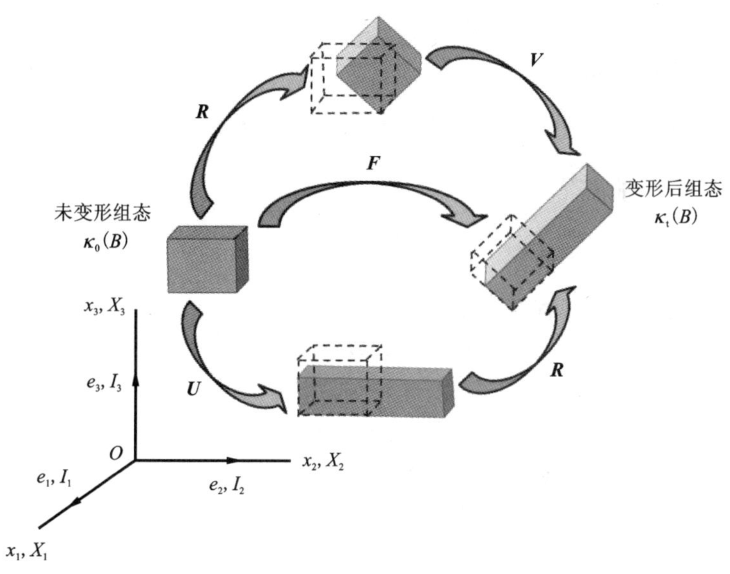

图 2.26　连续介质变形梯度的极性分解

4. 变形张量

旋转可以通过将 $\boldsymbol{F}$ 乘以其转置来排除。Green（George Green，英国人，1793—1841）介绍了一种变形张量，称为右 Cauchy-Green 变形张量或 Green 变形张量，定义为

$$\boldsymbol{C}=\boldsymbol{F}^{\mathrm{T}}\boldsymbol{F}=\boldsymbol{U} \tag{2.24}$$

或

$$C_{ij}=F_{ki}F_{kj}=\frac{\partial x_k}{\partial X_i}\frac{\partial x_k}{\partial X_j}$$

在物理学中，Cauchy-Green 张量给出了由于变形引起的局部距离变化的平方，即：

$$\mathrm{d}\boldsymbol{x}^2=\mathrm{d}\boldsymbol{X}\cdot\boldsymbol{C}\mathrm{d}\boldsymbol{X} \tag{2.25}$$

$\boldsymbol{C}$ 的不变量常用于应变能密度函数的表达式中。最常用的不变量是：

$$I_1^C=\mathrm{Tr}(\boldsymbol{C})=C_{ii}=\lambda_1^2+\lambda_2^2+\lambda_3^2$$

$$I_2^C=\frac{1}{2}[(\mathrm{Tr}\boldsymbol{C})^2-\mathrm{Tr}(\boldsymbol{C}^2)]=\frac{1}{2}[(C_{ii})^2+C_{ik}C_{ki}]=\lambda_1^2\lambda_2^2+\lambda_2^2\lambda_3^2+\lambda_3^2\lambda_1^2$$

$$I_3^C=\det(\boldsymbol{C})=\lambda_1^2\lambda_2^2\lambda_3^2$$

式中：$\boldsymbol{\lambda}_i$ 为最初沿着三个坐标轴方向的单位单元的拉伸比。

材料单元的变形可以通过以上介绍的张量来定义。

5. 其他应变的定义

Seth-Hill（B. R. Seth，印度人，1907—1979；Rodney Hill，英国人，1921—

2011）一系列应变测量方法可以表示为：

- Green-Lagrangian 应变张量和应变

$$\boldsymbol{\varepsilon} = \frac{1}{2}(\boldsymbol{U}^2 - \boldsymbol{I}) = \frac{1}{2}(\boldsymbol{C} - \boldsymbol{I})$$

例如，对于单轴情况

$$\varepsilon_{11} = \frac{1}{2}(\lambda_1^2 - 1)$$

- Biot 应变张量（工程应变）

$$\boldsymbol{\varepsilon} = \boldsymbol{U} - \boldsymbol{I} = \boldsymbol{C}^{1/2} - \boldsymbol{I}$$

例如，对于单轴情况

$$\varepsilon_{11} = \lambda_1 - 1$$

- 真实（自然）应变或者 Hencky 应变

$$\varepsilon = \ln\boldsymbol{U} = \frac{1}{2}\ln\boldsymbol{C}$$

例如，对于单轴情况

$$\varepsilon_{11} = \ln\lambda_1$$

式中：λ_1 为单轴拉伸、压缩试验在拉伸、压缩方向上的拉伸比、压缩比，即 $\lambda_1 = L/L_0$，其中 L_0 和 L 分别是试样变形前、后的标距长度。所有应变定义为小应变给出了相似的值。然而，随着变形的增加，不同应变测量值之间的差异逐渐增大。

Green-Lagrangian 应变张量是一个对称张量，因而易应用于金属成形过程中模拟的大位移有限元分析。对于这种应用，常使用增量方法，且一个增量内的变形通常很小。因此，Green-Lagrangian 应变定义中累积的应变最终接近于真实的应变值。

6. *有限变形的应力测量方法*

Cauchy 应力张量，常简称为应力张量或“真实应力”，是一种在小变形中最常用的应力测量方法之一。对于大变形来说，特别是在连续介质或计算力学中，通常使用其他应力测量方法：

Kirchhoff 应力（$\boldsymbol{\sigma}^{\mathrm{K}}$）

Nominal 应力（$\boldsymbol{\sigma}^{\mathrm{N}}$）

第一 Piola-Kirchhoff 应力（$\boldsymbol{\sigma}^{\mathrm{P}}$），这个应力张量是 Nominal 应力的转置，即 $\boldsymbol{\sigma}^{\mathrm{P}} = (\boldsymbol{\sigma}^{\mathrm{N}})^{\mathrm{T}}$

第二 Piola-Kirchhoff 应力或 PK2 应力（$\boldsymbol{\sigma}^{\mathrm{S}}$）

Biot 应力（$\boldsymbol{\sigma}^{\mathrm{B}}$）

一些应力的定义为：

Kirchhoff 应力

$$\boldsymbol{\sigma}^{\mathrm{K}} = |\boldsymbol{F}|\boldsymbol{\sigma}$$

式中：$\boldsymbol{F}$ 为变形梯度张量；$\boldsymbol{\sigma}$ 为之前定义的 Cauchy 应力张量。Kirchhoff 应力张量在金属塑性的数值算法中被广泛应用，在塑性变形过程中，其体积没有变化。

第一 Piola-Kirchhoff 应力张量

$$\boldsymbol{\sigma}^{\mathrm{P}} = |\boldsymbol{F}|\boldsymbol{\sigma}\boldsymbol{F}^{-\mathrm{T}}$$

第一 Piola-Kirchhoff 应力张量表示相对于生成材料构型的应力。这与 Cauchy 应力张量相反，Cauchy 应力张量表示相对于当前构型的应力。对于极其小的变形或者旋转，Cauchy 应力张量和 Piola-Kirchhoff 应力张量是相同的。

Biot 应力

$$\boldsymbol{\sigma}^{\mathrm{B}} = \frac{1}{1}(\boldsymbol{R}^{\mathrm{T}} \cdot \boldsymbol{\sigma}^{\mathrm{P}} + (\boldsymbol{\sigma}^{\mathrm{P}})^{\mathrm{T}} \cdot \boldsymbol{R})$$

式中：$\boldsymbol{R}$ 为由变形梯度张量的极性分解得出的旋转张量。Biot 应力也称为 Jaumann 应力。量 $\boldsymbol{\sigma}^{\mathrm{B}}$ 不具有任何物理意义。

2.3.4　应力应变关系

1. 线弹性体

为得到线弹性本构方程，选择热力学势是足够的，这是应变二次函数的正定义。势 $\boldsymbol{\Psi}$ 可以定义为

$$\boldsymbol{\Psi} = \frac{1}{2\rho}\boldsymbol{\alpha} : \boldsymbol{\varepsilon} : \boldsymbol{\varepsilon} \tag{2.26}$$

式中：ρ 为材料的密度；$\boldsymbol{\alpha}$ 为由弹性模量 E 和泊松比 ν 组成的四阶张量。根据所定义的相关变量，应力张量 $\boldsymbol{\sigma}$ 可以根据下式由势 $\boldsymbol{\Psi}$ 导出：

$$\boldsymbol{\sigma} = \rho\left(\frac{\partial \boldsymbol{\Psi}}{\partial \boldsymbol{\varepsilon}}\right) = \boldsymbol{\alpha} : \boldsymbol{\varepsilon} \tag{2.27}$$

因张量 $\boldsymbol{\alpha}$ 满足一定的对称性，故有

$$\sigma_{ij} = \rho\left(\frac{\partial \boldsymbol{\Psi}}{\partial \varepsilon_{ij}}\right) = \alpha_{ijkl}\varepsilon_{kl} \tag{2.28}$$

这就是各向同性线弹性连续介质的广义胡克定律。

2. 三维线性各向同性弹性体

式(2.27)也可写成

$$\sigma_{ij} = \lambda\varepsilon_{kk}\delta_{ij} + 2\mu\varepsilon_{ij} \tag{2.29}$$

式中：λ 和 μ 为两个拉梅常数，其将在后面定义。

式(2.29)可以展开表示为：

$$\sigma_{ij} = \frac{\nu E}{(1+\nu)(1-2\nu)}\varepsilon_{kk}\delta_{ij} + \frac{E}{(1+\nu)}\varepsilon_{ij}$$

采用双重形式，应变可以表示为应力的函数：

$$\boldsymbol{\varepsilon}=\frac{1-\nu}{E}\boldsymbol{\sigma}-\frac{\nu}{E}\mathrm{Tr}(\boldsymbol{\sigma})\delta_{ij} \tag{2.30}$$

或

$$\varepsilon_{ij}=\frac{1-\nu}{E}\sigma_{ij}-\frac{\nu}{E}\sigma_{kk}\delta_{ij}$$

式中：E 为杨氏模量；ν 为泊松比，它们是与金属成分有关的特征量。静水应变 ε_{H} 和偏应变 ε'_{ij} 是相应应力的函数：

$$\varepsilon_{\mathrm{H}}=\frac{1-2\nu}{E}\sigma_{\mathrm{H}}$$

$$\varepsilon'_{ij}=\frac{1-\nu}{E}S_{ij}=\frac{1}{2G}S_{ij}$$

下面总结了弹性体中常用参数之间的关系。

拉梅常数：$\lambda=\dfrac{\nu E}{(1+\nu)(1-2\nu)}$，$\mu=\dfrac{E}{2(1+\nu)}$

杨氏模量：$E=\mu\dfrac{3\lambda+2\mu}{\lambda+\mu}$

泊松比：$\nu=\dfrac{\lambda}{2(\lambda+\mu)}$

剪切模量：$G=\mu=\dfrac{E}{2(1+\nu)}$

体积模量：$K=\dfrac{3\lambda+2\mu}{3}$

式中：杨氏模量 E 总是正值。另外，为了符合弹性理论，泊松比的范围限制为 $-1<\nu<0.5$。

3. 平面应力条件

在薄板成形或者薄壳构件中，为使分析更高效，常采用平面应力条件（厚度方向上的应力为零）来分析问题。即：

$$\sigma_{33}=\sigma_{13}=\sigma_{23}=0$$

因此，式(2.23)可写成

$$\begin{Bmatrix}\varepsilon_{11}\\ \varepsilon_{22}\\ \varepsilon_{12}\end{Bmatrix}=\begin{bmatrix}1/E & -\nu/E & 0\\ -\nu/E & 1/E & 0\\ 0 & 0 & (1+\nu)/E\end{bmatrix}\begin{Bmatrix}\sigma_{11}\\ \sigma_{22}\\ \sigma_{12}\end{Bmatrix} \tag{2.31}$$

以及

$$\varepsilon_{33}=-\frac{\nu}{1-\nu}(\varepsilon_{11}+\varepsilon_{22});\ \varepsilon_{13}=\varepsilon_{23}=0$$

4. 平面应变条件

在某些材料的轧制和锻造过程中，其特定方向上的应变（对于轧制情况，通

常在横向方向——平行于轧制方向）接近 0，即

$$\varepsilon_{33} = \varepsilon_{13} = \varepsilon_{23} = 0$$

则有

$$\begin{Bmatrix} \sigma_{11} \\ \sigma_{22} \\ \sigma_{12} \end{Bmatrix} = \begin{bmatrix} \lambda + 2\mu & \lambda & 0 \\ \lambda & \lambda + 2\mu & 0 \\ 0 & 0 & 2\mu \end{bmatrix} \begin{Bmatrix} \varepsilon_{11} \\ \varepsilon_{22} \\ \varepsilon_{12} \end{Bmatrix} \tag{2.32}$$

以及

$$\sigma_{33} = -\frac{\lambda}{2(\lambda + \mu)}(\sigma_{11} + \sigma_{22}) = \nu(\sigma_{11} + \sigma_{22});\ \sigma_{13} = \sigma_{23} = 0$$

5. 正交各向异性弹性体

各向异性材料的每个正交方向具有不同的力学性能。因此各向异性材料是各向异性的；其性能取决于被选取的方向。相反，各向同性材料在各个方向上具有相同的性质。以正交各向异性材料为例，一种被冷轧成薄板的金属，由于轧制过程中产生了各向异性结构，故其轧制方向和两个横向方向上的性能不同。

需要注意的是，在一个纵向尺度上是各向异性的材料在另一个（通常更大的）纵向尺度上可能是各向同性的。例如，大多数金属是具有小晶粒的多晶材料。每个单独的晶粒是各向异性的，但是如果整个材料包含许多随机取向的晶粒，则所测的力学性能将是单个晶粒所有可能取向上性能的平均值。这一点将在第 9 章中详细讨论。

正交各向异性材料的矩阵仅包含 9 个独立的材料参数。以正交各向异性的主轴为参考轴，弹性定律可以表示为：

$$\begin{Bmatrix} \varepsilon_{11} \\ \varepsilon_{22} \\ \varepsilon_{33} \\ \varepsilon_{23} \\ \varepsilon_{31} \\ \varepsilon_{12} \end{Bmatrix} = \begin{bmatrix} \frac{1}{E_1} & \frac{-\nu_{12}}{E_1} & \frac{-\nu_{13}}{E_1} & 0 & 0 & 0 \\ \frac{-\nu_{21}}{E_2} & \frac{1}{E_2} & \frac{-\nu_{23}}{E_2} & 0 & 0 & 0 \\ \frac{-\nu_{31}}{E_3} & \frac{-\nu_{32}}{E_3} & \frac{1}{E_3} & 0 & 0 & 0 \\ 0 & 0 & 0 & \frac{1}{2G_{23}} & 0 & 0 \\ 0 & 0 & 0 & 0 & \frac{1}{2G_{31}} & 0 \\ 0 & 0 & 0 & 0 & 0 & \frac{1}{2G_{12}} \end{bmatrix} \begin{Bmatrix} \sigma_{11} \\ \sigma_{22} \\ \sigma_{33} \\ \sigma_{23} \\ \sigma_{31} \\ \sigma_{12} \end{Bmatrix} \tag{2.33}$$

对称条件的结果是：

$$\frac{\nu_{12}}{E_1}=\frac{\nu_{21}}{E_2},\frac{\nu_{13}}{E_1}=\frac{\nu_{31}}{E_3},\frac{\nu_{23}}{E_2}=\frac{\nu_{32}}{E_3}$$

9 个独立材料常数是:

3 个各向异性方向的弹性模量: E_1, E_2, E_3;

3 个剪切模量: G_{12}, G_{23}, G_{31};

3 个泊松比(收缩比): ν_{12}, ν_{23}, ν_{31}。

2.3.5 弹性应变能

弹性应变能是指在变形过程中, 外力所做的功转变为储存于固体内的能量。当外力消失后, 弹性变形逐渐消失, 这部分能量也被释放掉。图 2.27 显示了弹性加载条件下力 F 和位移 u 的线性关系。能量(或功)可以用下式计算:

$$W=\frac{1}{2}Fu \tag{2.34}$$

对于单轴情况, 弹性应变能的增量为:

$$\partial W=\frac{1}{2}F\partial u=\frac{1}{2}(A\sigma_{11})(\varepsilon_{11}\partial x)=\frac{1}{2}(\sigma_{11}\varepsilon_{11})(A\partial x)$$

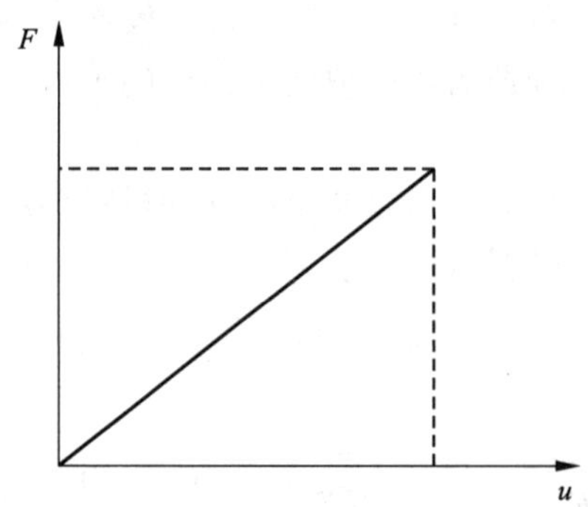

图 2.27 弹性固体的载荷和位移所做的功

这个方程式是根据应力和应变的定义得到的, 即 $F=A\sigma_{11}$ 和 $\partial u=\varepsilon_{11}\partial x$, 其中 A 是固体中单元的横截面积, $A\partial x$ 即为单元体积。因此, 单位体积的应变能或应变能密度 W_0 可以表示为

$$W_0=\frac{\partial W}{A\partial x}=\frac{1}{2}\sigma_{11}\varepsilon_{11} \tag{2.35}$$

通过使用单轴情况下的弹性应力 - 应变关系, $\sigma=E\varepsilon$, 应变能密度可以表示为应力或应变:

$$W_0=\frac{1}{2E}\sigma_{11}^2 \tag{2.35a}$$

$$W_0 = \frac{1}{2}E\varepsilon_{11}^2 \tag{2.35b}$$

应力－应变关系可以通过方程的微分获得，即

$$\varepsilon_{11} = \frac{\partial W_0}{\partial \sigma_{11}} = \frac{\sigma_{11}}{E}$$

$$\sigma_{11} = \frac{\partial W_0}{\partial \varepsilon_{11}} = E\varepsilon_{11}$$

使用应变能密度来获得应力－应变关系在应力分析中非常有用。

类似于单轴拉伸情况，经受纯剪切的单元的应变能密度为：

$$W_0 = \frac{1}{2}\tau_{12}\gamma_{12} = \frac{1}{2G}\tau_{12}^2 = \frac{1}{2}G\gamma_{12}^2$$

式中：G 为材料的剪切模量。

一般而言，三维应力状态下的弹性能量可表示为：

$$W_0 = \frac{1}{2}\sigma_{ik}\varepsilon_{ij} \tag{2.36}$$

或其扩展形式：

$$W_0 = \frac{1}{2}(\sigma_{11}\varepsilon_{11} + \sigma_{22}\varepsilon_{22} + \sigma_{33}\varepsilon_{33} + \sigma_{12}\varepsilon_{12} + \sigma_{13}\varepsilon_{13} + \sigma_{23}\varepsilon_{23})$$

使用以上讨论的应力－应变关系，通过消除应力或应变，可将弹性应变能密度描写为单一应力或应变的函数，并表示为

$$W_0 = \frac{1}{2E}(\sigma_{11}^2 + \sigma_{22}^2 + \sigma_{33}^2) - \frac{\nu}{E}(\sigma_{11}\sigma_{22} + \sigma_{22}\sigma_{33} + \sigma_{11}\sigma_{33}) + \frac{1}{2G}(\sigma_{12}^2 + \sigma_{13}^3 + \sigma_{23}^2) \tag{2.36a}$$

或

$$W_0 = \frac{1}{2}\lambda\,\Delta^2 + G(\varepsilon_{11}^2 + \varepsilon_{22}^2 + \varepsilon_{33}^2) + \frac{1}{2}G(\gamma_{12}^2 + \gamma_{13}^2 + \gamma_{23}^2) \tag{2.36b}$$

如上所述，对于单轴拉伸情况，通过应变能密度函数的微分可以得到应力－应变的关系，例如：

$$\sigma_{ij} = \frac{\partial W_0}{\partial \varepsilon_{ij}} = \lambda\Delta + 2G\varepsilon_{ij} \tag{2.37a}$$

式中：λ 为拉梅常数；Δ 为体积应变。

又

$$\varepsilon_{ij} = \frac{\partial W_0}{\partial \sigma_{ij}} \tag{2.37b}$$

使用应变能密度函数来获得应力－应变关系的方法在弹性分析中是非常有用的。

2.4 屈服准则

如上所述，对于单轴拉伸试验，如果施加的应力超过材料的屈服应力，则材料会发生塑性(永久)变形。这是用于金属成形的机制——利用金属的永久变形来产生特定的形状。然而，在真实的金属成形过程中，工件内任何位置的应力状态通常不是单轴的，而是复杂的多轴形式，并且分析过程所需的重要标准是产生屈服所需的应力状态。三维应力状态中最常用的屈服准则是 von-Mises(Richard von-Mises，美国人，1883—1953)屈服准则和 Tresca(Henri Édouard Tresca，法国人，1814—1885)屈服准则。

2.4.1 von-Mises 屈服准则

von-Mises 屈服准则表明，当偏应力张量的第二不变量 J_2' 达到临界值时，金属开始产生屈服现象。因此，这一准则有时又称作 J_2' 弹性理论或 J_2' 流变理论。它是最适合于延展性金属弹性理论的一部分。

这个准则最初是由 Clerk-Maxwell 于 1865 年在数学基础上提出并由 von-Mises 在 1913 年归纳的。在材料科学和工程中，von-Mises 屈服准则也可以用 von-Mises 应力或等效拉伸应力 σ_e 来表示，σ_e 是一个可以用 Cauchy(柯西)应力张量计算的标量应力值。在这种情况下，当施加的 von-Mises 应力达到临界值 k 时，金属开始屈服，这一临界值与屈服强度 Y(或 σ_Y)有关。本节用 von-Mises 应力来预测材料在任何加载条件下的应变，并通过单轴拉伸试验得出其数值。

von-Mises 屈服准则可以表示为(偏应力张量的第二不变量)：

$$J_2' = k^2 \tag{2.38}$$

式中：k 为常量。

根据偏应力的定义，有

$$2J_2' = S_{ij}:S_{ij} = S_{11}^2 + S_{22}^2 + S_{33}^2 + 2(\sigma_{12}^2 + \sigma_{31}^2 + \sigma_{23}^2) = 2k^2 \tag{2.38a}$$

利用应力张量，式(2.38a)可表示为：

$$(\sigma_{11} - \sigma_{22})^2 + (\sigma_{22} - \sigma_{33})^2 + (\sigma_{33} - \sigma_{11})^2 + 6\sigma_{12}^2 + 6\sigma_{23}^2 + 6\sigma_{31}^2 = 6k^2 \tag{2.38b}$$

使用主应力，可以表示为：

$$(\sigma_1 - \sigma_2)^2 + (\sigma_2 - \sigma_3)^2 + (\sigma_3 - \sigma_1)^2 = 6k^2 \tag{2.38c}$$

常数 k 可以用单一拉伸中的屈服应力 Y(或 σ_Y)来解释，即：

$$\sigma_1 = \sigma_Y$$

$$\sigma_2 = \sigma_3 = 0$$

式(2.38c)可以变为：

$$(\sigma_1 - 0)^2 + (0 - 0)^2 + (0 - \sigma_1)^2 = 6k^2$$

$$2(\sigma_1)^2 = 6k^2$$

而且

$$2(\sigma_Y)^2 = 6k^2$$

故对于单轴情况，有

$$k = \frac{\sigma_Y}{\sqrt{3}}$$

式中：$\sigma_Y/\sqrt{3}$为纯剪切下材料的屈服应力。因此，在考虑纯剪切应力时，k 具有重要的意义，它可以解释为金属的剪切屈服应力。在屈服开始时，在简单拉伸的情况下，纯剪切应力的大小是拉伸屈服应力的 $1/\sqrt{3}$。因此

$$\sqrt{\frac{1}{2}[(\sigma_1-\sigma_2)^2+(\sigma_2-\sigma_3)^2+(\sigma_3-\sigma_1)^2]} = \frac{\sigma_Y}{\sqrt{3}}$$

或

$$[(\sigma_1-\sigma_2)^2+(\sigma_2-\sigma_3)^2+(\sigma_3-\sigma_1)^2]^{\frac{1}{2}} = \sqrt{\frac{2}{3}}\sigma_Y$$

纯剪切相当于两个主应力，且 σ_1，$\sigma_2 = 0$，$\sigma_3 = -\sigma_1$，因此

$$(\sigma_1-0)^2+(0+\sigma_1)^2+(-\sigma_1-\sigma_1)^2 = 6k^2$$

而且

$$\sigma_1 = k = -\sigma_3 = \frac{\sigma_Y}{\sqrt{3}}$$

纯剪切应力在数值上等于主应力 σ_1 和 σ_3，因此 k 是纯剪切屈服应力。

von-Mises 屈服准则意味着屈服不依赖于任何一个特定的应力分量或剪切应力，而是取决于三个主要应力的不同值所产生的所有三个剪切应力的函数。因此在简单的拉伸中，最大剪切应力 $\tau_{max} = \sigma_1/2$，即：

$$\frac{\sigma_1}{2} = \frac{\sigma_Y}{2} = \frac{\sqrt{3}k}{2} = \frac{k}{1.155}$$

在数学上，von-Mises 屈服准则与流体静应力无关。它与应力符号(所有平方项)、它们的相对大小无关，在偏平面上它的几何表示是一个围绕点 O 的圆(见 2.4.3 节中图 2.30)，半径$\sqrt{2}k = \sqrt{2/3}\sigma_Y$。这将在 2.4.3 节中进行详细讨论。

2.4.2　Tresca 屈服准则

Tresca 屈服准则也称为最大剪切应力理论。仅考虑主要的压力，Tresca 屈服准则可表示为：

$$\frac{1}{2}\max\{|\sigma_1-\sigma_2|, |\sigma_2-\sigma_3|, |\sigma_1-\sigma_3|\} = \tau_{max} = \frac{\sigma_Y}{\sqrt{3}} \tag{2.39}$$

式中：τ_{max}为剪切屈服应力。对于主应力，定义 $\sigma_1>\sigma_2>\sigma_3$，那么有：

$$\frac{1}{2}(\sigma_1-\sigma_3)=\tau_{max} \tag{2.40}$$

对于单轴拉伸，$\sigma_1=\sigma_Y$，$\sigma_2=\sigma_3=0$，根据定义，有

$$\tau_{max}=\frac{1}{2}(\sigma_1-\sigma_3)=\frac{\sigma_Y}{\sqrt{3}}$$

对于纯剪切状态，$\sigma_1=-\sigma_3=k$，$\sigma_2=0$，最大剪切应力预示着将会发生屈服，即

$$\tau_{max}=\frac{1}{2}(\sigma_1-\sigma_3)=\frac{1}{2}[k-(-k)]=k$$

从数学角度而言，Tresca 屈服准则比 von-Mises 屈服准则简单得多。鉴于此，Tresca 屈服准则常被应用于工程设计。然而，Tresca 屈服准则没有考虑中间主应力。实际上，在进行分析时往往很难确定哪一个主应力是最大值或最小值。

2.4.3 von-Mises 和 Tresca 屈服面的图解说明

图 2.28 以图形的方式描绘了 von-Mises 和 Tresca 屈服准则，展示了三维空间中的 σ_1、σ_2 和 σ_3。von-Mises 屈服曲线的半径是 $\sqrt{2/3}\,\sigma_Y$。

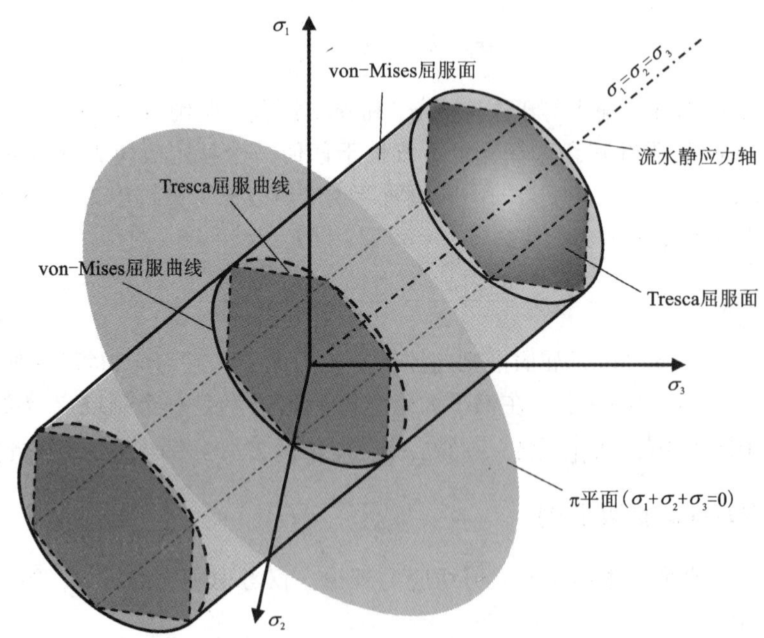

图 2.28　三维空间中 von-Mises 和 Tresca 屈服面的比较

图 2.28 和图 2.29 所示的主应力坐标中，von-Mises 的屈服面为一个有中心轴 $\sigma_1 = \sigma_2 = \sigma_3$ 的圆柱体。图 2.28 和图 2.29 还显示，Tresca 屈服面为与 von-Mises 屈服面具有相同轴的对称六角圆柱体。对于某些应力状态，von-Mises 和 Tresca 屈服准则有相同的值，但总的来说，与 von-Mises 准则相比，Tresca 准则对材料屈服的预测更保守。这是最常用于金属的两个屈服准则。

如果将图 2.28 所示的 von-Mises 屈服面投影到垂直于其中心轴 $\sigma_1 = \sigma_2 = \sigma_3$ 的平面上，则它将变成一个圆（图 2.30）。轴之间的角度是 120°，圆的半径是 $\sqrt{2/3}\ \sigma_Y$。

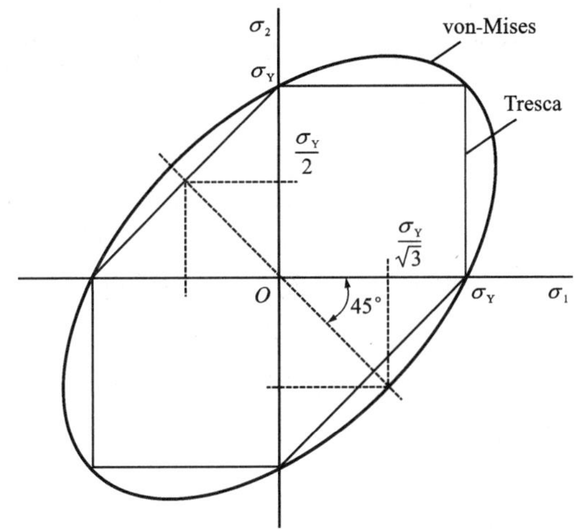

图 2.29　二维空间中 σ_1 和 σ_2（σ_3）轴中 von-Mises 和 Tresca 屈服曲线的比较

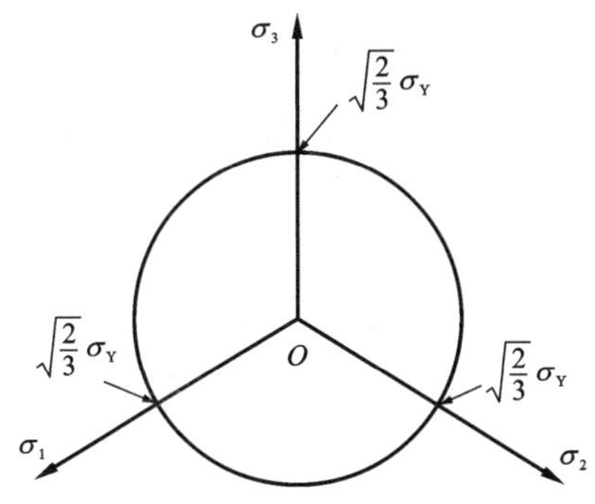

图 2.30　von-Mises 屈服准则图解

2.4.4　其他屈服准则

下面介绍的屈服准则在现代金属工程分析和金属成形分析中并不常用。然而，本节将简要介绍这些理论，以强调其他的公式和假设也是可用于评估金属的屈服现象的。

1. 最大主应力理论

这是由 W. J. M. Rankine(William John Macquorn Rankine，苏格兰，1820—1872)提出的。屈服发生在最大主应力超过单轴拉伸屈服强度时。虽然这个标准允许与实验数据进行快速而简单的比较，但是很少适用于设计目的。然而，这个理论可以用于脆性材料，即

$$\sigma_1 \leqslant \sigma_Y$$

2. 总应变能理论

这个理论假设与屈服点的弹性变形相关的储能和应力张量无关。因此，当单位体积的应变能大于单纯张力下的弹性极限的应变能时，就会产生屈服。对于三维应力状态，这一理论可表示为：

$$\sigma_1^2 + \sigma_2^2 + \sigma_3^2 - 2\nu(\sigma_1\sigma_2 + \sigma_2\sigma_3 + \sigma_1\sigma_3) \leqslant \sigma_Y^2$$

对于各向同性和各向异性材料，还有许多其他的屈服准则，这里将不再讨论。在此介绍各种屈服准则的主要目的是证明其中大部分是针对金属的，特别是针对钢和室温设计的应用而提出的。然而，在高温条件下，对于近年来开发的许多其他新材料，这种传统的屈服准则可能不适用。

应变硬化材料的屈服应力由于塑性变形而增大，从而导致屈服面扩大。对于循环载荷下的材料，屈服面轨迹也会改变。这些材料将在后续的章节中进一步讨论。

2.5 不同金属成形条件下的应力状态

在金属成形过程中，应力和应变状态是复杂的，且随着工艺类型、材料和成形条件的变化而变化。然而，从力学的角度来看，它们可以分为许多典型类型。本节将分析不同变形条件下的应力状态。

球形应力张量定义为静水应力σ_H，

$$H_{ij} = \begin{bmatrix} \sigma_H & 0 & 0 \\ 0 & \sigma_H & 0 \\ 0 & 0 & \sigma_H \end{bmatrix}$$

并且偏应力张量，作为对称张量和工件塑性变形的驱动力，为

$$S_{ij} = \begin{bmatrix} \sigma_{11} - \sigma_H & \sigma_{12} & \sigma_{13} \\ \sigma_{21} & \sigma_{22} - \sigma_H & \sigma_{23} \\ \sigma_{31} & \sigma_{32} & \sigma_{33} - \sigma_H \end{bmatrix}$$

如果使用 von-Mises 屈服准则，则可以使用 J_2'值来判断是否发生塑性变形。

如果假设在选择的坐标系中有 $\sigma_{11} > \sigma_{22} > \sigma_{33}$，则偏应力分量为：

$$S_{11} = \sigma_{11} - \sigma_{H} > 0 \quad \text{为正数}$$

$$S_{33} = \sigma_{33} - \sigma_{H} < 0 \quad \text{为负数}$$

$$S_{22} = \sigma_{22} - \sigma_{H} < 0(\text{或} > 0) \quad \text{可为负数、可为正数}$$

这会产生第三个不变量：

$J_3' = S_{11}S_{22}S_{33} > 0$——拉伸应变，即工件相对于加载方向的延伸；

$J_3' = 0$——面应变，即在一个方向的应变为 0；

$J_3' < 0$——压缩应变，即工件缩短。

值得注意的是，在成形过程中，应力状态可能会因为材料中点的不同而不同。在有限元成形过程的模拟中，单个积分点(或元素)的 J_3' 值是可获得的。基于这些 J_3' 值，可以理解在特定成形时间的材料的变形状态。

2.5.1　简单变形条件

1. 简单拉伸

单轴拉伸试验是获得材料的基本性能最简单和最常用的试验之一。压力状态如图 2.31 所示(反作用力没有显示在图中)。

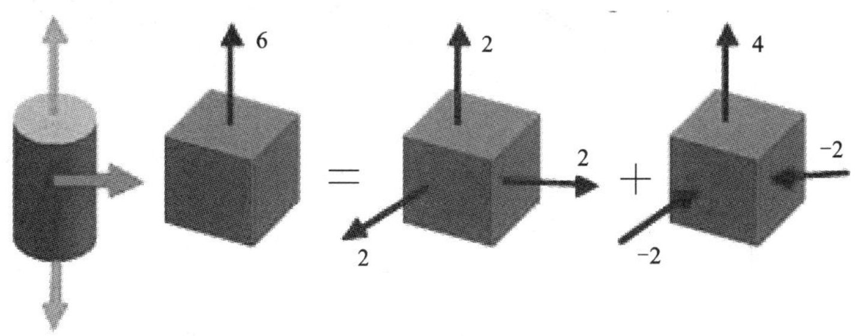

图 2.31　简单拉伸下某单元的应力状态(单位：MPa)

例如，单轴拉伸情况下的应力张量($\sigma_{11} = \sigma_1 = 6$ MPa，其他应力分量为 0)可分解为球形应力张量，即

$$\sigma_H = \frac{\sigma_{ii}}{3} = \frac{(\sigma_{11} + \sigma_{22} + \sigma_{33})}{3} = 2(\text{MPa})$$

偏应力张量为

$$S_{11} = \sigma_{11} - \sigma_H = 6 - 2 = 4(\text{MPa})$$

$$S_{22} = \sigma_{22} - \sigma_H = 0 - 2 = -2(\text{MPa})$$

$$S_{33} = -2(\text{MPa})$$

其他的应力分量为 0，即

$$\begin{bmatrix}6&0&0\\0&0&0\\0&0&0\end{bmatrix}=\begin{bmatrix}2&0&0\\0&2&0\\0&0&2\end{bmatrix}+\begin{bmatrix}4&0&0\\0&-2&0\\0&0&-2\end{bmatrix}$$

总量　　　球分量　　　偏分量

此处，$J_3' = S_{11}S_{22}S_{33} = 16 > 0$；这表示最大主应力是拉伸的，即材料已经被拉长。一般来说，静水应力是正的（$\sigma_H = 2$ MPa），这表明试样处于拉伸状态。

2. 拉拔

图 2.32 所示为拉拔过程的应力状态和应力张量。应力张量可分解为球张量和偏张量，即 $\sigma_H = \sigma_{ii}/3 = (3-3-3)/3 = -1$ MPa；$S_{11} = \sigma_{11} - \sigma_H = 4$ MPa，$S_{22} = S_{33} = -2$ MPa。注意，由于变形模式相同（$J_3' = S_{11}S_{22}S_{33} = 16 > 0$），材料被拉伸，这种偏张量与纯拉伸中的张量相同，此时塑性变形仅与偏应力有关。

另外，静水应力是负的，即 $\sigma_H = -1$ MPa。这表明材料在物质点处通常是处于压缩状态的。

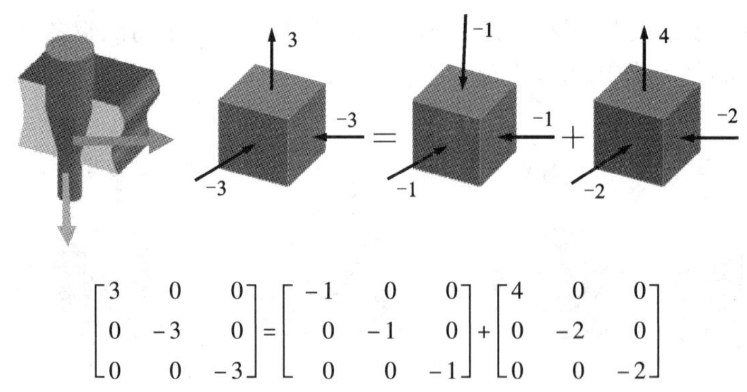

$$\begin{bmatrix}3&0&0\\0&-3&0\\0&0&-3\end{bmatrix}=\begin{bmatrix}-1&0&0\\0&-1&0\\0&0&-1\end{bmatrix}+\begin{bmatrix}4&0&0\\0&-2&0\\0&0&-2\end{bmatrix}$$

图 2.32　拉拔过程中的应力状态(单位：MPa)

3. 挤压

挤压过程的应力状态和应力张量如图 2.33 所示。根据总坐标系下给出的应力值，静水应力 $\sigma_H = \sigma_{ii}/3 = (-2-8-8)/3 = -6$ MPa，偏应力 $S_{11} = \sigma_{11} - \sigma_H = 4$ MPa，$S_{22} = S_{33} = -2$ MPa。由于静水应力具有高压缩值，材料受到的压应力比拉伸时更大。与拉伸和拉拔相比，挤压过程需要更高的成形力。但由于 $J_3' = S_{11}S_{22}S_{33} = 16 > 0$，且具有与偏应力张量相同的应力分量，因此与上述两种情况下的变形模式是相同的。

从上述三种情况(简单拉伸，拉拔和挤压)可以看出，它们的应力状态是不同的(参见个别情况下的第一个应力张量)，静水应力值也不同(它们从正到负)。然而，它们的偏应力张量是相同的。这表明它们的变形模式相似，即工件沿轴向延

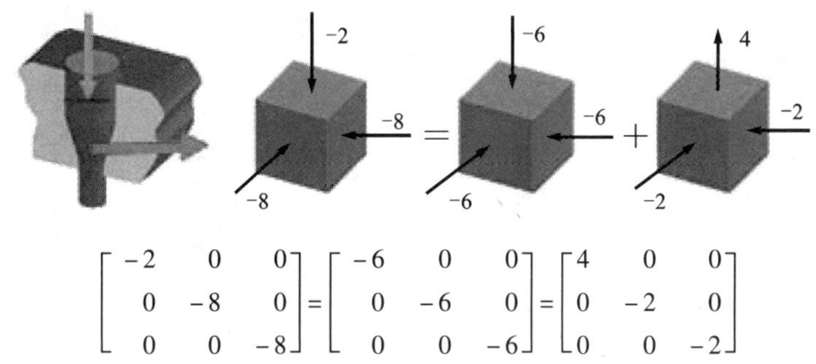

图 2.33　挤压过程的应力状态(单位：MPa)

伸并且在横向方向上收缩。值得注意的是，对于形成复杂形状的部件，应力状态随着变形的进行而发生变化，并且 J_3' 值在空间上和形成时间上都有变化。Zeng，Yuan，Wang 等(1997)为一个简单的测试件给出了具有这一特征的例子。

2.5.2　成形过程中的应力状态

定义坐标系为 $\sigma_{11} > \sigma_{22} > \sigma_{33}$。为了简化分析，假定主应力方向与所选坐标系相同，即 $\sigma_1 > \sigma_2 > \sigma_3$，各种成形过程的应力状态如图 2.34 所示，其中包含从“延伸线”开始，到“平面应变线”再到“收缩线”的三条垂直的线。图 2.34 所示的三条曲线 $\sigma_1 = 0$，$\sigma_2 = 0$ 和 $\sigma_3 = 0$ 分别代表三种平面应力条件：①两个压缩应力($\sigma_1 = 0$，另两个主应力是压缩的)；②一个拉伸和一个压缩($\sigma_2 = 0$，表示 $\sigma_1 > 0$ 且 $\sigma_3 < 0$)；③两个方向拉伸($\sigma_3 = 0$，另外两个主应力是拉伸的)。

引入参数 μ_σ 来评估不同加载条件下的应力状态。它的定义为

$$\mu_\sigma = \frac{2\sigma_2 - (\sigma_1 + \sigma_3)}{\sigma_1 - \sigma_3} \tag{2.41}$$

例如，

- 对于简单拉伸，$\sigma_1 = \sigma_Y$(或者 Y)，$\sigma_2 = \sigma_3 = 0$，$\mu_\sigma = -1$；
- 对于简单压缩，$\sigma_3 = -\sigma_Y$(或者 $-Y$)，$\sigma_1 = \sigma_2 = 0$，$\mu_\sigma = +1$；
- 对于平面应变，$\sigma_2 = (\sigma_1 + \sigma_3)/2$，$\mu_\sigma = 0$。

这些特征线如图 2.34 所示。三条垂直线是：

- 延伸线：$\sigma_2 = \sigma_3$(可以是拉伸或压缩或等于 0)和 $\mu_\sigma = -1$，相当于简单的“拉伸”(其应变状态与简单拉伸相似)。在线的顶端(扩展，$\mu_\sigma = -1$)，$\sigma_2 = \sigma_3 = 0$ 表示拉伸，即使观察到相同的变形模式(扩展)，当移动到线的下端时，压应力 σ_2 和 σ_3($\sigma_2 = \sigma_3$)增加，但其达到相同变形所需的力增加，如图 2.31、图 2.32 和图 2.33 所示。

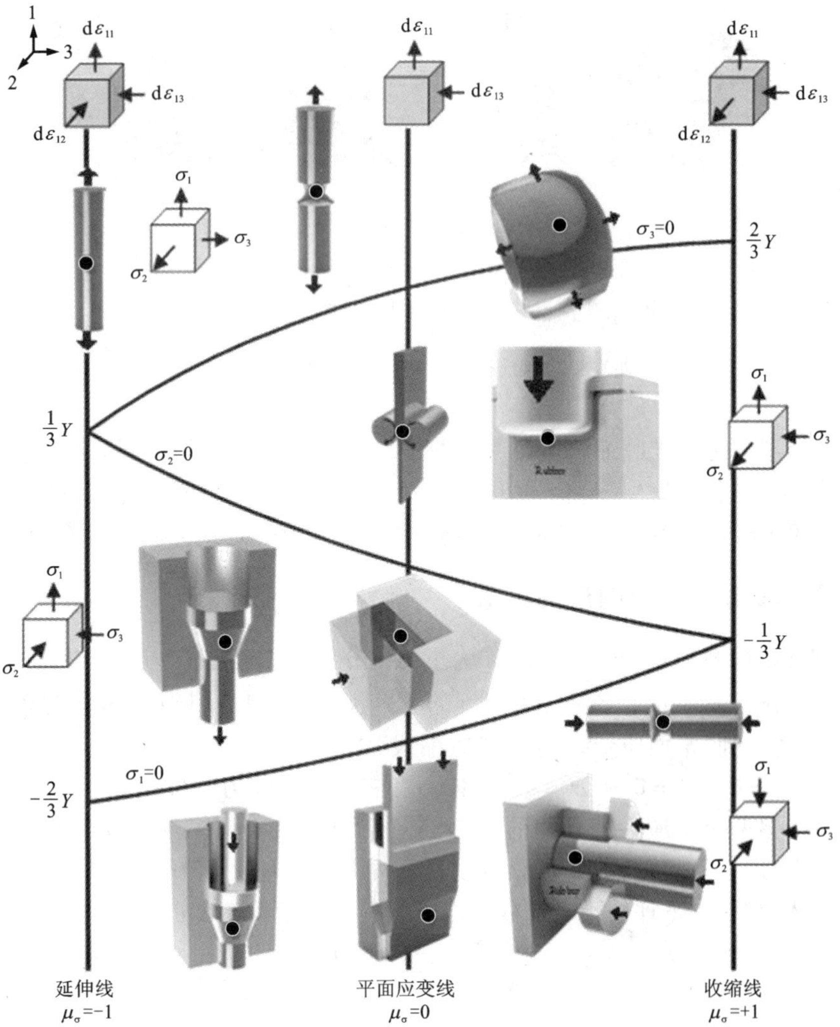

图 2.34　各种成形状态下的应力状态分析

（工件上点“•”的应力状态）

• 平面应变线：根据式(2.41)知，$\sigma_2=(\sigma_1+\sigma_3)/2$，$\mu_\sigma=0$。这表明，当工件在方向“1”上延伸时，方向“2”上的应变为 0。通常需要压缩应力 σ_2 来保持该方向上的应变为 0，如图 2.34 所示的成形情况。

• 收缩线：$\sigma_1=\sigma_2$ 和 $\mu_\sigma=+1$。在方向“3”的压缩载荷下，工件的尺寸减小。这与前面讨论的延伸线相反。从线的底部向上，压应力 σ_1 和 $\sigma_2(\sigma_1=\sigma_2)$ 的值不断减小。纯压缩时 $\sigma_1=\sigma_2=0$。

在“延伸线”和“平面应变线”之间时，$\sigma_2 < (\sigma_1 + \sigma_3)/2$，即 $\mu_\sigma < 0$，工件的延伸长度在变形期间增加；但在平面应变线和收缩线之间时，$\sigma_2 > (\sigma_1 + \sigma_3)/2$，即 $\mu_\sigma > 0$ 时，工件的“长度”在变形过程中减小。因此在成形过程中，可以估计工件在不同的压力状态下是延长的还是收缩的。

基于拉伸和压缩成形条件，可以存在 4 种不同的应力状态，它们是(图 2.34)：

- 在线 $\sigma_1 = 0$ 以下的区域。即 $0 > \sigma_1 > \sigma_2 > \sigma_3$ 时，工件在 3 个方向都受到压缩，但工件在“1”方向的“长度” 是伸长的(图 2.34)。对于板材的挤压，工件中间部分的横向应变增量为 0，即 $d\varepsilon_2 = 0$。在模具零件的锻压过程中，工件在“3”方向上的长度被压缩，其中模具周围有橡胶环绕，从而给工件周围提供压缩应力。在压缩缺口杆的试验中，由于缺口的约束，缺口处的材料受到轴向和其他两个方向的压缩应力。在橡胶约束锻造过程中，所有的应力分量都是压缩的，因此工件变得越来越短。
- 在线 $\sigma_1 = 0$ 和线 $\sigma_2 = 0$ 之间的区域。即在 $\sigma_1 > 0 > \sigma_2 > \sigma_3$ 的区域中，意味着 σ_1 是拉伸的，σ_2 和 σ_3 都是压缩的。在拉拔过程中(图 2.32)，材料因受拉伸应力 σ_1 而延伸，而另外两个应力和应变分量是压缩的；在锻造过程中，材料在方向“2”上受到模具的约束，因此在该方向上的应变增量为 0，即 $d\varepsilon_2 = 0$。故材料的压缩方向为“1”，扩展方向为“3”。
- 在线 $\sigma_3 = 0$ 和线 $\sigma_2 = 0$ 之间的区域。在 $\sigma_1 > \sigma_2 > 0 > \sigma_3$ 的区域中，只有方向“3”上的应力在主变形区域受到压缩。在许多金属板材的成形过程中，材料受到平面方向的拉应力和厚度方向的压应力作用，特别是在施加背压力以减少超塑性成形时损伤增长的情况下(如果不施加背压力，在较厚的方向上的应力通常被忽略，因为它与平面中的应力相比是相当小的，于是它会变为平面应力状态)。
- 在线 $\sigma_3 = 0$ 上方的区域，工件在所有三个方向受到拉应力。例如，在缺口杆的拉伸试验中，由于平行部分材料的限制，缺口区对称轴周围的材料受到三个方向的拉伸。

应该指出的是，相同的变形状态(应变状态)可以对应不同的应力状态。例如，简单的拉伸和挤压都会导致工件的伸展，因为 μ_σ 和 J_3' 的值相似，但是它们的应力状态是不同的，因为 σ_H 的值是不一样的。之前已经提到，静水应力不会影响材料的塑性变形。简单拉伸、拉伸和挤压的偏应力张量和 J_3' 的值是同一类型的，因此它们的变形状态也是相同的。

基于以上的信息，现将从以下三个方面进行分析。

1. 成形力

如图 2.34 所示的变形状态，随着成形力减小，将从图的底部向上移动，以达到相同的变形量。这使得计划成形工艺和工具设计具有可行性，使复杂形状的部件能够使用较小的压力机来形成。

在图2.34的下部，即$\sigma_1=0$线的下方，所有主应力都是压缩的。为了达到相同的变形量，这就需要较大的力。例如，对于相同的材料使用相同的模具，在挤压过程中所施加的力比在拉伸过程中施加的力大(图2.32和图2.33)。由于压缩静水应力大，挤压中材料的可成形性高，可减少材料在加工中的损伤。这将在第6章中讨论。

在图2.34的顶部，即在$\sigma_3=0$线的上方，所有的主应力都是正值，并且材料容易变形。然而，在这种情况下，材料受到拉伸静水应力，已经发生失效。

2. 变形均匀性

对于纯拉伸和纯压缩，如单向拉伸和锻粗加工过程($\mu_\sigma=-1$和$\mu_\sigma=+1$)，整个工件的变形应该是均匀的。这里不考虑材料的不稳定性。然而，在实际的成形过程中，模具和工件之间会发生摩擦，这将在界面处引入剪切应力，从而导致材料发生不均匀变形。这种现象在锻造过程中经常出现。另外，温度梯度也会在热温成形过程中引起材料的不均匀塑性流动。

3. 可成形性和潜在的失效

在图2.34底部所示的成形应力状态下，成形力很高。然而，由于高的压缩值σ_H($\sigma_H<0$)，不容易萌生损伤，因此在失效或开裂发生之前可以实现更高的变形。这就是在压缩锻造过程中可以实现大的变形以及形成形状更复杂的部件的原因。在金属板材成形中，材料主要承受拉应力，其中$\sigma_H>0$，材料更容易发生破坏和撕裂。在超塑性成形过程中，背压力有时可以减小正应力值(σ_H)，从而增加材料的成形性。显然，这主要是通过增加成形力来克服背压力。

应力状态在空间上随变形的不同而变化。在此，可以通过优化成形过程来控制应力状态过程，以使用较低的成形力来形成形状更复杂的部件。材料的可成形性可以用第6章中详述的损伤力学理论来研究。

第 3 章
统一本构建模技术

在高温蠕变断裂分析中，一些学者(Kachanov，1958；Hayhurst，1972；Dyson和McLean，1977；Leckie 和 Hayhurst，1977)引入了内变量来表征损伤演化过程，建立了服役状态下材料破坏和蠕变应变发展之间的关系，可预测材料的寿命和第三级蠕变过程。Lemaitre 和 Chaboche(1990)引入了各向同性硬化和随动硬化状态变量，并将其嵌入到弹塑性和弹黏塑性流动律中以预测材料在循环载荷作用下的硬化行为。这些研究代表了统一本构方程的早期发展情况，并且主要集中于材料在不同载荷作用下的应力 - 应变响应、硬化和失效行为的建模。这些统一本构方程的发展是金属成形模拟统一理论的基础。

在金属成形过程(尤其是热变形/温变形)中，再结晶(Lin，Liu，Farrugia 等，2005)、晶粒长大(Cheong，Lin 和 Ball，2001；Lin 和 Dunne，2001；Lin，2003)、晶粒细化和析出相的溶解、形成与长大(Lin，Ho 和 Dean，2006)等微观组织的演变过程十分重要。这是因为金属成形过程的优势之一是可增强材料的强度和韧性，而这些性能与材料的微观组织直接相关。另外，材料在大变形过程中的微损伤也非常重要，它可预测材料的失效行为以避免成形构件中产生缺陷和控制成形构件的损伤容限(Lin 和 Dean，2005；Lin，Foster，Liu 等，2007)。这对于金属板材冲压成形(Lin，Mohamed，Dean 等，2014)和超塑性成形(Lin，Cheong 和 Yao，2002)尤为重要。

本章将介绍用于建立统一本构方程的理论和常用状态变量。同时，为方便统一本构理论的应用，也将简要介绍塑性和黏塑性的基本理论，包括基本本构方程和黏塑性势函数的选择。

3.1 黏塑性势函数和基本本构法则

3.1.1 弹塑性问题的基本定义

1. 一般的应力 - 应变定义

图 3.1 所示为初始杨氏模量为 E 的材料加载到塑性变形区的应力 - 应变曲线。如果忽略材料在第一阶段中弹塑性变形的损伤，材料的卸载曲线将与初始加载的弹性部分平行，而杨氏模量 E 则保持不变。如果对材料再次加载，由于塑性变形(加工硬化)的影响，屈服应力将沿着卸载路径增大。通过图 3.1 可以得到：

$$\varepsilon^{e} = \varepsilon^{T} - \varepsilon^{p} \quad 或 \quad \varepsilon^{T} = \varepsilon^{p} + \varepsilon^{e} \tag{3.1}$$

式中：ε^{T} 表示总应变，是单轴拉伸或者压缩实验中测得的应变；ε^{p} 和 ε^{e} 分别表示塑性应变和弹性应变。

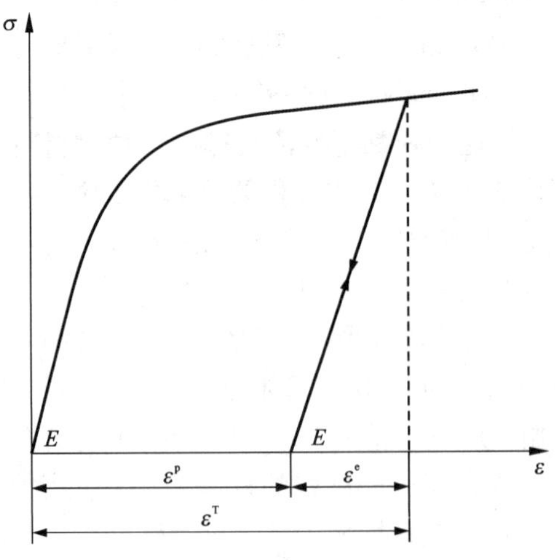

图 3.1 应力 - 应变曲线

基于弹塑性应力 - 应变关系，在单轴情况下可以得到：

$$\sigma = E\varepsilon^{e} = E(\varepsilon^{T} - \varepsilon^{p}) \tag{3.2}$$

对于一般的多轴情况，式(3.2)可以表示为：

$$\sigma_{ij} = D_{ijkl}\varepsilon_{ij}^{e} = D_{ijkl}(\varepsilon_{ij}^{T} - \varepsilon_{ij}^{p}) \tag{3.3}$$

通常，总应变是实验测得的应变，即名义应变。在有限元分析中，通过求解全局系统方程，得到节点位移，获得总应变。在这种情况下，要想计算应力，就必须计算出塑性应变。因此，在材料建模的过程中，其关键问题就是如何精确地计算塑性应变。

2. 幂律和应变硬化指数

图 3.1 所示的单轴真应力 - 真应变曲线可以用幂律方程(不考虑塑性变形中材料的损伤和失效)表示为:

$$\sigma = K\varepsilon^{n} \tag{3.4}$$

值得注意的是, 式(3.4)没有指出材料的弹性区和屈服点。但是, 这些数值可以很容易地从应力 - 应变曲线中得到。其中, K 表示强度系数, 高的 K 值表明材料的强度高, 难以变形。K 是真应变为 1 时的真应力; 常数 n 表示应变硬化指数, 高的 n 值表明材料具有显著的应变硬化特征, 材料更容易均匀变形。对于大多数金属材料, n 值随着温度的升高而减小。将式(3.4)取对数可以得到:

$$\lg\sigma = \lg K + n\lg\varepsilon \tag{3.5}$$

如果在双对数坐标中绘制真应力 - 真应变曲线, 可得到如图 3.2 所示的直线, 其斜率 n 表示应变硬化指数。

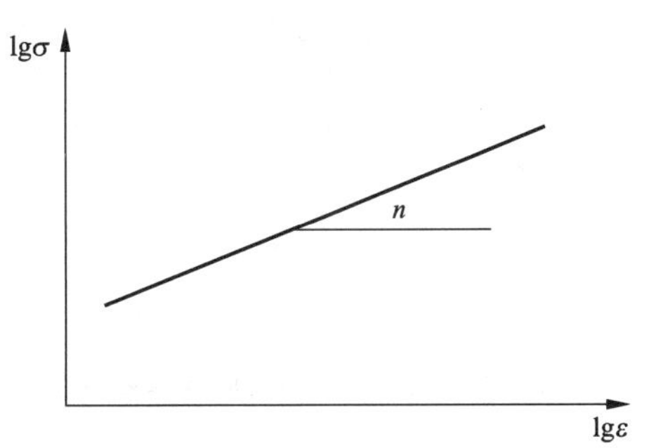

图 3.2　双对数坐标轴下的应力 - 应变关系

值得注意的是, 该方程只能拟合应力降低(颈缩)之前的应力 - 应变曲线。n 值是评价材料应变硬化特征的重要参数。对金属板材的成形, 如冲压成形、液压成形和超塑性成形, n 值是一个非常重要的参数。

3. 应变速率强化

式(3.4)主要适用于描述材料在室温条件下的变形规律。在热成形或温成形过程中, 应变速率($\dot{\varepsilon} = \mathrm{d}\varepsilon/\mathrm{d}t$) 对流变应力有显著影响。若引入应变速率的影响, 式(3.4)可表示为:

$$\sigma = K\varepsilon^{n}\dot{\varepsilon}^{m} \tag{3.6}$$

式中: m 为应变速率硬化指数。由于发生了静态和动态的位错回复, 热冲压和超塑性成形等高温变形过程中的应变硬化作用减弱。在低应变速率下, 由于回复和退火的时间较长, 静态和动态的位错回复作用效果更为显著。为简便起见, 假定应变硬化指数为 0($n=0$), 则式(3.6)可以表示为:

$$\sigma = K\dot{\varepsilon}^{m} \tag{3.7}$$

将式(3.7)取对数, 得到:

$$\lg\sigma = \lg K + m\lg\dot{\varepsilon} \tag{3.8}$$

式(3.8)表明, $\lg\sigma$ 与 $\lg\dot{\varepsilon}$ 呈线性关系, 并且直线的斜率是应变速率硬化指数 m 的值, 如图 3.3 所示。

应变速率硬化是热成形过程(超塑性成形)中的重要参数，可描述气胀成形制造复杂板型件过程中减少局部减薄的机理(Lin, 2003)。

应变速率突变实验(图 3.4)通常用于确定材料在高温变形条件下的 m 值:

$$m = \frac{\lg\sigma_2 - \lg\sigma_1}{\lg\varepsilon_2 - \lg\varepsilon_1} \tag{3.9}$$

材料的 m 值和温度、变形速率以及材料的微观组织有关，材料的微观组织如晶粒尺寸可以在成形过程中发生改变。对于超塑性材料，m 值通常都高于 0.5。高 m 值的材料能够用于成形形状复杂的结构件。

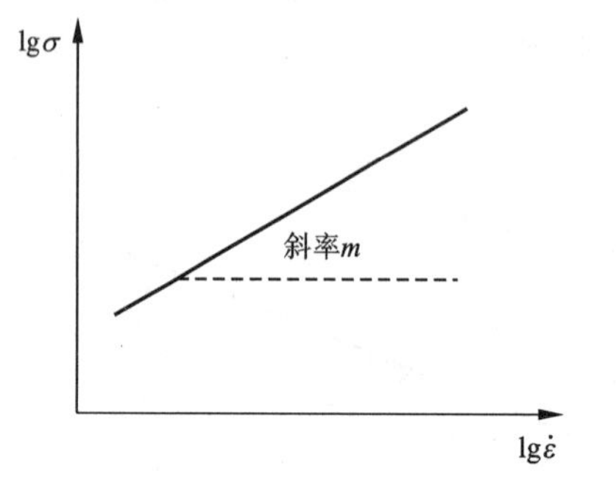

图 3.3　双对数坐标轴下的应力－应变速率关系

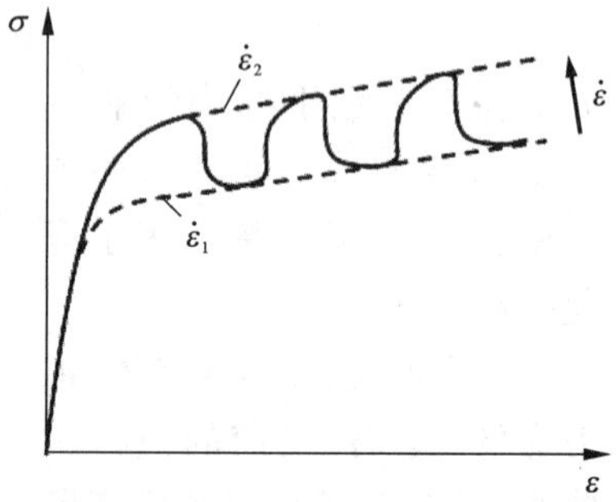

图 3.4　应变速率突变实验结果

3.1.2　塑性应变的计算

根据之前的讨论[式(3.3)]，塑性应变的计算是计算应力指数的关键。有多种定律可用于计算塑性应变速率，这里将介绍两种使用最广泛的定律：(a)幂律；(b)双曲正弦定律。

(a)幂律

材料的蠕变变形经常用幂律来描述。图 3.5 所示为不同应力条件下的蠕变曲线及其最小蠕变速率 $\dot{\varepsilon}_{min}$。在双对数坐标系中可以观察到应力和最小蠕变速率 $\dot{\varepsilon}_{min}$ 呈线性关系，如图 3.6 所示。直线的斜率 n 确定了应力和蠕变速率的函数关系。因此，最小蠕变速率可以表示为:

$$\dot{\varepsilon}_{min} = \frac{d\varepsilon_{min}}{dt} = \dot{\varepsilon}_0\sigma^n \tag{3.10}$$

式中: $\dot{\varepsilon}_0$ 与参照蠕变速率有关。若引入温度的影响，式(3.10)可以表示为:

$$\dot{\varepsilon}_{min} = \dot{\varepsilon}_0\sigma^n\exp\left(-\frac{Q_c}{RT}\right) \tag{3.11}$$

式中: Q_c 与材料的激活能有关；R[R = 8.31 J/(mol · K)]为通用气体常数；T 为

绝对温度。与温度有关的变量会在后面章节讨论。

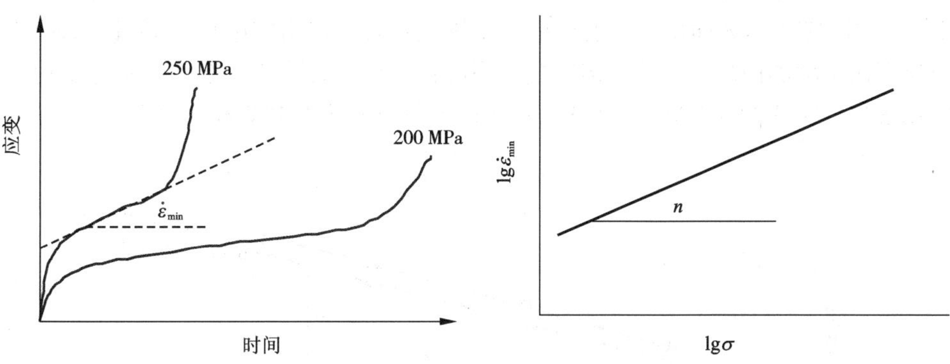

图 3.5　不同应力下的蠕变曲线

图 3.6　应力与最小蠕变速率的关系

通过一些评估，式(3.10)可以很容易地推广到一般黏塑性问题。图 3.7 所示为某温度、不同应变速率条件下，单轴拉伸实验测得的应力 - 应变曲线。由此可见：

(1)随着应变速率增加，流变应力增大；

(2)随着应变速率减小，延展性增加。

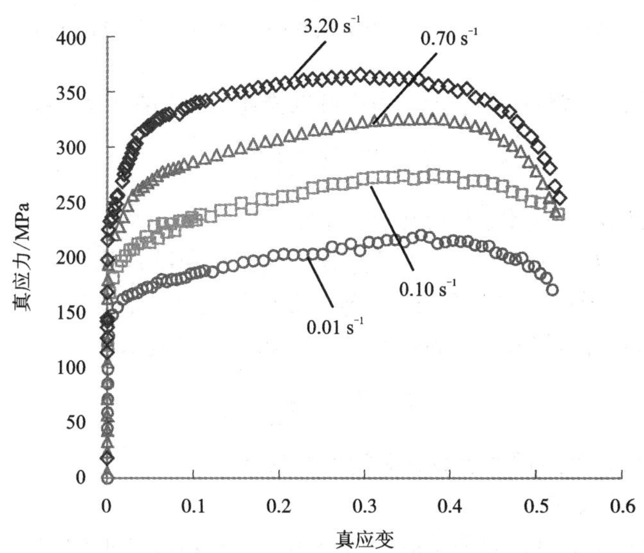

图 3.7　硼钢在 923 K 不同应变速率条件下的真应力 - 真应变曲线

(Li, 2013)

选取应变量为 0.005 s^{-1}、0.05 s^{-1}、0.1 s^{-1}，研究不同应变速率下的流变应

力，可以得到真应力与真应变速率之间的关系，如图 3.8 所示。在给定变形温度的条件下，流变应力和应变速率的关系曲线近似为直线。在给定应变速率条件下，应力随应变增大而增大，表现出应变硬化特征；在给定的应变条件下，应力随应变速率增加而增大，表现出应变速率硬化特征。直线的斜率 n 表示应变速率硬化指数。应变为 0.005 s^{-1}和 0.1 s^{-1}时，n 值分别为 0.062 和 0.107。

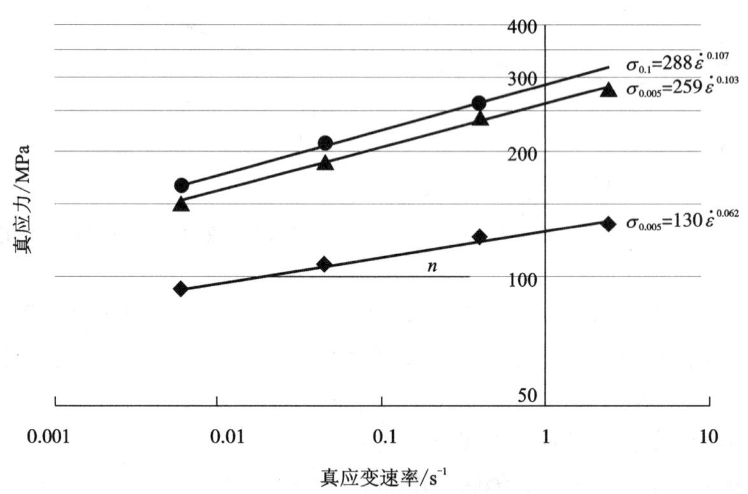

图 3.8　应变速率对硼钢流变应力的影响

（温度为 973 K，应变为 0.005 s^{-1}、0.05 s^{-1}和 0.1 s^{-1}）(Li, 2013)

图 3.8 所示的线性关系表明，幂律可以描述材料的黏塑性流动，即：

$$\dot{\varepsilon}^{p}=\frac{d\varepsilon^{p}}{dt}=\dot{\varepsilon}_{0}\left(\frac{\sigma}{K}\right)^{n} \tag{3.12}$$

式中：$\dot{\varepsilon}_0$ 是参照应变速率；K 为常数，MPa。

在连续损伤力学中，材料的失效过程可用损伤变量 ω 描述。如果材料的寿命（或延展性）和变形速率在双对数坐标轴上呈线性关系，则损伤变量也可用幂律进行描述。这部分内容将在第 6 章中详述。损伤方程可表示为：

$$\dot{\omega}=\frac{d\omega}{dt}=C\left(\frac{\sigma}{\sigma_{0}}\right)^{\eta} \tag{3.13}$$

式中：C、σ_0 和 η 是通过实验数据确定的材料常数。

(b) 双曲正弦定律

在特定情况下，可用双曲正弦定律描述一些材料在变形中的黏塑性流动、蠕变应变和损伤演变行为。图 3.9 所示为铜合金和铝合金的有效应力与断裂时间的关系。纵轴（有效应力）为线性轴，横轴（断裂时间，t_R）为对数尺度轴。从图 3.9 可看出，所有的实验曲线都呈线性关系。

在此情况下，可使用双曲正弦定律描述损伤演变。单轴情况下，最简单的表示形式为：

$$\dot{\omega} = \frac{\mathrm{d}\omega}{\mathrm{d}t} = D\sinh(B\sigma) \tag{3.14}$$

式中：D(单位：h^{-1})和 B(单位：MPa^{-1})是材料常数。

若 $B\sigma$ 的值足够大，则有：

$$\dot{\omega} = D\sinh(B\sigma) = D \times \frac{1}{2}(\mathrm{e}^{B\sigma} - \mathrm{e}^{-B\sigma}) \approx \omega_0 \exp(B\sigma) \tag{3.15}$$

将式(3.15)取自然对数，可得：

$$\ln\dot{\omega} = \ln\omega_0 + B\sigma \tag{3.16}$$

在式(3.16)中，损伤演变与图 3.9 中的断裂时间直接相关。因此，$\sigma - \lg t_R$ 的关系曲线呈线性，损伤演变可使用双曲正弦定律描述。B 值与应变线的斜率有关，且依赖于应力状态。

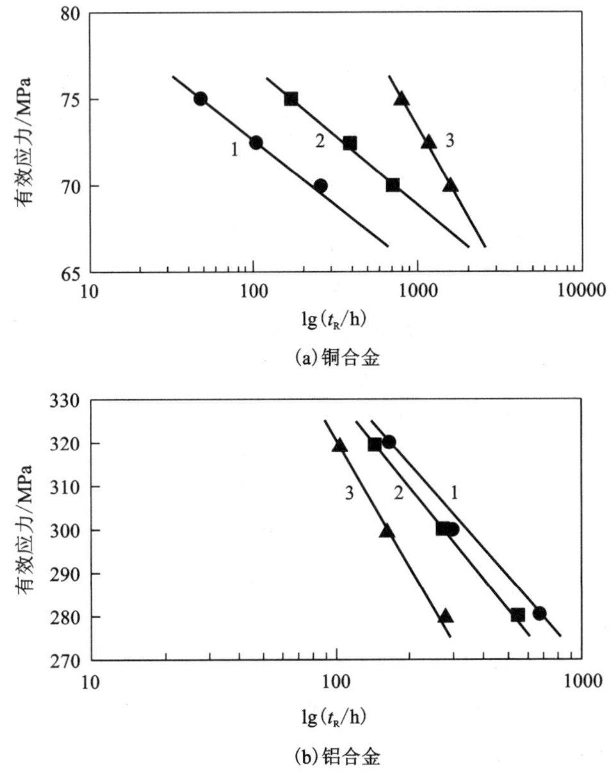

图 3.9　多个应力状态下铜合金和铝合金的有效应力与断裂时间的关系

数字表示应力状态类型：1—纯拉伸；2—拉伸与扭转；3—纯扭转(Lin，Kowalewski 和 Cao，2005)

类似地，如果图 3.8 所示的纵轴(应力)是线性轴(非对数尺度)，并且应力(线性)-应变速率(对数)关系是线性的，则双曲正弦定律可以描述材料的黏塑性流动。即：

$$\dot{\varepsilon}^{\mathrm{p}} = \frac{\mathrm{d}\varepsilon^{\mathrm{p}}}{\mathrm{d}t} = A\sinh(B\sigma) \tag{3.17}$$

式中：A 和 B 都为常数。

基于以上对幂律和双曲正弦定律的数学和物理原理的理解，在预测不同变形条件下材料的黏塑性流动和断裂时，可选择更合适的描述形式。值得注意的是，对于给定的材料，其主要变形机制会随着温度、变形速率以及微观组织的变化而改变，且在一个过程中有可能是动态变化的。这会导致难以选择合适的描述律。但是，若变形速率、温度和微观组织在特定范围内，则材料的主要变形机制是确定的，可以对材料进行建模。

3.1.3 黏塑性势函数

1. 幂律

通过黏塑性势的定义和理想黏塑性 von-Mises 行为的假设(不考虑应变硬化)，黏塑性材料的多轴流动行为可以用幂律进行描述。幂律形式的黏塑性势方程可表示为：

$$\psi = \dot{\varepsilon}_0 \frac{K}{n+1}\left(\frac{\sigma_{\mathrm{e}}}{K}\right)^{n+1} \tag{3.18}$$

式中：$\sigma_{\mathrm{e}}[\sigma_{\mathrm{e}} = (3S_{ij} \cdot S_{ij}/2)^{1/2}]$为第 2 章定义的有效应力；$S_{ij}[S_{ij} = \sigma_{ij} - (\sigma_{11} + \sigma_{22} + \sigma_{33})\delta_{ij}/3]$为偏应力。将黏塑性势对偏应力求偏导，得到：

$$\dot{\varepsilon}_{ij}^{\mathrm{p}} = \frac{\partial\psi}{\partial S_{ij}} = \frac{3}{2}\frac{\partial\psi}{\partial\sigma_{\mathrm{e}}}\frac{S_{ij}}{\sigma_{\mathrm{e}}} = \frac{3}{2}\frac{S_{ij}}{\sigma_{\mathrm{e}}}\dot{\varepsilon}_0\left(\frac{\sigma_{\mathrm{e}}}{K}\right)^n = \frac{3}{2}\frac{S_{ij}}{\sigma_{\mathrm{e}}}\dot{\varepsilon}_{\mathrm{e}}^{\mathrm{p}} \tag{3.19}$$

式中：

$$\dot{\varepsilon}_{\mathrm{e}}^{\mathrm{p}} = \frac{\partial\psi}{\partial\sigma_{\mathrm{e}}} = \dot{\varepsilon}_0\left(\frac{\sigma_{\mathrm{e}}}{K}\right)^n \tag{3.20}$$

是有效塑性应变速率，其形式类似于单轴情况。

2. 双曲正弦定律

与蠕变损伤本构方程(Lin，Hayhurst 和 Dyson，1993)相似，通过假定能量耗散速率势，可以构建双曲正弦形式的黏塑性本构方程，以对材料的多轴变形进行建模。能量耗散速率势可以表示为：

$$\psi = \frac{A}{B}\cosh(B\sigma_{\mathrm{e}}) \tag{3.21}$$

类似地，将能量耗散速率势对偏应力求偏导，可得：

$$\dot{\varepsilon}_{ij}^{\mathrm{p}}=\frac{\partial\psi}{\partial S_{ij}}=\frac{3}{2}\frac{\partial\psi}{\partial\sigma_{\mathrm{e}}}\frac{S_{ij}}{\sigma_{\mathrm{e}}}=\frac{3}{2}\frac{S_{ij}}{\sigma_{\mathrm{e}}}A\sinh(B\sigma_{\mathrm{e}})=\frac{3}{2}\frac{S_{ij}}{\sigma_{\mathrm{e}}}\dot{\varepsilon}_{\mathrm{e}}^{\mathrm{p}} \tag{3.22}$$

式中：$\dot{\varepsilon}_{\mathrm{e}}^{\mathrm{p}}=\dfrac{\partial\psi}{\partial\sigma_{\mathrm{e}}}=A\sinh(B\sigma_{\mathrm{e}})$，其形式与单轴情况相似。

上面所描述的势都严格服从理想的黏塑性状态假设，即不存在硬化和弹性区域。若考虑弹性区域和可能存在的硬化机制，势的方程将会变得更加复杂。后续章节将会对此进行讨论。

3.2 塑性变形硬化

3.2.1 各向同性硬化

1. 基于应变的硬化规律

在此情况中，标量 R 控制了弹塑性变形中载荷面的演变。R 和耗散的塑性功、累积塑性应变和位错密度有关。图3.10所示为各向同性硬化，该图表明：

(1)在载荷作用下，初始屈服面的初始屈服应力为 σ_{Y}。值得注意的是，σ_{Y} 和 k 都用来表示屈服面。对于弹塑性问题，在实验中容易确定单轴屈服应力。但是在弹黏塑性实验中，由于在较低的应力下可能发生蠕变，故难以确定材料的初始屈服应力。因此，k 通常表示临界应力，当应力低于临界应力时，认为不发生蠕变。

(2)随着塑性变形进行，由于位错的积累导致材料发生硬化，屈服面将扩张至以 $\sigma_{\mathrm{Y}}+R$ 为半径的屈服圆。

(3)在循环载荷作用下，新的屈服点为 $\sigma_{\mathrm{Y}}+R$。由于塑性变形导致屈服面扩张的特征称为应变硬化。

此特定情况下，屈服面在各个方向上的扩张都是相同的，称为各向同性硬化。通常用如下塑性应变的函数来描述：

$$\dot{R}=\frac{\mathrm{d}R}{\mathrm{d}t}=b(Q-R)\,|\dot{\varepsilon}^{\mathrm{p}}| \tag{3.23}$$

式中：Q 和 b 都为材料常数。对式(3.23)积分，各向同性硬化 R 可直接用塑性应变的函数表示：

$$R=Q[1-\exp(-b\,|\varepsilon^{\mathrm{p}}|)] \tag{3.24}$$

当 R 取常数 Q(图3.11)时，$\dot{R}$为0。b 表示塑性应变对硬化特性影响的比例因子。如果 b 值很高，则各向同性硬化发展迅速，R 会在更低的塑性应变(ε^{p})下达到 Q 值。

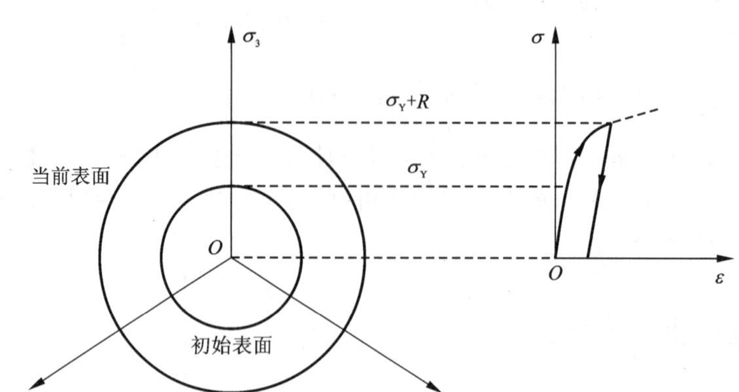

图 3.10　载荷作用下主应力空间中的各向同性硬化

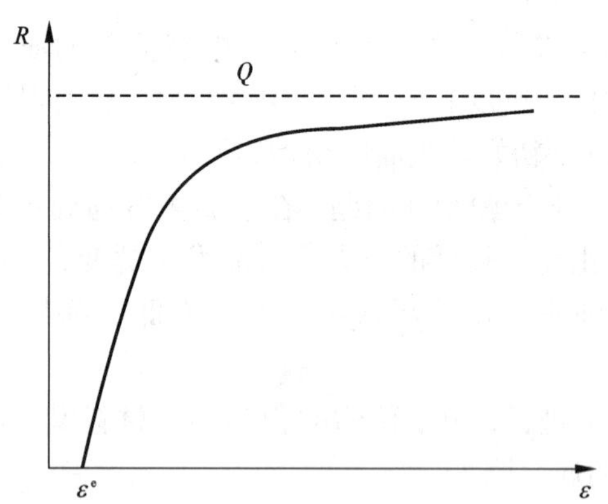

图 3.11　各向同性硬化的变化趋势

2. 基于位错的硬化规律

各向同性硬化也可直接用位错密度的函数描述。位错主要集中在亚晶界上，平均位错密度表示为ρ。与蠕变过程类似，考虑应变硬化和位错回复，忽略退火和再结晶，位错密度变化速率可以表示为(Sandstrom 和 Lagneborg，1975)

$$\dot{\rho}=\frac{\mathrm{d}\rho}{\mathrm{d}t}=\frac{1}{bl}\left|\dot{\varepsilon}^{\mathrm{p}}\right| \tag{3.25}$$

式中：b 表示伯氏矢量；l 表示位错的平均自由程。式(3.25)表明，塑性变形中，初期位错增量与塑性应变成正比。引入塑性变形中位错的动态回复作用，式(3.25)可表示为(Lin 和 Dean，2005)：

$$\dot{\rho}=\frac{\mathrm{d}\rho}{\mathrm{d}t}=b(Q-\rho)\left|\dot{\varepsilon}^{\mathrm{p}}\right| \tag{3.26}$$

对式(3.26)进行积分，可得：

$$\rho = Q[1 - \exp(-b|\varepsilon^{\mathrm{p}}|)] \tag{3.27}$$

可见，式(3.27)与式(3.23)相似。根据 Sandstrom 和 Lagneborg(1975)的观点，材料硬化和位错密度直接相关，则：

$$R \approx \alpha G b \sqrt{\rho} \tag{3.28}$$

式中：α 为常数，其值为 0.5 ~ 1.0；G 表示材料的剪切模量。为了便于工程应用，式(3.28)可简化为(Lin，Liu 和 Farrugia 等，2005)：

$$R = B\rho^{1/2} \tag{3.29}$$

则有

$$\dot{R} = \frac{1}{2}B\rho^{-1/2}\dot{\rho} \tag{3.30}$$

式(3.30)表明，各向同性硬化演变与位错密度的变化速率直接相关，而位错密度的变化速率为塑性应变速率的函数。各向同性硬化率与塑性应变速率直接相关。同时，借助位错概念描述的各向同性硬化的变化趋势与图 3.11 所示曲线的变化规律相同。

值得注意的是，上述方程只考虑了位错的动态回复，只适用于室温变形(冷成形过程)。在高温成形条件下，退火和可能发生的再结晶都将减少位错密度，从而减弱各向同性硬化或者导致负硬化(即软化)。这时各向同性硬化不仅和塑性应变直接相关，而且还与时间(应变速率)、温度和微观组织有关。这部分内容将在后续章节讨论。

3. 各向同性硬化对流变应力的影响

在弹黏塑性幂律方程[式(3.12)]中，引入初始屈服应力(临界应力)k 和各向同性硬化 R，则：

$$\dot{\varepsilon}^{\mathrm{p}} = \dot{\varepsilon}_0\left(\frac{\sigma - R - k}{K}\right)^n \tag{3.31}$$

在多轴情况下，应力 σ 可替换为 von-Mises 应力 σ_e 或者 $J_2' = (3S_{ij} \cdot S_{ij}/2)^{1/2}$。值得注意的是，初始屈服强度 k 和各向同性硬化 R 都是标量。因此，式(3.31)可表示为：

$$\sigma = k + R + K\left(\frac{\dot{\varepsilon}^{\mathrm{p}}}{\dot{\varepsilon}_0}\right)^{1/n} \tag{3.32}$$

图 3.12 为各向同性硬化变形条件下的应力组成。其中，$\sigma_v = K(\dot{\varepsilon}^{\mathrm{p}}/\dot{\varepsilon}_0)^{1/n}$ 表示由黏塑性应变速率引起的应力。流变应力可以分为 3 个部分：初始屈服应力、各向同性硬化引起的应力和黏塑性应变速率造成的应力。在塑性条件下，因黏塑性应变速率造成的应力部分可以忽略。

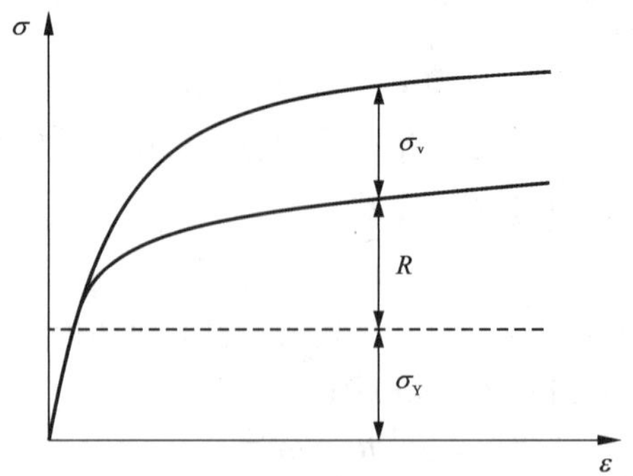

图 3.12　各向同性硬化变形条件下的应力组成图

3.2.2　随动硬化

1. 线性随动硬化

随动硬化是对应于屈服面变化的各向异性硬化。随动硬化用张量 $\boldsymbol{X}$ 表示，表示屈服面当前的位置。考虑初始屈服应力和随动硬化，且忽略各向同性硬化，当前的屈服面可表示为：

$$f = J_2'(\boldsymbol{S} - \boldsymbol{X}) - k = 0 \tag{3.33}$$

图 3.13 所示为典型循环载荷作用下，主应力空间中屈服面的移动和对应的拉伸－压缩应力－应变关系。为表达方便，仍然使用 k 来表示材料在多轴情况下的初始屈服应力。

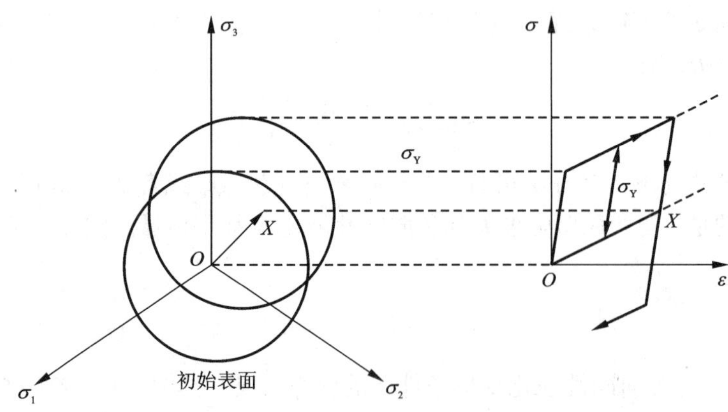

图 3.13　循环载荷作用下主应力空间的随动硬化

由图 3.13 可以得到：

- 在拉伸阶段，以 σ_1、σ_2 和 σ_3 为坐标轴的主应力空间中，屈服轨迹是半径

为 k(或者 σ_Y)的圆，其圆心为原点 O。

- 假设发生线性硬化，流变应力会随着塑性变形的增加成比例地增加。
- 在压缩阶段，屈服面中心移动到新的位置 X，其半径(k 或者 σ_Y)保持不变。随动硬化张量 $\boldsymbol{X}$ 引起了屈服面的位移。

一般来说，对于各向同性材料，塑性变形体积恒定。因此，只会出现偏张量 $\boldsymbol{\sigma}$ 和 $\boldsymbol{X}$，即：

$$J_2'(\boldsymbol{S}-\boldsymbol{X})=\left[\frac{3}{2}(S_{ij}-X_{ij}):(S_{ij}-X_{ij})\right]^{1/2} \tag{3.34}$$

在循环载荷作用下，很多材料都满足该方程所示的关系(Lemaitre 和 Chaboche，1990)。在线性随动硬化的作用下，速率方程可以表示为：

$$\dot{\boldsymbol{X}}=\frac{\mathrm{d}\boldsymbol{X}}{\mathrm{d}t}=C_0\dot{\boldsymbol{\varepsilon}}^{\mathrm{p}} \text{ 或者 } \dot{X}_{ij}=\frac{\mathrm{d}X_{ij}}{\mathrm{d}t}=C_0\dot{\varepsilon}_{ij}^{\mathrm{p}} \tag{3.35}$$

式中：C_0 为常数，与随动硬化速率有关。式(3.35)是最简单的随动硬化法则之一，在建模过程中使用广泛。

2. 多状态变量

为了对循环载荷作用下的材料硬化行为进行精确地建模，Chaboche 和 Rousselier(1983)引入了两个随动硬化变量。一般来说，其中一个变量描述初始硬化行为，另一个变量描述变形后期的硬化行为，这两个变量可表示为(Lin，Dunne 和 Hayhurst，1996)：

$$\dot{\boldsymbol{X}}_1=\frac{\mathrm{d}\boldsymbol{X}_1}{\mathrm{d}t}=C_1\dot{\boldsymbol{\varepsilon}}^{\mathrm{p}}-\gamma_1\boldsymbol{X}_1\dot{\varepsilon}_{\mathrm{e}}^{\mathrm{p}} \tag{3.36}$$

$$\dot{\boldsymbol{X}}_2=\frac{\mathrm{d}\boldsymbol{X}_2}{\mathrm{d}t}=C_2\dot{\boldsymbol{\varepsilon}}^{\mathrm{p}}-\gamma_2\boldsymbol{X}_2\dot{\varepsilon}_{\mathrm{e}}^{\mathrm{p}} \tag{3.37}$$

$$\boldsymbol{X}=\boldsymbol{X}_1+\boldsymbol{X}_2 \tag{3.38}$$

式中：C_1、γ_1、C_2 和 γ_2 都是材料常数，可以通过拟合实验数据确定。$\dot{\varepsilon}_{\mathrm{e}}^{\mathrm{p}}$ 为有效塑性应变速率。

式(3.36)和式(3.37)具有相似性，其中第一项表示硬化和塑性应变的线性关系，式中的硬化率由常数 C(C_1 和 C_2)来定义；而第二项与硬化中的动态回复相关，分别用参数 γ_1 和 γ_2 来表示。

为了模拟更加复杂的材料随动硬化行为，可以引入多个随动硬化变量。因此，式(3.36)~式(3.38)可以概括为：

$$\dot{\boldsymbol{X}}_k=\frac{\mathrm{d}\dot{\boldsymbol{X}}_k}{\mathrm{d}t}=C_k\dot{\boldsymbol{\varepsilon}}^{\mathrm{p}}-\gamma_k\boldsymbol{X}_k\dot{\boldsymbol{\varepsilon}}_{\mathrm{e}}^{\mathrm{p}}\text{，其中 } k=1,2,\cdots,N \tag{3.39}$$

$$\boldsymbol{X}=\sum_{k=1}^{N}\boldsymbol{X}_k \tag{3.40}$$

式中：N 表示随动硬化变量的数量。同时，多个随动硬化变量可以通过与式

(3.33)相同的方式嵌入到屈服函数中。

在金属板材的冷冲压工艺中，研究随动硬化对板材反复弯曲性能的影响是十分必要的。由此，在有限元模拟过程中可以精确地预测板材内部的残余应力和回弹现象(Brunet，Godereaux 和 Morestin，2000)。然而，为了获取较好的实验数据，从而确定随动硬化模型参数、预测板材的回弹现象，不同学者在该领域开展了大量的研究工作。

3. 各向同性硬化和随动硬化

在金属冷成形工艺中，特别是针对金属板材的冲压工艺，各向同性硬化和随动硬化的作用都是非常明显的。因此，需对金属冷成形工艺过程进行精确建模以预测一些重要的特征，如局部减薄和回弹等。

图 3.14 所示为箱型板件在冲压过程中的应力状态。延伸时，各向同性硬化对减少冲压过程中的局部减薄作用影响显著。但是，材料经历的是反复弯曲过程，在此状态下，材料首先承受张力，然后为压力。因此，在卸载阶段，通过随动硬化来预测残余应力和回弹变得非常重要。

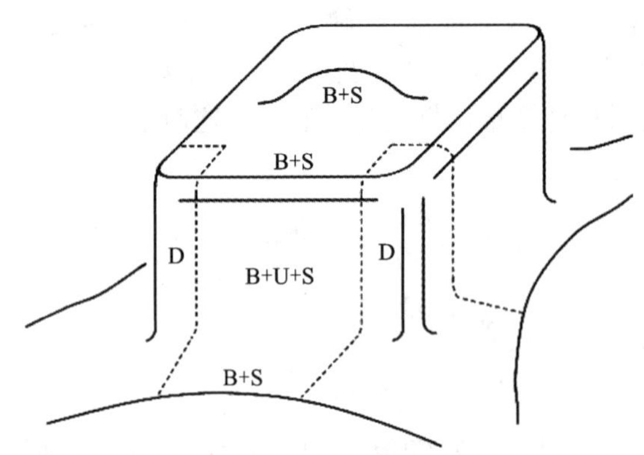

图 3.14　冲压箱体组件的应力和受载状态

B—弯曲；S—拉伸；U—非弯曲；D—压缩

图 3.15 所示为各向同性硬化和随动硬化同时存在时的屈服面的变化情况。在初始载荷作用下，初始屈服面上的屈服应力为 k。在循环载荷作用下，由于随动硬化 $\boldsymbol{X}$(注意此 $\boldsymbol{X}$ 为张力)的发生，初始屈服面中心从 O 点移动至 O'点。此外，由于各向同性硬化的存在，初始屈服面进一步扩张至半径为 $k+R$ 的圆上。因此，各向同性硬化使屈服面半径发生了扩张，而随动硬化则使屈服面中心发生了平移。

结合各向同性硬化和随动硬化的作用，屈服函数可表示为：

$$f = J_2'(\boldsymbol{S} - \boldsymbol{X}) - R - k = 0 \tag{3.41}$$

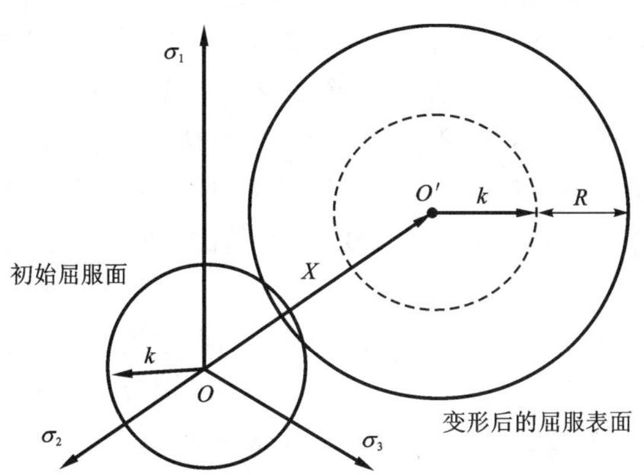

图 3.15　主应力空间中的各向同性硬化和随动硬化

式中：各向同性硬化和随动硬化都可用相应的方程进行描述。

3.3　状态变量和统一本构方程

如前所述，材料在不同变形条件下的单物理现象，如各向同性硬化和随动硬化等，都可以通过引入状态变量来建立相关模型，这些将会在后面的章节中进行详细讨论。而本节中，将以一组简单的统一本构模型为例来阐述此理论。

3.3.1　统一本构方程

对于单轴情况，考虑了各向同性硬化和随动硬化作用的黏塑性问题，可以借助简单的幂律方程来描述。演化方程组可以表示为：

$$\dot{\varepsilon}^{\mathrm{p}} = \dot{\varepsilon}_0 \left[\frac{(\sigma - X) - R - K}{K} \right]^n \operatorname{sgn}(\sigma - X) \tag{3.42}$$

$$\dot{R} = \frac{\mathrm{d}R}{\mathrm{d}t} = b(Q - R)\,|\dot{\varepsilon}^{\mathrm{p}}| \tag{3.43}$$

$$\dot{X}_1 = \frac{2}{3}C_1\dot{\varepsilon}^{\mathrm{p}} - \gamma_1 X_1\,|\dot{\varepsilon}^{\mathrm{p}}| \tag{3.44}$$

$$\dot{X} = \frac{2}{3}C_2\dot{\varepsilon}^{\mathrm{p}} \tag{3.45}$$

$$\dot{X} = \dot{X}_1 + \dot{X}_2 \tag{3.46}$$

$$\dot{\sigma} = E\dot{\varepsilon}^{\mathrm{e}} = E(\dot{\varepsilon}^{\mathrm{T}} - \dot{\varepsilon}^{\mathrm{p}}) \tag{3.47}$$

式(3.42)～式(3.47)为统一本构方程组，用来描述循环载荷作用下的应力－应变响应。值得注意的是：

- 在初始(单调)载荷和稳定的循环载荷之间发生了各向同性硬化(R)。
- 引入两个随动硬化变量 X_1 和 X_2，建立了稳定循环载荷下材料的硬化行为模型，其中一个变量为线性硬化，另一个变量为非线性硬化。
- 上述的三个硬化变量都会影响材料的黏塑性流变行为，需嵌入到式(3.42)中。若$\langle(\sigma - K) - R - k\rangle \leqslant 0$，表示材料在弹性变形区，此时有效的塑性应变速率$\dot{\varepsilon}^{\mathrm{p}} = 0$。若$\langle(\sigma - K) - R - k\rangle > 0$，则有效的塑性应变速率可通过式(3.42)计算出。
- 当通过式(3.42)得到塑性应变速率时，流变应力可通过式(3.47)计算得到。在式(3.47)中，$\dot{\varepsilon}^{\mathrm{T}}$ 表示总应变速率。对于单轴拉伸实验，若采用应变速率控制(如$\dot{\varepsilon}^{\mathrm{T}} = 0.1\ \mathrm{s}^{-1}$)，此方程可写成$\sigma = E(\varepsilon^{\mathrm{T}} - \varepsilon^{\mathrm{p}})$，式中 ε^{T} 表示实验中测得的应变。

在整个本构模型方程中，E 表示杨氏模量；k 表示初始屈服应力(或临界应力)；$\dot{\varepsilon}_0$、K、b、Q、C_1、γ_1 和 γ_2 都是材料常数，这些常数都可以通过拟合实验数据获得。具体的拟合方法详见第 7 章。

3.3.2 统一本构方程的求解

式(3.42)～式(3.47)为一组常微分方程(ODE)，通常不能直接解析。因此，需要借助数值积分方法来求解这些方程，而最简单的积分法是显式欧拉法(Leonhard Euler 和 Swiss，1707—1783)。对于简单恒速率($\dot{\varepsilon}^{\mathrm{T}} = 0.1\ \mathrm{s}^{-1}$)的单轴实验，其积分求解过程为：

- 首先，当初始条件 $t = 0$ 时，赋予所有变量初值，即：

$$\varepsilon^{\mathrm{p}} = 0.0;\ R = 0.0;\ X_1 = 0.0;\ X_2 = 0.0;\ \sigma = 0.0。$$

- 当给定时间增量 Δt 时，变量的变化率可通过式(3.42)～式(3.47)计算得出。
- 再通过数值积分法更新变量，借助显式欧拉法，得到：

$$\varepsilon_{i+1}^{\mathrm{T}} = \varepsilon_i^{\mathrm{T}} + \dot{\varepsilon}_i^{\mathrm{T}} \cdot \Delta t \tag{3.48}$$

$$\varepsilon_{i+1}^{\mathrm{p}} = \varepsilon_i^{\mathrm{p}} + \dot{\varepsilon}_i^{\mathrm{p}} \cdot \Delta t \tag{3.49}$$

$$R_{i+1} = R_i + \dot{R}_i \cdot \Delta t \tag{3.50}$$

$$X_{1,\,i+1} = X_{1,\,i} + \dot{X}_{1,\,i} \cdot \Delta t \tag{3.51}$$

$$X_{2,\,i+1} = X_{2,\,i} + \dot{X}_{2,\,i} \cdot \Delta t \tag{3.52}$$

$$X_{i+1} = X_{1,\,i+1} + X_{2,\,i+1} \tag{3.53}$$

$$\sigma_{i+1} = E(\varepsilon_{i+1}^{\mathrm{T}} - \varepsilon_{i+1}^{\mathrm{p}}) \tag{3.54}$$

$$t_{i+1} = t_i + \Delta t \tag{3.55}$$

式中：$i = 1, 2, \cdots, N$ 表示积分的迭代指数；$i+1$ 为基于当前累积数值的下一次迭代的积分指数。

• 若达到设置的目标值，如达到预设定的最大应变，则停止积分。

上述为初始值问题的求解过程。只要得到变量的初始值（当 $t=0$），即可求解方程组，同时还可以绘制应力 - 应变曲线。

通过高阶积分法如四阶龙格 - 库塔法，或者带有自动步长和误差评估的显式法，也可求解此方程组。

多重本构方程积分的主要难点在于时间增量步长的选择和积分误差的控制，而且时间增量步长与积分误差相关。此外，由于不同方程的单位不同，各个方程之间的计算误差不能直接对比，这些都将给方程的精确积分带来困难。关于方程积分的细节详见第 7 章。

3.3.3　方程组常数的确定

统一本构方程组中的常数可以通过拟合实验数据的方式进行确定，实验数据通常为应力 - 应变曲线的组成部分，在大多数情况下则采用试错法进行确定。数值优化方法在后期也得到了进一步的发展（Li，Lin 和 Yao，2002）。具体细节详见第 7 章。

统一本构方程中的大多数常数都具有重要的物理意义。虽然在拟合初期还不能确定，但至少可以根据相关的物理意义来得到常数的范围。这将有助于在拟合过程中获得有实际意义的结果。而对于一些常数来说，需要得到这些常数控制的应力 - 应变曲线的区间范围，然后再根据曲线中特定的部分对常数值进行确定。

以下将讨论一个相关实例，以助于理解此过程。具体拟合步骤详见第 7 章。

图 3.16 所示为单轴循环载荷作用下屈服应力的变化。对于使用应变范围（$\Delta\varepsilon$ 为常数）控制的循环载荷实验，初始屈服应力用 k 表示。在循环载荷作用下，磁滞回线发生扩张，最大应力随循环次数增加而增加［图 3.16（a）］，直至稳态，这也是位错结构网达到稳态的结果。在初始周期中，屈服面的扩张可以用各向同性硬化 R 进行描述，各向同性硬化的演变形式可以表示为：

$$\dot{R}=b(Q-R)\dot{\varepsilon}^{\mathrm{p}} \tag{3.56}$$

考虑累积塑性应变对稳态循环的影响，式（3.56）的积分式表示为：

$$R_{\mathrm{S}}=Q[1-\exp(-2b\Delta\varepsilon^{\mathrm{p}}\cdot N)] \tag{3.57}$$

式中：Q 为常数。当 Q 达到其渐进值 R_{S} 时，表示达到各向同性硬化的稳态或者饱和状态。当第 N 次循环加载达到饱和状态时，屈服面扩张至

$$k=k_0+R_{\mathrm{S}}, \tag{3.58}$$

如图 3.16（b）所示，它表示屈服面中心已移至新位置点 O'。

为了简化建模过程，可忽略稳态之前的周期（在很多情况下，稳态之前的周期较少，与失效周期相比，它只是很小的一部分）。因此，只需对循环载荷作用下的随动硬化进行建模，可以表示为：

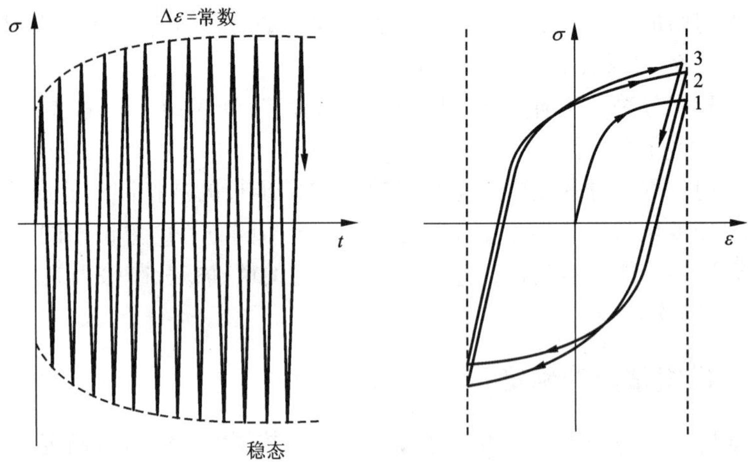

(a)应变主导的循环塑性(Lemaitre和Chaboche, 1990)

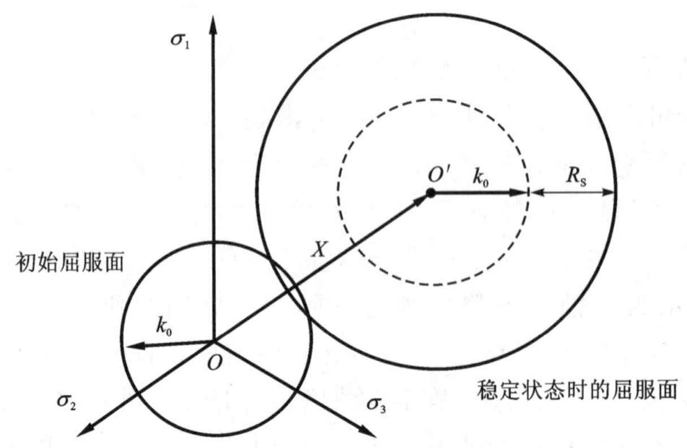

(b)各向同性和随动硬化屈服轨迹

图3.16 循环载荷作用下，各向同性硬化和随动硬化的作用结果

(Lin, Zhan 和 Zhu, 2011)

$$\dot{\varepsilon}^{\mathrm{p}} = \dot{\varepsilon}_0 \left[\frac{(\sigma - X) - k}{K} \right]^n \operatorname{sgn}(\sigma - X) \tag{3.59}$$

$$\dot{X}_1 = C_1 \dot{\varepsilon}^{\mathrm{p}} - \gamma_1 X_1 \left| \dot{\varepsilon}^{\mathrm{p}} \right| \tag{3.60}$$

$$\dot{X}_2 = C_2 \dot{\varepsilon}^{\mathrm{p}} - \gamma_2 X_2 \left| \dot{\varepsilon}^{\mathrm{p}} \right| \tag{3.61}$$

$$X = X_1 + X_2 \tag{3.62}$$

$$\sigma = E(\varepsilon^{\mathrm{T}} - \varepsilon^{\mathrm{p}}) \tag{3.63}$$

式中：$\dot{\varepsilon}_0$(s^{-1})是单位参数；K、n、C_1、γ_1、C_2、γ_2 和 E 是依赖于温度的材料常数，

它们都可以根据实验数据进行确定。采用多维优化方法确定本构方程中材料的参数，可以减少实验数据和计算数据之间的误差。

通常情况下，参数的温度特性遵循 Arrhenius 定律。但是，为了适应更广的温度范围，也常使用简化的经验公式。这里总结了 Lin，Dunne 和 Hayhurst(1996)在温度为 20 ~ 500℃时对铜的实验结果，此时与温度相关的材料参数简化为：

$$k = 153.4 \times [1.139 - \exp(-1.319\Delta\varepsilon)]\exp(-2.0429 \times 10^{-3}T)$$

$$C_1 = 1.0863 \times 10^5 \exp(-1.9399 \times 10^{-3}T)$$

$$C_2 = 5950.3\exp(-2.0733 \times 10^{-3}T)$$

$$\gamma_1 = 723.95\exp(1.65134 \times 10^{-3}T)$$

$$\gamma_2 = 108.12\exp(1.9798 \times 10^{-3}T)$$

当 $T \leqslant 423$ K 时，$K = 4.5$，则有：

$$n = 33.269\exp(-5.5057 \times 10^{-4}T)$$

而当 $T > 423$ K 时，则有：

$$K = 8.1881 \times 10^{-7}T^3 - 1.7865 \times 10^{-3}T^2 + 1.2944T - 285.35$$

$$n = -7.1457 \times 10^{-7}T^3 - 1.5686 \times 10^{-3}T^2 + 1.1435T - 283.48$$

上述方程中，T 为绝对温度，单位为 K。上述方程的预测结果如图 3.17、图 3.18、图 3.19 和图 3.20 所示。

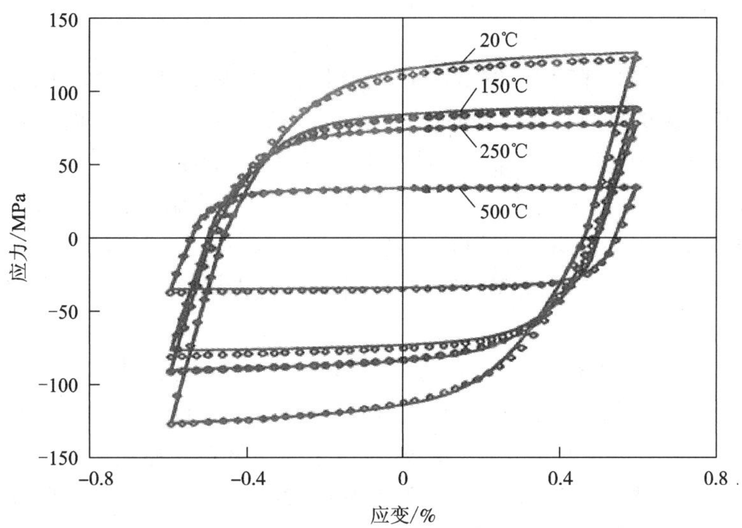

图 3.17　计算(实线)和实验(符号)磁滞回线的对比

(应变范围：±0.6%，应变速率：0.006%·s^{-1}，温度：20 ~ 500℃)

(Lin，Dunne 和 Hayhurst，1996)

如图3.17所示，在相同应变范围的实验条件下，流变应力随着温度的降低而增加，同时硬化作用随温度的升高而减弱。这表明随着温度的升高，流变应力曲线将变得更加平坦，这是因为在高温下发生了更多的回复(或退火)过程。

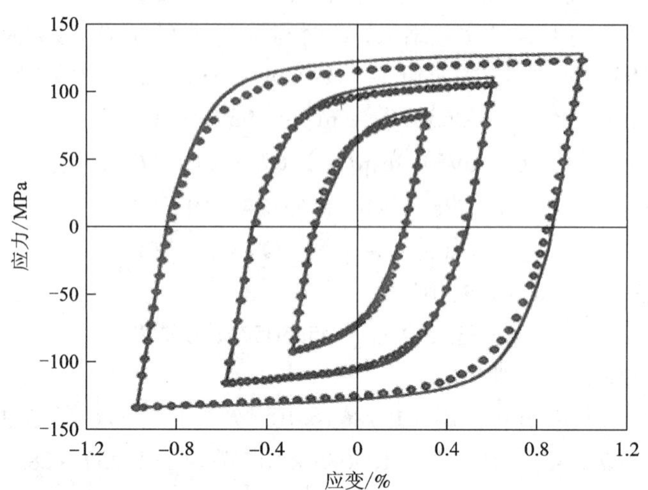

图3.18 计算(实线)和实验(符号)磁滞回线(时间主导的黏塑性行为)的对比

(温度：50℃，应变速率：0.006%·s^{-1}，应变范围：±0.3%，±0.6%和±1.0%)

(Lin，Dunne和Hayhurst，1996)

如图3.18所示，在50℃的低温下，材料发生了少量的蠕变和回复，其变形主要为与时间无关的塑性变形。此时式(3.59)的指数 n 为27.8。而且当指数 n 增大时，式(3.59)中与时间无关的塑性变形的主导作用增强。

图3.19所示为材料的循环黏塑性行为。由于在高温和低应变速率条件下，退火过程会引起更多的蠕变和静态回复行为，其结果将是产生较低的流变应力和较弱的硬化作用。在高温(500℃)变形条件下，描述材料黏塑性行为的指数 n 为6.8。

一般地，式(3.59)~式(3.63)是一组可用于描述变形过程中与时间相关的应力-应变响应的黏塑性方程。其中，指数 n 决定了方程所描述的材料性质。当 n 值较低时，通常 n 为1~7，式(3.59)可用于描述材料的弹黏塑性行为和蠕变特性；当 n 值较高时，则可以近似地描述材料的弹塑性行为。若省略随动硬化参数 X 和单元参数 $\dot{\varepsilon}_0$，则式(3.59)可简化为：

$$\dot{\varepsilon}^{\mathrm{p}} = \left(\frac{\sigma - k}{K}\right)^{n} \tag{3.64}$$

$$\sigma = k + K\left(\dot{\varepsilon}^{\mathrm{p}}\right)^{1/n} \tag{3.65}$$

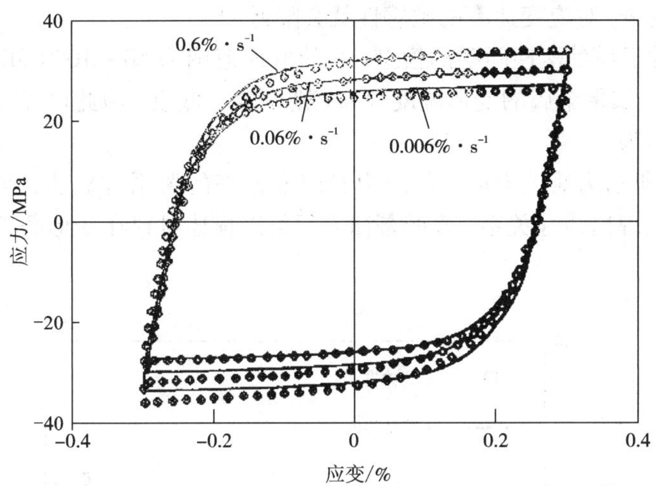

图 3.19　计算(实线)和实验(符号)磁滞回线(时间主导的黏塑性行为)的对比

(温度：500℃，应变范围：±0.3%，应变速率：0.006%·s^{-1}，0.06%·s^{-1}和0.6%·s^{-1})

(Lin，Dunne 和 Hayhurst，1996)

式中：k 表示材料在稳态下的屈服面；$\sigma_v = K(\dot{\varepsilon}^p)^{1/n}$ 表示材料的黏塑性应力。表 3.1 所示为材料在两种应变速率(1.0 s^{-1}与 0.01 s^{-1})下，不同 n 值所对应的 σ_v 值。此时，k 取 200 MPa，$\Delta\sigma_v$ 表示以上两种应变速率下 σ_v 之间的差值，即 $\Delta\sigma_v = (\sigma_v)_{1.0} - (\sigma_v)_{0.01}$。

表 3.1　两种应变速率条件下(1.0 s^{-1}和 0.01 s^{-1})不同 n 值的黏塑性应力 σ_v(MPa)([$\sigma_v = 200(\dot{\varepsilon}^p)^{1/n}$])和黏塑性应力差值 $\Delta\sigma_v$(MPa)的对比

n	1	2	5	10	100
1.0/s^{-1}	200	200	200	200	200
0.01/s^{-1}	2	20	80	126	191
$\Delta\sigma_v$/MPa	198	180	120	74	9

从表 3.1 可得出，当 $n = 1$ 时，两个应变速率下的黏塑性应力 σ_v 的差值为 198 MPa。当 $n = 100$ 时，黏塑性应力差值变得很小($\Delta\sigma_v = 9$ MPa)，而这种非常小的差值会使应变速率敏感性降到最低，同时使得黏塑性方程与弹塑性方程十分接近。因此，当 $n\to\infty$ 时，方程与时间性无关，此时方程可用来描述材料的弹塑性行为。但当 n 值过高时，式(3.59)将难以积分。

同时，还可以利用减小式(3.59)中的应变速率敏感值的方法来降低 K 值，这

样黏塑性应力 σ_v 对应变速率的敏感性就会降低。

通常，对于弹黏塑性问题的模型，K 的取值范围为 50 ~ 1000 MPa，n 的取值范围为 1 ~7。如果金属的变形温度较高，则 n 取较低值，由此可以观察到材料更多的黏塑性行为。

图 3.20 所示为对数坐标下的应力和应变速率的关系。显然，实验数据和计算结果之间呈现出线性关系，表明幂律方程可以描述材料在变形条件下的黏塑性行为。

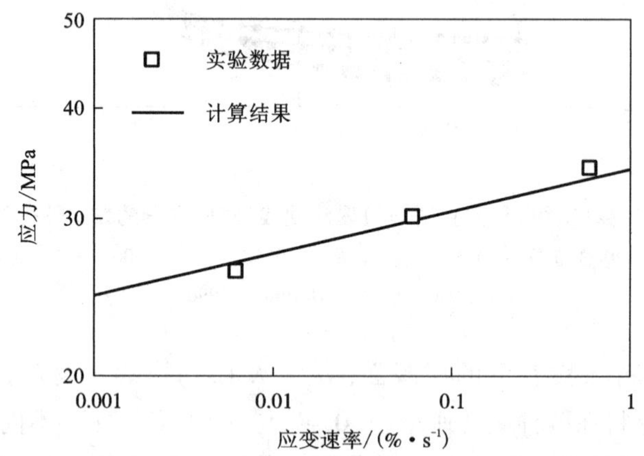

图 3.20　材料在温度为 500℃和应变范围为 ±0.3%的条件下计算(实线)和实验(符号)的对数应力与对数应变速率的对比

(Lin，Dunne 和 Hayhurst，1996)

3.3.4　多轴本构方程组

通过引入张量以及 von-Mises 公式，可以将统一单轴本构方程组延伸到多轴的情况，即

$$\dot{\varepsilon}_e^p = \dot{\varepsilon}_0 \left(\frac{J_2'(S_{ij} - X_{ij}) - R - k}{K} \right)^n \tag{3.66}$$

$$\dot{\varepsilon}_{ij}^p = \frac{3}{2} \frac{S_{ij}}{\sigma_e} \dot{\varepsilon}_e^p \tag{3.67}$$

$$\dot{R} = \frac{dR}{dt} = b(Q - R)\dot{\varepsilon}_e^p \tag{3.68}$$

$$\dot{X}_{ij,k} = \frac{dX_{ij,k}}{dt} = C_k \dot{\varepsilon}_{ij}^p - \gamma_k X_{ij,k} \dot{\varepsilon}_e^p,\ k = 1, 2, \cdots, N \tag{3.69}$$

$$X_{ij} = \sum_{k=1}^{N} X_{ij,k} \tag{3.70}$$

$$\sigma_{ij} = D_{ijkl}(\varepsilon_{ij}^{\mathrm{T}} - \varepsilon_{ij}^{\mathrm{p}}) \tag{3.71}$$

值得注意的是，式(3.69)为描述材料随动硬化现象的多维方程。类似地，为描述材料的各向同性硬化特征，各向同性硬化方程[式(3.68)]也可以扩展到多维方程，但是这种情况比较少见。在现代建模技术中，首先应确定材料的硬化和软化机制，然后根据确定的机制建立方程组。因此，材料的应力－应变响应，具体的微观组织演变过程和强化、软化机制也需单独建立方程，这些都将在后面章节中详细介绍。最后，将建立的统一本构方程组通过自定义的子程序嵌入到商用有限元求解器中，以用于工程实际。

本章中讨论了材料的各向同性硬化和随动硬化，这些都是统一本构方程的基础。在金属板材的冷冲压工艺中，随动硬化对于预测成形板件的残余应力和回弹是非常重要的。但是在热冲压工艺中，回弹作用微弱。因此，为了简化问题，通常忽略随动硬化。

本章介绍了统一本构方程和硬化变量在材料循环塑性建模过程中的运用。但是，本书的主要目的是介绍金属成形工艺中金属的机械性能和物理性能演变的统一理论，特别是在热/温成形的工程应用中。因此，后面将不再考虑材料的循环塑性行为。

第 4 章
金属冷成形过程中的塑性

本章将详细讨论弹-塑性固体的唯象学和数学建模。这些讨论以早期的最大剪切应力屈服准则(Tresca, 1864)和 von-Mises 屈服准则(von-Mises, 1913)的科学研究为依据。Hill(Rodney Hill, 英国人, 1921—2011)在 1948 年进一步发展了各向异性塑性变形理论。Ford(Hugh Ford, 英国人, 1913—2010)于 20 世纪 50 年代发展了滑移线场理论以及平面应变压缩试验方法。他于 1948 年在伦敦帝国学院开展了金属成形研究, 与他的同事一起成功地为冷轧、挤压(Ford 和 Alexander, 1977)等金属成形的应用发展了先进的力学理论。

由塑性变形引起的硬化以及由材料定向的织构所引起的各向异性已经成为了研究的焦点。第 3 章已经讨论了 Lemaitre 和 Chaboche(1990)发展的各向同性硬化和随动硬化的概念以及它们与一般塑性流动方程的相互作用。第 2 章已对各向同性材料不同的屈服准则进行了介绍。

在第 2 章以及第 3 章所介绍的基础建模方法和屈服准则的基础上, 本章主要关注材料塑性变形的增量公式。此外, 本章也对各向异性屈服准则进行了介绍。

4.1 应用领域

对于金属成形过程, 如果成形(或塑性变形)是在温度 T 下进行的, 且 $T/T_m<1/3$, 其中 T_m 是材料的熔融 Kelvin 温度(绝对温度, K), 那么塑性变形主要是由位错运动引起的。例如, 熔点约为 1550℃($T_m=1550+273=1823$ K)的钢, 如果在一个低于 334℃(607 K)的温度下成形, 那么这一变形可以被认为是冷成形, 可以使用塑性理论且不会引入太大的误差。

对于一种熔点为 660℃的铝合金($T_m=660+273=933$ K), 如果其在一低于 38℃(311 K)的温度下成形, 那么这一成形可以认为是弹-塑性变形。通常情况下，如果一种材料在室温下变形（或金属冷变形条件），那么材料的变形可以用与时间无关的塑性理论大致进行描述。

请注意这里所使用的是“大致”，因为对于特定的成形过程，金属冷变形的应变速率范围不会发生太大的变化，例如在 0.01 s^{-1}到 10 s^{-1}这一应变速率范围内，材料的流变应力不会发生太大的变化。通过使用与时间无关的塑性理论可以对问题进行简化，但是对于一些材料，如铝，它们的熔点很低，在室温下便可以观察到黏塑性行为。

对于冷冲击模拟条件，通常需要从较大的应变速率范围中获得材料的数据，例如从 0.001 s^{-1}到 500 s^{-1}。由此可以观察到材料在低应变速率和高应变速率下变形的流变应力响应之间存在较大的差异。这可从图 4.1 给出的例子中观察到。在这一情况下，如果使用与时间无关的塑性理论，那么计算的误差将会很大。因此，使用与时间相关的弹性黏塑性理论会更合适，这将在第 5 章进行讨论。

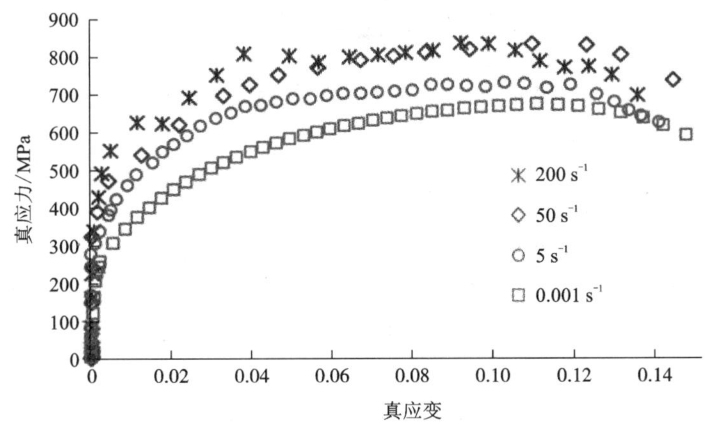

图 4.1　室温下测得的碳钢的应力 – 应变关系

应变速率为 0.001 ~ 200 s^{-1}（Li，2013）

与时间无关的塑性行为必须被看成是第 5 章中所介绍的更一般的黏塑性表述的特例。与时间无关的塑性理论的应用也应基于对特定应用问题的理解。Lemaitre 和 Chaboche（1990）用等势面 $\boldsymbol{\Omega}$ 来介绍塑性和黏塑性的应用范围。图 4.2 是在主应力空间中的一系列等势面的示意图（或等耗散面）。$\boldsymbol{X}$ 是随动硬化指数。在靠近中心的面 $\boldsymbol{\Omega}=0$［或 $f=J_2'(\boldsymbol{S}-\boldsymbol{X})-R-\sigma_Y=0$］上，应变速率接近 0，而远离中心的面 $\boldsymbol{\Omega}=\infty$ 所对应的应变速率为无穷大。弹性区域对应于 $\boldsymbol{\Omega}<0$ 的区域［或 $f=J_2'(\boldsymbol{S}-\boldsymbol{X})-R-\sigma_Y<0$］，在 $\boldsymbol{\Omega}=0$ 和 $\boldsymbol{\Omega}=\infty$ 这两个极端之间就是与时间相关的黏塑性区域。

因此，与时间无关的塑性理论适用于：

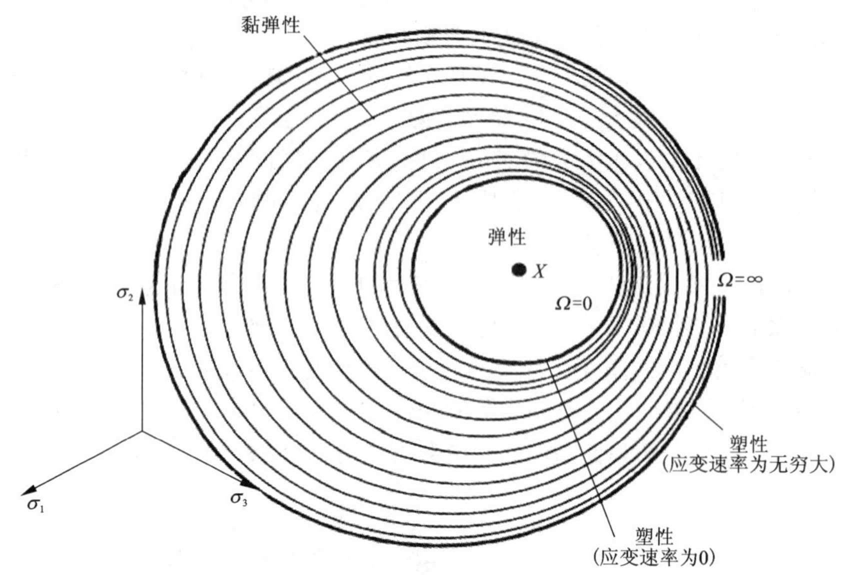

图 4.2 主应力空间中一系列等势面(或等耗散面)的示意图

(Lemaitre 和 Chaboche, 1990)

- 无限慢的加载或者在恒定载荷下达到渐近状态;
- 非常高的加载速率以至于来不及发生回复或扩散。

在低温变形条件下,两种极端条件的等势面十分接近而且黏塑性区域十分小。因此可以使用与时间无关的塑性理论。如果一种金属在高温下变形,比如在温成形或热成形条件下,这两种极端面会离得非常远且黏塑性区域非常大。因此,温成形或热成形时应使用弹塑性理论。

塑性理论只能用于非损伤性的载荷条件。例如在单轴拉伸试验条件下,该理论适用于其应变约低于损伤应变50%的场合,即 $\varepsilon < 0.5\varepsilon_f$,其中 ε_f 是材料在单轴载荷条件下的损伤应变。这意味着这个理论只考虑了应变硬化区域。第 6 章将会讨论应变过高时,材料的显微损伤可能降低其流变应力的情况。

以上使用与时间无关的塑性理论的限制仅是一个参考。它往往取决于实际问题。然而,只有将正确的理论用于特定的应用中,才能得到准确的计算结果。因此,为问题选择正确的理论是非常重要的。

4.2　增量法和硬化法则

4.2.1　单轴行为

1. 塑性流动和硬化

在塑性流动中，总的应变 ε^{T} 可以分解为可逆的(或弹性)应变 ε^{e} 和不可逆的(或非弹性的)应变 ε^{p}。第 2 章和第 3 章已经对其进行了介绍。弹性应变相当于在外部载荷下材料原子间距的改变，然而塑性变形意味着原子的滑动。因此有

$$\varepsilon^{T}=\varepsilon^{e}+\varepsilon^{p}$$

$$\varepsilon^{e}=\varepsilon^{T}-\varepsilon^{p} \tag{4.1}$$

总应变 ε^{T} 是实验中的实测应变(可测量的状态变量)。塑性应变 ε^{p} 是根据本构方程计算得到的，比如

当 $|\sigma|\geqslant\sigma_{Y}$ 时，$\varepsilon^{p}=g(\sigma)$；

当 $|\sigma|<\sigma_{Y}$ 时，即在弹性范围内，$\varepsilon^{p}=0$。

如果塑性应变能够被计算出，那么根据式(4.1)便可很容易地计算出弹性应变。因此，该理论主要考虑到材料在弹塑性变形条件下的硬化和其他物理特性，以及如何准确地计算塑性应变。

在物理层面上，硬化是由于位错密度的增加，位错有相互缠结和阻碍的趋势。基本上，弹性极限随应力的增加而增加，并且它是构成经典可塑性理论基础的近似。因此，对于单调加载，当前的弹性极限，也叫作塑性阈值或屈服应力，等于之前应力达到的最高值，这被称作 σ_{S}(图 4.3)。对于具有正硬化的材料，$d\sigma/d\varepsilon^{p}>0$，其自然弹性极限(初始屈服应力)$\sigma_{Y}$ 是屈服应力的最小值，因为屈服应力是与塑性变形过程有关的函数。

σ_{S} 被称为当前屈服应力，如图 4.3 所示。σ_{S} 随着加载条件下材料应变硬化的增加而增加。因此，单调硬化曲线上的任何点都可以被视为塑性阈值的代表点，并且经典的硬化定律可以写为：

$$\sigma_{S}=g^{-1}(\varepsilon^{p}) \tag{4.2}$$

只有 $\sigma=\sigma_{S}$ 时才发生塑性流动，即

$\sigma<\sigma_{S}$，$d\varepsilon^{p}/dt=0$($d\varepsilon^{p}/dt$ 是塑性应变速率，其中 t 是时间)；

$\sigma=\sigma_{S}$，$d\varepsilon^{p}/dt\neq0$。

为建立硬化函数 g 的模型，提出了若干解析表达式。在此将使用一个基于位错理论的计算结果，其表明屈服应力与位错密度 ρ 的平方根成正比，

$$\sigma_{S}=k\rho^{1/2}$$

式中：k 为常数。实际上，材料的位错密度不会为 0。如果假设一种材料在初始状

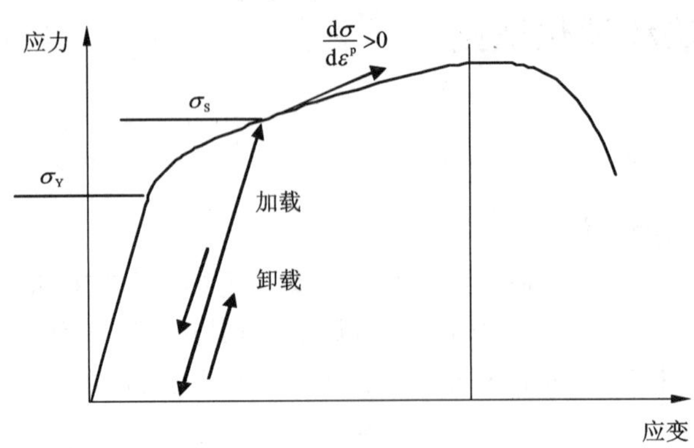

图 4.3　材料的弹塑性变形

态(没有塑性变形的原始材料)的位错密度是 ρ_0，对应的弹性极限为 σ_Y，那么有

$$\sigma_S = \sigma_Y + k\,(\rho - \rho_0)^{1/2}$$

根据宏观应变，类似于上述冷变形条件的关系，上述的等式可以写成一个通式

$$\sigma_S = \sigma_Y + K\,(\varepsilon^p)^n \tag{4.3}$$

这被称作 Ramberg-Osgood 方程，并由此可以推出

$$\varepsilon^p = \left(\frac{\sigma_S - \sigma_Y}{K}\right)^{1/n} \tag{4.4}$$

式中：K 为塑性抗力系数；n 为应变硬化指数。初始屈服应力 σ_Y 能够通过 0.2% 的屈服强度来确定。K 和 n 的值可以通过对应力－应变曲线的塑性部分进行最优拟合来确定。

如果已知应力－应变曲线上塑性部分的两个数据点($\sigma_{S,1}$，ε_1^p)和($\sigma_{S,2}$，ε_2^p)，那么 K 和 n 的值可以通过这两个数据点来确定。针对这两个数据点，对式(4.3)取对数，可以得到两个等式：

$$\lg(\sigma_{S,1} - \sigma_Y) = \lg K + n\lg(\varepsilon_1^p)$$

$$\lg(\sigma_{S,2} - \sigma_Y) = \lg K + n\lg(\varepsilon_2^p)$$

两式相减，得

$$\lg(\sigma_{S,2} - \sigma_Y) - \lg(\sigma_{S,1} - \sigma_Y) = n[\lg(\varepsilon_2^p) - \lg(\varepsilon_1^p)]$$

因此，

$$n = \frac{\lg(\sigma_{S,2} - \sigma_Y) - \lg(\sigma_{S,1} - \sigma_Y)}{[\lg(\varepsilon_2^p) - \lg(\varepsilon_1^p)]} \tag{4.5}$$

若已知材料的初始屈服应力和两个数据点，那么 n 的值可以根据式(4.5)来计算。因此，根据式(4.3)，K 的值可以很容易地用任意一个数据点计算。

例：一铝合金在室温下变形且试验的应力、应变数据如图 4.4 中的符号所示。屈服应力被看作极限屈服应力，$\sigma_Y = 146$ MPa。

在应力－应变曲线上选取两个数据点：$A(0.0254, 410)$ 和 $B(0.1512, 484)$。根据式(4.5)，有

$$n = \frac{\lg(\sigma_{S,2} - \sigma_Y) - \lg(\sigma_{S,1} - \sigma_Y)}{\lg(\varepsilon_2^p) - \lg(\varepsilon_1^p)} = \frac{\lg(484 - 146) - \lg(410 - 146)}{\lg(0.1512) - \lg(0.0254)} = 0.138。$$

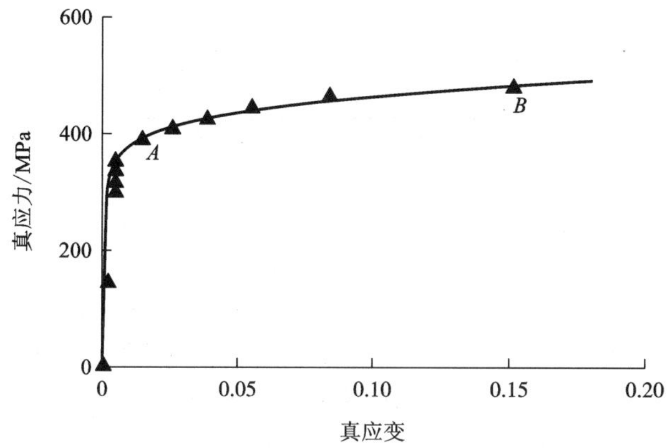

图 4.4　根据试验数据(符号)确定式(4.3)中 K 和 n 的值

根据式(4.3)并使用第一对数据点，则有

$$K = \frac{\sigma_{S,1} - \sigma_Y}{(\varepsilon_1^p)^{1/n}} = \frac{410 - 146}{0.0254^{0.138}} = 438(\text{MPa})$$

然后，有 $\sigma_Y = 146$ MPa，$K = 438$ MPa 且 $n = 0.138$(或 $N = 1/n = 7.24$)，则材料本构方程为

$$\sigma_S = \sigma_Y + 438\ (\varepsilon^p)^{0.138}$$

或

$$\varepsilon^p = \left(\frac{\sigma_S - \sigma_Y}{438}\right)^{7.24}$$

图 4.4 中的实曲线是根据确定的本构关系所预测的应力－应变关系图。由此可以看出，所选择的两个数据点在所预测的应力－应变曲线上。预测的应力－应变关系和实验数据的符合度与为确定常数 K 和 n 而选取的数据点有关。然而，确定的本构方程也能够很好地被用来预测实验数据。

K 和 n 的值只能通过使用最优化方法对最适合于实验的数据进行拟合来确定。这是一个首选方法，并且对于大多数情况，它可以更好地接近整体实验数据。对于更复杂的本构方程，要解析地确定材料常数的值是很困难的，应使用优

化技术。第 7 章将会介绍从实验数据中确定一组本构方程中出现的常数值的详细步骤和方法。

2. 理想弹塑性固体的本构方程

一种材料的理想弹塑性应力 – 应变关系如图 4.5 所示。此时，应变硬化为零。

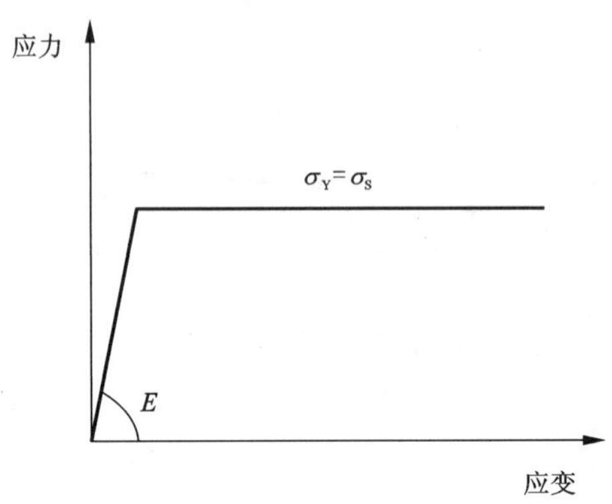

图 4.5　材料的弹 – 塑性变形

如果 $|\sigma_S| < \sigma_Y$，那么 $\varepsilon^T = \varepsilon^e = \sigma/E$，材料处于弹性变形阶段。

如果 $|\sigma_S| = \sigma_Y$，那么 $\varepsilon^T = \varepsilon^e +$ 任意 ε^p，如图 4.5 所示。

对于理想塑性材料，很难在实验中控制加载，因为材料一旦开始屈服，任意小的载荷增量都会引起材料发生大的变形。

在管液压成形模拟中，如果材料具有理想的塑性的特性，那么要模拟这一过程是十分困难的。在弹性阶段施加液压时，管几乎不会膨胀。一旦材料达到屈服，再多施加一点压力就会导致材料产生一个很高的塑性变形速率，这与爆炸相似。

3. 各向同性硬化的弹塑性固体的本构方程

初始各向同性的弹塑性固体在单轴载荷作用下，其本构模型可表示为：

$$\varepsilon^p = \left(\frac{|\sigma| - \sigma_Y}{K}\right)^N \mathrm{sgn}(\sigma)，其中 |\sigma| = \sigma_S$$

$$\sigma = E(\varepsilon^T - \varepsilon^p) \tag{4.6}$$

上述方程给出了构建硬化定律的实用方法，但也可以使用其他的表达式。在方程中，$|\sigma| = \sigma_S$，代表了在单轴拉伸载荷作用下材料的屈服应力。

4.2.2　基于 von-Mises 屈服准则的塑性流变法则

1. 正交性

可用 von-Mises 屈服准则来阐述塑性变形中的正交法则。von-Mises 屈服准则表示为(第 2 章)：

$$[(\sigma_1-\sigma_2)^2+(\sigma_2-\sigma_3)^2+(\sigma_3-\sigma_1)^2]^{\frac{1}{2}}=\sqrt{\frac{2}{3}}\sigma_Y$$

屈服面是以 σ_1、σ_2 和 σ_3 为轴的三维空间中的一个圆柱体，其半径(ab)为 $\sqrt{2/3}\sigma_Y$，如图 4.6 所示，是一个应力偏量。正如之前所阐述的，柱面内部的应力表示材料的弹性行为。当应力水平到达柱面时，材料开始屈服。圆柱的轴线 Oa 与各主轴之间的夹角相等，并且是应力的流体静应力分量，即

$$\sigma=(\sigma_1+\sigma_2+\sigma_3)/3=\sigma_H$$

由于金属的塑性变形不会受流体静应力的影响，所以屈服面生成元是一条平行于圆柱轴线的直线。实验表明，随着塑性变形的发生以及伴随的加工硬化，各向同性硬化材料的屈服面向外扩展，并保持它的几何形状不变。因此有

$$d\varepsilon^p=d\lambda(\partial f/\partial S)$$

式中：$d\lambda$ 为一个乘数，与材料的塑性流动的硬化有关。

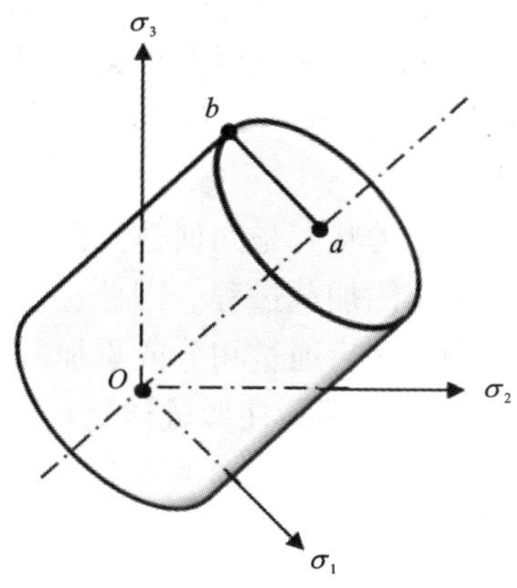

图 4.6　在 σ_1，σ_2，σ_3 轴上 von-Mises 准则的屈服面

假设某平面穿过图 4.6 所示的屈服面并垂直于轴 σ_2，在 $\sigma_1O\sigma_3$ 面上相交得到一个如图 4.7 所示的椭圆。总的塑性应变增量矢量 $d\boldsymbol{\varepsilon}$ 必须与屈服面正交。因此，任何可接受的屈服面都必须在原点附近向外凸。对于正交法则，有

- 在 σ_H 方向上没有总应变增量矢量的分量；
- 流体静应力不会使屈服面扩大；

- 应力的偏分量与总应变增量矢量的方向相同；
- 应变增量与偏应力的点乘 $\boldsymbol{S} \cdot \mathrm{d}\boldsymbol{\varepsilon}$ 是塑性功的大小，因为屈服面是通过塑性变形扩展的。

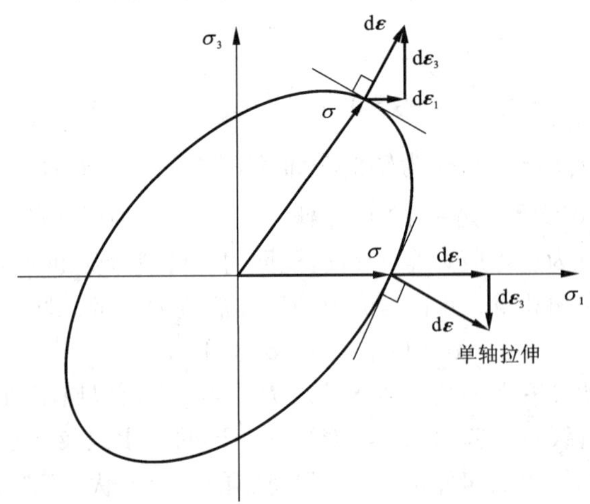

图 4.7　正交图解，dε 与屈服轨迹正交

正交法则可以用来构建实验的屈服轨迹。图 4.7 表明总应变向量 $\mathrm{d}\boldsymbol{\varepsilon}$ 与屈服轨迹正交。如果屈服轨迹是已知的，就能根据正交法则确定 $\mathrm{d}\varepsilon_1 : \mathrm{d}\varepsilon_3$ 的比值。例如，对于在 σ_1 方向的单轴拉伸，有 $\mathrm{d}\varepsilon_3 = -0.5\mathrm{d}\varepsilon_1$。

2. 塑性增量和 Levy-Mises 方程

在塑性变形过程中，无论应力状态是如何达到的，应变都能通过胡克定律由应力唯一确定，但这取决于全部的加载过程。因此在塑性变形阶段，有必要确定加载过程中塑性应变的变化量，然后通过积分或累加的方式得到总的应变。

例如，一个初始长度为 10 mm 的圆柱形试样受到单轴循环载荷。首先，将它拉伸为 15 mm，然后再压缩至 10 mm。其总的应变为

$$\varepsilon = \int_{10}^{15} \frac{\mathrm{d}L}{L} + \int_{15}^{10} \frac{\mathrm{d}L}{L} = \ln \frac{15}{10} + \ln \frac{10}{15} = 0.405 - 0.405 = 0$$

如果使用增量法

$$\varepsilon = \int_{10}^{15} \frac{\mathrm{d}L}{L} + \int_{15}^{10} \left(-\frac{\mathrm{d}L}{L} \right) = \ln \frac{15}{10} - \ln \frac{10}{15} = 0.405 + 0.405 = 0.81$$

塑性应力－应变关系有两种类型：

(1)增量法将应力与塑性应变增量联系起来。

(2)总应变理论将应力与总塑性应变联系起来。

总应变理论简化了塑性问题的求解，但通常来说，塑性应变不能被认为是与

加载过程无关的。有效塑性应变增量可以被定义为

$$d\varepsilon_e^p = \sqrt{\frac{2}{9}[(d\varepsilon_1^p - d\varepsilon_2^p)^2 + (d\varepsilon_2^p - d\varepsilon_3^p)^2 + (d\varepsilon_3^p - d\varepsilon_1^p)^2]} \tag{4.7}$$

式中：$d\varepsilon_1^p$，$d\varepsilon_2^p$ 和 $d\varepsilon_3^p$ 为塑性应变在主轴方向上的增量。上述等式可以简化为

$$d\varepsilon_e^p = \sqrt{\frac{2}{3}[(d\varepsilon_1^p)^2 + (d\varepsilon_2^p)^2 + (d\varepsilon_3^p)^2]} \tag{4.8}$$

理想塑性固体的应力 - 应变关系，其弹性应变可以忽略不计，称为 Levy-Mises 方程。在单轴拉伸条件下，有

$$\sigma_1 = \sigma_{11} \neq 0；\ \sigma_2 = \sigma_3 = 0$$

以及

$$\sigma_H = \sigma_{ii}/3 = \sigma_1/3$$

引起材料塑性变形的偏应力为

$$S_{11} = \sigma_1 - \sigma_m = \frac{2}{3}\sigma_1；\ S_{22} = S_{33} = -\frac{1}{3}\sigma_1；\ S_{ij} = 0(i \neq j)$$

于是得到

$$S_{11} = -2S_{22} = -2S_{33}$$

塑性应变是不可压缩的(体积不会发生改变)。对于各向同性材料有

$$d\varepsilon_1^p = -2d\varepsilon_2^p = -2d\varepsilon_3^p$$

所以

$$\frac{d\varepsilon_1^p}{d\varepsilon_2^p} = -2 = \frac{S_{11}}{S_{22}}$$

或

$$\frac{d\varepsilon_1^p}{S_{11}} = \frac{d\varepsilon_2^p}{S_{22}}$$

因此，Levy-Mises 方程可表示为：

$$\frac{d\varepsilon_{11}^p}{S_{11}} = \frac{d\varepsilon_{22}^p}{S_{22}} = \frac{d\varepsilon_{33}^p}{S_{33}} = d\lambda \tag{4.9}$$

这表明在理想塑性变形(也就是没有应变硬化)的任何瞬间，塑性应变增量与当前偏应力的比值为常数。通过偏应力和应力张量分量的表达式，上述方程可以写为

$$d\varepsilon_{11}^p = d\lambda S_{11} = \frac{2}{3}d\lambda\left[\sigma_{11} - \frac{1}{2}(\sigma_{22} + \sigma_{33})\right]，等 \tag{4.10}$$

根据有效应力和有效应变的定义，有

$$d\varepsilon_e^p = \frac{2}{3}d\lambda \cdot \sigma_e$$

或者

$$d\lambda = \frac{3}{2}\frac{d\varepsilon_e^p}{\sigma_e}$$

于是 Levy-Mises 方程变为

$$\begin{aligned} d\varepsilon_{11}^p &= \frac{d\varepsilon_e^p}{\sigma_e}\left[\sigma_{11} - \frac{1}{2}(\sigma_{22}+\sigma_{33})\right] \\ d\varepsilon_{22}^p &= \frac{d\varepsilon_e^p}{\sigma_e}\left[\sigma_{22} - \frac{1}{2}(\sigma_{33}+\sigma_{11})\right] \\ d\varepsilon_{33}^p &= \frac{d\varepsilon_e^p}{\sigma_e}\left[\sigma_{33} - \frac{1}{2}(\sigma_{11}+\sigma_{22})\right] \end{aligned} \tag{4.11}$$

如果变换为

$$\frac{d\varepsilon_e^p}{\sigma_e} = \frac{1}{E}(1/\text{杨氏模量})，以及(\text{泊松比})\nu = \frac{1}{2}。$$

这就类似于生成的弹性应力应变关系。这表明，在理想塑性材料的变形中，杨氏模量与比例常数 $d\varepsilon_e^p/\sigma_e$ 有关，并且泊松比是 0.5（也就是说，材料变形时体积不发生改变；屈服与 σ_H 无关）。

3. Prandtl-Reuss 表达式

Levy-Mises 方程只能用于大塑性变形问题，因为它忽略了弹性应变。对于大多数情况，弹性阶段是不能被忽略的，并且弹性应变和塑性应变都是有必要考虑的。Prandtl（1925）和 Reuss（1930）已经提出了一些方程来解决弹－塑性问题。

对于各向同性强化的弹－塑性变形，基于以下假设：

- 塑性不可压缩性。即发生塑性应变时体积保持不变，$\varepsilon_H = 0$ [$\varepsilon_H = (\varepsilon_{11}+\varepsilon_{22}+\varepsilon_{33})/3 = 0$] 并且流变不依赖于流体静应力 σ_H [$\sigma_H = (\sigma_{11}+\sigma_{22}+\sigma_{33})/3 = \mathrm{Tr}(\boldsymbol{\sigma})/3$]。加载函数只取决于偏应力和内变量，即

$$\partial f/\partial\sigma_H = 0$$

式中：f 为材料的屈服面。

- 初始各向同性和各向异性强化。加载函数只取决于偏应力张量 $\boldsymbol{S}$ 的不变量 J_2' 和 J_3'：

$$J_2'(\boldsymbol{S}) = \sigma_e = \left(\frac{3}{2}\boldsymbol{S}:\boldsymbol{S}\right)^{\frac{1}{2}}$$

$$J_3'(\boldsymbol{S}) = \left(\frac{9}{2}\boldsymbol{S}\cdot\boldsymbol{S}:\boldsymbol{S}\right)^{\frac{1}{3}}$$

- 联立塑性和正交假设，有

$$d\boldsymbol{\varepsilon}^p = d\lambda(\partial f/\partial\boldsymbol{S})$$

$$d\rho = -d\lambda(\partial f/\partial R)$$

- 与第三不变量无关的 von-Mises 加载函数选择以下形式

$$f = J_2'(\boldsymbol{S}) - R - \sigma_Y = 0$$

式中：σ_Y 为材料在拉伸下的初始屈服应力。

硬化曲线可以表示为以下形式

$$R = \kappa(\varepsilon_e) = \rho \frac{\partial \Psi}{\partial \varepsilon_e}$$

并且 $R(0) = \kappa(0) = 0$，其中 Ψ 是势能，ε_e 为有效应变。因此一般塑性流动可以表示为

$$\mathrm{d}\varepsilon^p = \mathrm{d}\lambda \frac{\partial f}{\partial S_{ij}} = \frac{3}{2}\mathrm{d}\lambda \frac{S_{ij}}{\sigma_e} \tag{4.12}$$

$$\mathrm{d}\varepsilon_e = -\mathrm{d}\lambda \frac{\partial f}{\partial R} = \mathrm{d}\lambda = \left(\frac{2}{3}\mathrm{d}\boldsymbol{\varepsilon}^p : \mathrm{d}\boldsymbol{\varepsilon}^p\right)^{1/2} \tag{4.13}$$

式中：$\mathrm{d}\lambda$ 与有效应变增量 $\mathrm{d}\varepsilon_e$ 相等，并且被称作塑性乘数。塑性流动（$f=0$ 且 $\mathrm{d}f=0$，其中 $f=\sigma_e - R - \sigma_Y = 0$）时的一致性条件给出

$$\mathrm{d}f = \mathrm{d}\sigma_e - \mathrm{d}R = \mathrm{d}\sigma_e - \kappa'(\varepsilon_e)\mathrm{d}\varepsilon_e = 0$$

可以用来表示塑性乘数

$$\mathrm{d}\lambda = \mathrm{d}\varepsilon_e = H(f)\frac{\mathrm{d}\sigma_e}{\kappa'(\varepsilon_e)}$$

式中：$H(f)$ 代表 Heaviside 阶跃函数：

若 $f = \sigma_e - R - \sigma_Y > 0$，则 $H(f) = 1$。若 $f = \sigma_e - R - \sigma_Y < 0$，则 $H(f) = 0$，材料在弹性区域。

对于正硬化材料，$R = \kappa(\varepsilon_e) > 0$，除非 $\mathrm{d}\sigma_e$ 随有效应力的增加为正值，也就是 $\mathrm{d}\sigma_e > 0$，否则没有塑性流动。对于负硬化材料（应变软化），$\mathrm{d}\sigma_e < 0$，塑性乘数为 0，也就是 $\mathrm{d}\lambda = \mathrm{d}\varepsilon_e = 0$。在此用符号 $\langle\,\rangle_+$ 来表示，即

$$\mathrm{d}\lambda = \mathrm{d}\varepsilon_e = H(f)\frac{\langle \mathrm{d}\sigma_e \rangle_+}{\kappa'(\varepsilon_e)} \tag{4.14}$$

弹塑性流动方程可以写为

$$\mathrm{d}\varepsilon_{ij}^p = \frac{3}{2}\mathrm{d}\lambda \frac{S_{ij}}{\sigma_e} = \frac{3}{2}H(f)\frac{\langle \mathrm{d}\sigma_e \rangle_+}{\kappa'(\varepsilon_e)}\frac{S_{ij}}{\sigma_e} \tag{4.15}$$

考虑到总应变、弹性应变以及线性各向同性定律，弹－塑性方程可以表示为

$$\mathrm{d}\boldsymbol{\varepsilon}^T = \mathrm{d}\boldsymbol{\varepsilon}^e + \mathrm{d}\boldsymbol{\varepsilon}^p \tag{4.16}$$

$$\mathrm{d}\boldsymbol{\varepsilon}^e = \frac{1+\nu}{E}\mathrm{d}\boldsymbol{\sigma} - \frac{\nu}{E}\mathrm{d}[\mathrm{Tr}(\boldsymbol{\sigma})]\boldsymbol{I} \tag{4.17}$$

$$\mathrm{d}\boldsymbol{\varepsilon}^p = \frac{3}{2}H(f)g'(\sigma_e)\langle \mathrm{d}\sigma_e \rangle_+ \frac{\boldsymbol{S}}{\sigma_e} \tag{4.18}$$

或者

$$d\varepsilon_{ij}^{p}=\frac{3}{2}H(f)g'(\sigma_e)\langle d\sigma_e\rangle_+\frac{S_{ij}}{\sigma_e}$$

式中：$g'(\sigma_e)=1/\kappa'(\sigma_e)$为各向同性硬化参数，$\boldsymbol{I}$是等同张量。上述等式适用于$f=J_2'(\boldsymbol{S})-R-\sigma_Y=0$的条件。式(4.16)~式(4.18)称为 Prandtl-Reuss 流动法则。此时，乘数可以表示为$d\lambda=H(f)g'(\sigma_e)\langle d\sigma_e\rangle_+$。

在一个简单的单轴拉伸实验中，非零的分量为$\sigma=\sigma_{11}=\sigma_1$(轴应力$\sigma_{11}$等于主应力$\sigma_1$)，且偏应力张量的非零分量为

$$S_{11}=\frac{2}{3}\sigma,\ S_{22}=S_{33}=-\frac{1}{3}\sigma$$

又有$J_2=\sigma_e=\sigma$，则流动定律变为

$$d\varepsilon_{ij}^{p}=\frac{3}{2}g'(\sigma_e)\langle d\sigma_e\rangle_+\frac{S_{ij}}{\sigma_e}=\frac{3}{2}g'(\sigma)d\sigma\frac{1}{\sigma}(S_{ij})$$

沿拉伸方向，$S_{11}=2\sigma/3$，有

$$d\varepsilon_{11}^{p}=d\varepsilon^{p}=g'(\sigma)d\sigma$$

对于其他方向，

$$d\varepsilon_{22}^{p}=d\varepsilon_{33}^{p}=-\frac{1}{2}g'(\sigma)d\sigma$$

因此有，

$$d\varepsilon_{22}^{p}=d\varepsilon_{33}^{p}=-d\varepsilon_{11}^{p}/2$$

或

$$d\varepsilon_{11}^{p}=-2d\varepsilon_{22}^{p}=-2d\varepsilon_{33}^{p}=d\varepsilon_{e}^{p}$$

因为对于单轴拉伸，有效应变为

$$d\varepsilon_{e}^{p}=\left\{\frac{2}{3}[(d\varepsilon_{11}^{p})^2+(d\varepsilon_{22}^{p})^2+(d\varepsilon_{33}^{p})^2]\right\}^{1/2}$$

$$d\varepsilon_{e}^{p}=\left\{\frac{2}{3}\left[(d\varepsilon_{11}^{p})^2+\frac{(d\varepsilon_{11}^{p})^2}{4}+\frac{(d\varepsilon_{11}^{p})^2}{4}\right]\right\}^{1/2}$$

$$d\varepsilon_{e}^{p}=\left\{\frac{2}{3}\times\frac{6}{4}(d\varepsilon_{11}^{p})^2\right\}^{1/2}=d\varepsilon_{11}^{p}$$

在单轴拉伸实验中，有效塑性应变与轴向应变相等，这与拉应力和有效应力之间的关系相似。

从图 4.8 可以看出，当塑性应变扩展时，流变应力$\sigma[\sigma=\sigma_Y+\kappa(\varepsilon^p)]$(也称为当前屈服应力)从初始屈服应力增加到各向同性硬化(应变硬化)$R[R=\kappa(\varepsilon^p)]$时，应力增长速率与各向同性硬化率相等，即

$$\frac{d\sigma}{d\varepsilon}=\frac{dR}{d\varepsilon^p}=\kappa'(\varepsilon^p)$$

假设

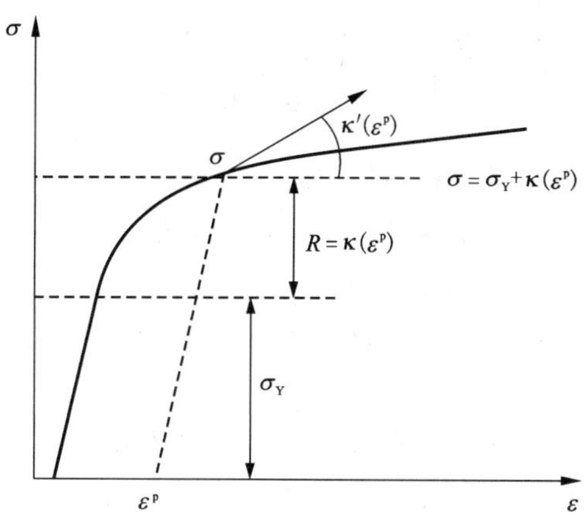

图 4.8　拉伸和各向同性硬化

$$\frac{\mathrm{d}R}{\mathrm{d}\varepsilon^{\mathrm{p}}}=\kappa'(\varepsilon^{\mathrm{p}})=b(Q-R)$$

式中：b 和 Q 为与材料有关的常数。根据 $g'(\sigma_{\mathrm{e}})=1/\kappa'(\sigma_{\mathrm{e}})$，有

$$\mathrm{d}\varepsilon_{11}^{\mathrm{p}}=\mathrm{d}\varepsilon^{\mathrm{p}}=g'(\sigma)\mathrm{d}\sigma=\frac{1}{\kappa'(\varepsilon^{\mathrm{p}})}\mathrm{d}\sigma=\frac{1}{b(Q-R)}\mathrm{d}\sigma,$$

可以用同样的方式定义其他的应变分量。

4.3　其他的塑性流动法则

4.3.1　Hill 的各向异性屈服准则和流动法则

对于金属的塑性，假设其不可压缩并且各向异性准则在应力空间进行一次旋转，则 von-Mises 准则可概括为以下形式

$$(\boldsymbol{C}:\boldsymbol{S}):\boldsymbol{S}=1 \tag{4.19}$$

式中：$\boldsymbol{C}$ 为一个四阶张量并且具有对称特征

$$C_{ijkl}=C_{klij}=C_{jikl}=C_{ijlk}$$

基于应力张量，有

$$(\boldsymbol{C}':\boldsymbol{\sigma}):\boldsymbol{\sigma}=1 \tag{4.20}$$

式中：$C'_{ijkk}=C'_{iikl}=0$。

在 Hill 准则中，应变硬化材料在塑性变形期间可以观察到三个对称面。三个对称面的交集是各向异性的主轴。Hill 准则是以这些轴为参考轴（x_1，x_2，x_3）而制定的。屈服准则可以表示为

$$C'_{1111}=F+H;\ C'_{2222}=F+G;\ C'_{3333}=G+H$$
$$C'_{1122}=-F;\ C'_{2233}=-G;\ C'_{3311}=-H$$
$$C'_{1212}=\frac{1}{2}L;\ C'_{2323}=\frac{1}{2}M;\ C'_{3131}=\frac{1}{2}N$$

根据式(4.20)和 C_{ijkl}的对称特征，有

$$F(\sigma_{11}-\sigma_{22})^2+G(\sigma_{22}-\sigma_{33})^2+H(\sigma_{33}-\sigma_{11})^2+2L\sigma_{12}^2+2M\sigma_{23}^2+2N\sigma_{31}^2=1 \tag{4.21}$$

式中：F，G，H，L，M 和 N 为定义材料各向异性程度的常数。对于正交对称的主轴，有

$$F(\sigma_1-\sigma_2)^2+G(\sigma_2-\sigma_3)^2+H(\sigma_3-\sigma_1)^2=1$$

这些常数可以通过实验来确定，也就是三个简单的拉伸实验和三个简单的剪切实验：

在 x_1 方向上的拉伸屈服应力 $\sigma_{S,1}$：$F+H=1/\sigma_{S,1}^2$

在 x_2 方向上的拉伸屈服应力 $\sigma_{S,2}$：$F+G=1/\sigma_{S,2}^2$

在 x_3 方向上的拉伸屈服应力 $\sigma_{S,3}$：$G+H=1/\sigma_{S,3}^2$

在(0，x_1，x_2)面上的剪切屈服应力 $\sigma_{S,12}$：$L=\frac{1}{2}\sigma_{S,12}^2$

在(0，x_2，x_3)面上的剪切屈服应力 $\sigma_{S,23}$：$M=\frac{1}{2}\sigma_{S,23}^2$

在(0，x_1，x_3)面上的剪切屈服应力 $\sigma_{S,31}$：$N=\frac{1}{2}\sigma_{S,31}^2$

通常来说，对于冷轧金属板，它们是各向异性的材料，在建模中可以使用 Hill 准则。然而，简单的剪切实验并不容易进行。如果加热冷轧板以用于热冲压，材料初始的各向异性行为可能会由于退火和相变而消失。

对于金属板材的成形过程，常使用平面应力假设，在这种情况下，其厚度方向的应力为零，即 $\sigma_3=0$

$$F(\sigma_1-\sigma_2)^2+G(\sigma_2)^2+H(\sigma_1)^2=1$$

于是有

$$(F+H)(\sigma_1)^2+(F+G)(\sigma_2)^2-2F\sigma_1\sigma_2=1 \tag{4.22}$$

令 $\sigma_{S,1}$、$\sigma_{S,2}$和 $\sigma_{S,3}$分别为1、2 和 3 方向上的屈服应力。代入式(4.22)得到

$$(F+H)(\sigma_{S,1})^2=1 \text{ 或者 } F+H=1/\sigma_{S,1}^2$$
$$(F+H)(\sigma_{S,2})^2=1 \text{ 或者 } F+G=1/\sigma_{S,2}^2$$

于是式(4.22)变为

$$\left(\frac{\sigma_1}{\sigma_{S,1}}\right)^2+\left(\frac{\sigma_2}{\sigma_{S,2}}\right)^2-2F\sigma_{S,1}\sigma_{S,2}\frac{\sigma_1}{\sigma_{S,1}}\frac{\sigma_2}{\sigma_{S,2}}=1$$

为简便起见，假设板面上的屈服应力是相等的，$\sigma_{S,1}=\sigma_{S,2}=\sigma_Y$。因此

$$(\sigma_1)^2+(\sigma_2)^2-2F\sigma_Y^2\sigma_1\sigma_2=\sigma_Y^2 \tag{4.23}$$

得到

$$G=H=\frac{1}{2\sigma_{S,3}^2}$$

和

$$F=\frac{1}{\sigma_{S,1}^2}-\frac{1}{2\sigma_{S,3}^2}$$

对于金属板，如果已知厚度方向的屈服应力，那么就可以通过计算上述关系式得到常数 F、G、H。然而，板材在厚度方向的屈服应力 $\sigma_{S,3}$是一个很难测量的物理量。因此引入一个各向异性参数 R，它是沿板面的一个方向拉伸时宽度方向应变和厚度方向应变的比值。

$$R=\frac{\varepsilon_2}{\varepsilon_3}=\frac{\ln(w_0/w)}{\ln(t_0/t)} \tag{4.24}$$

根据

$$\left(\frac{\sigma_{S,3}}{\sigma_{S,2}}\right)^2=\frac{1}{2}(1+R)$$

式(4.23)或屈服轨迹可以写成

$$(\sigma_1)^2+(\sigma_2)^2-\frac{2R}{1+R}\sigma_1\sigma_2=\sigma_Y^2 \tag{4.25}$$

如果在厚度方向的屈服应力高，那么在厚度方向的应变就低。这是由于材料在冷轧过程中，其织构发生了变化。

使用各向同性的 von-Mises 准则和 Hill 的屈服准则所生成的屈服面的对比图如图 4.9 所示。坐标轴的刻度由材料的屈服应力进行标准化。

使用各向异性屈服准则可以对各向同性流动法则进行扩展。考虑到材料的各向同性硬化和初始屈服应力，可以表示为

$$f=(\boldsymbol{C}:\boldsymbol{S}):\boldsymbol{S}-R-\sigma_Y=0 \tag{4.26}$$

于是得到塑性流动方程，

$$\mathrm{d}\varepsilon^{\mathrm{p}}=H(f)g'(\sigma_e)\langle(\boldsymbol{C}:\boldsymbol{S}):\mathrm{d}\boldsymbol{S}\rangle_+\frac{\boldsymbol{C}:\boldsymbol{S}}{R+\sigma_Y} \tag{4.27}$$

这种类型的硬化规律可以用来描述初始状态为各向异性的材料，如冷轧的金属板材。

4.3.2　Tresca 准则的各向同性流动法则

对于主应力，如果 $\sigma_1>\sigma_2>\sigma_3$，根据 Tresca 屈服准则有，

$$f=\sigma_1-\sigma_3-\tau_S=0$$

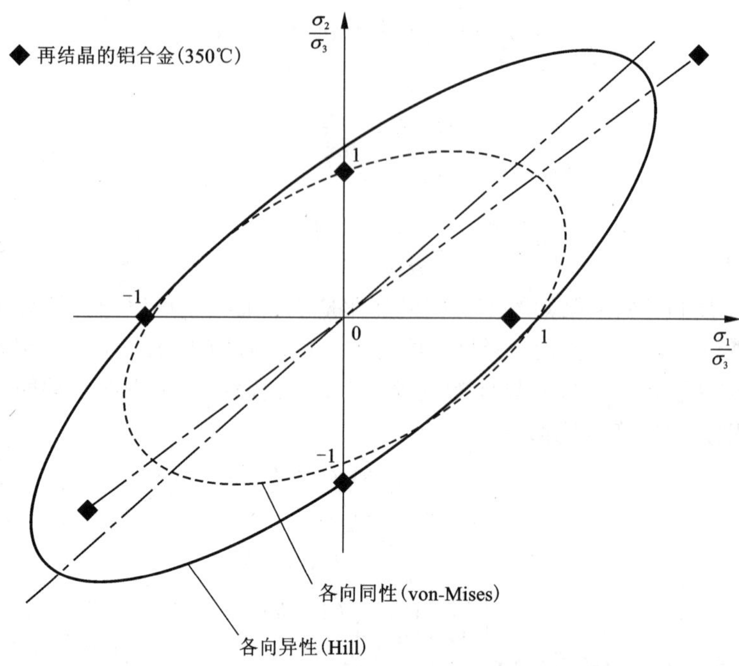

图 4.9　使用各向同性的 von-Mises 屈服准则和 Hill 屈服准则所生成的屈服面的对比图
(Lemaitre 和 Chaboche, 1990)

式中: τ_S 为材料的剪切强度。

根据正交法则 $d\boldsymbol{\varepsilon}^p = d\boldsymbol{\lambda}(\partial f / \partial \boldsymbol{S})$, 有

$$\frac{\partial f}{\partial \sigma_1} = 1$$

$$\frac{\partial f}{\partial \sigma_2} = 0$$

$$\frac{\partial f}{\partial \sigma_3} = -1$$

式中:

$$d\varepsilon_1^p = d\lambda$$

$$d\varepsilon_2^p = 0$$

$$d\varepsilon_3^p = -d\lambda$$

乘数 $d\lambda$ 是从简单拉伸的硬化曲线中确定的。若使用幂律硬化曲线, 则有

$$d\lambda = d\varepsilon_1^p = g'(\sigma_1 - \sigma_3)d(\sigma_1 - \sigma_3) = \frac{n}{K}\left(\frac{\sigma_1 - \sigma_3}{K}\right)^{n-1} d(\sigma_1 - \sigma_3)$$

因此, Tresca 屈服准则中的应变增量可以表示为

$$\begin{cases} d\varepsilon_1^p = g'(\sigma_1 - \sigma_3)d(\sigma_1 - \sigma_3) \\ d\varepsilon_2^p = 0 \\ d\varepsilon_3^p = -g'(\sigma_1 - \sigma_3)d(\sigma_1 - \sigma_3) \end{cases} \tag{4.28}$$

4.4　随动硬化法则

第 3 章已经对一般的随动硬化规律进行了介绍。这是常用的循环塑性模型（疲劳分析）。在冷轧金属板的成形条件下，材料经受弯曲和松弛工序。随动硬化变得十分重要。然而，对于金属薄板来说，由于薄板的膨胀问题增加了拉伸实验和压缩实验的难度，故很难通过随动硬化方程来确定材料的参数。

考虑到材料的各向同性硬化和随动硬化现象，屈服函数可以表示为

$$f = J_2(\boldsymbol{\sigma} - \boldsymbol{X}) - R - \sigma_Y = 0$$

于是一组多轴的本构方程可以写成

$$d\varepsilon_{ij}^p = \frac{3}{2}d\lambda \frac{S_{ij} - X_{ij}}{J_2(S_{ij} - X_{ij})} \tag{4.29}$$

$$dR = b(Q - R)d\varepsilon_e^p \tag{4.30}$$

$$dX_{ij} = \frac{2}{3}Cd\varepsilon_{ij}^p - \gamma X_{ij}d\varepsilon_e^p \tag{4.31}$$

$$d\lambda = \frac{1}{h}H(f)\left\langle \frac{3}{2}\frac{(S_{ij} - X_{ij}) : d\sigma_{ij}}{J_2(\sigma_{ij} - X_{ij})}\right\rangle \tag{4.32}$$

式中：$H(f)$代表 Heaviside 阶跃函数。如果$f = \sigma_e - R - \sigma_Y > 0$，则 $H(f) = 1$；如果$f = \sigma_e - R - \sigma_Y < 0$，则 $H(f) = 0$。硬化模量 h 取决于运动学表达式[式(4.32)]：

$$h = \frac{2}{3}C\frac{\partial f}{\partial \sigma_{ij}} : \frac{\partial f}{\partial \sigma_{ij}} - \gamma X_{ij} : \frac{\partial f}{\partial \sigma_{ij}}\left(\frac{2}{3}\frac{\partial f}{\partial \sigma_{ij}} : \frac{\partial f}{\partial \sigma_{ij}}\right)^{\frac{1}{2}}$$

根据 von-Mises 屈服准则，有 $d\lambda = d\varepsilon_e^p$。考虑到随动硬化和各向同性硬化，硬化模量 h 变为

$$h = C - \frac{3}{2}\gamma\frac{X_{ij} : (S_{ij} - X_{ij})}{J_2(\sigma_{ij} - X_{ij})} + b(Q - R) \tag{4.33}$$

材料常数 b、Q、C 和 γ 描述了材料在塑性变形中的硬化特征，它们能通过实验数据确定。这些常数的值一般可由单轴拉伸 - 压缩实验确定。

在单轴拉伸 - 压缩条件下，对于加载方向，根据屈服函数 $f = (\sigma - X) - R - \sigma_Y = 0$，可得：

$$d\varepsilon^p = \frac{1}{h}d\sigma$$

$$dR = b(Q - R)\left|d\varepsilon^p\right|$$

$$\mathrm{d}X = C\mathrm{d}\varepsilon^{\mathrm{p}} - \gamma X|\mathrm{d}\varepsilon^{\mathrm{p}}|$$
$$h = C - \lambda X \cdot \mathrm{sgn}(\sigma - X) + b(Q - R) \tag{4.34}$$

随动硬化和各向同性硬化也可以采用不同的硬化规律。如前所述，可以使用更多的方程来建立具有两种硬化特征的材料模型。这些可以根据某些法则进行叠加。最简单的方法是将一个与另一个直接相加。

随动硬化可以以类似于应力张量的方式处理，并且它具有应力张量所具有的所有特征。例如，单轴情况下随动硬化张量的偏分量为

$$X_{ij} = \begin{bmatrix} \frac{2}{3}X & 0 & 0 \\ 0 & -\frac{1}{3}X & 0 \\ 0 & 0 & -\frac{1}{3}X \end{bmatrix}$$

式中：$X = X_{11}$为随动硬化在单轴拉伸 - 压缩方向上的分量。

法国科学家 Lemaitre 和 Chaboche(1990)在随动硬化规律的发展上做出了重大贡献。这些本构方程已经成功地用于循环塑性模型，比如 Dunne 和 Hayhurst (1992)和 Lin，Dunne 和 Hayhurst(1996)。然而在金属成形模拟中，在诸如预测金属板材成形的回弹问题中，使用随动硬化规律的进展有限。其主要问题在于很难对金属薄板进行循环塑性试验，这是因为金属薄板在大的压缩塑性变形时很容易发生膨胀。

第 5 章
金属温/热成形过程中黏塑性和微观结构的演变

黏塑性是连续力学中的一个理论，它描述了固体与应变速率相关的非弹性变形行为。非弹性变形作为黏弹性的主体，其实质是塑性变形。与应变速率相关的塑性变形对于瞬态塑性计算非常重要。与应变速率无关的塑性变形与黏塑性之间的主要区别在于后者不仅在施加载荷时表现出永久变形，而且在施加载荷的同时也会随时间的推移持续地发生蠕变。黏塑性理论通常用于高温下的金属成形。由于温度和变形的影响，金属中可能发生例如再结晶、晶粒长大、退火等微观结构的演化，这将会改变变形机理，从而进一步影响材料的黏塑性流变。

值得注意的是，黏弹性可以在一些材料中发生。在这些情况下，与时间相关的变形可以恢复(Williams，1973)。这种现象在聚合物中较常见，但在金属中是不常见的。

第一个用来描述初级蠕变的数学模型是采用 Andrade 定律表示的(Andrade，1914)。1929 年，Norton 建立了一个一维阻尼模型，将第二阶段蠕变速率与应力联系起来。1934 年，Odqvist 将 Norton 定律推广到多轴情况中。虽然这些理论成果在此后 50 年间发展迅速，但直到 20 世纪 50 年代，这些理论的实践应用还是很少。

自 1960 年由 Hoff 组织举办的第一届国际理论与应用力学联盟(IUTAM)“结构蠕变”研讨会以来，黏弹性及其应用取得了重要进展。自 1960 年以来，IUTAM“结构蠕变”研讨会每 10 年举办一次，对黏塑性理论和应用的发展做出了重大贡献。研究的初步重点是通过引入损伤变量对第二阶段蠕变和随后的第三阶段蠕变建模。主要贡献包括以下工作：

- Kachanov(1958)——引入了一个表征损伤的内部变量，用于金属在高温下蠕变损伤的建模；
- Hayhurst(1972)——提出一些方程用来模拟应力状态对金属高温蠕变下损伤演变的影响；

- Dyson(1987)——引入了两个内部变量来模拟超级合金的不同损伤机制。

通过引入内部变量来表征损伤演变，可用来预测第三阶段蠕变特性及材料的蠕变寿命。与此同时，在一般黏塑性方面的研究也取得了重大进展。这些进展包括：

- Chaboche(1977)——将表示各向同性硬化和随动硬化的内部变量引入到循环塑性应用的黏弹性流变方程中；
- Dunne 和 Hayhurst(1991)，Lin，Dunne 和 Hayhurst(1998)——引入内部变量来模拟蠕变损伤与随动硬化的循环塑性损伤之间的相互作用。

上述工作主要集中在使用内部变量来模拟在工作条件下的金属的机械性能和损伤过程的演化。

用来表示位错密度的内部变量已被用于描述材料在黏塑性变形过程中微观结构状态的演变。这些工作包括：

- Knocks(1976)，Mecking 和 Knocks(1981)——预测了材料的蠕变行为；
- Estrin(1991)——将位错模型转化为一种通用工具，用于描述各种金属和合金的力学性能；
- Lin，Liu，Farrugia 等(2005)——引入了标准化位错理论和一个用来描述材料黏弹性流变过程中应变硬化、再结晶和晶粒生长的交互作用的模型，并将其应用于钢的热轧过程。

此外，利用内部变量表示材料在黏塑性变形中的物理现象的理论已被推广并广泛应用于金属成形应用中。例如：

- Zhou 和 Dunne(1996)——引入内部变量来模拟超塑性成形中的应变硬化和晶粒生长。Lin 和 Dunne(2001)进一步开发了该模型以用于超塑性成形工艺的建模；
- Lin，Ho 和 Dean(2006)等——引入内部变量模拟蠕变时效成形中的析出长大和位错演变现象。Zhan，Lin，Dean 等(2011)进一步开发这种模型以用于模拟在蠕变时效成形条件下的球状析出相形核。

本章将详细讨论弹性 - 黏塑性固体的唯象学和数学建模。除了静态回复外，第 3 章和第 4 章引入的硬化定律与黏塑性变形中观察到的现象具有相似的特征。特别的是，本章还将详细讨论由应变引起的微观结构演变。

5.1 应用领域

如第 4 章所述，塑性是黏塑性的一种特殊情况。对于在高温下变形的金属和合金，塑性变形的机制可能是：①晶粒中的位错运动——攀移，滑移，偏离；②晶界滑移和晶粒旋转。如果工件在温度 $T/T_m > 1/3$ 时变形，其中 T_m 是材料的熔融温度(绝对温度, K), 那么这些机制在金属成形过程中可能同时发生。在此温度以下通常可使用塑性理论, 如第 4 章所述。

在低温变形条件下, 两种极端条件的等势面(如图 4.2 所示)非常接近并且黏塑性区域很小。因此, 可以使用与时间无关的塑性理论。然而, 如果金属在高温下变形, 比如在温成形和热成形条件下, 这两个极面相隔很远且黏塑性区域面积很大。因此, 黏塑性理论适用于金属的温成形或热成形条件。

黏塑性理论只适用于非损伤性的载荷条件。例如, 在单轴拉伸实验条件下, 该理论用于低于损伤应变约 70% 的应变中, 即 $\varepsilon < 0.7\varepsilon_f$, 其中 ε_f 是在单轴载荷条件下的损伤应变。这意味着这个理论只考虑了应变硬化区域。如果应变过高, 流变应力可能由于材料的显微损伤而下降, 这部分内容将在第 6 章讨论。

5.2　金属的黏塑性变形

5.2.1　高温蠕变

金属的黏塑性和蠕变有关。因此, 首先介绍蠕变变形的基本概念非常重要, 蠕变变形常常发生在高温下承受应力的金属部件中。

在材料科学中, 蠕变是固体材料在恒定载荷条件下发生的与时间相关的永久变形。这种塑性应变称为蠕变应变。这种变形可能发生在材料长期处于低于材料的屈服应力的高应力水平下。蠕变在长时间承受高温的金属中更严重, 并且在温度接近熔点时增加。蠕变速率通常随温度升高而增加。

蠕变速率是材料性能、施加应力水平、时间和温度的函数。根据所施加的应力大小及其持续时间, 变形可能变得非常大, 从而使部件失效, 即不能承受负载。例如, 涡轮机叶片的蠕变可能导致叶片与壳体接触, 从而造成叶片故障和发动机损坏。

1. 蠕变现象

在恒定载荷或应力下[图 5.1(a)], 刚施加载荷时初始应变为 ε_0, 即蠕变时间 $t=0$[图 5.1(b)]。在初始阶段, 被称为第一阶段蠕变, 应变速率相对较高。然而, 由于应变硬化, 应变速率随着时间的增加而减慢。最终应变速率达到最小值(即 $\dot{\varepsilon}_c = \dot{\varepsilon}_{min}$)且接近恒定。这主要是因为加工硬化和退火(热软化)之间趋于平衡。这个阶段被称为第二阶段蠕变或稳态蠕变, 现今对第二阶段蠕变的研究和理解都比较深入。蠕变应变率通常指第二阶段蠕变的速率, 该速率的应力取决于蠕变机理。在最后阶段, 称为第三阶段蠕变或加速蠕变阶段, 应变速率随着时间的推移而急剧增加。失效时间 t_f 被称为结构的蠕变寿命。

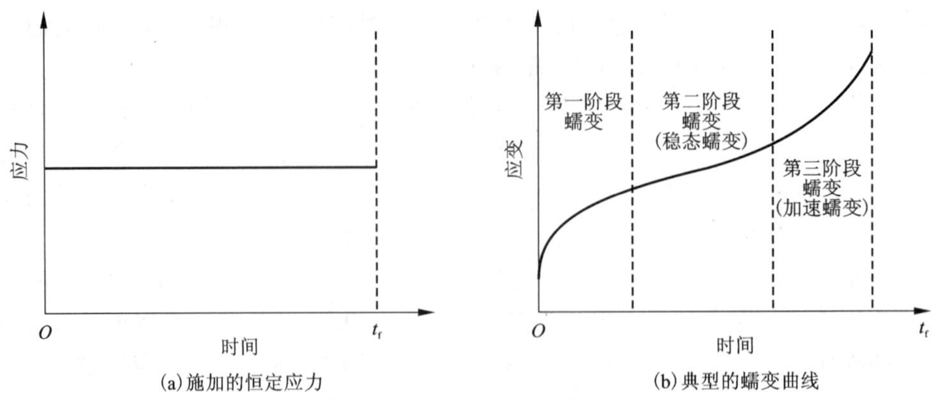

(a)施加的恒定应力 (b)典型的蠕变曲线

图 5.1 在恒定应力下固体的蠕变变形

(类似于小变形条件下的恒定载荷条件)

2. 变形机制和蠕变方程

稳态蠕变一般可用幂律方程建模：

$$\dot{\varepsilon}_c = \frac{d\varepsilon_c}{dt} = C\frac{\sigma^n}{d^\gamma}\exp\left(-\frac{Q}{RT}\right) \tag{5.1}$$

式中：ε_c 为蠕变应变；C，n 和 γ 为取决于材料和蠕变变形机理的常数；Q 是蠕变机理的活化能；σ 是施加的应力；d 是材料的晶粒尺寸；R 是气体常数；T 是以开尔文为单位的绝对温度。较大的晶粒尺寸会导致更少的蠕变(较低的蠕变速率)。因此，单晶结构的部件具有最高的抗蠕变性能。铸件的抗高温蠕变能力通常优于锻造部件，因为前者通常有较大的晶粒尺寸。

在高应力水平(相对于材料的屈服应力)，蠕变由位错运动控制。在位错蠕变的情况下，蠕变速率高度依赖于施加的应力而不是晶粒尺寸。引入临界应力 k(低于临界应力时，蠕变无法测量)，修正的幂律方程为：

$$\dot{\varepsilon}_c = C(\sigma - k)^n\exp\left(-\frac{Q}{RT}\right) \tag{5.2}$$

式中：应力指数 n 的取值范围通常为 3 ~ 10。该方程特别适用于高应力和高蠕变速率条件。

蠕变的其他变形机制包括：

- 扩散蠕变(或体积扩散)，也称为 Nabarro-Herring 蠕变，原子通过晶格扩散使晶粒沿着应力轴生长。扩散蠕变具有弱应力依赖性和适度的晶粒尺寸依赖性，随着晶粒尺寸的增加，蠕变速率降低。Nabarro-Herring 蠕变具有强烈的温度依赖性。对于发生在材料中的原子晶格扩散，晶体结构中的相邻晶格位置或间隙位置必须是空缺的。要使原子在材料中发生晶格扩散，相邻的晶格点或晶体结构中的间隙位置必须是空缺的。对于一个给定的原子，它也必须克服能量势垒以从它的当前位置移动到附近位置。

- Coble 蠕变是扩散控制蠕变的第二种形式。在 Coble 蠕变过程中，原子沿晶界扩散，沿应力轴拉长晶粒，如图 5.2 所示。这使得 Coble 蠕变对晶粒尺寸的依赖性比 Nabarro-Herring 蠕变更强。随着温度升高，晶界扩散增加，这说明 Coble 蠕变也同样具有温度依赖性。

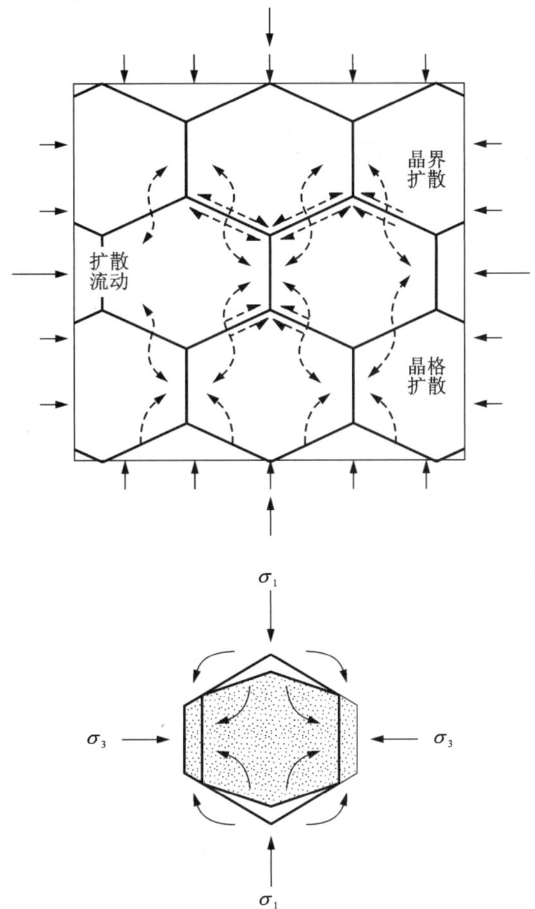

图 5.2　沿晶界的扩散——Coble 蠕变及晶粒形状变化

（已由 Matthew De Paoli & Matthew Bennett 报道）

可通过引入蠕变时间 t 和参数 m 的经验方程模拟第一阶段蠕变：

$$\dot{\varepsilon}_c = C\frac{\sigma^n}{d^\gamma}\exp\left(-\frac{Q}{RT}\right)t^m \tag{5.3}$$

式中：m 为在 0 和 1 之间的材料常数。在大多数情况下，$m \approx 0.3$。图 5.3 为 AA7010 合金在 150℃温度蠕变时效成形条件下获得的第一阶段蠕变和第二阶段蠕变曲线（Ho, 2004）。材料在 T4 条件下测试。第 8 章将详细介绍蠕变时效成形。

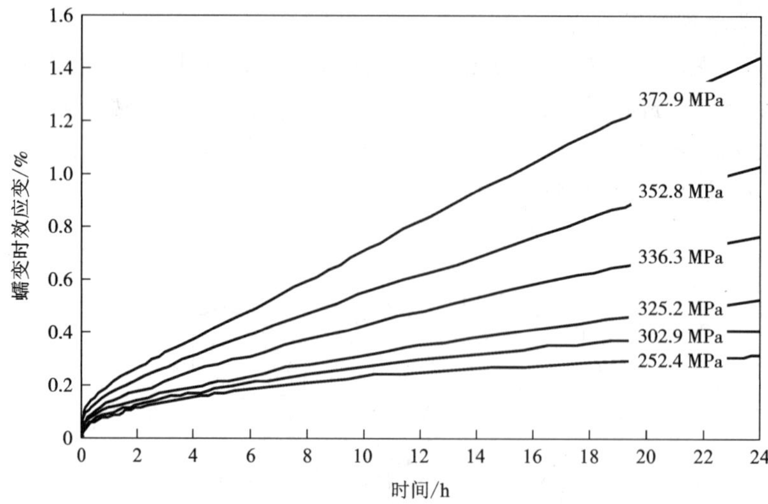

图 5.3　AA7010 合金在 150℃温度蠕变时效成形(CAF)条件下的第一阶段和第二阶段蠕变曲线

(Ho, 2004)

第三阶段蠕变的形成是由于材料在高温蠕变下的损伤，可通过引入损伤的本构方程来建模。有关高温蠕变损伤的更多细节将在第 6 章介绍。

5.2.2　应力松弛

应力松弛试验证明，在单轴载荷条件下，保持应变恒定，在高温下应力降低的现象。应力松弛的主要机制包括：

- 蠕变。由于总应变 ε^{T} 保持恒定，可增加塑性应变 ε^{p}，从而减少弹性应变 ε^{e}。(根据 $\varepsilon^{\mathrm{e}}=\varepsilon^{\mathrm{T}}-\varepsilon^{\mathrm{p}}$，$\sigma=E\varepsilon^{\mathrm{e}}$)；
- 回复，材料在高温下退火产生的回复作用。回复减少了位错硬化或加工硬化。在热/温变形条件下位错的静态和动态回复将在本章后面部分讨论。

图 5.4 为应力松弛试验的原理图。将一定的应力加载到样品上，保持总应变恒定，测量载荷(应力)随时间的变化。该试验可以表征黏性，可用于确定应力与黏塑性应变速率之间的关系。对于应力松弛的情况，有 $\dot{\varepsilon}^{\mathrm{T}}=0$。根据速率关系，则有 $\dot{\varepsilon}^{\mathrm{T}}=\dot{\varepsilon}^{\mathrm{e}}+\dot{\varepsilon}^{\mathrm{p}}$ 和线性弹性关系 $\dot{\sigma}=E\dot{\varepsilon}^{\mathrm{e}}$ 或 $\dot{\varepsilon}^{\mathrm{e}}=\dot{\sigma}/E$，因此：

$$0=\frac{\dot{\sigma}}{E}+\dot{\varepsilon}^{\mathrm{p}} \text{或} \quad \dot{\varepsilon}^{\mathrm{p}}=-\frac{\dot{\sigma}}{E} \tag{5.4}$$

因此，黏弹性应变速率可以直接由应力松弛速率计算出来。这种关系基于忽略位错回复引起的热激活应力松弛的影响。如果温度低且应力水平高，则式(5.4)可用于计算塑性应变(或蠕变应变)或塑性应变速率。

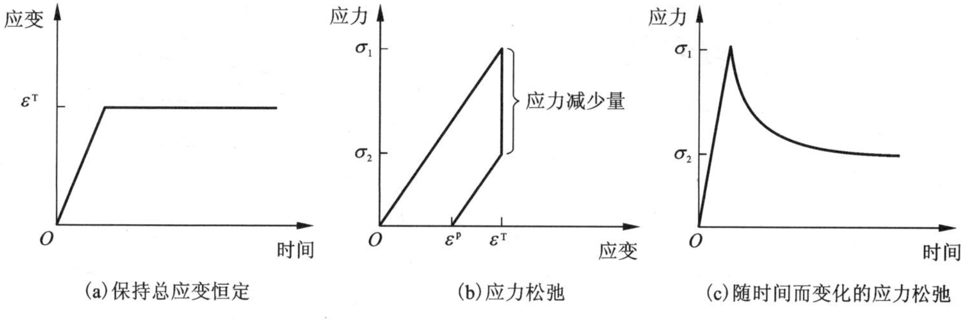

图 5.4　加载和应力松弛示意图

图 5.5 为 AA7010 合金在 150℃恒温下的应力松弛试验结果。两个测试结果表明，应力松弛开始时非常快速，但随着时间的推移而减慢。

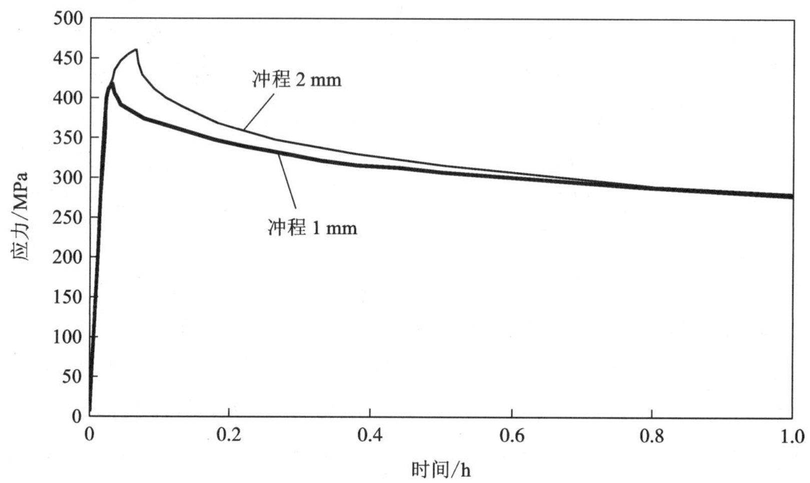

图 5.5　温度为 150℃时 AA7010 合金的应力松弛试验结果

试样的变形量分别保持在 1 mm 和 2 mm(Ho, 2004)

5.2.3　黏塑性的基本特征

1. 流变应力

图 5.6 所示为材料在室温成形和热成形温度下变形的流变应力的变化示意图。如果材料在室温下变形，则流变应力随着应变速率的增加而不会发生太大变化，这种现象可以使用弹－塑性理论进行建模。如果材料在高温下变形，则流动应力会随着应变速率的增加而明显增加，这是由于高温蠕变、回复(退火)等机理的综合作用。在这种情况下，必须使用黏塑性理论以使建模的误差最小化。

在塑性变形中，可以观察到应变硬化现象，这对于板料的冲压工艺是有利

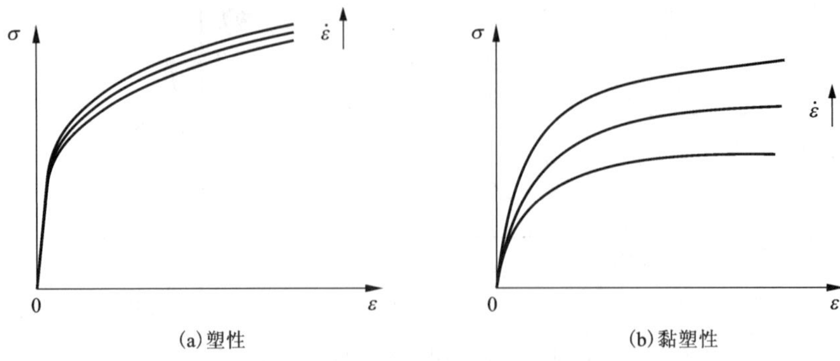

图 5.6　三个相同的应变速率下材料的应力 - 应变关系

的，因为它减小了局部颈缩的趋势，从而提高了材料的成形性和可拉伸性。然而，材料的延展性在室温下要低得多，特别是对于铝、镁和钛合金，这些合金通常不足以冲压成形为形状复杂的板材件。应变硬化对于块体成形（例如挤压和锻造）是不利的，因为应变硬化会显著增加成形载荷并且可能引起开裂。

在黏塑性变形中，应变速率特征非常明显。在高应变速率下，位错回复时间和蠕变时间短，这将产生高流变应力和高应变硬化现象（由于退火时间短）。材料的这些高应变速率加工硬化特征对金属板材在冲压工艺过程中的成形性非常重要。如果可以有效地利用在高温下变形的材料的应变速率硬化、应变硬化和高延展性，则可以使用温/热冲压工艺成形制造形状更复杂的板材部件。

在较低的变形速率下，位错有更多的时间回复，此时易发生蠕变，这将导致低流变应力和非常低的应变硬化现象（应力 - 应变曲线在大变形中变为水平线）。在板材成形工艺中，可以利用材料的应变硬化特征来减少缩颈现象。然而，这种低应变硬化的特性在块体合金成形中是有利的，例如锻造、轧制和挤压，施加较小的力就可以使材料很容易地发生变形。

2. 杨氏模量和屈服强度

如果材料在室温下变形（塑性变形），则会发生轻微的蠕变。弹性变形区域的斜率为杨氏模量，如图 5.7 所示，并且屈服应力可以使用标准方法来标定，例如 0.2% 弹性极限应力。

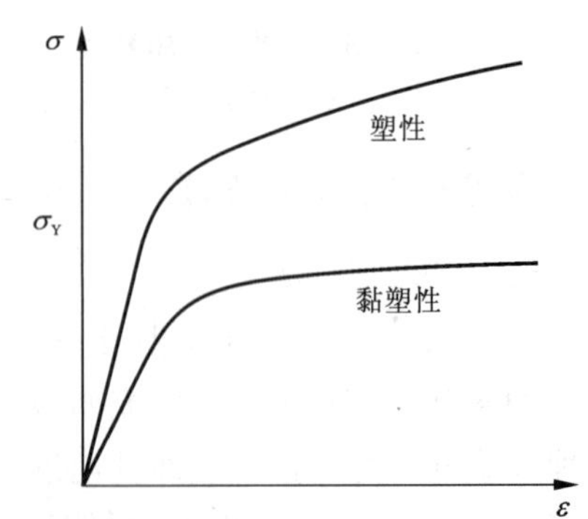

图 5.7　在室温（可塑性）和高温（黏塑性）下变形的材料的应力 - 应变关系的示意图

如果材料在热成形条件下变形，则材料可能发生蠕变以及退火现象。即使在实验的初始变形阶段，也可以观察到线性应力－应变关系，蠕变的发生会降低线性部分的斜率，并给出错误的杨氏模量值。由于蠕变发生在整个变形过程中，故难以测量屈服应力。在大多数建模过程中，临界应力的存在是建立在假设材料不会发生蠕变的条件下。

总之，材料的杨氏模量和屈服应力是温度的函数，但在黏塑性变形条件下这种函数关系不明显。此外，这些函数关系不容易从单轴拉伸应力－应变曲线中测量出。

5.3　超塑性变形机理

材料的主要变形机理取决于变形温度、变形速率和初始微观结构。在成形过程中，这些变形机理可能会改变，因为变形和材料的条件可能发生变化。在本节中，将使用超塑性成形(SPF)作为实例来说明实际成形应用中的黏塑性变形机理和微观结构演化。

5.3.1　过程和特点

超塑性成形(SPF)也称气吹成形，是将金属板加热至熔化温度的0.5～0.6，使其变为柔软状态，然后用气体加压使金属板进入型模腔的成形方法，如图5.8所示。相对于之前的冷成形和温成形工艺，超塑性成形过程中的高温可使金属延长或拉伸至更大程度而不破裂。此外，为了使金属成形更加精细，这种方法比传统方法需要的整体成形压力更小。

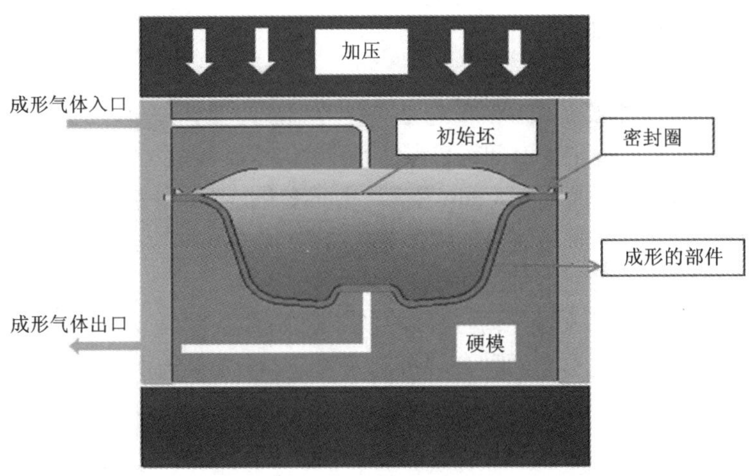

图 5.8　一个典型的超塑性成形工艺

在 SPF 过程中，工件被密封并牢固地夹在边缘，因此在成形过程中没有发生材料拉拔的现象。在超塑性成形过程中，工件的表面积显著增加，这可能会导致材料局部变薄。因此，有必要对这重要的过程进行建模，以便了解和尽可能减少材料的局部变薄现象。

SPF 的典型特征：

- SPF 是一个等温成形工艺，指将模具和金属板材一起加热并使其具有相同的温度。
- 可以观察到非常大的塑性变形（图 5.9）。主要适用于成形复杂形状的面板组件（Pearson，1934）。
- 金属板必须具有细晶粒，并且成形时的晶粒生长速率必须较低。SPF 的主要变形机理是晶粒旋转和晶界滑移。这样可以实现较大的塑性变形。细晶粒在应变条件下较易旋转。晶粒尺寸通常在 10 μm 以下。

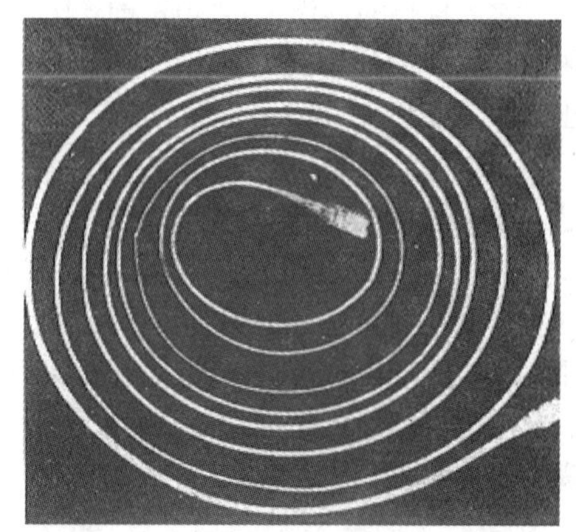

图 5.9　Pearson 著名的 Bi－Sn 合金具有 1950％的伸长率的图片
（Pearson，1934）]

- SPF 仅在细晶材料某些特定的应变速率和温度范围内发生。晶粒尺寸的范围为 5～10 μm，应变速率为 10^{-5}～10^{-1} s^{-1}。对于晶粒尺寸较小的材料，其应变速率可能更高。缓慢的变形速度使得材料中能够发生晶界扩散，从而可能发生晶界滑移和晶粒旋转。SPF 温度不宜太高，因为在高温下晶粒生长速度会很快，使得晶粒转动变得困难。钛的 SPF 适宜温度约为 900℃（1650℉），铝的 SPF 适宜温度在 450℃和 520℃之间。
- 生产率低，主要是由于：①它是一种等温成形工艺——模具和材料通常被一起加热，所以需要一定的时间；②为使预期的变形机理发挥作用，需要较低的变形速率。通常，成形周期在 2 min 和 2 h 之间变化。因此，它主要适用于小批量生产，例如成形复杂形状的航空航天面板组件。

SPF 合金的硬化机制主要包括：

- 应变硬化。应变硬化很弱是因为材料在高温下缓慢变形，并且有足够的时间发生退火。塑性变形与两种混合机制有关：一个是之前所述的晶界滑移和晶粒旋转，另一个是位错的作用。位错密度通常较低，并且可以在低变形速率下进行回复。因此，在大多数情况下，其应变硬化程度相对较弱。
- 晶粒尺寸。晶粒尺寸对流变应力有很大的影响，这类似于 Coble 蠕变的情况。粒度越小，晶粒旋转和晶界滑移越容易发生。因此，晶粒生长会增加流变应力，并导致超塑性成形过程中材料的硬化，这被称为晶粒生长硬化。如图5.10所示，当材料在相同的应变速率($1\times10^{-3}\ s^{-1}$)下变形时，流变应力随着材料初始晶粒尺寸(6.4 μm，9.0 μm和11.5 μm)的增加而增加。晶粒生长特征如图5.11所示。在初始晶粒尺寸较小的材料中，晶粒生长得更快。在建模过程中，可利用关系式$\dot{\varepsilon}=f(d^{-\gamma})$来预测SPF过程中晶粒的增长情况。

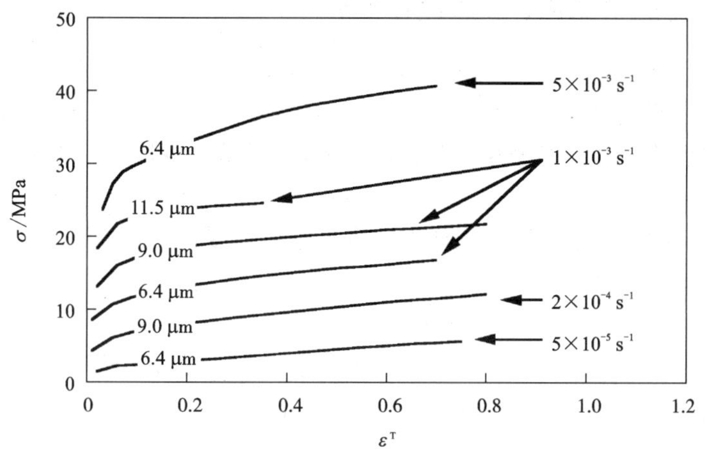

图5.10 Ti-6Al-4V在927℃温度下的应力-应变关系

$\dot{\varepsilon}^T=5\times10^{-5}\ s^{-1}$，$2\times10^{-4}\ s^{-1}$，$1\times10^{-3}\ s^{-1}$，$5\times10^{-3}\ s^{-1}$；$d^0=6.4$ μm，9.0 μm和11.5 μm

(Ghosh和Hamilton，1979)

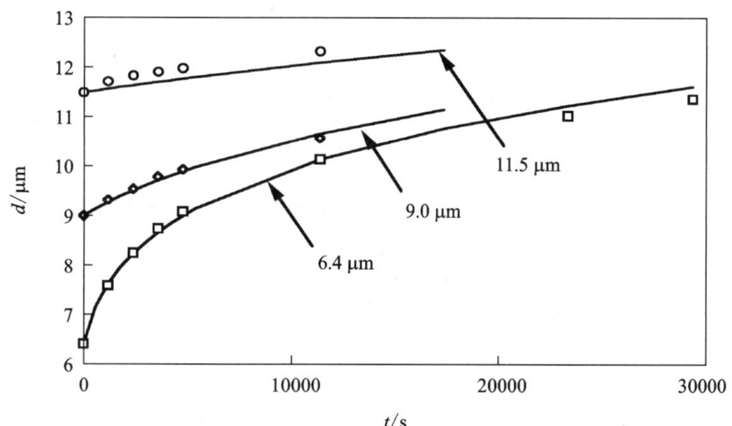

图5.11 Ti-6Al-4V在927℃温度下的晶粒生长

初始晶粒尺寸$d^0=6.4$ μm，9.0 μm和11.5 μm

(Cheong，Lin和Ball，2000；Ghosh和Hamilton，1979)

• 应变速率硬化。这是超塑性变形中的主要硬化机理。如图 5.10 所示，随着应变速率从 $5\times10^{-5}\ s^{-1}$向 $5\times10^{-3}\ s^{-1}$增加，对于具有相同的初始晶粒尺寸为 6.4 μm 的合金，流变应力增加约 10 倍(约从 4 MPa 增加至约 40 MPa)。由于 SPF 中的应变硬化和晶粒生长硬化非常有限，所以应变速率硬化在最小化复杂形状部件的超塑性成形中的局部变薄方面起主要作用。

5.3.2 应变速率硬化，敏感性和延展性

在超塑性下，流变应力 σ 对变形速率特别敏感。材料变形速率对流变应力的影响通常在应变速率为 $1\times10^{-5}\sim1\times10^{-1}\ s^{-1}$时观察得到。图 5.12 显示了超塑性材料的典型应力－应变速率关系，其通常被描述为(Pilling 和 Ridley，1989)：

$$\sigma = K\dot{\varepsilon}^m \tag{5.5}$$

式中：$\dot{\varepsilon}$ 为与塑性应变速率 $\dot{\varepsilon}^p$ 相同的应变速率；K 为取决于实验温度、微观结构和缺陷结构的材料常数。

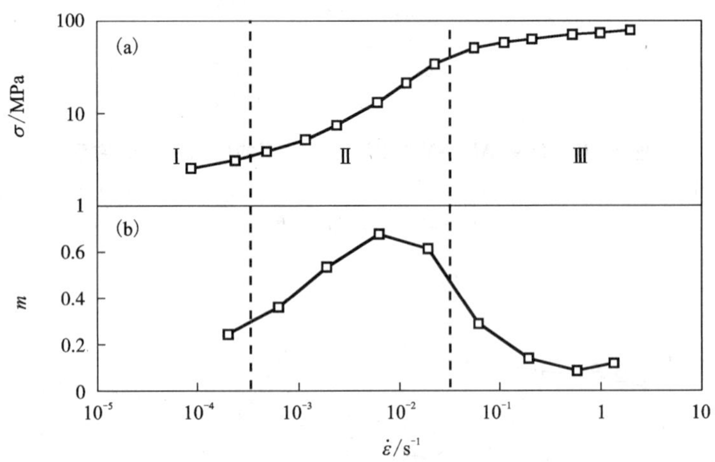

图 5.12　初始晶粒尺寸为 10.6 μm 在 350℃温度下变形的 Al－Mg 共晶合金
(Lee，1969)

参数 m 被称为应变速率敏感度或应变速率硬化参数，其定义为：

$$m = \frac{\Delta \ln\sigma}{\Delta \ln\dot{\varepsilon}} \tag{5.6}$$

如果超塑性被认为是一种蠕变行为，方程(5.5)通常被写为(Edington，Melton 和 Cutler，1976)：

$$\dot{\varepsilon} = \frac{\sigma^n}{k} \tag{5.7}$$

式中：n 为应力指数且 $n=1/m$。m 的值通常大于或等于 0.3，且附图中的 m 值主要在 0.4 和 0.8 之间(Pilling 和 Ridley，1989)。m 值越大，材料在损伤断裂前的塑性变形能力越大。通常 m 值在 0 和 1.0 之间变化。

图 5.12(b)显示应变速率敏感性随应变速率变化的函数。在中等应变速率下，m 值很高。但是，在高应变速率和低应变速率下，m 值逐渐地降低到较低数值。为了方便起见，图 5.12(a)中的这种变化和 S 形应力－应变速率曲线可以分为三个区域：区域Ⅰ、Ⅱ和Ⅲ，其中区域Ⅰ和区域Ⅲ分别表示低应变速率和高应变速率下 $m<0.3$ 的区域，而区域Ⅱ则对应 $m\geqslant 0.3$ 的区域。

高应变速率的区域Ⅲ通常被认为是对应于回复主导的位错蠕变，也称幂律蠕变(Pilling 和 Ridley，1989)。该区域内的变形会导致滑移线和晶粒内高密度位错的形成。此外，材料中的织构增加，并会随着变形的进行而出现明显的晶粒被拉长现象。该区域应变速率的增加导致应变速率的敏感度降低。

在超塑性区域Ⅱ中通常可以观察到高度均匀的应变。显然，晶界滑移和晶粒旋转对总体应变有重要贡献。普遍认为，在超塑性变形过程中，三种机制的主导作用程度排序如下：

(1)晶界滑移；

(2)扩散蠕变；

(3)位错蠕变或动态回复。

一般来说，相对另外两种机制而言，晶界滑移是主要的(Pilling 和 Ridley，1989)。Lagos(2000)解析了之前没有解决的晶界滑移和晶粒旋转的根本机制问题。目前，Lagos 的分析工作似乎是揭示超塑性原因的最令人满意的说法。结果表明，晶界滑移是由相邻晶粒之间的空位闭环运动引起的原子循环传输的结果。空位是由超过临界值的剪切应力引发晶界处产生波纹引起的。

区域Ⅱ的其他特征结果包括晶粒内有限的位错运动，且此时的晶粒仍保持等轴状态。随着变形的继续，材料的初始显微条带结构发展为更加均匀的等轴显微组织。随着温度的升高和晶粒尺寸的减小，流变应力减小，应变速率敏感性增大。此外，在该区域的断裂伸长率随着应变速率敏感性的增加而增加。

区域Ⅰ的产生与低应变速率和较低的 m 值有关。这是传统高温蠕变(所考虑的应变速率很低，例如从 $10^{-20}\ s^{-1}$ 到 $10^{-10}\ s^{-1}$)和超塑性(超塑性也称为快速蠕变)之间的差异。关于该区域的变形机理的研究不多，同时在非常低的应变速率下 m 值较低的原因还不清楚。SPF 的研究趋势是开发更小晶粒尺寸的材料，使材料的变形率和生产率提高。

5.3.3 SPF 材料建模

根据SPF的变形特征，一套完整统一的超塑性(蠕变或黏塑性)本构方程应包括以下内容。

1. 黏塑性流动

$$\dot{\varepsilon}^{p}=f(\sigma,\ R,\ d)$$

式中：$\dot{\varepsilon}^{p}$ 是应力，是各向同性硬化 R 和晶粒尺寸 d 的函数。由于SPF是等温成形过程，所以通常不考虑温度的影响。

2. 晶粒生长

$$\dot{d}=f(\varepsilon^{p},\ \dot{\varepsilon}^{p},\ d)$$

式中：$\dot{d}$ 取决于塑性应变 ε^{p}、塑性应变速率 $\dot{\varepsilon}^{p}$ 和晶粒尺寸 d。该方程是一组进化方程，一切都是与时间相关的。为了简便起见，在等温成形过程中不考虑温度的影响。

3. 应变硬化(各向同性硬化)

$$\dot{R}=f(\rho,\ \dot{\rho},\ d)$$

式中：$\dot{R}$取决于位错密度 ρ 的积累和与材料塑性变形速率有关的速率 $\dot{\varepsilon}^{p}$。同时，晶粒尺寸 d 在应变硬化中起着重要作用。较细的晶粒尺寸将促进晶界滑移和晶粒旋转。在同等程度的塑性变形下，细晶材料中产生的位错较少。因此，应变(或位错)硬化程度较低。另外，如果变形速率较低，则回复(退火)和晶界扩散的时间越多，应变硬化程度越低。

4. 成形性

SPF 中材料的成形性可以使用损伤演化方程模拟，这将在第6章中讨论。

基于超塑性成形的黏塑性研究，必须对黏塑性变形机理和相关物理现象有一个基本的了解，以便准确地进行模拟。本章稍后将介绍更多关于统一黏塑性本构方程发展的细节。最后，以一组统一的超塑性本构方程为例，对材料和工艺建模进行实例分析。

5.4 黏塑性和硬化的模拟

5.4.1 耗散势和正交法则

塑性变形中屈服准则的概念不再是必要的。它已被一个等势面簇 ψ 替代，例如：

$$\psi=\psi(\sigma,\ R,\ y_{k})$$

式中：R 为各向同性硬化；$y_{k}(k=1,\ 2,\ 3,\ \cdots)$为表示应用中各个物理参数的内部变量；等势面簇 ψ 是应力空间中的表面，其大小与应变速率相同(即耗散相同)。零势面是没有弹性区域的表面。

根据正交法则(即应变增量垂直于等势面)，塑性应变速率张量的一般表达式为：

$$\dot{\boldsymbol{\varepsilon}}^{\mathrm{p}}=\frac{\partial\psi}{\mathrm{d}\boldsymbol{S}}=\frac{\partial\psi}{\partial\sigma_{\mathrm{e}}}\frac{\partial\sigma_{\mathrm{e}}}{\partial\boldsymbol{S}}=\frac{3}{2}\frac{\partial\psi}{\partial\sigma_{\mathrm{e}}}\frac{\boldsymbol{S}}{\sigma_{\mathrm{e}}}\tag{5.8}$$

或

$$\varepsilon_{ij}^{\mathrm{p}}=\frac{3}{2}\frac{\partial\psi}{\partial\sigma_{\mathrm{e}}}\frac{S_{ij}}{\sigma_{\mathrm{e}}}$$

式中：$\boldsymbol{S}$ 为偏张量；σ_{e} 为有效应力(von-Mises 应力)，其定义为：

$$\sigma_{\mathrm{e}}=\left(\frac{3}{2}\boldsymbol{S}:\boldsymbol{S}\right)^{\frac{1}{2}}=\left(\frac{3}{2}S_{ij}:S_{ij}\right)^{\frac{1}{2}}$$

$$\sigma_{\mathrm{e}}=\left[\frac{3}{2}(S_{11}S_{22}+S_{22}S_{33}+S_{33}S_{11}-S_{12}^2-S_{23}^2-S_{31}^2)\right]^{\frac{1}{2}}$$

或

$$\sigma_{\mathrm{e}}=\left\{\frac{1}{2}[(\sigma_{11}-\sigma_{22})^2+(\sigma_{22}-\sigma_{33})^2+(\sigma_{33}-\sigma_{11})^2]+3(\sigma_{12}^2+\sigma_{23}^2+\sigma_{31}^2)\right\}^{\frac{1}{2}}$$

自然应力张量与偏应力张量之间的关系：

$$S_{11}=\sigma_{11}-(\sigma_{11}+\sigma_{22}+\sigma_{33})/3=(2\sigma_{11}-\sigma_{22}-\sigma_{33})/3$$
$$S_{22}=\sigma_{22}-(\sigma_{11}+\sigma_{22}+\sigma_{33})/3=(2\sigma_{22}-\sigma_{11}-\sigma_{33})/3$$
$$S_{33}=\sigma_{33}-(\sigma_{11}+\sigma_{22}+\sigma_{33})/3=(2\sigma_{33}-\sigma_{11}-\sigma_{22})/3$$

同时

$$S_{12}=\sigma_{12},\ S_{23}=\sigma_{23},\ S_{31}=\sigma_{31}$$

为了获得 $\dot{\varepsilon}_{11}^{\mathrm{p}}$，有

$$\dot{\varepsilon}_{11}^{\mathrm{p}}=\frac{\partial\psi}{\partial\sigma_{\mathrm{e}}}\frac{\partial\sigma_{\mathrm{e}}}{\partial S_{11}}$$

因为

$$\frac{\partial\sigma_{\mathrm{e}}}{\partial S_{11}}=\frac{\partial\left[\frac{3}{2}(S_{11}^2+S_{22}^2+S_{33}^2)+S_{12}^2+S_{23}^2+S_{31}^2\right]^{\frac{1}{2}}}{\partial S_{11}}$$

$$\frac{\partial\sigma_{\mathrm{e}}}{\partial S_{11}}=\frac{1}{2}\sigma_{\mathrm{e}}^{-1/2}\frac{3}{2}(2S_{11})=\frac{3}{2}\frac{S_{11}}{\sigma_{\mathrm{e}}}$$

所以

$$\dot{\varepsilon}_{11}^{\mathrm{p}}=\frac{\partial\psi}{\partial\sigma_{\mathrm{e}}}\frac{\partial\sigma_{\mathrm{e}}}{\partial S_{11}}=\frac{3}{2}\frac{\partial\psi}{\partial\sigma_{\mathrm{e}}}\frac{S_{11}}{\sigma_{\mathrm{e}}}$$

类似地，有

$$\dot{\varepsilon}_{22}^{\mathrm{p}}=\frac{3}{2}\frac{\partial\psi}{\partial\sigma_{\mathrm{e}}}\frac{S_{22}}{\sigma_{\mathrm{e}}}，等。$$

一般速率方程也可以写成：

$$\dot{\varepsilon}_{ij}^{\mathrm{p}}=\frac{3}{2}\frac{S_{ij}}{\sigma_{\mathrm{e}}}\dot{\varepsilon}_{\mathrm{e}}^{\mathrm{p}} \tag{5.9}$$

式中：$\dot{\varepsilon}_{\mathrm{e}}^{\mathrm{p}}$ 为有效的塑性应变速率，可由下式得出：

$$\dot{\varepsilon}_{\mathrm{e}}^{\mathrm{p}}=\frac{\partial\psi}{\partial\sigma_{\mathrm{e}}}$$

其他状态变量遵循相同的正态原则。

5.4.2 材料的黏塑性变形

1. Odqvist 定律

Odqvist 定律是一种幂律，与 Norton 定律相似，忽略了弹性域，可用于表示刚性理想黏塑体。

$$\psi=\frac{K}{n+1}\left(\frac{\sigma_{\mathrm{e}}}{K}\right)^{n+1} \tag{5.10}$$

$$\dot{\varepsilon}_{ij}^{\mathrm{p}}=\frac{\partial\psi}{\partial S_{ij}}=\frac{\partial\psi}{\partial\sigma_{\mathrm{e}}}\frac{\partial\sigma_{\mathrm{e}}}{\partial S_{ij}}=\frac{3}{2}\left(\frac{\sigma_{\mathrm{e}}}{K}\right)^{n}\frac{S_{ij}}{\sigma_{\mathrm{e}}} \tag{5.11}$$

式中：

$$\frac{\partial\psi}{\partial\sigma_{\mathrm{e}}}=\left(\frac{\sigma_{\mathrm{e}}}{K}\right)^{n}\dot{\varepsilon}_{\mathrm{e}}^{\mathrm{p}} \qquad \frac{\partial\sigma_{\mathrm{e}}}{\partial S_{ij}}=\frac{3}{2}\frac{S_{ij}}{\sigma_{\mathrm{e}}}$$

对于单轴情况，有 $\sigma_{11}=\sigma_1=\sigma_{\mathrm{e}}$，即最大主应力、有效应力和单轴应力大小相等。

$$\psi=\frac{K}{n+1}\left(\frac{\sigma_{11}}{K}\right)^{n+1}，\sigma_{11}=\sigma_{\mathrm{e}}$$

偏应力：

$$S_{11}=\frac{2}{3}\sigma_{11}（根据 S_{11}=\sigma_{11}-\frac{\sigma_{11}}{3}得）$$

$$S_{22}=S_{33}=-\frac{1}{3}\sigma_{11}$$

因为其他应力为0，所以有：

$$\dot{\varepsilon}_{11}^{\mathrm{p}}=\frac{\partial\psi}{\partial S_{11}}=\left(\frac{\sigma_{11}}{K}\right)^{n}$$

$$\dot{\varepsilon}_{22}^{\mathrm{p}}=\dot{\varepsilon}_{33}^{\mathrm{p}}=-\frac{1}{2}\left(\frac{\sigma_{11}}{K}\right)^{n}=-\frac{1}{2}\dot{\varepsilon}_{11}^{\mathrm{p}}$$

根据上述方程，单轴情况下的流变应力（忽略下标“11”）可以表示为：

$$\sigma_{11} = \sigma = K\left(\dot{\varepsilon}^{\mathrm{p}}\right)^{\frac{1}{n}}$$

因此，流变应力仅与黏弹性应变速率有关，并由系数 K 决定。图 5.13 所示为刚性理想黏弹性材料的应力 - 应变关系图，相当于稳态蠕变条件。K 和 n 是材料常数(可能与温度相关)，由实验数据确定。

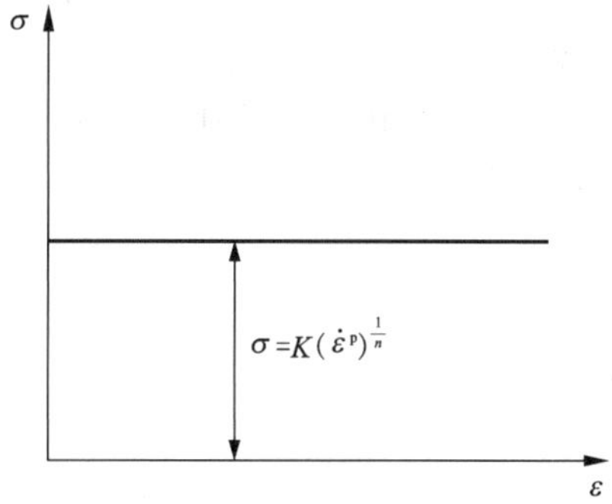

图 5.13　刚性理想黏弹性材料的流变应力 - 应变关系图

2. 考虑到弹性区域

通过引入临界应力 k，黏弹性势能方程(5.10)可以写成：

$$\psi = \frac{K}{n+1}\left(\frac{\sigma_{\mathrm{e}} - k}{K}\right)^{n+1} \tag{5.12}$$

由此可以得出：

$$\dot{\varepsilon}_{ij}^{\mathrm{p}} = \frac{\partial\psi}{\partial S_{ij}} = \frac{\partial\psi}{\partial\sigma_{\mathrm{e}}}\frac{\partial\sigma_{\mathrm{e}}}{\partial S_{ij}} = \frac{3}{2}\left(\frac{\sigma_{\mathrm{e}} - k}{K}\right)^{n}\frac{S_{ij}}{\sigma_{\mathrm{e}}} \tag{5.13}$$

在此公式中，假设应力低于临界应力 k，则不会发生塑性流动。这意味着如果 $\sigma_{\mathrm{e}} - k \leqslant 0$，那么 $\dot{\varepsilon}_{ij}^{\mathrm{p}} = 0$。对于高速成形过程尤其如此。如果变形速率高，则蠕变发生的时间短。因此，在一定的应力水平 k 以下，不发生塑性变形(蠕变)。如前所述，在热成形条件下材料的屈服应力难以确定，k 值是基于某些假设来确定的。

对于单轴情况，可以将方程式(5.13)简化为：

$$\dot{\varepsilon}_{11}^{\mathrm{p}} = \dot{\varepsilon}^{\mathrm{p}} = \left(\frac{\sigma - k}{K}\right)^{n}$$

通过重新排列方程，流变应力可以写成：

$$\sigma = k + K\left(\dot{\varepsilon}^{\mathrm{p}}\right)^{\frac{1}{n}}$$

以上方程代表弹性理想黏塑性。图 5.14 所示为该方程的应力分量。总流变应力由弹性区域的应力 k、由于黏塑性变形而产生的应力 σ_{v} 组成。塑性变形在短时间内发生，黏塑性引起的应力将迅速饱和。这是由于黏弹性应变速率接近总应变速率，即 $\dot{\varepsilon}^{\mathrm{p}} \approx \dot{\varepsilon}^{\mathrm{T}}$。这将使得 $\sigma = k + K\left(\dot{\varepsilon}^{\mathrm{p}}\right)^{\frac{1}{n}} = k + K\left(\dot{\varepsilon}^{\mathrm{T}}\right)^{\frac{1}{n}}$ = 常数。因此，随着塑性变形的不断进行，应力 - 应变曲线迅速达到稳态，应力不再继续增大。

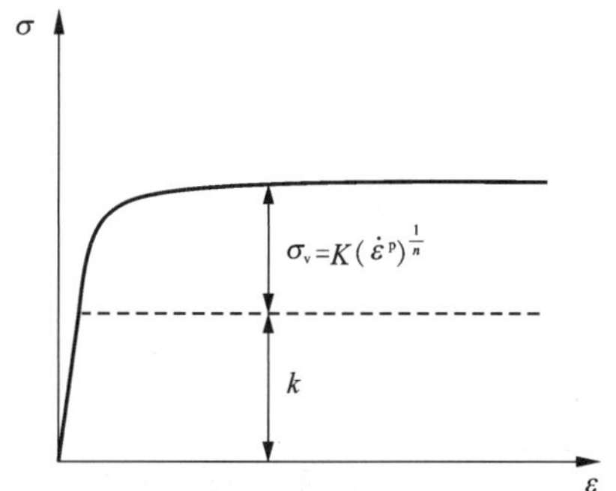

图 5.14　弹性理想黏塑性变形的流变应力

3. 考虑各向同性硬化

相对于塑性变形条件(冷成形)，即使材料黏塑性变形产生的硬化已经非常低，但硬化现象在黏塑性变形中(热成形条件)也经常发生。这主要是由于金属高变形时的扩散和回复机制。引入内部变量 R 以表示各向同性硬化，则基于之前的工作，可以将 R 写入幂律函数中：

$$\psi = \frac{K}{n+1}\left(\frac{\sigma_{\mathrm{e}} - R - k}{K}\right)^{n+1} \tag{5.14}$$

得出

$$\dot{\varepsilon}_{ij}^{\mathrm{p}} = \frac{S_{ij}}{\sigma_{\mathrm{e}}}\dot{\varepsilon}_{\mathrm{e}}^{\mathrm{p}} \tag{5.15}$$

和

$$\dot{\varepsilon}_{\mathrm{e}}^{\mathrm{p}} = \left(\frac{\sigma_{\mathrm{e}} - R - k}{K}\right)^{n}$$

式中：$\dot{\varepsilon}_{\mathrm{e}}^{\mathrm{p}}$ 是有效的塑性应变速率。对于单轴的情况，它可以写成：

$$\dot{\varepsilon}^{\mathrm{p}} = \left(\frac{\sigma_{\mathrm{e}} - R - k}{K}\right)^{n}$$

或

$$\sigma = k + R + K(\dot{\varepsilon}^{\mathrm{p}})^{\frac{1}{n}}$$

图 5.15 所示为单轴情况下流变应力的应力分量的分解。硬化是由塑性变形中产生的位错引起的。因此，硬化率$\dot{R}$是塑性应变或塑性应变速率的函数，这将在后面讨论。如前所述，应变硬化也可以直接用幂律函数来表示。同样，塑性变形后由黏塑性 σ_{v} 引起的应力将迅速饱和，流变应力为硬化曲线的偏移量。

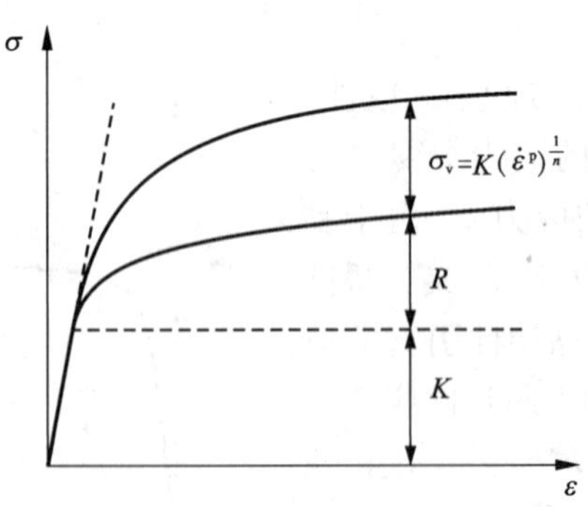

图 5.15 各向同性硬化的弹性－黏塑性流变应力

5.4.3　各向同性硬化方程

硬化是金属材料在室温下变形，如冷成形条件下的一种重要现象，因此也称为冷加工硬化。众所周知，加工硬化与单调增加到饱和状态的位错密度直接相关。如果变形过程中不考虑再结晶和退火，那么硬化与塑性应变的增加直接相关，这就是它被称为应变硬化的原因。在用于黏塑性应用的硬化方程发展的早期阶段，硬化方程已应用于冷变形方面的研究，它对黏塑性变形方面的应用同样有效。

1. 幂律(经验的)硬化方程

考虑到黏塑性的应变硬化速率，Hollomon 方程在应力和塑性应变之间是一种幂函数关系，可以表示为：

$$\sigma = K\,(\varepsilon^{\mathrm{p}})^{n}\,(\dot{\varepsilon}^{\mathrm{p}})^{m} \tag{5.16}$$

式中：K 为强度系数；n 为应变硬化系数。常量 n 为黏塑性上的应变硬化速率系数。Ludwik 方程与之类似，但包含临界应力 k：

$$\sigma = k + K\,(\varepsilon^{\mathrm{p}})^{n}\,(\dot{\varepsilon}^{\mathrm{p}})^{m} \tag{5.17}$$

应变速率硬化通常发生在黏塑性变形的开始阶段。热成形时材料的延伸量(单轴拉伸失效时的应变)一般很大。如果变形是稳定的，塑性应变速率 $\dot{\varepsilon}^{\mathrm{p}}$ 近似等于总应变速率 $\dot{\varepsilon}^{\mathrm{T}}$，即 $\dot{\varepsilon}^{\mathrm{p}} \approx \dot{\varepsilon}^{\mathrm{T}}$。因此，恒定应变速率拉伸过程中，材料的应变硬化速率可视为常量，即 $(\dot{\varepsilon}^{\mathrm{p}})^{m}$ = 常数。所以，式(5.17)可以写为：

$$\sigma = k + C\,(\varepsilon^{\mathrm{p}})^{n} \tag{5.18}$$

式中：$C = K\,(\dot{\varepsilon}^{\mathrm{p}})^{m}$。

对式(5.18)求微分，得：

$$\mathrm{d}\sigma = nC\,(\varepsilon^{\mathrm{p}})^{n-1}\mathrm{d}\varepsilon^{\mathrm{p}} \quad 或 \quad \mathrm{d}\sigma = nC\,(\varepsilon^{\mathrm{p}})^{n}\,(\varepsilon^{\mathrm{p}})^{-1}\mathrm{d}\varepsilon^{\mathrm{p}}$$

对于大塑性变形，假设 $\varepsilon^{\mathrm{p}} \approx \varepsilon^{\mathrm{T}} = \varepsilon$，则应变硬化指数可以由下式估算出来：

$$n = \frac{\varepsilon}{\sigma}\frac{\mathrm{d}\sigma}{\mathrm{d}\varepsilon} \quad 或 \quad \frac{\mathrm{d}\sigma}{\mathrm{d}\varepsilon} = n\frac{\sigma}{\varepsilon}$$

根据式(5.18)可知，应力随着应变的增加而增加。对于恒温变形过程，n 是常量，应力与应变的增长率 $\frac{\sigma}{\varepsilon}$ 直接相关。图 5.16 显示了屈服应力的特征，在应力－应变坐标系中屈服应力的硬化速率与各向同性硬化率相同。两条曲线平行而且黏塑性应力分量 σ_{v} 是常量。

2. 唯象硬化方程

考虑到初期蠕变硬化和之后的黏塑性变形，各向同性硬化率可以用一个关系式表示(Lemaitre 和 Chaboche，1990)：

$$\dot{R} = b(Q_1|\varepsilon^{\mathrm{p}}| + Q_2 - R)\,|\dot{\varepsilon}^{\mathrm{p}}| + Q_1|\dot{\varepsilon}^{\mathrm{p}}| \tag{5.19}$$

式中：b、Q_1 和 Q_2 为与温度有关的常数。这类方程在黏塑性的应用中很少使用。

更常用的是一种简化的速率方程，即

$$\dot{R} = \frac{\mathrm{d}R}{\mathrm{d}t} = b(Q - R)\,|\dot{\varepsilon}^{\mathrm{p}}| \quad (5.20)$$

显然，当 R 接近 Q 值时，$\dot{R}$趋于0。b 是用于模拟塑性应变对硬化特征影响的一个因子。如果 b 值很高，塑性应变(ε^{p})较低时，则各向同性硬化进程加快，同时 R 趋近于 Q 值。

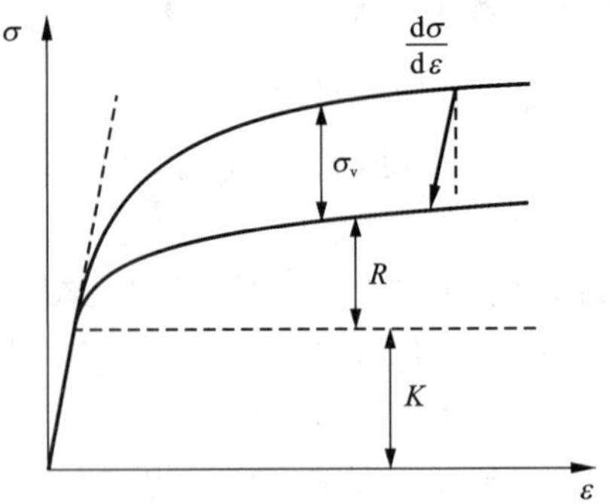

图 5.16　各向同性硬化 Ludwik 方程

式(5.18)、式(5.19)和式(5.20)可以建立模拟冷轧和热轧金属成形时的应变硬化模型，此时没有发生再结晶。如果发生了微观结构演变，尤其是当再结晶发生时，可以形成无位错晶粒，从而使位错密度降低、材料软化。

5.5　位错硬化、回复和再结晶

5.5.1　位错密度演化

Taylor(1934)(Geoffrey Ingram Taylor，英国人，1886—1975)认为位错是原子尺度的缺陷，而且定义了这种金属塑性变形机制。位错的出现强烈影响了材料的力学性能和物理性能。塑性变形过程中位错密度的增加会提高材料的强度。这就是所谓的加工硬化、应变硬化或位错硬化。

根据 Kocks(1976)的工作，塑性应变速率可以表达为一个综合考虑各向同性硬化和位错硬化的幂律方程，即

$$\dot{\varepsilon}^{\mathrm{p}} = \dot{\varepsilon}_0 \left(\frac{\sigma}{K(\rho)}\right)^n \quad (5.21)$$

式中：$K(\rho)$为一个代表材料状态的内部变量。此式用来表示由位错滑移产生的热激活塑性流动。内部变量 $K(\rho)$与总位错密度 ρ(Kocks，1976)有关：

$$K(\rho) = M\alpha Gb\rho^{\frac{1}{2}} \quad (5.22)$$

式中：G 为剪切模量；b 为位错的伯氏矢量大小；α 为常数；M 为平均泰勒因子，其定义为：

$$M = \frac{\sigma}{\tau} = \frac{\gamma^{\mathrm{p}}}{\varepsilon^{\mathrm{p}}} \quad \text{或} \quad \varepsilon^{\mathrm{p}} M = \gamma^{\mathrm{p}}$$

M 与剪切应力 τ、剪切塑性应变 γ^{p}、轴向应力 σ 和塑性应变 ε^{p} 直接相关。平均泰勒因子适用于多晶材料。位错密度随着塑性变形逐渐演变。众所周知，加工

硬化与塑性变形时位错密度的增加直接相关。位错的滑移阻力通常与 Gb/L 有关，其中 L 是滑移面上的阻碍作用。L 的值是位错密度的平方根的倒数，即 $1/\sqrt{\rho}$。有两个共存的因素影响位错密度 ρ 的变化：储存和回复。根据与可移动位错在运动距离 L 后遇到不能穿过的障碍而被固定的相关位错密度增量，位错的储存可以用剪切应变增量表示，即 $\mathrm{d}\gamma^{\mathrm{p}} = M\mathrm{d}\varepsilon^{\mathrm{p}}$。$L$ 是平均自由程。从上面的方程，知

$$M\mathrm{d}\varepsilon^{\mathrm{p}} = bL\mathrm{d}\rho \quad 或 \quad \frac{\mathrm{d}\rho}{\mathrm{d}\varepsilon^{\mathrm{p}}} = \frac{M}{bL}$$

或

$$\dot{\rho} = \frac{M}{bL}|\dot{\varepsilon}^{\mathrm{p}}|（位错存储） \tag{5.23}$$

位错密度与塑性应变速率呈线性关系，即 M/bL，尤其是在塑性变形的初始阶段。位错发生动态回复是由于所储存的位错消失。这是一个位错离开滑移面而聚集在不可穿越的阻碍上的过程，且是由螺型位错的交滑移或刃型位错的攀移产生的。在冷成形条件下普遍发生的是螺型位错的交滑移，而温/热成形条件下发生的是刃型位错的攀移。考虑动态回复后，式(5.23)可以扩展为

$$\dot{\rho} = M\left(\frac{1}{bL} - k_2\rho\right)|\dot{\varepsilon}^{\mathrm{p}}|（包括动态回复） \tag{5.24}$$

式中：k_2 为回复系数，可以表示为(Estrin，1996)：

$$k_2 = k_{20}\left(\frac{\dot{\varepsilon}^{\mathrm{p}}}{\dot{\varepsilon}_0^*}\right)^{-\frac{1}{n}}$$

这与应变速率和温度有关，k_{20}是常量。

- 在冷成形条件下(室温)，n 和 $\dot{\varepsilon}_0^*$ 是常量。
- 在温/热成形条件下，n 是常量而且 $\dot{\varepsilon}_0^* = \dot{\varepsilon}_0\exp[-Q/(RT)]$ 是用 Arrhenius 定律和激活能 Q 以及位错攀移来表示的。R 和 T 分别是气体常数和绝对温度。

值得注意的是，在冷成形条件下，参数 n 与堆垛层错能有关——堆垛层错能的大小强烈影响着交滑移发生的概率。

在温/热成形条件下，退火能够降低位错密度，这称为静态回复。方程(5.24)可以扩展为

$$\dot{\rho} = M\left(\frac{1}{bL} - k_2\rho\right)|\dot{\varepsilon}^{\mathrm{p}}| - r（包括静态回复） \tag{5.25}$$

式中：静态回复项 r 可以表示为(Estrin，1996)

$$r = r_0\exp\left(-\frac{U_0}{RT}\right)\sinh\left(\frac{\beta\sqrt{\rho}}{RT}\right)$$

式中：参数 U_0、β 和 r_0 为常量。温/热成形条件下的静态回复很重要，例如，在多次热轧过程中的间隙，会发生静态回复，在这一过程中材料发生回复，在下一道

次轧制前材料的状态也发生了改变。材料的回复在改变下次轧制的条件时都会发生。

1. 粗晶单相材料

在理想粗晶(晶界少)和单相(没有其他阻碍)材料中，位错运动无法穿越的阻碍只有位错结构本身。在这种情况下，位错在一个晶胞或亚晶界结构中随机分布。假定平均自由程 L 远小于材料的晶粒尺寸，且与 $1/\sqrt{\rho}$ 成正比，即 $L \propto 1/\sqrt{\rho}$。若只考虑位错储存和动态回复，式(5.24)可写为(Kocks，1976)：

$$\dot{\rho} = M(k_1\sqrt{\rho} - k_2\rho)\,|\dot{\varepsilon}^{\mathrm{p}}| \tag{5.26}$$

式中：k_1 为常量。在这个表达式中应该给出位错密度初始值。如果初始材料中不存在位错，即 $\rho = 0$(最开始没有位错)，则塑性变形过程中位错密度不会增加，这与实际情况不符。

2. 高密度的几何阻碍

对于一种几何障碍比由位错网形成的障碍大得多的材料，平均自由程 L 可以由几何障碍的平均间距 d 来代替($d \ll L$)。当考虑材料的稳定障碍结构，假设障碍的平均间距 d 在塑性变形过程中不发生变化而且回复系数 k_2 不受障碍的影响，则位错演化方程可以写成

$$\dot{\rho} = M(k - k_2\rho)\,|\dot{\varepsilon}^{\mathrm{p}}| \tag{5.27}$$

式中：$k = (bd)^{-1}$[参考式(5.24)中 $k = (bd)^{-1}$]为一个常量。该公式适用于晶界强化材料。在这种情况下，几何障碍的平均间距 d 是结构中最小的特征长度且 $d < 10/\sqrt{\rho}$，这是典型的晶粒或亚晶粒尺寸。

式(5.26)和式(5.27)可以组成一个“混合”模型，可以表示为

$$\dot{\rho} = M(k + k_1\sqrt{\rho} - k_2\rho)\,|\dot{\varepsilon}^{\mathrm{p}}| \tag{5.28}$$

这个方程可以用来预测很多材料在塑性变形过程中位错密度的演化。然而，许多材料常数的引入增加了通过实验数据确定方程的难度。

3. 粒子效应

析出相和/或第二相颗粒是位错运动的几何障碍。上述方程适用于模拟有析出相或第二相的材料。通常颗粒通过析出强化和应变硬化提高位错的存储来增加材料的强度。在这种情况下，回复速率会受到位错-颗粒的交互作用而降低，例如，抑制位错从颗粒中分离(Rossler 和 Arzt，1990)。对于不能剪切的颗粒，位错演变方程可以写为

$$\dot{\rho} = M(k_{\mathrm{D}} + k_1\sqrt{\rho} - fk_2\rho)\,\dot{\varepsilon}^{\mathrm{p}} \tag{5.29}$$

式中：$k_{\mathrm{D}} = (bD)^{-1}$；$D$ 为晶粒平均间距。这个方程与之前的“混合”方程具有相同的形式，只是参数 k 和 k_{D} 代表不同的物理意义。此外，因子 f 是应力和温度的函数，$f = f(\sigma, T)$，其值小于 1 且会降低动态回复速率。

4. 归一化位错概念

在实际建模过程中，原始材料的位错密度(塑性变形发生之前)很难定义，因为它会随材料、化学组合和加工工艺变化。因此，就求解初值问题而言，很难准确定义材料性能的初始值。为了克服这些困难，Lin 等(2005)引入了归一化位错密度的定义，即

$$\bar{\rho}=\frac{\rho-\rho_i}{\rho}=1-\frac{\rho_i}{\rho} \tag{5.30}$$

式中：ρ_i 为初始位错密度；ρ 为变形材料的位错密度。在变形开始的时候($t=0$)，位错密度等于初始材料的位错密度，即 $\rho=\rho_i$。因此，归一化位错密度为0，即当 $t=0$ 时，$\bar{\rho}=0$。随着材料发生塑性变形，位错密度会以一定的规律增加，最终达到位错网的饱和状态，此时 $\rho\gg\rho_i$，$\bar{\rho}=1$。所以，归一化位错密度是从0(初始状态)到1(位错网的饱和状态)变化的。在数学上，这是一个简单且容易处理的问题。

5. 归一化位错演变规律

通过运用归一化位错概念，Lin，Liu，Farrugia 等(2005)介绍了归一化位错的一个速率方程：

$$\dot{\bar{\rho}}=A(1-\bar{\rho}^{\gamma_1})\left|\dot{\varepsilon}^{\mathrm{p}}\right|-c_1\bar{\rho}^{\gamma_2} \tag{5.31}$$

式中：A，c_1，γ_1 和 γ_2 为材料常数。方程(5.31)可以改写为

$$\dot{\bar{\rho}}=A\left|\dot{\varepsilon}^{\mathrm{p}}\right|-A\bar{\rho}^{\gamma_1}\left|\dot{\varepsilon}^{\mathrm{p}}\right|-c_1\bar{\rho}^{\gamma_2}$$

(1)方程的第一项，$A\left|\dot{\varepsilon}^{\mathrm{p}}\right|$，表示由于塑性变形累积的位错。这与方程(5.23)类似，且 $A\propto M/bL$。归一化位错密度随着塑性应变呈线性增加关系。参数 A 可能与温度有关，但并不敏感。大多数情况下，A 可以视为常数。

(2)方程的第二项，$A\bar{\rho}^{\gamma_1}\left|\dot{\varepsilon}^{\mathrm{p}}\right|$，表示位错密度的动态回复。它限制归一化位错密度的最大值为1。从方程(5.31)可以看出，当 $\bar{\rho}=1$ 时，归一化位错速率 $\dot{\bar{\rho}}$ 为0或负数。γ_1 为0.5～1的常量。一般取 $\gamma_1=1$。

(3)方程的第三项表示位错密度的静态回复效应，即高温退火。在冷成形条件下，这一项可以忽略，或 $c_1\approx0$，因为在冷成形过程中很少出现退火现象。参数 c_1 与温度密切相关。在高温下，退火进行得很快，因此 c_1 的值很高。通常有

$$c_1=c_0\exp\left(-\frac{Q}{RT}\right)$$

式中：c_0 为常量；Q 和 R 分别为激活能和气体常数。

位错密度演化也与再结晶和晶粒尺寸有关。这将会在下一小节讨论。

6. 位错硬化

由于硬化与位错密度直接相关，故硬化可以用一个位错的函数来表示：

$$R=B\bar{\rho}^{\alpha} \tag{5.32}$$

通常，B 可以看作一个与温度有关的参数；α 看作一个常数。一般 α 为0.3 ~ 1.0，但是多数情况下 $\alpha=0.5$，这与一般的位错硬化规律有关(Lin, Liu, Farrugia 等, 2005)。这种情况下

$$R=B\bar{\rho}^{\frac{1}{2}}$$

为了保持一致性，硬化规律可以表示为一个演化方程以与上述方程区分，即

$$\dot{R}=\frac{1}{2}B\bar{\rho}^{-\frac{1}{2}}\dot{\bar{\rho}}$$

正如之前章节中所讨论的，各向同性硬化会使材料的屈服应力增大。这可以很容易地纳入黏塑性的流动规律，比如：

$$\dot{\varepsilon}^{\mathrm{p}}=\left(\frac{\sigma-R-k}{K}\right)^{n}$$

如前所述，各向同性硬化可以利用式(5.21)建模，其中 K 可以看作位错密度的函数。

5.5.2 再结晶

Doherty, Hughes, Humphreys 等(1997)定义了再结晶，即“在变形金属中，由变形储能驱动的大角度晶界的形成与迁移，形成了一种新的晶粒结构”。一般来说，再结晶是一个高温下破坏变形晶粒的过程，晶粒被无应变或“无位错”晶粒，或新的晶粒代替。图5.17所示为再结晶过程，新的晶粒在变形晶体中位错密度高的晶界或亚晶界处形核，随着再结晶的完成，晶粒开始长大。这是一个周期性的再结晶过程。

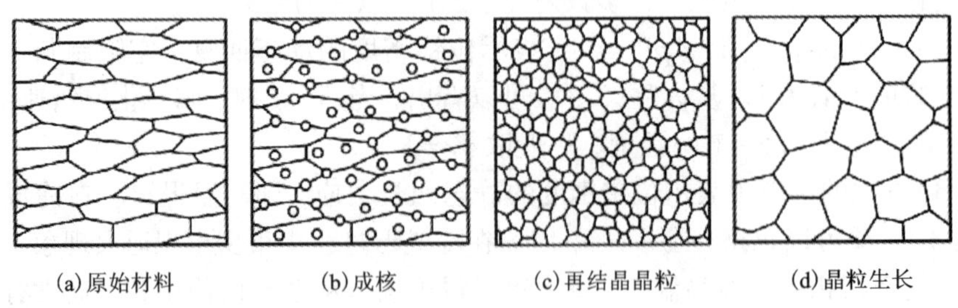

(a)原始材料　(b)成核　(c)再结晶晶粒　(d)晶粒生长

图5.17　金属的再结晶

再结晶可能发生在塑性变形过程中或之后。

- 动态再结晶。动态再结晶发生在高温下的黏塑性变形中，由于无应变(无位错)细晶的形核，会降低变形过程中的流变应力。这削弱了位错强化，也促进了晶界滑移和晶粒旋转，从而降低了流变应力。图5.18是其中一个例子。
- 静态再结晶。静态再结晶发生在塑性变形之后，比如可塑性变形金属材

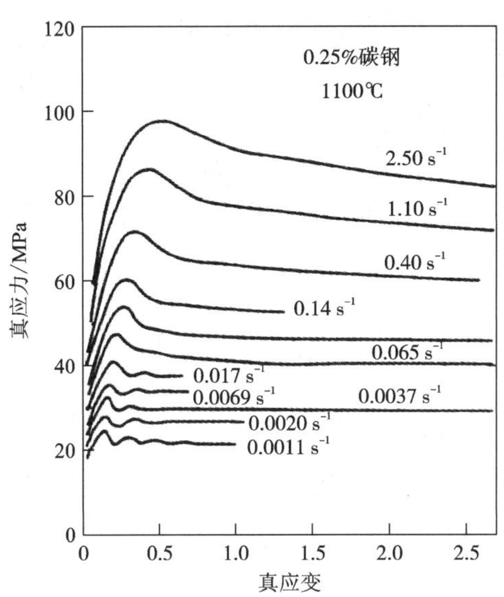

图 5.18　在 1100℃时应变速率为 $1.1 \times 10^{-3} \sim 2.5\ s^{-1}$ 的 0.25%碳钢的流变应力曲线

(Rollett, Luton 和 Srolovitz, 1992)

料的两次热轧及随后热处理的过程中。

一般来说，满足以下三个条件时才会发生再结晶。

- 临界位错密度。之前的塑性变形必须使材料能够产生足够大的位错密度和储存能以驱动形核和晶粒长大。超塑性成形过程中，材料可以发生较大的塑性变形，但是位错密度很低，因为塑性变形主要与晶粒的旋转和晶界滑移有关。同时，在低应变速率的变形过程中进行高温退火可以使积累的位错得到回复。这种情况下通常不会发生再结晶。这将在本章的剩余部分继续讨论。
- 临界温度。再结晶需要一个最低的温度以启动必要的原子机制。该再结晶温度随着退火时间和位错密度的增加而降低。
- 孕育期。变形的晶粒需要足够的时间才能形核。如果温度比较高和/或位错密度比较高，那么孕育期会缩短。

因此，对于变形材料而言，如果位错密度达到了临界水平，则在足够长的时间和足够高的温度下会发生再结晶。

1. 再结晶的驱动力

在塑性变形过程中，大部分的功被转化为热量，部分(1% ~5%)以缺陷或位错的形式残留在材料中。当晶体材料在高温下变形时，两个独立的过程破坏了累积的位错。一个是动态回复，它导致了一对位错的湮灭以及亚晶的形成。在高堆垛层错能材料中，这种回复过程完全平衡了应变和加工硬化的影响，导致了稳态流变应力的出现。在中、低层错能材料中，当位错密度增加到相当高的水平，而且密度的局部差异足够高，则在变形过程中会出现再结晶形核。该动态再结晶将消除大量的位错并产生无位错晶粒。再结晶的驱动力，即能量差 ΔE，可以由位错密度 ρ 来确定(Doherty，2005)：

$$\Delta E \approx \rho G b^2 \tag{5.33}$$

式中：G 和 b 分别为剪切模量和柏氏矢量。再结晶的位错临界值表示为(Sandstrom 和 Lagneborg，1975)

$$\rho_c = 4\varphi_{surf}/(\tau d^*) \tag{5.34}$$

式中：φ_{surf}为单位面积的晶界能；d^* 为再结晶晶核的直径；τ 为一个位错单位长度的平均能量。

2. 再结晶模拟的经验方程

图 5.19 展示了典型的再结晶动力学过程，t_0 称为初始形核周期。晶粒在这个阶段发生形核且几乎以恒定的速率生长。对于球形晶粒，再结晶晶粒的平均半径 r 可以表示为(Humphreys 和 Hatherly，2004)

$$\dot{r} = \frac{dr}{dt}(t - t_0)$$

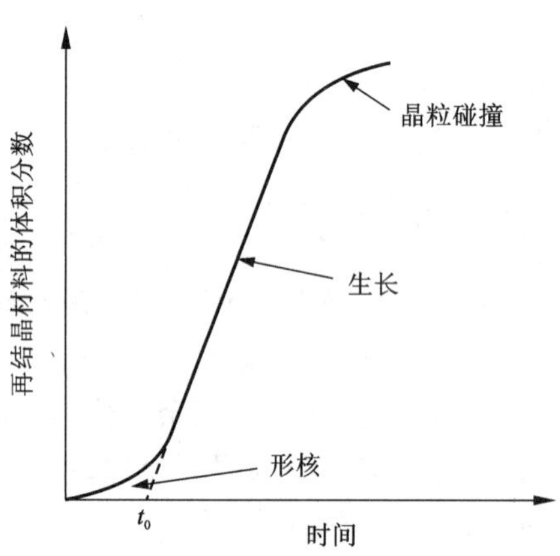

图 5.19 再结晶形核和长大的典型特征

基于球形晶粒假设，再结晶材料的体积分数 f 可以表示为：

$$f = 1 - \exp\left[-\frac{\pi}{3}\dot{N}\dot{r}^3 t^4\right] \tag{5.35}$$

式中：$\dot{N}$ 为形核速率；f 为 0 ~ 1。然而，在实践中只有其中的少量模型是有效的，需要使用替代模型。

在再结晶过程中，部分晶界是可以移动的。可移动晶界的比例在再结晶过程中有轻微的变化。有研究发现(Sandstrom 和 Lagneborg，1975)，对于静态再结晶，这个比例会随着时间的增加而增加，且在再结晶结束时减小。可移动晶界的运动

速度 $v(\rho)$ 可以由下式近似表示：

$$v(\rho) = M\tau\rho$$

在动态再结晶过程中，时间变化可能较小，因为一些晶界可能在多个再结晶周期中移动。虽然已经提出了许多关于晶界移动和再结晶晶粒生长的模型（Humphreys 和 Hatherly，2004），但是再结晶体积分数 S 的模拟通常使用如下经验表达式（Sakai 和 Jonas，1984）

$$f = 1 - \exp[-(K/D_0)t^n] \tag{5.36}$$

式中：K 和 n 为常数；D_0 为晶粒原始尺寸。

3. 基于位错的再结晶演化方程

如前所述，再结晶与位错密度直接相关。当位错密度在高温下达到临界值 $\bar{\rho}_c$ 时，如果给出足够的时间，则会发生再结晶。再结晶体积分数 S 的演变可以表示为（Lin，Liu，Farrugia 等，2005）：

$$\dot{f} = H[x\bar{\rho} - \bar{\rho}_c(1-S)](1-S)^{\gamma_S} \tag{5.37}$$

式中：H 和 γ_S 为常量；$\bar{\rho}_c$ 为归一化位错密度的临界值，低于此值，不会发生再结晶。实验观察到（Djaic 和 Jonas，1972），再结晶的开始需要一个孕育期，而且孕育期随位错密度值的变化而变化，该位错密度值必须超过临界值 $\bar{\rho}_c$。该现象用再结晶开始的孕育因子 x 来描述，即：

$$x = A_3(1-x)\bar{\rho} \tag{5.38}$$

式中：A_3 为与温度有关的材料常数。该方程式表明孕育时间随着位错密度的增加而减小。式(5.37)表明，再结晶体积分数 S 从 0 变化到 1，而且其变化是周期性的，这取决于位错密度的演变。式(5.37)和式(5.38)表明，在热成形条件下，如果归一化位错密度增加到临界值 $\bar{\rho}_c$，且给出足够的时间，则会发生再结晶。

5.5.3　晶粒演变模拟

再结晶过程中，新的晶粒形核，晶粒的总数增加。因此平均晶粒尺寸 d 会减小。同时，晶粒开始沿着反方向长大。如果只考虑再结晶，平均晶粒尺寸 d 可以写成（Sandstrom 和 Lagneborg，1975）

$$\dot{d} = -d(\mathrm{d}f_n/\mathrm{d}t)\ln N_G$$

式中：N_G 为一个再结晶周期后每个原始晶粒对应的新晶粒数目，可能依赖于晶粒尺寸的大小；f_n 为再结晶周期数，可以不是整数。

1. 静态和动态晶粒长大

静态和动态晶粒长大是相互独立的，这对于在低应变速率的黏塑性变形如超塑性变形特别重要。晶粒长大速率可以表示为（Cheong，Lin 和 Ball，2000）

$$\dot{d} = M\varphi_{\mathrm{surf}}d^{-r_0} + \alpha\dot{\varepsilon}^{\mathrm{p}}d^{-r_1} \tag{5.39a}$$

式中：r_0，r_1 和 α 为常数。式(5.39a)等号右边的第一项表示静态晶粒生长，这与

晶界迁移率 M 和晶界能量密度 φ_{surf} 直接相关。式(5.39a)等号右边的第二项描述了塑性应变诱导晶粒长大，这是由 Cheong、Lin 和 Ball(2000)提出的。与再结晶晶粒细化相比，晶粒长大在变形过程中的作用不重要。然而，在热成形过程的道次间隙内，动态再结晶之后的静态晶粒生长变得更重要。

若认为目前的晶粒尺寸对静态和动态晶粒生长具有相同的影响，则可将上述方程简化为(Lin 和 Dunne，2001)

$$\dot{d} = (\alpha_1 + \alpha|\dot{\varepsilon}^p|)d^{-r_0} \tag{5.39b}$$

式中：r_0，α_1 和 α 为用实验数据定义的材料常数。

2. 伴随再结晶

考虑到静态晶粒生长，塑性应变诱导的晶粒生长和由于再结晶引起的晶粒细化，其平均晶粒尺寸演化方程可以表示为：

$$\dot{d} = \alpha_1 d^{-\gamma_3} + \alpha_3 \dot{\varepsilon}^p d^{-\gamma_4} - \alpha_2 f^{\gamma_6} d^{\gamma_5} \tag{5.40}$$

式中：α_1，γ_3，α_3，γ_4，α_2，γ_6 和 γ_5 为材料常数。式(5.40)等号右边第一项对于在再结晶后多道次成形过程的热成形操作中模拟晶粒生长很重要。在超塑性成形过程中，通常不会发生再结晶。因此，式(5.40)等号右边的最后一项可以忽略不计。

通过比较成形道次和由于再结晶引起的晶粒细化之间的静态晶粒生长，动态晶粒生长[式(5.40)等号右边第二项)]在高变形速率下的多道次金属成形过程中不太重要。

5.5.4 再结晶和晶粒尺寸对位错密度的影响

1. 晶粒尺寸的影响

根据前面所讨论的变形机理，小尺寸晶粒可以使晶界滑移和晶粒旋转，比如在超塑性变形条件下。因此，与晶粒尺寸较大的材料相比，晶粒尺寸细小的材料在相同的塑性变形下产生较少的位错。为了模拟这种效应，Liu、Lin 等(2006)改进了归一化位错演化方程式(5.31)，得到：

$$\dot{\bar{\rho}} = \left(\frac{d}{d_0}\right)^{\gamma_d}(1-\bar{\rho})|\dot{\varepsilon}^p| - c_1\bar{\rho}^{\gamma_2} \tag{5.41}$$

式中：d_0 为参考晶粒尺寸；γ_d，c_1 和 γ_2 为材料常数；γ_d 表示晶粒尺寸对位错累积的敏感度。由于较少的晶界发生滑移，较大的平均晶粒尺寸可能导致塑性变形时位错密度的快速增加。由于塑性变形过程中发生动态再结晶而产生新的晶粒，不仅会降低平均晶粒尺寸，还会降低位错累积速率。

2. 再结晶的影响

图 5.20 显示了由于动态再结晶而导致的旧晶粒和新形成晶粒的位错密度分布。当新的晶粒形核时，它可以被认为是“无位错”的。然而，当晶粒在塑性变形

阶段生长时，位错可能会增加以促进塑性变形。新晶粒的晶界向旧晶粒移动的地方有高的位错密度。在新晶粒的晶界，可以观察到“无位错”区。通常，再结晶降低了材料的平均位错密度。

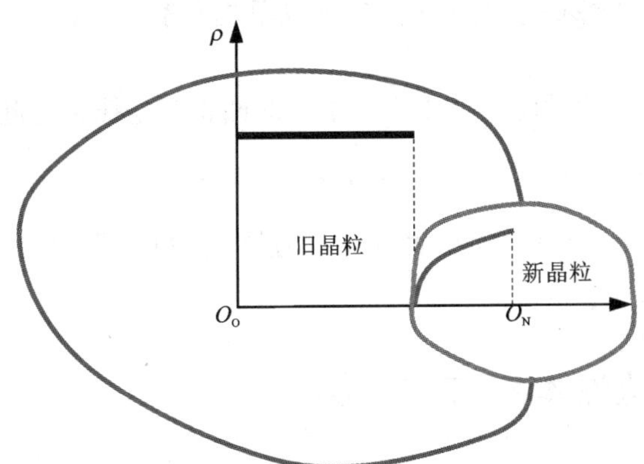

图5.20 沿着旧晶粒和新晶粒的中心 $O_O - O_N$ 线的位错密度变化

考虑到高温变形机制，即再结晶、静态回复和动态回复，归一化位错密度的演化方程可以写成(Liu，Lin 和 Farrugia 等，2005)：

$$\dot{\bar{\rho}} = \left(\frac{d}{d_0}\right)^{\gamma_d}(1-\bar{\rho})\,|\dot{\varepsilon}^{p}| - c_1\bar{\rho}^{\gamma_2} - \left[c_2\frac{\bar{\rho}}{1-f}\right]\dot{f} \tag{5.42}$$

式中：c_2 为材料常数。式(5.42)等号右边的第三项表达了再结晶对位错密度演变的影响。其速率与材料的再结晶体积分数和再结晶速率有关。如果归一化位错密度为0，则递减率为0。此外，也考虑到了晶粒尺寸和再结晶的影响。从上面的等式可以推断：

- 位错密度随塑性变形程度的增大而增大。其增加速率与热/温金属成形过程中的晶粒尺寸有关。
- 位错密度由于退火而降低。这对于热/温成形尤为重要。在冷成形中，这个问题可以忽略不计。
- 再结晶时位错密度降低。

5.5.5 晶粒尺寸对材料黏塑性流动的影响

1. 幂律法则

考虑到位错强化和晶粒尺寸的影响，传统的幂律黏塑性本构方程可以写为

$$\dot{\varepsilon}^{p} = \left(\frac{|\sigma| - R - k}{K}\right)^{n}\left(\frac{d}{d_{\varepsilon}}\right)^{-\gamma_1} \tag{5.43}$$

如果塑性流动项 $|\sigma| - R - k > 0$，那么可以通过式(5.43)计算塑性应变速率；如果 $|\sigma| - R - k \leqslant 0$，那么塑性应变速率为零。当材料仍然在弹性区域内时，d_{ε}

是恒定的或由参考晶粒的尺寸而定。在热成形条件下变形时，大的晶粒尺寸 d 使材料硬化。晶粒小则有利于晶界滑移和晶粒转动，使塑性变形更容易。常数 γ_1 可用于解释晶粒尺寸对材料黏塑性流动的影响。值得注意的是，式(5.43)中晶粒尺寸对黏塑性变形的影响仅适用于热成形或温成形条件，不适用于冷变形。

2. 双曲正弦定律

类似地，晶粒尺寸效应可以很容易地与双曲正弦定律结合起来：

$$\dot{\varepsilon}^{p} = \left(\frac{d}{d_{\varepsilon}}\right)^{-\gamma_1} \sinh[A_2(|\sigma| - R - k)] \tag{5.44}$$

此外，$|\sigma| - R - k > 0$ 表示塑性流动。另外，材料在弹性区域内，塑性应变率为0。

5.6 统一黏塑性本构方程示例

5.6.1 用于超塑性的统一本构方程

根据材料，可以选择不同的内部变量来形成一组用于特定应用的统一本构方程。其基本规则是在塑性/黏塑性变形条件下模拟材料的主要力学行为和物理特征。为了简化，应选择最小数量的方程式。

在超塑性成形过程中，材料通常在等温条件下变形。温度适中，变形较大。一般情况下，不会发生再结晶。超塑性成形的重要特征之一是晶粒长大，这会影响材料的黏弹性流动。

根据 Cheong、Lin 和 Ball(2000)的研究，统一的超塑性本构方程可以是以下形式：

黏塑性流动：$\dot{\varepsilon}^{p} = \left(\frac{\sigma - R - k}{K}\right)_{+}^{n} d^{-\mu}$

各向同性硬化率：$\dot{R} = b(Q - R)\dot{\varepsilon}^{p}$

晶粒长大：$\dot{d} = \alpha d^{-\gamma_0} + \beta \dot{\varepsilon}^{p} d^{-\phi}$

流变应力：$\dot{\sigma} = E(\dot{\varepsilon}^{T} - \dot{\varepsilon}^{p})$

式中：E 为杨氏模量。本构方程中的材料常数列于表 5.1，它们的值由 927℃时 Ti-6Al-4V 的实验数据确定。Lin 和 Yang(1999)给出了详细的确定步骤。确定常数的方法技术将在第 7 章给出。在变形条件下材料的杨氏模量 $E = 1000$ MPa (Lin 和 Yang，1999)。

表 5.1 927℃时 Ti-6Al-4V 的材料常数

α	γ_0	β	ϕ	n	μ	K/MPa	Q/MPa	b	k/MPa
73.408	5.751	2.188	0.141	1.400	2.282	60.328	3.933	2.854	0.229

图 5.21 显示了应力 - 应变关系。符号表示实验数据，实线是模型计算结果。

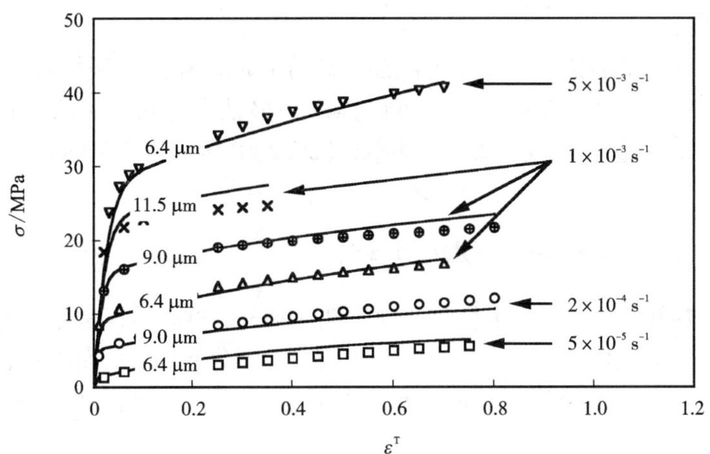

图 5.21　拟合(实曲)和实验(符号)时的应力 - 应变关系

$\dot{\varepsilon}^T=5\times10^{-5}\ s^{-1}$, $2\times10^{-4}\ s^{-1}$, $1\times10^{-3}\ s^{-1}$, $5\times10^{-3}\ s^{-1}$和 $d^0=6.4\ \mu m$, $9.0\ \mu m$, $11.5\ \mu m$

图 5.22 显示了晶粒尺寸与塑性变形关系的实验数据(符号)，以及使用上述方程和表 5.1 中列出的常数值计算得到的数据(实线)。可以看出，平均晶粒尺寸随应变速率和黏塑性变形而变化。

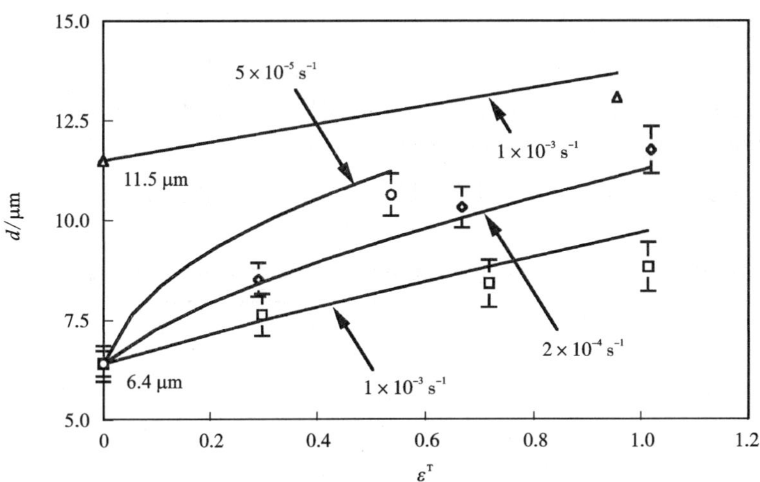

图 5.22　晶粒长大的实验数据(符号)(Ghosh 和 Hamilton，1979)与拟合曲线(实线)(Cheong，2002)的对比

d^0分别为 6.4 μm 和 11.5 μm，$\dot{\varepsilon}^T$分别为 $5\times10^{-5}s^{-1}$、$2\times10^{-4}\ s^{-1}$和 $1\times10^{-3}\ s^{-1}$

上述方程式可以用 Lin 和 Dunne(2001)给出的双曲正弦定律的形式来改写。各向同性硬化方程也可以表述为基于位错的硬化规律，从而可通过该方法对静态回复进行建模。

利用前面讨论的技术和通过用户自定义的工业应用子程序输入的商用有限元代码，上述统一超塑性本构方程还可以推广到多轴应力状态下的材料本构方程中。这部分工作是由 Lin(2003)，Cheong(2002)以及 Lin 与 Dunne(2001)等完成的。

5.6.2 用于钢热轧的统一本构方程

在钢的热轧过程中，除了材料的黏塑性流动外，再结晶也是建模的一个重要内容。再结晶会改变晶粒尺寸、位错密度和加工硬化程度，从而影响材料的黏塑性流动特性。Lin、Liu 和 Farrugia 等(2005)建立了一套统一的黏塑性本构方程，即

塑性应变：$\dot{\varepsilon}_p = A_1 \sinh[A_2(|\sigma| - R - k)] \cdot d^{-\gamma_4}$

再结晶速率：$\dot{S} = Q_0 \cdot [x\bar{\rho} - \bar{\rho}_c(1-S)] \cdot (1-S)^{N_q}$

起始再结晶速率：$\dot{x} = A_0(1-x)\bar{\rho}$

位错密度：$\dot{\bar{\rho}} = \left(\dfrac{d}{d_0}\right)^{\gamma_d}(1-\bar{\rho})|\dot{\varepsilon}^p| - c_1\bar{\rho}^{c_2} - \left[\dfrac{c_3\bar{\rho}}{1-S}\right]\dot{S}$

各向同性硬化：$\dot{R} = B\dot{\bar{\rho}}$

晶粒尺寸：$\dot{d} = \alpha_0 d^{-\gamma_0} - \alpha_2 \dot{S}^{\gamma_3} d^{\gamma_2}$

应力：$\dot{\sigma} = E(\dot{\varepsilon}_T - \dot{\varepsilon}_p)$

式中：$E = 1000$ GPa 为杨氏模量；A_1，A_2，γ_4，Q_0，$\bar{\rho}_c$，N_q，c_1，c_2，c_3，d_0，γ_d，A_0，B，α_0，γ_0，α_2，γ_2 和 γ_3 为材料常数。这里使用了由 Medina 和 Hernandez(1996)报道的实验值，以优化原始平均晶粒尺寸为 189 μm 的 C - Mn 钢(变形温度为 1100℃，应变速率为 0.554 s^{-1}和 5.224 s^{-1})。方程式中的材料常数见表 5.2。

表 5.2 用于确定 C - Mn 钢的统一黏塑性本构方程组的常数(Liu, 2004)

A_1/s^{-1}	A_2/MPa^{-1}	γ_1	H	$\bar{\rho}_c$	γ_s
1.81×10^{-6}	3.14×10^{-1}	1.00	30.00	1.84×10^{-1}	1.02
c_1	γ_2	c_2	d_0/μm	γ_d	A_3
16.00	1.44	8.00×10^{-2}	36.38	1.02	40.96
B/MPa	α_1/μm	γ_3	α_2/μm	γ_6	γ_5
75.59	1.44	3.07	78.68	1.20×10^{-1}	1.06

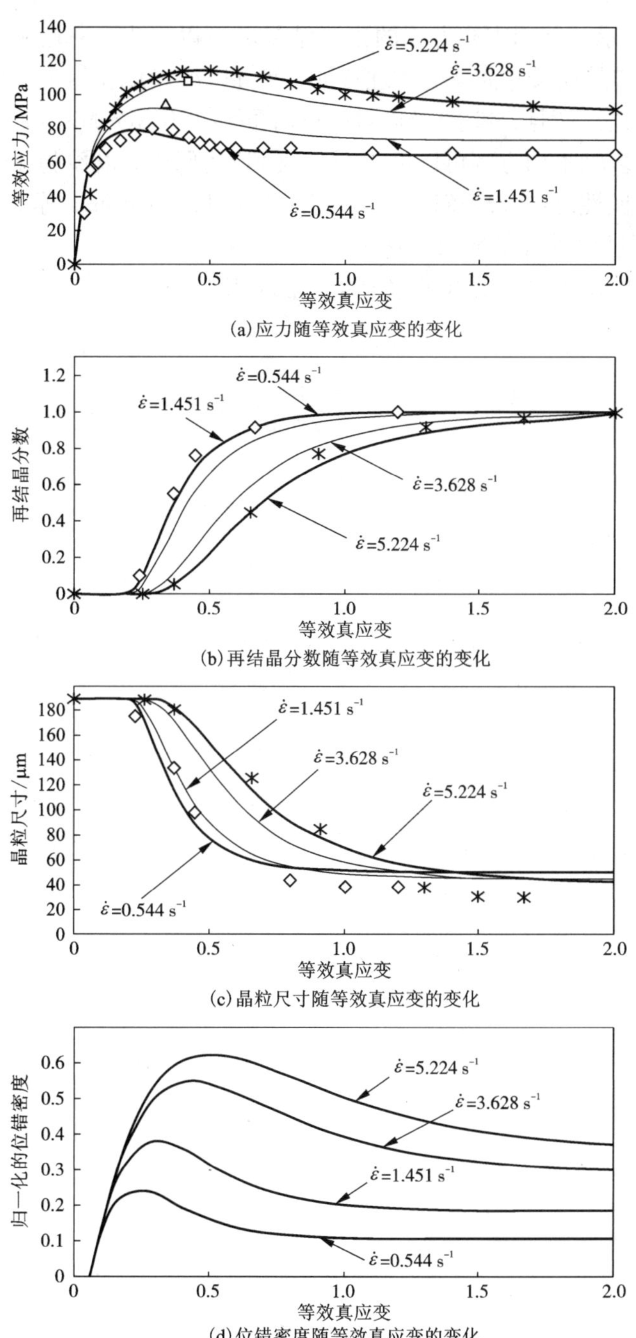

(a)应力随等效真应变的变化

(b)再结晶分数随等效真应变的变化

(c)晶粒尺寸随等效真应变的变化

(d)位错密度随等效真应变的变化

图 5.23　等效应力、再结晶分数、晶粒尺寸和归一化的位错密度随等效真应变的变化
(符号、粗曲线与细曲线分别表示实验值、计算值与预测值)

(Liu，2004)

图 5.23 显示了使用本构方程的预测结果。可以看出，一旦充分预测了再结晶、位错密度和晶粒尺寸演变的物理特征，就可以准确地获得由于再结晶而导致的材料软化数据。而且，基于单轴本构方程，可以使用 von-Mises 屈服准则生成多轴本构方程。多轴本构方程可以输入到商业 FE 代码中，以预测在热成形条件下变形材料的机械性能和物理特征。这已经由 Lin，Liu，Farrugia 等（2005）以及 Liu（2004）对轧制过程进行了预测。

第 8 章将给出更多有关这个理论在工业应用中的例子。

第 6 章
金属成形中的连续损伤力学

连续损伤力学(CDM)与材料经热机械变形和/或时效后失效的建模有关。材料由于加载和/或时效而损伤到不能承受任何负载的阶段，最终发生断裂。损伤力学适用于对材料的微裂纹萌生、扩展和失效进行工程预测，而无须借助过于复杂的微观描述来进行实际的工程分析。损伤力学阐述了典型的模拟复杂现象的工程方法。正如 Krajcinovic(1989)所说的，人们通常认为工程研究的最终任务不是为了更好地理解所研究的现象，而是提供合理的能应用于材料设计的预测工具。大部分的损伤力学研究工作都使用状态变量来表征损伤对材料的结构刚度、剩余使用寿命和材料失效的影响。

状态变量与微观裂纹的密度、时效诱发的颗粒粗化以及移动位错一样，是可以测量的物理现象，或者说可以从它们对材料刚度(杨氏模量)、失效剩余应变等宏观性能的影响来推断。材料损伤激活准则是预测损伤开始的重要依据。损伤演化在开启后不会自发进行，因此需要一个损伤演化模型。在类似描述材料塑性的公式中，损伤的演化是由硬化函数控制的，但这需要额外的唯象学参量且这些参量必须通过昂贵的、耗时的、费劲的实验才能得到。另外，损伤公式的微观力学可以预测损伤的萌生和演化，而不需要额外的材料性能(Gaskell, Dunne 等; Pan, Balint 和 Lin, 2011a)。

损伤力学的研究最先由 Kachanov(1958)于 1958 年提出，他引入了一个连续状态变量来代表损伤演化及预测金属在单向加载时的蠕变断裂。20 世纪 70 年代，这种观点发展成为韧性断裂和疲劳断裂。英国(Leckie, Hayhurst 和 Dyson)，法国(Lemaitre 和 Chaboche)，瑞士(Hult)，日本(Murakami)和丹麦(Tvergaard)开始使用以物理为基础的状态变量来预测材料的断裂。

大块金属的成形通常被认为是韧性金属的压缩成形，材料的失效并不是一个值得研究的重要问题。然而，在金属板材成形过程中，拉伸是主要的变形状态，因而成形限制图或曲线(FLd 或 FLC) 经常用来预测材料在冷冲压过程中的断裂行为 (Marciniak, Kuczynski, Pokora, 1973; BSI, 2008)

虽然损伤状态变量的概念在 1969 年(Rice 和 Tracey)引入，用于研究冷成形中的材料失效($T<0.3T_m$)和热成形中的微观损伤($T>0.6T_m$)(Cottingham, 1966; Dieter, Mullin 和 Shapiro, 1966)。但此时对变形过程中主要损伤机制对微观结构演化的影响的研究尚处于起步阶段。需要大量的研究工作来发展基于现象的损伤本构方程，以此来预测高温蠕变损伤和疲劳损伤(Lin, Liu 和 Dean, 2005)。近几年，金属成形损伤模型的主要进展有：

• Gurson 在 1977 年提出韧性断裂模型，这个模型能够用于室温金属成形应用。

• Gelin(1995, 1998)介绍了能够模拟各向同性和各向异性金属材料在成形过程中(大变形状态)韧性损伤的预测技术。

• Cheong, Lin 和 Ball (2000)引入了带有状态变量的本构方程来模拟超塑性成形中的损伤转变。

• Lin, Liu 和 Dean (2005) 引入了连续体损伤机制理论来模拟范围更广的金属成形过程中的损伤演化，这特别适用于热成形。这主要是基于 Cheong(2000)关于超塑性成形的损伤演化的博士研究工作和 Liu(2004)的研究。Foster(2007), Kaye(2012), Karimpour(2012)和 Afshan(2013)所做的研究工作进一步发展了热轧时对临界断裂的预测的损伤演化的模型。

• Chow(2009)提出了预测各向异性金属板材在冷成形过程中的损伤模型。

• Lin, Mohamed 和 Dean 等(2014)提出了一个预测金属板材在冷热冲压时冲压成形极限的平面应力公式，特别是针对硼钢和铝的热冲压成形工艺。它以 Cai(2010), Mohamed(2011)和 Li(2013)对于热冲压时损伤演化和结构演化的博士研究工作为基础。

孔洞在断裂损伤和疲劳损伤中通常是不可逆的。一旦造成损伤，它就不能再恢复了。在冷加工成形金属中同样如此。然而，在热加工成形中，尤其是热轧和锻造时，由于压应力状态下的界面扩散，这些孔洞缺陷可能可以通过退火和愈合来消除。这种损伤恢复的过程会使材料的缺陷减少并且使材料强化。因此，热成形的材料由于微观缺陷的减少，通常强度更高(Afshan, 2013)。

6.1 损伤力学的概念

金属材料在持续的塑性变形下会产生一种损伤的微结构。在材料内部，小的孔洞和裂纹会逐渐形核并长大，最终在材料内部合并形成微裂纹，从而导致材料失效(Lin, Liu 和 Dean, 2005)。这种失效过程统称为损伤。

损伤以前被简单地定义为“材料中一个新表面的出现”(Maire，Bordreuil，Babout 等，2005)。这个定义反映了材料的损伤过程与内部孔洞的形核有关这一事实。但是，损伤理论可能也考虑了材料中预先存在的微孔，例如源于铸造过程中的孔洞，也应该把那些如在浇铸过程中产生的气孔等考虑进去。为了更好地反映这一情况，本书将损伤定义为：“材料内部孔洞的形核和扩展”。

除此之外，由于时效和某些微结构的演化会导致粒子粗化也会降低材料的强度，故这也可以看作是一种更广义上的损伤的定义。

6.1.1　损伤及损伤变量的定义

1. 损伤的定义

如图 6.1 所示，一个初始状态的固体材料，由于塑性变形或者时效，发生了变形和损伤。A 表示法向矢量为 $\boldsymbol{n}$ 的单元截面面积，如图 6.1(c)所示。在这个面上，由于塑性变形和时效诱发的微裂纹和孔洞通常称为损伤。在这个面上的微孔洞的面积总和就称为损伤总面积，用 A_{D} 表示。有效的受载面积表示为 A_{E}，即

$$A_{\mathrm{E}} = A - A_{\mathrm{D}} \quad 或 \quad A_{\mathrm{D}} = A - A_{\mathrm{E}}$$

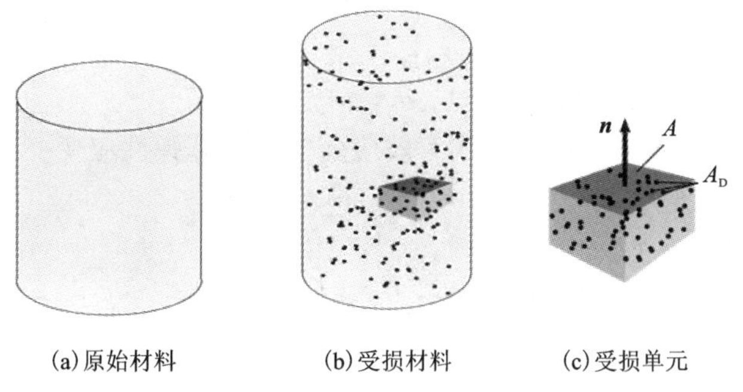

图 6.1　损伤变量的定义

定义

$$D_n = \frac{A_{\mathrm{D}}}{A} \tag{6.1}$$

式(6.1)表示材料受损伤的程度，其描述为在 $\boldsymbol{n}$ 方向上局部损伤面积相对于原始面积的比值。由此可以得到：

- 对于没有损伤的材料，$A_{\mathrm{D}} = 0$，因此 $D_n = 0$；
- 对于完全断裂的材料，$A_{\mathrm{D}} = A$，因此 $D_n = 1$；
- 损伤变量从 0 到 1 变化时，$0 \leqslant D_n < 1$。

这表示的是各向异性材料的损伤，与材料的取向有关。各向同性的材料，微

孔洞均匀分布在各个方向上。因此，损伤变量与材料的取向 $\boldsymbol{n}$ 无关，通常用标量 D 或者 ω 表示，被称为各向同性损伤。

从公式(6.1)可知，对于各向同性材料，有 $A_D = A\omega$，所以有效面积可以表示为：

$$A_E = A - A_D = A - A\omega = A(1-\omega) \tag{6.2}$$

2. 有效应力

由于固体损坏，承受荷载的有效面积减小。材料横截面积减小，将产生高应力。对于单轴的情况，令 F 为施加的力，A 为未损坏材料的横截面面积，则传统的应力定义是：

$$\sigma = \frac{F}{A}$$

若考虑到材料损坏，则承受荷载的实际横截面积为 $A_E = A - A_D$。考虑到损伤的应力定义，将其称为有效应力(请注意，这与 von-Mises 应力不同，也被称为有效应力)。有效应力可以表示为：

$$\tilde{\sigma} = \frac{F}{A_E} = \frac{F}{A(1-\omega)} = \frac{\sigma}{1-\omega} \tag{6.3}$$

从这个方程，可以得知：

- 未损伤的材料，$\omega = 0$，$\tilde{\sigma} = \sigma$；
- 对于完全断裂的材料，$\omega = 1$，$\tilde{\sigma} = \infty$；
- 对于损坏的材料，可以使用有效应变概念计算弹性应变

$$\varepsilon^e = \frac{\tilde{\sigma}}{E} = \frac{\sigma}{(1-\omega)E} = \frac{\sigma}{\tilde{E}} \tag{6.4}$$

式中：$\tilde{E}$ 为材料断裂的等效杨氏模量，$\tilde{E} = (1-\omega)E$。

6.1.2 具体的损伤定义方法

1. 孔洞的体积分数

根据上述损伤的定义，损伤值是直接测量损坏材料的体积分数，损伤变量可以直接根据公式(6.5)计算。

$$\omega = \frac{A_D}{A} = \frac{A - A_E}{A} = 1 - \frac{A_E}{A} \tag{6.5}$$

式中：A 和 A_D 分别为未受损和受损材料的面积；A_E 为未损坏材料的面积(称为承载的有效面积)。在变形开始时($t = 0$)，$A_E = A$ 和 $A_D = 0$，则 $\omega = 0$；材料断裂时，$A_E = 0$，则 $\omega = 1$。

图 6.2 显示了在超塑性条件下变形的铝合金的孔洞扩展情况。一般来说，孔洞体积分数随着塑性应变的增大而增加。对于高应变速率变形，在 $\dot{\varepsilon} = 10^{-3}\ \mathrm{s}^{-1}$ 时，孔洞相对较大，并且其体积分数达到接近断裂时的 2% 左右。在较低的应变

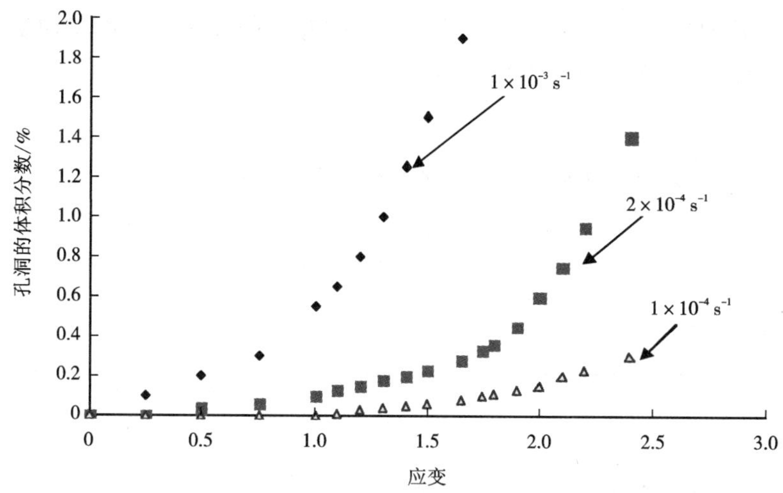

图 6.2　超塑性变形的 AA7475 合金中，不同应变速率下孔洞的体积分数与应变的关系

(Ridley, 1989)

速率下，在 $\dot{\varepsilon}=10^{-4}\ \mathrm{s}^{-1}$时，孔洞的体积分数约为 0.25%。在高温蠕变下，应变速率远低于超塑性成形的应变速率，例如 $\dot{\varepsilon}_{\mathrm{C}}=10^{-15}\ \mathrm{s}^{-1}$，接近断裂的孔洞体积分数应远低于在超塑性变形时观察到的孔洞体积分数。这表明当解释孔洞扩展的微观结构表征结果与式(6.5)中定义的损伤变量的假设相关时，将给实验的开展带来困难。因此，通过微孔实验结果确定损伤演化方程具有挑战性。

2. 杨氏模量的变化

根据 $\tilde{E}=(1-\omega)E$，损伤变量可以表示为杨氏模量的函数：

$$\omega=1-\frac{\tilde{E}}{E}$$

图 6.3 显示了加载、卸载和再加载条件下杨氏模量的变化。杨氏模量的值可以根据加载和卸载曲线来测量，并且可以根据杨氏模量的测量值计算损伤。这个概念在理论上是非常好的。然而，在实践中，很难使杨氏模量值接近 0，即 $\tilde{E}\to 0$，使得 $\omega\to 1$，接近材料的失效状态。

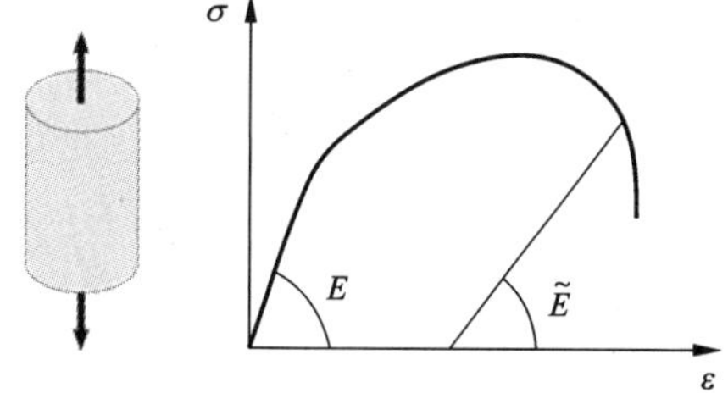

图 6.3　根据杨氏模量进行损伤测量

3. 循环加载的损伤定义

循环可塑性/黏塑性试验通常用于校准疲劳损伤。这些循环测试可以是应变范围控制的或是应力范围控制的。图 6.4 显示了纯铜在受控循环黏弹性载荷条件下应变范围内的实验结果(Dunne 和

Hayhurst, 1992)，可以看出，在“循环试验”的初始阶段，应力范围增加是由于在前几个周期发生了各向同性硬化。

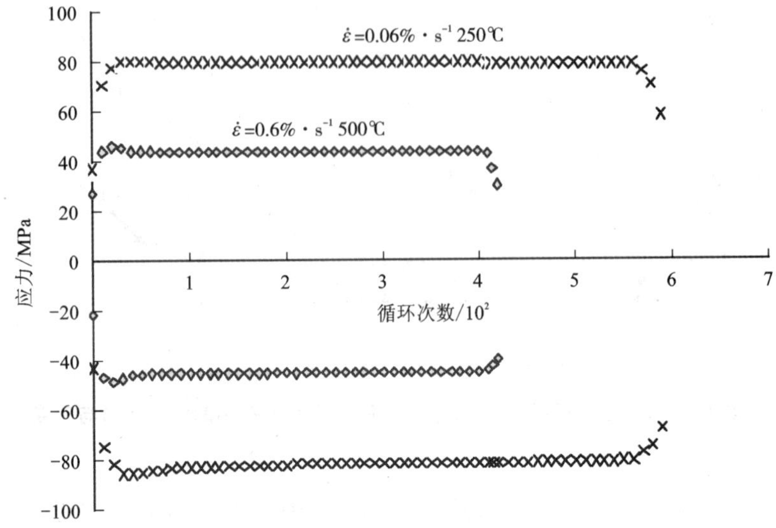

图 6.4　铜应变范围受控循环试验的应力变化

(Dunne 和 Hayhurst, 1992)

在循环试验的后期，应力范围的下降被认为是由于疲劳损伤的累积以及应变和温度的值足够高而导致的蠕变损伤。因此，可以根据应变范围受控测试的应力减小来定义损伤，例如，

$$\omega = \frac{\Delta\sigma^{S} - \Delta\sigma}{\Delta\sigma^{S}} = 1 - \frac{\Delta\sigma}{\Delta\sigma^{S}} \tag{6.6}$$

式中：$\Delta\sigma^{S}$ 为稳定循环期间的各向同性硬化已经饱和的应力范围；$\Delta\sigma$ 为从稳定状态到失效的应力范围。在稳态循环开始时，$\Delta\sigma = \Delta\sigma^{S}$，则 $\omega = 0$；在接近失效时，$\Delta\sigma \to 0$，因此 $\omega = 1$。

如果循环可塑性试验受应力范围的控制，则会发生棘轮效应。棘轮效应会使应变范围增加，如图 6.5 所示，对于在不同应力范围下测试的钢(Socha, 2003)，在相同的循环应力范围内增加的应变范围是由于循环载荷下的材料软化，这是由微量损伤的积累引起的。基于这个假设，可以定义用于测量损伤进程的损伤变量：

$$\omega = \left(\frac{\Delta\varepsilon^{i} - \Delta\varepsilon_{0}^{i}}{\Delta\varepsilon_{f}^{i} - \Delta\varepsilon_{0}^{i}}\right)^{1/C} \tag{6.7}$$

式中：C 为常数；$\Delta\varepsilon_{0}^{i}$、$\Delta\varepsilon^{i}$ 和$\Delta\varepsilon_{f}^{i}$ 为非弹性应变范围的初始值、当前值和最终值。损伤变量的范围为 0(初始状态)到 1(发生失效)。式(6.7)的定义为循环加载条

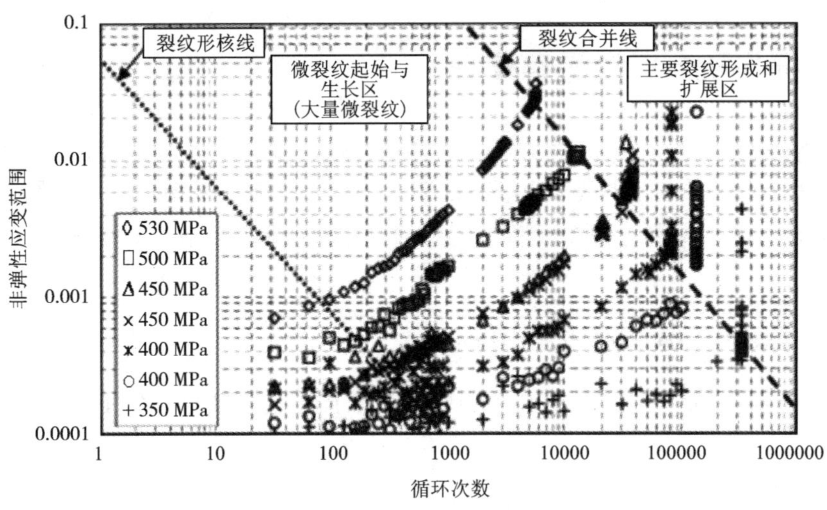

图 6.5　在不同应力幅度下钢的应变范围受控循环试验的应力变化

（Socha, 2002）

件下损伤演化的测量提供了方便。由于有效应力的小变化（由于材料损坏而导致的有效截面面积减小）会导致应变幅度的显著变化，所以循环载荷下的应变范围的变化更容易测量。这样可以更准确地校准损伤。参数 C 使得表示损伤演化更为灵活，从而可以很好地预测损伤对应变范围变化的影响。

4. 蠕变曲线损伤定义

在高温蠕变变形期间，由于损伤的积累，第三阶段的蠕变速率增加。因此，蠕变变形中的损伤变量可以根据速率来定义。

$$\omega = \left(\frac{\dot{\varepsilon} - \dot{\varepsilon}_{\min}}{\dot{\varepsilon}}\right)^{\frac{1}{C}} = \left(1 - \frac{\dot{\varepsilon}_{\min}}{\dot{\varepsilon}}\right)^{\frac{1}{C}} \tag{6.8}$$

式中：$\dot{\varepsilon}$ 和 $\dot{\varepsilon}_{\min}$ 分别为当前和最小的蠕变速率，如图 6.6 所示。在第二阶段蠕变开始时，$\dot{\varepsilon} = \dot{\varepsilon}_{\min}$。因此，$\omega = 0$；在接近失效的阶段，$\dot{\varepsilon} \gg \dot{\varepsilon}_{\min}$，这导致 $\omega \approx 1$。另外，参数 C 为损伤变量的定义提供了更多的灵活性。C 的值可以是 1，即 $C = 1$。图 6.6 中的横轴 t/t_f 从 0 到 1 变化，其中 t_f 是蠕变断裂时间。

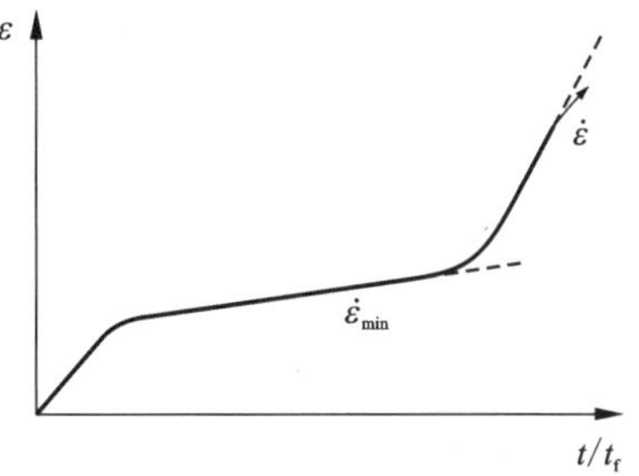

图 6.6　根据蠕变速率测量损伤

6.2 损伤机制，变量和模型

如前所述，为了表示不同应用下的各种损伤现象，引入了损伤变量。主要的损伤机制与材料、加工路线、变形条件和各种材料的变形机理有关。图 6.7 显示了从不同应用和材料中观察到的典型损伤机制，将在下节讨论它们的数学表达式。

6.2.1 Kachanov 蠕变损伤方程

Kachanov(1958)提出了第一个经验模型来描述蠕变变形条件下的损伤演化。其形式是：

$$\dot{\omega} = \left[\frac{\sigma}{A_0(1-\omega)}\right]^{\gamma} \tag{6.9}$$

式中：A_0 和 γ 为特定材料的系数。该表达式对于第一阶段和第二阶段蠕变计算的损伤值非常低。这是第一次使用内部变量来表示在蠕变断裂条件下的损伤和材料退化。这种简单的模型已被广泛应用于连续损伤力学理论的初始阶段以解决工程问题。但是，该模型不是基于损伤机制的。

至此，不同材料在不同条件下变形的损伤机理已经取得了重大研究进展。但主要研究仍集中在高温蠕变和疲劳的应用中。

6.2.2 由于高温蠕变中移动位错的增殖造成的损伤

与这种行为相关的微损伤机制是，随着金属蠕变在高温下进行，移动位错逐渐积累(Dyson, 1988)，它被称为移动位错应变软化(Othman, Lin, Hayhurst 等, 1993)，如图 6.7(a)所示。在这种情况下，蠕变不是由位错回复控制的，而被认为由位错增加和后续运动的动力学控制(Ashby 和 Dyson, 1984)的。例如，对于镍基超合金，通过处理间隙比位错更紧凑的 γ′颗粒周围的位错速度，作为漂流扩散之一，通过引入移动位错损伤，有可能可以在各种负载条件的超级合金中模拟第二阶段和第三阶段蠕变。其中一个典型的损伤模型的例子为(Lin, Hayhurst 和 Dyson, 1993a, 1993b)：

$$\dot{\omega}_1 = C\,(1-\omega_1)^2\dot{\varepsilon}_C \tag{6.10}$$

式中：ω_1($\omega_1 = 1-\rho_i/\rho$)为移动位错损伤，其随蠕变速率 $\dot{\varepsilon}_C$ 增加而成比例地增加。初始位错密度 ρ_i 受材料加工路线影响，而 ρ 为当前位错密度。参数 C 反映材料进入第三阶段蠕变的倾向，其幅度与 ρ_i 成反比。这种损伤会促使材料软化，蠕变速率增加，但并不能使材料失效(Dyson, 1988)。

6.2.3　由于蠕变约束的孔洞形核与扩展造成的损伤

如图 6.7(b) 所示，该过程的损伤机理是晶界孔洞形核和扩展，其存在或不存在对合金的组成和加工路线非常敏感，例如在单晶中显然不存在这种现象。其存在降低了承载横截面积，从而加速了蠕变，这又增加了损伤增长的速度。

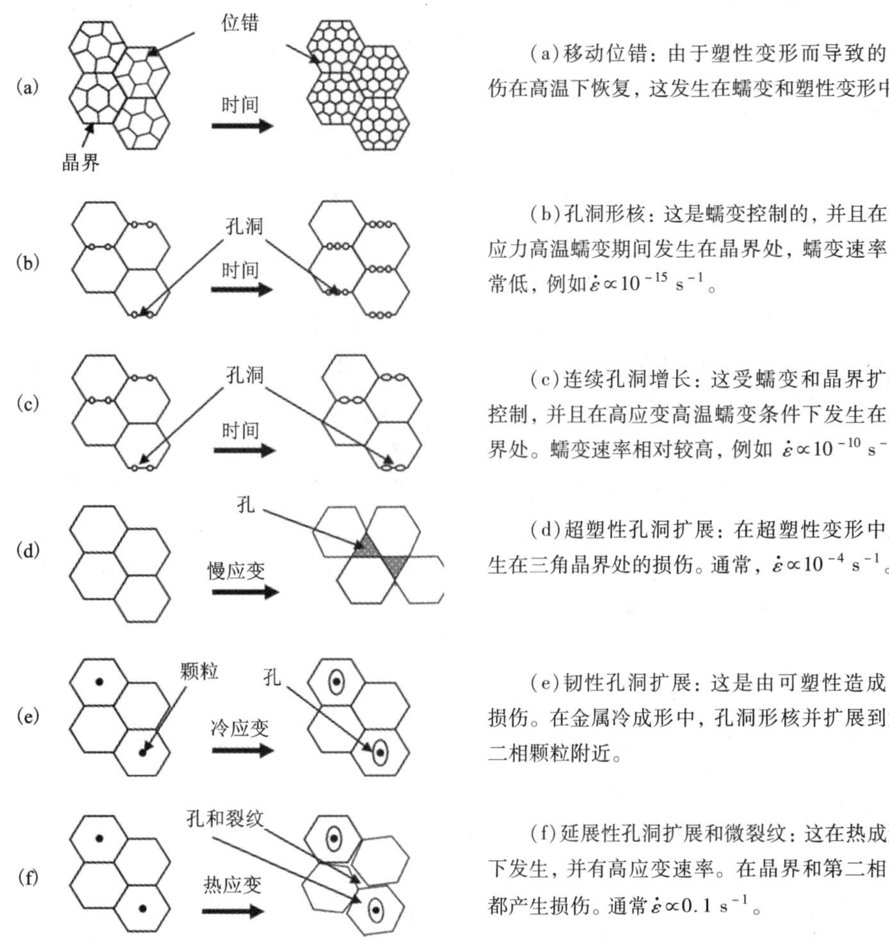

图 6.7　特殊变形条件下的主损伤力学示意图（Lin，Liu 和 Dean，2005）

在低应力下，孔洞是主要的损伤形式；在高应力下，孔洞可能连接形成晶界裂纹（Dyson 和 McLean，1983）。许多金属仅通过这种机制就可以发生断裂，但通常来说其他机制也会有贡献。晶界孔洞形成是动力学现象，其对变形阻力和断裂模式的影响主要取决于形核速率和扩展速率。当两个速率都很高时，通过蠕变约束的孔洞扩展机制，有可能在孔洞形成和蠕变速率之间产生强烈的耦合，导致快速的第三阶段蠕变(Dyson，Verma 和 Szkopiak，1981)。这种损伤通常发生在低应力水平的长周期高温蠕变期间。

这种机制的损伤意味着材料的延展性低。图 6.7(b)显示了在晶界处观察到的孔洞。Dyson(1990)，Lin、Hayhurst 和 Dyson(1993a)给出了对这种类型的损伤演化进行建模的典型方程：

$$\dot{\omega}_2 = D\dot{\varepsilon}_C \tag{6.11}$$

式中：D 为材料常数($D=\varepsilon_f/3$)；ε_f 为材料在单轴拉伸断裂时的应变。

损伤变量 ω_2($\omega_2=\pi d^2N/4$)描述了晶界蠕变约束的孔洞形成。N 是单位面积受约束的晶界面数，d 是孔洞直径。蠕变孔洞形成受形核或扩展控制，其与蠕变应变速率 $\dot{\varepsilon}$ 呈线性关系，材料失效标准是 $\omega_2=1/3$（Dyson，1900）。

6.2.4 由于连续孔洞扩展造成的损伤

图 6.7(c)所示为连续孔洞扩展造成的损伤示意图。类似于孔洞形核和扩展，这种损伤发生在高温蠕变的高应力水平期间，如图 6.7(b)所示。Dyson 和 Loveday(1981)观察到断裂模型的差异是由两种损伤机制引起的，如图 6.7(b)和 6.7(c)所示。另外，随着孔洞或裂缝形核，蠕变损伤通常发生在晶界上，如图 6.8(a)所示。蠕变过程中的孔洞可以通过原子扩散离开它，或通过围绕它的材料的塑性流动，或者通过两者的组合(Ashby 和 Dyson，1984)而扩展。如果孔洞扩展由单独的边界扩散控制，则物质会从扩展的孔洞中扩散并沉积到晶界上。如果表面扩散速度快，则物质会在孔洞内快速分布，使其形状接近球形。

孔洞可以通过周围基体的幂律蠕变变形而长大。在材料断裂的后期，当损伤程度很大时，这种机制总是在最后占据主导地位。Cocks 和 Ashby(1982)已经开发了一种基于晶界扩散机制计算孔洞扩展速率的模型。在简单的拉伸下，损伤区域比剩余的材料扩展得更快一点，因子为 $1/(1-\omega_3)$，其中 $\omega_3=r_h^2/l^2$ 是由于连续孔洞扩展引起的损伤；这里 l 是扩展孔洞间的间距，r_h 是孔洞半径。物质也受其周围的约束，使其膨胀，导致孔洞体积增大，从而加剧损伤。Cocks 和 Ashby(1982)给出了连续孔洞扩展造成的损伤增长率，即

$$\dot{\omega}_3 = [1/(1-\omega_3)^n - (1-\omega_3)]\dot{\varepsilon}_{min} \tag{6.12}$$

式中：$\dot{\varepsilon}_{min}$ 为最小的蠕变速率；n 为常数。

6.2.5 金属成形中的损伤和变形机理

在超塑性成形(SPF)，特别是铝合金中，经常发现晶粒的孔洞扩展在三角晶界处，如图 6.7(d)和图 6.8(b)所示。超塑性变形速率远高于蠕变速率。高温下的细晶粒微结构会促进晶界滑移和晶粒旋转。这种主要的变形机制会使三角晶界

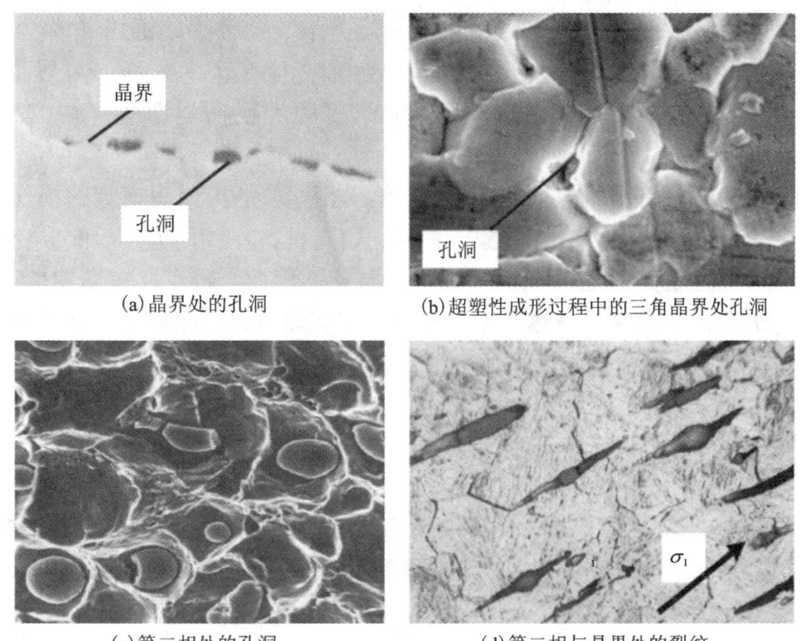

(a)晶界处的孔洞　(b)超塑性成形过程中的三角晶界处孔洞

(c)第二相处的孔洞　(d)第二相与晶界处的裂纹

图 6.8　损伤：(a)高温蠕变(Evans 和 Wilshire，1985)；(b)超塑性成形(Neih，Wadsworth，Sherby，1997)；(c)冷变形与成形(Baker 和 Charles，1972)；(d)热成形

处产生孔洞。虽然上述两种类型的损伤方程可以高的精度来模拟超塑性材料的软化，但是由于晶粒旋转和晶界滑移的存在，故没有物理方程可用于模拟三角晶界处的孔洞形核和扩展。

在金属冷成形过程中，位错的增长是主要的变形机制，且不会发生晶界滑移(Li，Bilby 和 Howard，1994)。这导致孔洞在第二相周围形核(Zheng 等，1996)。且通常在晶粒内，如图 6.7(e)和 6.8(c)所示。一旦微孔在塑性变形的基体中形核，便可以通过第二相颗粒或夹杂物的脱黏或破裂，所产生的孔洞无应力表面会导致相邻塑性区域中的局部应力和应变集中(Tvergaard，1990)。随着基体的持续塑性流动，孔洞会发生体积增大和形状变化，这放大了施加在远距离均匀应变率区域上的扭转(Staub 和 Boyer，1996)。损伤模型开发的早期工作是建立在模拟远距离应变率区域的主要应变方向上的孔洞半径 $\dot{R}_k$ ($k=1，2，3$) 变化率基础上(Rice 和 Tracey，1969)。这将在以下部分中详细说明。

由图 6.7 知，热成形条件下的损伤具有不同的形式，这是因为主要的变形机制随材料的微观结构、温度和变形率的变化而变化。图 6.7(f)描述的是蠕变型损伤，即在晶界处的损伤机理，这主要是由于高温变形条件下的晶界滑移和晶粒旋转。如果应变速率低，晶粒尺寸小，温度高，则晶界型损伤占主导地位。另外，还可以观察到，有的损伤从第二相粒子周围开启，这种损伤通常被称为塑性损伤，它的产生主要是由位错引起的。如果温度低，应变速率高和/或粒度大，则可以观察到更多的塑性损伤。图 6.8(d) 显示了两种损伤类型的存在(Lin，Liu，Dean，2005)。

图 6.9 显示在高变形速率下，主要在第二相颗粒的界面观察到的损伤。这是由于位错的积累导致发生脱黏现象。然而，相同材料在相同温度、低应变速率条件下变形时，在晶界处也可观察到大量的裂纹。因此，当变形速率发生变化时，主要的损伤机制可能在金属热成形过程中改变。以下将介绍蠕变损伤和塑性损伤的概念或定义，每种损伤与不同的变形和损伤机制有关。

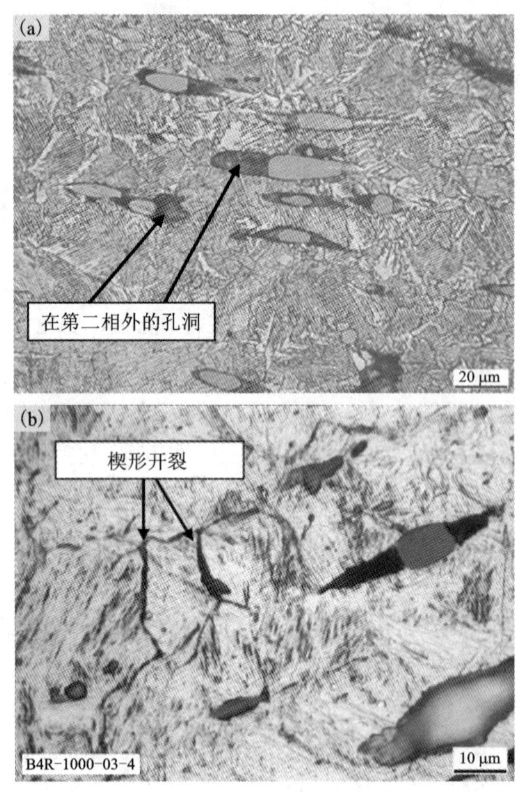

图 6.9 自由切割钢热成形中的损伤演化

(a) $\dot{\varepsilon}=10\ s^{-1}$；(b) $\dot{\varepsilon}=0.01\ s^{-1}$

(Lin，Liu 和 Dean，2005)

1. 蠕变损伤

蠕变损伤是基于晶界扩散过程的，因此它跟时间和温度相关。同时，变形速率对蠕变机制也有显著影响。在低于峰值应力的应力水平下产生的球形孔洞会导致晶粒开裂。许多低延展性金属可以通过蠕变约束的晶界孔洞形核和长大的机理发生断裂。孔洞形核和长大速率均影响变形阻力和断裂模式。

在某些情况下，微结构也会改变这些机制。超塑性孔洞扩展仅发生在晶粒尺寸小于 10 μm，且温度高于 0.7 T_m、应变速率为 0.0001 ~ 0.1 s^{-1} 的条件下(Cheong，2002)。其主要变形机制是晶粒旋转和晶界滑移。Balluffi，Allen 等(2005)提出，晶粒旋转和晶界滑移所需的晶界扩散在类似条件下比体扩散大 10^6 倍。Vetrano，Simonen 等(1999)报道，如果与晶界相邻的材料内的物质分布不能满足变形率的强制要求，则晶界处的应力不会充分松弛，随后将会有孔洞形核。

2. 塑性损伤

金属冷成形过程中没有晶界滑移，其主要的变形机制是位错的增殖，它会导致晶内第二相颗粒周围的孔洞形核(Brust 和 Leis，1992)。夹杂物可作为形核位置来促进损伤的产生，并且可进一步作为应力集中源加速损伤。形核可以是基于应变或应力的。基于应力的形核将受夹杂物分布的影响。在金属热成形条件下，如果成形速率非常高，意味着几乎没有时间发生扩散，则主要的变形机理是基于位错的，因此可以观察到塑性变形诱发的损伤。

总而言之，当孔洞通过基体和第二相颗粒或夹杂物之间的开裂或脱黏在塑性变形基体中形核时，会引发塑性损伤。这将在不承受任何载荷的孔洞表面产生局部应力和应变(Tvergaard 和 Needleman，2001)。这一过程会持续并加剧扭曲；在发生宏观断裂之前，微孔洞会随着拉伸应变的增加而扩展，直到发生宏观断裂为止。

6.3　基于损伤演变的应力状态建模

6.3.1　高温蠕变应力状态损伤模型

通过假设连续损伤对变形速率过程的影响具有标量特性，引入能反映断裂时应力状态的均匀应力函数，Leckie 和 Hayhurst(1977)已经实现了由单轴蠕变损伤本构方程向多轴应力状态的推广。多轴蠕变损伤本构方程可以写成

$$\dot{\omega} = \dot{\omega}_0 \Delta^{\nu} \frac{1}{(1+\eta)(1-\omega)^{\eta}} \tag{6.13}$$

式中：ν，$\dot{\omega}_0$ 和 η 是常数。多轴应力状态对损伤演化的影响可以通过定义参数来建模。对于铜来说，$\Delta = \sigma_1/\sigma_0$；对于铝来说，$\Delta = \sigma_e/\sigma_0$，其中 σ_1 和 σ_e 分别是最大主应力和有效应力。这不便于对不同材料进行建模，并且当与最大主应力和有效应力两者关联时难以模拟材料的蠕变断裂行为。大多数工程材料符合混合标

准，所以损伤的增加率可以依赖于 σ_1 和 σ_e 的组合。Hayhurst(1983)提出了一种更加灵活的损伤演化方程：

$$\dot{\omega}=\frac{[\alpha(\sigma_1/\sigma_0)+(1-\alpha)(\sigma_e/\sigma_0)]^{\nu}}{(1-\omega)^{\eta}} \tag{6.14}$$

根据经验，定义了从 0 到 1 的权重参数 α，以使应力状态对损伤演化的影响合理化(Hayhurst，Dimmer 和 Morrison，1984)。例如，确定铜的 $\alpha=0.7$，其中损伤演化主要由最大主应力控制；而铝合金的 $\alpha=0$，主要受有效应力控制。当 $\alpha=0$ 或 1 时，式(6.14)与式(6.13)的损伤方程相当。式(6.14)可有效地预测材料在一定应力状态范围内的蠕变断裂行为及寿命。

Kowalewski，Lin 和 Hayhurst(1994)针对铝合金开发了另一种应力状态损伤方程：

$$\dot{\omega}=DN\left(\frac{\sigma_1}{\sigma_e}\right)^{n}\dot{\varepsilon}_e \tag{6.15}$$

式中：D 为材料常数，n 可以是有效应力的函数(Lin，Kowalewski 和 Cao，2005)。

损伤 ω 描述了晶界蠕变约束的孔洞形成，其大小对合金组分和加工路线非常敏感。参数 N 用于表示加载的状态，例如，对于 σ_1 拉伸，$N=1$；对于 σ_1 压缩，$N=0$。在方程组中，损伤演化取决于最大主应力和有效应力。

Lin，Kowalewski 和 Cao(2005)进一步研究了方程式(6.15)，给出以下形式

$$\dot{\omega}=D\left(\frac{(\sigma_1+|\sigma_1|)/2}{\sigma_e}\right)^{\gamma}\dot{\varepsilon}_e \tag{6.16}$$

式中：$\gamma=\beta\sigma_1$。参数 γ 随最大主应力线性变化。常数 β 用于表示应力状态对材料的损伤演化的影响，此外，还可用于模拟材料的蠕变寿命和第三阶段蠕变变形行为。这里引入$(\sigma_1+|\sigma_1|)/2$，以确保 σ_1 在压缩时 $\dot{\omega}=0$。对于正的最大应力，其方程式与式 (6.15)相似，即

$$\dot{\omega}=D\left(\frac{\sigma_1}{\sigma_e}\right)^{\beta\sigma_1}\dot{\varepsilon}_e$$

(1)$\beta<0$ 表示材料的损伤演变超过有效应力控制(例如，铝合金)，并且较低 σ_1 值时会降低蠕变寿命。

(2)$\beta>0$ 表示损伤演化受有效压力的控制。

(3)$\beta=0$ 表示材料的蠕变寿命和第三阶段蠕变变形仅由有效应力控制。

Lin，Kowalewski 和 Cao(2005)已经确定，对于纯铜，$\beta=4.245\times10^{-2}(\text{MPa}^{-1})$；对于铝，$\beta=-7.1\times10^{-3}(\text{MPa}^{-1})$。这是通过具有不同应力状态的组合张力－扭转蠕变实验确定的(Lin，Kowalewski 和 Cao，2005)。

6.3.2　热成形应力状态损伤模型

对于增加的压缩应力状态，Pilling 和 Ridley(1986)已经评估了超塑性损伤的

应力状态行为。他们进行了不断增压的拉伸和双轴变形实验，从而得到如下公式：

$$\dot{\omega} = \dot{\omega}_0\left(1 - 2\frac{P}{\sigma_e}\right)$$

式中：P 为叠加压力(其中正数表示板材处于压缩应力状态)。该方程式可按应力三轴度重写为(Nicolaou 和 Semiatin, 2003)：

$$\dot{\omega} = \dot{\omega}_0\left(\frac{1}{3} - 2\frac{\sigma_H}{\sigma_e}\right) \tag{6.17}$$

与其他公式不同，式(6.17)允许损伤在压缩环境中有一定程度的积累。

Liu, Lin, Dean 和 Farrugia(2005)建立了一个复杂但合乎逻辑的模型，该模型能够模拟位错形成和相关的材料硬化行为、位错回复和再结晶、晶粒生长、晶界和夹杂损伤等情形。该模型对每个损伤机制都具有基于唯象学的形核和长大部分，但是合并不被视为一种单独的机制，而是作为孔洞的一种快速扩展方式。方程以唯象学方式描述各种材料变形机制的相互作用。一种简单的压力状态关系式如下：

$$\dot{\omega} = \dot{\omega}_0\left(\frac{J_1}{\sigma_e}\right)^n \tag{6.18}$$

式中：$J_1 = 3\sigma_H$，$n = 2.0$。Foster(2006)进一步改进了上述方程，假设夹杂相关损伤以与应变方向平行的椭圆形孔洞的形式扩展，如图 6.10 所示。孔洞不影响流动应力作用的横截面区域。这个假设已被 Foster, Lin, Farrugia 等的微观力学分析验证了(2007)。

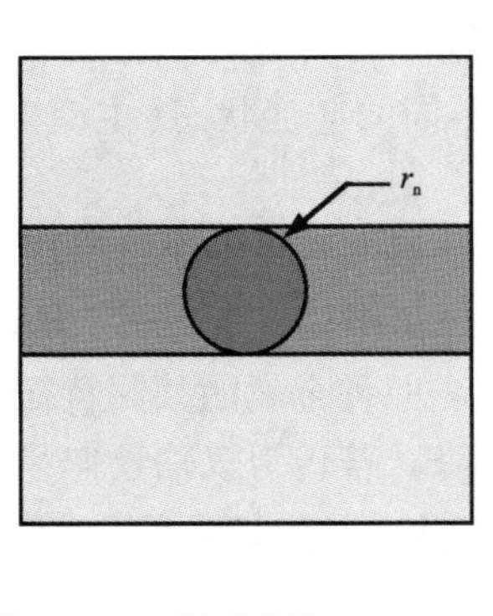

(a)夹杂物

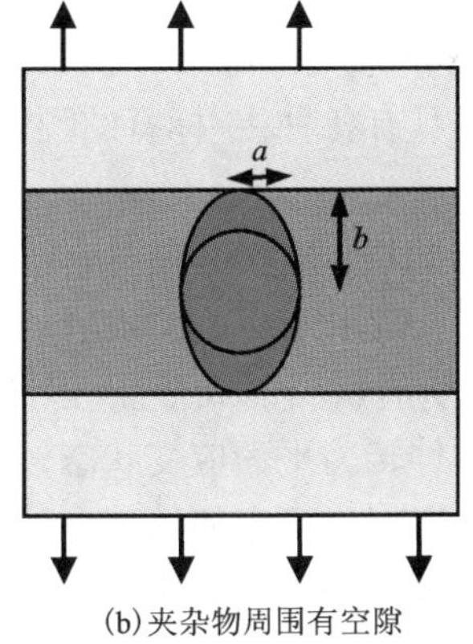

(b)夹杂物周围有空隙

图 6.10　理想的夹杂相关损伤特征

基于理想的椭圆损伤特征的平均概念，夹杂相关的损伤扩展可以表示为：

$$\dot{D}_i = z_1 \omega \dot{\varepsilon}_p^{\gamma} \cdot \sinh\left(2\frac{(n_d - \frac{1}{2})\sigma_H}{(n_d + \frac{1}{2})\sigma_e}\right) / \sinh\left(\frac{2}{3}\frac{(n_d - \frac{1}{2})}{(n_d + \frac{1}{2})}\right) \tag{6.19}$$

式中：n_d 为材料常数。指数 γ 允许方程考虑时间相关性，例如考虑应变局部化的可能速率相关性。材料常数 z_1 由材料扩展特性决定，并受初始损伤面积（由夹杂物面积分数给出）的影响。空间参数 ω 已被定义为（Foster，2006）：

$$\omega = (d_{av}/l_{av})^2$$

在 Foster 的研究中（Foster，2006），假设所有的夹杂物都是潜在的孔洞位置，孔洞之间的相互作用是平均夹杂物直径（d_{av}）的函数。因此，大的夹杂物将产生更大的应力并且导致应力不连续性。另外，它还是夹杂物之间平均距离（l_{av}）的函数，其中夹杂物之间的分离效应减小。这与 Cocks 和 Ashby（1982）给出的由于孔洞扩展（$\omega_3 = r_h^2/l^2$）引起的损伤的定义相似，其中 r_h 是孔洞半径，l 是孔洞之间的间距。

损伤合并率可以用下式表示（Foster，Lin，Farrugia 和 Dean，2011）：

$$\dot{D}_C = z_2 \cdot \left\langle \frac{\sigma_1}{1 - D_C} \right\rangle_+ \cdot \omega \cdot \sinh(z_3 \sqrt{\bar{\rho}} \cdot D_i) \cdot \dot{\varepsilon}_p \tag{6.20}$$

式中：$\sigma_1/(1 - D_C)$ 为作用在未损伤区域上的最大主应力；z_3 是材料常数；z_2 是取决于温度的材料常数。

6.3.3 热冲压二维应力状态模型

在金属板材成形过程中，可成形性（失效或颈缩开始）通常使用成形极限图或成形曲线建模（FLD 或 FLC）。金属板材的 FLD 通常使用直径为 100mm 的半球形冲头（Nakajima 等，1968）或平面冲头（Marciniak 等，1973）进行拉伸成形实验来确定。使用具有各种主/标宽的腰形坯料，以提供不同的应变状态（主应变/次要应变）条件。

图 6.11（a）显示了在主应变和次要应变的坐标系中三种不同金属在室温条件下的 FLD（Ali 和 Balod，2007）。由此可以看出，对于平面应变条件，即次要应变为 0 时，所有材料的成形性（以主应变衡量）最低。三种金属的共同特征是，材料从单轴拉伸转为平面应变状态，其成形性急剧下降。若转为双轴拉伸状态，其成形性缓慢变好。可以使用单个 FLD 曲线来表示金属板材在室温下的成形性。

在 250℃、300℃ 和 350℃ 和应变速率为 1.0 s^{-1} 时获得的 AA5754 合金的 FLD 如图 6.11（b）所示（Li 和 Ghosh，2004），它具有与室温不同的特征。这表明在热冲压条件下，不可能使用单个 FLD 来评估金属板材的成形性，因为成形性（和延展性）随着温度和应变速率而变化，两者在成形过程中都在空间上变化。这表明开发基于二维的 CDM 方程的必要性，是其可用于预测热冲压条件下金属板材的

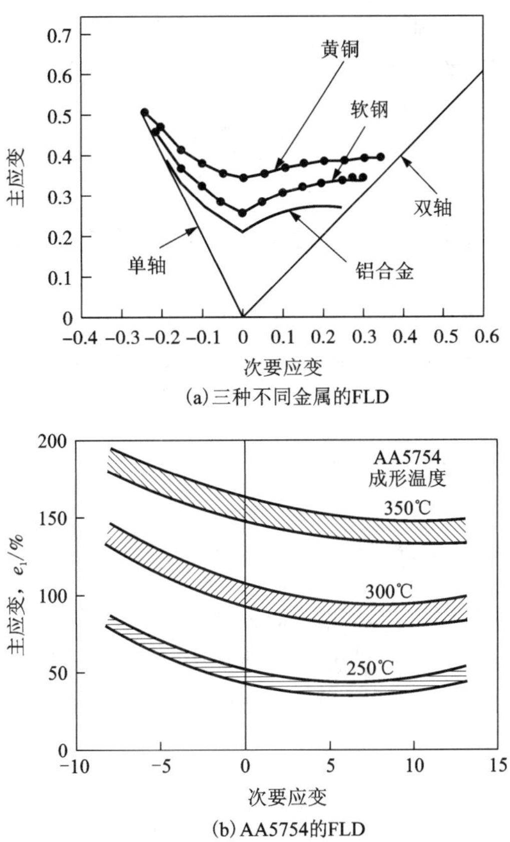

(a) 三种不同金属的FLD

(b) AA5754的FLD

图 6.11　(a) 铝合金，软钢和黄铜在室温下 (Ali 和 Balod，2007) 和 (b) AA5754 在高温在 $\dot{\varepsilon}=1.0\ s^{-1}$ 的高温下 (Li 和 Ghosh，2004) 的典型 FLD

FLC。该理论也可用于室温冲压工艺。

在冲压过程中，通常假定材料承受平面应力。Lin，Mohamed，Balint 等(2014)开发的依赖于二维应力状态的损伤演化方程如下：

$$\dot{\omega}=\frac{\Delta}{(\alpha_1+\alpha_2+\alpha_3)^{\varphi}}\left\langle\frac{\alpha_1\sigma_1+3\alpha_2\sigma_H+\alpha_3\sigma_e}{\sigma_e}\right\rangle^{\varphi}\cdot\frac{\eta_1\sigma_e}{(1-\omega)^{\eta_2}}(\dot{\varepsilon}_e^p)^{\eta_3} \tag{6.21}$$

式中：

- α_1，α_2 和 α_3 是表示损伤演化的加权参数，在此引入是为了使应力的作用合理化且确定 FLD 的形状。这些参数主要由最大主应力、有效应力和(或)静水压力控制，并根据经验进行定义。已经确定 α_1 和 α_3 的变化范围为 0 ~ 1。然而，由于静水压力的影响可能在负方向，所以 α_2 的范围为 −1 ~ 1。如果 α_1、α_2 和 α_3 中的任一个为零，则相关应力对于金属板材成形条件下的损伤过程没有贡献。
- φ 是控制多轴应力值及其组合对损伤演化影响的参数，从而控制成形性。

• Δ 是表示从单轴拉伸实验和 Marciniak 或 Nakazima 成形性实验获得的数据的校正因子，因为使用的应变测量方法通常不同。

对于单轴情况，方程可以简化为：

$$\dot{\omega}=\frac{\eta_1}{(1-\omega)^{\eta_2}}\sigma\dot{\varepsilon}_{\mathrm{p}}^{\eta_3}$$

式中：η_1、η_2 和 η_3 为依赖于温度的常数，可通过拟合实验获得单轴应力 - 应变数据来确定(Lin，Mohamed，Balint 等，2014)。

这些问题的详细解决方案将通过第 8 章中的案例研究给出。这里讨论的损伤方程不应该单独使用，而是需要整合到一组能够得到全解的黏弹性本构方程中。

6.4 金属冷成形损伤建模

6.4.1 Rice 和 Tracey 模型

损伤模型发展的早期工作是建立在模拟远程应变率场应变率主要方向上的孔洞半径变化率$\dot{R}_k$($k=1, 2, 3$)的基础(Rice 和 Tracey，1969)上的。根据平均概念，下面等式给出了一个晶胞中的平均孔洞扩展速率计算方法(Li，Bilby 和 Howard，1994)：

$$\dot{R}=R\cdot N\exp\left(\frac{3}{2}\frac{\sigma_{\mathrm{H}}}{\sigma_{\mathrm{e}}}\right)\dot{\varepsilon}_{\mathrm{e}}^{\mathrm{p}} \tag{6.22}$$

式中：R 为初始孤立的球形孔洞的半径；N 为常数。在这种情况下，假定孔洞是球形的。

一旦孔洞不再是球形，对应于主塑性应变速率三个方向的三个半径的变化率不同，这是由于椭圆形孔洞在这些方向上具有不同的刚度。Riceer 和 Tracey 的具有半径比幂律的公式由 Boyer、Vidal-Sallé 和 Staub(2002)引入，其中孔洞的间距足够大。因此，孔洞的半径变化率可表示为(Boyer，Vidal-Sallé 和 Staub，2002)：

$$\dot{R}_k=\left[(1+E)\dot{\varepsilon}_k+D\left(\frac{2}{3}\dot{\varepsilon}_L\dot{\varepsilon}_L\right)^{1/2}\right]R \tag{6.23}$$

式中：$(k, L)=1, 2, 3$。$(1+E)$ 和 D 的值与材料的应变硬化有关。

6.4.2 应变能量模型

该模型最初由 Cockcroft 和 Latham(1968)建立，涉及最大主应力 σ_1 对等效塑性应变 ε_{e} 的积分：

$$D=\int_0^{\varepsilon_{\mathrm{f}}}\frac{\sigma_1}{\sigma_{\mathrm{e}}}\mathrm{d}\varepsilon_{\mathrm{e}} \tag{6.24}$$

这是以简单的形式表现的塑性应变能的积累。Brozzo，Deluca 等(1972) 进一步发展了 Cockcroft 和 Latham 的模型，并明确地包含了静水压(平均) 应力，Leroy(1981) 使用了类似的方法，其中考虑了主应力与静水应力的差值：

$$D = \int_0^{\varepsilon_f} \frac{2\sigma_1}{3(\sigma_1 - \sigma_H)} d\varepsilon_e \tag{6.25}$$

该模型假设一旦累积的塑性应变能(标准化)达到设定阈值，就会发生失效。这是为了评估材料的成形性而开发的。

6.4.3　Gurson 模型

McClintock(1968)首次定量分析了三轴加载条件下非线性材料中圆柱形孤立孔洞的扩展机制。在 McClintock 模型中，断裂的开始是基于相邻孔洞相互接触的条件，可以展现出延性断裂的一些基本特征。后来，Rice 和 Tracey 模型(1969)，主要是分析材料在均匀应力状态下其内部单个球形孔洞的扩展问题。Needleman (1972)将 Rice 和 Tracey 的方法应用于平面应变条件下的双周期正方形阵列的圆柱形孔洞。Needleman 的工作启发了 Gurson(1977)，他提出了一种获得包含长圆柱形或球形孔洞的材料的近似屈服面的方法。

Gurson 的模型产生出一个可描述孔洞扩展时材料软化影响的屈服函数(Gurson，1977)。该模型基于不可压缩基体内扩张的球形孔洞。Gurson 模型的一个重要方面是它考虑了预损伤的材料。它需要两个材料常数才能实现。原始的 Gurson 模型由 Tvergaard 和 Needleman(2001)进一步发展，包括孔洞合并(Viggo，1985)。

球形孔洞的 Gurson 屈服函数的推导基于在轴对称应力状态下的孔洞扩展的机制。Gurson 模型的屈服函数取决于 von-Mises 或等效应力 σ_e、静水压力 σ_H、基体材料的流动应力 $\overline{\sigma}$ 和孔洞体积分数 f：

$$\Phi(\sigma_e, \overline{\sigma}, f, \sigma_H) = \left(\frac{\sigma_e}{\overline{\sigma}}\right)^2 + 2f\cosh\left(\frac{3\sigma_H}{2\overline{\sigma}}\right) - (1 + f^2) = 0 \tag{6.26}$$

图 6.12 所示为不同孔隙体积分数值 f 的 Gurson 模型屈服面。如果 $f = 0$，则屈服函数被简化为经典 von-Mises 屈服准则。

孔洞体积分数的增加可能是由于现有孔洞的增长以及新的孔洞的形核。Gurson 模型将两种情况下的孔洞体积变化视为一体化的单个孔洞。

孔洞体积分数的增加率基于孔洞形核和扩展的速率，如下所示：

$$\dot{f} = \dot{f}_n + \dot{f}_g \tag{6.27}$$

已经形核的孔洞将由于塑性变形而纯粹增长(Gurson，1977)。孔洞率的增加率为：

$$\dot{f}_g = (1 - f)\,\dot{\boldsymbol{\varepsilon}}_{ij}^{p}\boldsymbol{I}_{ij} \tag{6.28a}$$

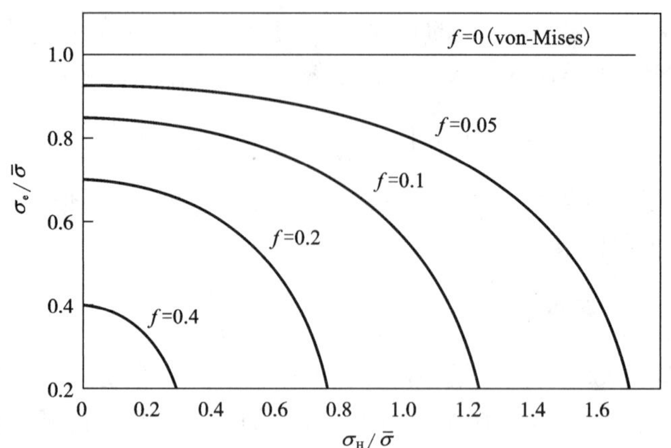

图 6.12　在 $\sigma_H/\bar{\sigma}-\sigma_e/\bar{\sigma}$ 平面的屈服面示意图

(Afshan, 2013)

式中：$\dot{\varepsilon}_{ij}^{p}$为塑性应变速率张量；$I_{ij}$为二阶单位张量。孔洞形核速率$\dot{f}_n$ 定义为：

$$\dot{f}_n = A_\varepsilon\left(\frac{EE_t}{E-E_t}\right)\dot{\varepsilon}_e^p + \frac{1}{3}B_\sigma(\sigma_H) \tag{6.28b}$$

式中：A_ε 和 B_σ 分别取决于由塑性应变增量和静水压力 σ_H 增加的孔洞的形核强度；E 为杨氏模量；E_t 为材料基体的当前正切模量。

选择参数 A_ε 和 B_σ 使得孔洞形核遵循正态分布(Chu 和 Needleman, 1980)。因此，对于由塑性应变控制的形核：

$$A_\varepsilon = \left(\frac{1}{E_t}-\frac{1}{E}\right)\frac{f_n}{s_n\sqrt{2\pi}}\exp\left[-\frac{1}{2}\left(\frac{\varepsilon_m^p-\varepsilon_n}{\varepsilon_n}\right)^2\right]$$

$$B_\sigma = 0$$

对于由应力控制的形核，有：

$$A_\varepsilon = B_\sigma = \left(\frac{1}{E_t}-\frac{1}{E}\right)\frac{f_n}{\sigma_Y s_n\sqrt{2\pi}}\exp\left[-\frac{1}{2}\left(\frac{\bar{\sigma}+\sigma_H/3-\sigma_n}{\sigma_Y\varepsilon_n}\right)^2\right]$$

式中：σ_Y 为单轴张力下的屈服应力；ε_m^p 为材料基体的有效塑性应变；f_n 为孔洞形核颗粒的体积分数；ε_n 和 σ_n 分别为形核的平均应变和应力；s_n 为相应的标准偏差。

Tvergaard(1981, 1982)利用他的数值分析研究了原始 Gurson 模型中的分岔预测，发现原始的 Gurson 模型在载荷太小时会产生分岔现象，其应变值约是数值分析的两倍。因此，Tvergaard 通过在 Gurson 的屈服函数中引入三个拟合参数 q_1、q_2 和 q_3 来修正了 Gurson 模型。

$$\Phi(\sigma_e, \bar{\sigma}, f^*, \sigma_H) = \left(\frac{\sigma_e}{\bar{\sigma}}\right)^2 + 2q_1 f^* \cosh\left(\frac{3q_2\sigma_H}{2\bar{\sigma}}\right) - [1 + q_3 (f^*)^2] = 0 \tag{6.29}$$

建议：$q_1 = 1.25 \sim 1.5$，$q_2 = 1.0$，$q_3 = (q_1)^2$，尽管参数 q_1、q_2 和 q_3 被认为是材料常数，但它们可用于应力状态对屈服面的影响的建模。

原始 Gurson 模型的另一个修正是与模拟完整的应力承载能力损失有关。Gurson 模型预测在 $f = 100\%$ 时承载能力的总损失。这个临界孔洞体积分数 f_c 是不切实际的高，意味着材料的完全消失。因此，原始的 Gurson 模型只能模拟均匀变形阶段(形核和扩展)，并且不能预测局部和延展性断裂。

由 Tvergaard 和 Needleman(1984)引入函数 $f^*(f)$ 来模拟应力承载能力的快速损失，从而说明孔洞合并现象。

$$f^*(f) = \begin{cases} f & f \leqslant f_c \\ f_c - \dfrac{f_u^* - f_c}{f_f - f_c}(f - f_c) & f > f_c \end{cases} \tag{6.30}$$

式中：f_f 为最终断裂时的孔洞体积分数；$f_u^* = 1/q_1$。基于实验(Goods 和 Brown，1979)和数值(Anderson，1977)的结果，Tvergaard 和 Needleman(1984)选择 $f_c = 0.15$ 和 $f_f = 0.25$。该模型称为 Gurson-Tvergaard-Needleman 模型，常用于工程应用。然而，模型的准确性有待于进一步探讨(Thomason，1990)。例如，模型无法解释的一个关键方面是孔洞的相互作用。

6.5　温/热金属成形造成的损伤建模

6.5.1　超塑性成形的损伤建模

超塑性可以认为是高应变速率蠕变。Cocks 和 Ashby(1980，1982)将损伤力学纳入稳态蠕变本构方程方面的工作是基于他们建议的机制框架。他们给出了相关假设，并建立了两个基本方程：损伤引入的塑性应变速率方程和孔洞扩展速率方程。这些已经由 Lin、Cheong 和 Yao(2002)拓展到了超塑性成形中损伤发展的建模。

1. 假设

Cocks 和 Ashby (1980，1982)的稳态蠕变本构方程如下：

$$\dot{\varepsilon}_{SS}^{p} = \dot{\varepsilon}^0 \left(\frac{\sigma}{\sigma^0}\right)^n \tag{6.31}$$

式中：$\dot{\varepsilon}_{SS}^{p}$ 为稳态蠕变速率；σ 为施加的应力；$\dot{\varepsilon}^0$、σ^0 和 n 为材料参数。在此，有如下两类假设：第一个假设与机械框架的概念有关，即具有均匀阵列的晶粒和晶界的孔洞材料的力学行为可以通过晶粒阵列中的两个相邻晶粒分离的含孔洞圆柱形材料的行为来表征，如图 6. 13 所示。r_h 是球形晶界孔洞的半径，r_e 是有效半径，$2l$ 是圆柱体的直径，也是孔洞间距，d 是平均晶粒尺寸。第二个假设涉及损伤机理，即常规扩散和塑性变形。

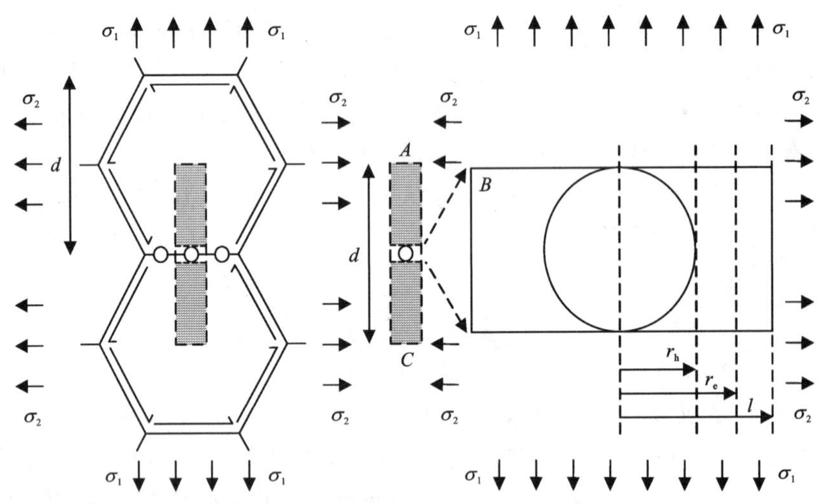

图 6. 13　Cocks 和 Ashby 的机械框架(1982)

对于框架本身，可以假定：

(1)圆柱形材料上的应力场与应用于样品整体的应力场相同(图 6. 13)。

(2)晶界发生滑动。半径 r_h 的球形晶界的板坯的体积增加(图 6. 13)被两侧晶粒的相对刚体位移所吸收。

(3)与其厚度相比，将较宽的板坯(图 6. 13)作为一个整体，受周围材料约束，随着圆筒本身而横向收缩。因此，

$$\frac{i}{l} = -\frac{1}{2}\dot{\varepsilon}_{SS}^{p} \tag{6.32}$$

对于所考虑的损伤机制，假定：

(1)不会发生孔洞形核。主要关注高应力水平下的孔洞扩展。

(2)晶界扩散由垂直于晶界的牵引力驱动。由于晶界滑动，即使在经受压应力场的样品中，拉伸牵引也可能出现在某些边界上，从而可以通过扩散使孔洞扩展。

(3)孔洞周围的材料的塑性变形也有助于孔洞扩展。

2. 考虑损伤的塑性应变率方程

在机械框架下，孔洞试样的行为可以通过图 6. 13 所示的含孔洞圆柱形材料的特性来表征。因此，样品的整体塑性应变速率可以通过圆筒的整体塑性应变速

率来描述，这与图6.13中A、B和C部分的塑性应变速率有关。

由于不存在孔洞，A和C部分(图6.13)的塑性应变速率等于式(6.31)中的$\dot{\varepsilon}_{\mathrm{CC}}^{\mathrm{p}}$。为了定义$B$部分的塑性应变速率(图6.13)，引入了有效孔洞体积分数$f_{\mathrm{e}}=r_{\mathrm{e}}^2/l^2$的概念，将$B$部分经历的有效应力定义为：$\sigma/(1-f_{\mathrm{e}})$。因此，$B$部分(图6.13)的塑性应变速率变为：

$$\dot{\varepsilon}_{\mathrm{CC}}^{\mathrm{p}}=\dot{\varepsilon}^{0}\left[\frac{\sigma}{\sigma^{0}(1-f_{\mathrm{e}})}\right]^{n} \tag{6.33}$$

依据式(6.31)和式(6.33)，圆柱体塑性应变速率可从几何角度确定为：

$$\dot{\varepsilon}^{\mathrm{p}}=\frac{1}{d}\left[\frac{d-2r_{\mathrm{h}}}{2}\dot{\varepsilon}_{\mathrm{SS}}^{\mathrm{p}}+2r_{\mathrm{h}}\dot{\varepsilon}_{\mathrm{CC}}^{\mathrm{p}}+\frac{d-2r_{\mathrm{h}}}{2}\dot{\varepsilon}_{\mathrm{SS}}^{\mathrm{p}}\right]=\dot{\varepsilon}_{\mathrm{SS}}^{\mathrm{p}}\left[1+\frac{2r_{\mathrm{h}}}{d}\left(\frac{\dot{\varepsilon}_{\mathrm{CC}}^{\mathrm{p}}}{\dot{\varepsilon}_{\mathrm{SS}}^{\mathrm{p}}}-1\right)\right] \tag{6.34}$$

f_{e}的范围为0~1，并表示由损伤机制造成的有效损伤。$f_{\mathrm{e}}=0$表示没有发生有效的损坏，而$f_{\mathrm{e}}=1$表示失效。f_{e}的值不需要与孔洞体积分数$f_{\mathrm{h}}=r_{\mathrm{h}}^2/l^2$的值一致，但总是等于或大于$f_{\mathrm{h}}$。Cocks和Ashby(1982)详细介绍了耦合扩散和塑性应变控制孔洞扩展下对f_{e}描述的处理。在孔洞形核、扩展和合并的综合影响下，描述f_{e}值的有效损伤演化规律将在后面给出。

3. 孔洞扩展速率方程

孔洞扩展速率也是从几何角度确定的。第一，若考虑板材的体积$V=\pi l^2(2r_{\mathrm{h}})$(图6.13)，则体积的变化率可表示为：

$$\frac{\dot{V}}{V}=\frac{\dot{r}_{\mathrm{h}}}{r_{\mathrm{h}}}+\frac{2i}{l}$$

代入$\frac{\dot{r}_{\mathrm{h}}}{r_{\mathrm{h}}}=\dot{\varepsilon}_{\mathrm{CC}}^{\mathrm{p}}$，得到

$$\frac{\dot{V}}{V}=\dot{\varepsilon}_{\mathrm{CC}}^{\mathrm{p}}-\dot{\varepsilon}_{\mathrm{SS}}^{\mathrm{p}}$$

第二，区分$f_{\mathrm{h}}=r_{\mathrm{h}}^2/l^2$相对于时间$t$：

$$\frac{2r_{\mathrm{h}}\dot{r}_{\mathrm{h}}}{l^2}=\dot{f}_{\mathrm{h}}-f_{\mathrm{h}}\dot{\varepsilon}_{\mathrm{SS}}^{\mathrm{p}} \tag{6.35}$$

因为

$$\frac{2r_{\mathrm{h}}\dot{r}_{\mathrm{h}}}{l^2}=\frac{\dot{v}}{V}$$

式中：$v=(4/3)\pi r_{\mathrm{h}}^3$表示孔洞的体积，而且

$$\frac{\dot{v}}{V}=\frac{\dot{V}}{V}$$

等式(6.35)可以改写为：

$$\frac{\dot{V}}{V}=\dot{f}_{\mathrm{h}}-f_{\mathrm{h}}\dot{\varepsilon}_{\mathrm{SS}}^{\mathrm{p}} \tag{6.36}$$

最后，由式(6.35)和式(6.36)可以得到，孔洞扩展速率方程的简单形式为：

$$\dot{f}_h = \dot{\varepsilon}_{CC}^p - (1 - f_h)\,\dot{\varepsilon}_{SS}^p \tag{6.37}$$

在概念上，由公式(6.37)确定的f_h值大致等于从实验获得的孔洞体积分数；它的取值范围为0~1且总是等于或小于f_e。在Cocks和Ashby(1980，1982)的研究中，不考虑孔洞形核和合并，f_h的初始值选择为0.001，最终值为0.25。

4. 有效孔洞体积分数的测定

在给出了包含损伤的塑性应变率和孔洞扩展速率的方程后，完成圆柱体特征(图6.13)描述所需要的最后一块构件是对f_e的描述，它与损伤机理有关。为了完整性，下面给出了Cocks和Ashby(1980，1982)确定耦合扩散和塑性应变控制孔洞扩展的f_e的程序。

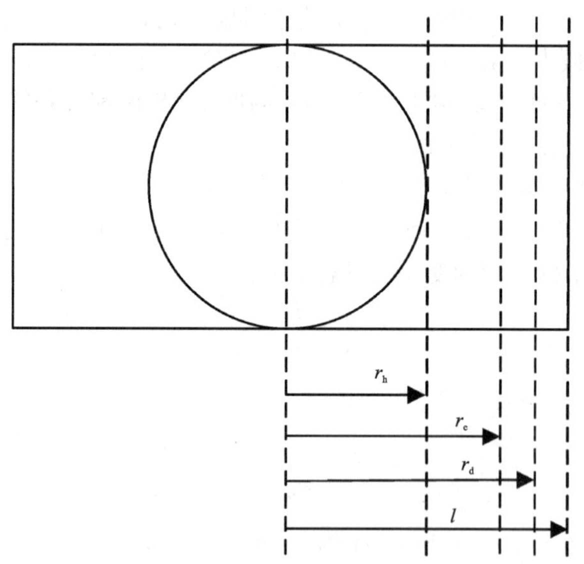

图6.14　Cocks和Ashby(1980，1982)耦合扩散和塑性应变控制的孔洞扩展模型

图6.14是耦合的孔洞扩展模型的示意图。当孔洞膨胀时，物质会通过边界扩散并沉积在外半径r_d的环上的边界平面上。若$r_d = 1$，则孔洞扩展纯粹是通过扩散；若$r_d = r_h$，则周围的幂律区域完全控制了孔洞增长率；若$l < r_d < r_h$，则可通过两种机制的耦合增大孔洞。这使得周围的幂律区域表现为包含有效尺寸r_e孔洞的平板，其中$r_h \leqslant r_e \leqslant r_d$。为了保持平衡，扩散区上有分布在表面积$\pi r_d^2$上的平均应力$\sigma^*$：

$$\sigma^* = \frac{\sigma}{1 - f_e}\,\frac{r_d^2 - r_e^2}{r_d^2} = \frac{\sigma}{1 - f_e}\,\frac{f_d - f_e}{f_d} \tag{6.38}$$

σ^* 使一定体积的物质流出孔洞，体积流量表示为：

$$\frac{\mathrm{d}V_{\mathrm{d}}}{\mathrm{d}t}=\frac{2\pi\Omega D_{\mathrm{B}}\delta\sigma^*}{kT}\frac{\left[\sigma^*-\frac{2\gamma}{r_{\mathrm{h}}}\left(1-\frac{r_{\mathrm{h}}^2}{r_{\mathrm{d}}^2}\right)\right]\left(1-\frac{r_{\mathrm{h}}^2}{r_{\mathrm{d}}^2}\right)}{\ln\frac{r_{\mathrm{d}}}{r_{\mathrm{h}}}-\frac{3}{4}+\frac{r_{\mathrm{h}}^2}{r_{\mathrm{d}}^2}\left(1-\frac{r_{\mathrm{h}}^2}{4r_{\mathrm{d}}^2}\right)}\approx\frac{2\pi\Omega D_{\mathrm{B}}\delta\sigma^*}{kT}\frac{1-\frac{r_{\mathrm{h}}^2}{r_{\mathrm{d}}^2}}{\ln\frac{r_{\mathrm{d}}}{r_{\mathrm{h}}}}\tag{6.39}$$

式中：Ω 为原子体积；D_{B} 为晶界扩散系数；δ 为晶界厚度；γ 为表面能。该体积沉积在区域 $\pi(r_{\mathrm{d}}^2-r_{\mathrm{h}}^2)$ 的边界上，导致两个晶粒分离，并产生局部应变速率：

$$\dot{\varepsilon}_{\mathrm{CC}}^{\mathrm{p}}=\frac{1}{2r_{\mathrm{h}}\pi(r_{\mathrm{d}}^2-r_{\mathrm{h}}^2)}\frac{\mathrm{d}V_{\mathrm{d}}}{\mathrm{d}t}\tag{6.40}$$

计算式(6.40)和式(6.33)，并代入式(6.28)和式(6.39)，得到：

$$\frac{\phi(1-f_{\mathrm{e}})^{n-1}}{f_{\mathrm{h}}^{\frac{1}{2}}}\frac{f_{\mathrm{d}}-f_{\mathrm{e}}}{f_{\mathrm{d}}}=f_{\mathrm{d}}\ln\frac{f_{\mathrm{d}}}{f_{\mathrm{h}}}\tag{6.41}$$

式中：$\phi=\frac{2\Omega D_{\mathrm{B}}\delta}{kTl^3}\frac{\sigma}{\dot{\varepsilon}_{\mathrm{SS}}^{\mathrm{p}}}$。当 $\mathrm{d}f_{\mathrm{e}}/\mathrm{d}f_{\mathrm{d}}=0$ 时，f_{e} 具有最佳值，因此式(6.41)可以简化为：

$$\phi=\frac{f_{\mathrm{d}}f_{\mathrm{h}}^{\frac{1}{2}}\left(1+2\ln\frac{f_{\mathrm{d}}}{f_{\mathrm{h}}}\right)^n}{\left[(1-f_{\mathrm{d}})\left(1+\ln\frac{f_{\mathrm{d}}}{f_{\mathrm{h}}}\right)+\ln\frac{f_{\mathrm{d}}}{f_{\mathrm{h}}}\right]^{n-1}}$$

给定初始值 ϕ，则 f_{h} 和 f_{e} 可以从上式得到。

由此可以看出，上述确定 f_{e} 的方法是严格的，尽管没有考虑到孔洞形核和损伤合并的影响。然而，它具有相当大的缺点：在对本构方程进行积分运算时，额外的计算量剧增。每次确定 f_{e} 时，需要进行几次数值运算。事实上，Cocks 和 Ashby 的研究中使用了 Newton-Raphson 方法(1980，1982)。

5. *有效损伤演化方程*

在概念上，f_{e} 是描述有效孔洞损伤延伸的标量值。随着孔洞损伤的积累，变形材料的有效塑性应变速率增加。其作用类似于随着移动位错密度的积累，标量值的各向同性硬化 R 使材料的屈服面膨胀。假设 f_{e} 的变化率为：

$$\dot{f}_{\mathrm{e}}=\dot{f}_{\mathrm{e}}^{\mathrm{g}}+\dot{f}_{\mathrm{e}}^{\mathrm{c}}\tag{6.42}$$

式中：$\dot{f}_{\mathrm{e}}^{\mathrm{g}}$为由于孔洞形核和扩展而导致的有效损伤的变化率；$\dot{f}_{\mathrm{e}}^{\mathrm{c}}$为由于孔洞合并引起的有效损伤的变化率。

为了描述 $\dot{f}_{\mathrm{e}}^{\mathrm{g}}$，假设孔洞形核和扩展仅在塑性变形期间发生。因此假设 $\dot{f}_{\mathrm{e}}^{\mathrm{g}}$可以用塑性应变分量 $\varepsilon_{ij}^{\mathrm{p}}$的不变标量函数来表示，其类似于屈服准则的概念，或者更直接地用有效塑性应变 $\varepsilon_{\mathrm{e}}^{\mathrm{p}}$ 表示；$f_{\mathrm{e}}^{\mathrm{g}}$和 $\varepsilon_{\mathrm{e}}^{\mathrm{p}}$ 的耗散之间存在着相互关系，对于每个无穷小的 $\varepsilon_{\mathrm{e}}^{\mathrm{p}}$ 耗散，伴随着无穷小的 $f_{\mathrm{e}}^{\mathrm{g}}$。换句话说，$\dot{f}_{\mathrm{e}}^{\mathrm{g}}=\dot{f}_{\mathrm{e}}^{\mathrm{g}}(\dot{\varepsilon}_{\mathrm{e}}^{\mathrm{p}})$。因此，$\dot{f}_{\mathrm{e}}^{\mathrm{g}}$ 可以简

单地表示为幂函数，即

$$\dot{f}_{e}^{g}=D(\dot{\varepsilon}_{e}^{p})^{d_1}$$

式中：D 和 d_1 为材料参数。

为了描述 $\dot{f}_{e}^{c}$，引入特指孔洞合并开始的临界孔洞体积分数 $\dot{f}_{h}^{*}$。当孔洞体积分数 f_h 超过 $\dot{f}_{h}^{*}$ 时，会使得 $\dot{f}_e$ 突然增加：

$$\dot{f}_{e}=C\langle f_h-f_h^{*}\rangle_{+}$$

式中：C 特指 $\langle f_h-f_h^{*}\rangle_{+}$ 中每个单位 $\dot{f}_e$ 的增加。注意，假设 $\dot{f}_{e}^{c}$ 和 $\langle f_h-f_h^{*}\rangle_{+}$ 之间为线性关系，那么有效的损伤演化方程可以表示为

$$\dot{f}_{e}=D(\dot{\varepsilon}_{e}^{p})^{d_1}+C\langle f_h-f_h^{*}\rangle_{+} \tag{6.43}$$

6. 统一超塑性损伤本构方程

基于上述损伤演化分析，考虑到前几章讨论的黏弹性流动等物理特征，如晶粒扩展和应变硬化，可以将一组多轴统一黏塑性损伤本构方程式表示为(Cheong, 2002)：

$$\begin{aligned}
\dot{\varepsilon}_{ij}^{p}&=\frac{3}{2}\frac{S_{ij}}{\sigma_e}\dot{\varepsilon}_{e}^{p}\\
\dot{\varepsilon}_{e}^{p}&=\dot{\varepsilon}_{SS}^{p}\left[1+\frac{2lf_h^{\frac{1}{2}}}{d}\left(\frac{\dot{\varepsilon}_{CC}^{p}}{\dot{\varepsilon}_{SS}^{p}}-1\right)\right]\\
\dot{\varepsilon}_{SS}^{p}&=\left\langle\frac{\sigma_e-R-k}{K}\right\rangle_{+}^{n}d^{-\mu}\\
\dot{\varepsilon}_{CC}^{p}&=\left\langle\frac{\sigma_e^{*}-R-k}{K}\right\rangle_{+}^{n}d^{-\mu}\\
\dot{R}&=b(Q-R)\dot{\varepsilon}_{e}^{p}\\
\dot{d}&=\alpha d^{-\gamma_0}+\beta\dot{\varepsilon}_{e}^{p}d^{-\phi}\\
\dot{f}_h&=\dot{\varepsilon}_{CC}^{p}-(1-f_h)\dot{\varepsilon}_{SS}^{p}\\
\dot{f}_e&=D(\dot{\varepsilon}_{e}^{p})^{d_1}+C\langle f_h-f_h^{*}\rangle_{+}\\
\dot{l}&=-\frac{1}{2}\dot{\varepsilon}_{SS}^{p}\\
\hat{\sigma}_{ij}&=2\nu\dot{\varepsilon}_{ij}^{p}+\lambda\dot{\varepsilon}_{kk}^{p}
\end{aligned} \tag{6.44}$$

式中：$\sigma_e^{*}=\sigma_e/(1-f_e)$。

将上述方程组简化为单轴形式，有

$$\dot{\varepsilon}^{p}=\dot{\varepsilon}_{SS}^{p}\left[1+\frac{2lf_h^{\frac{1}{2}}}{d}\left(\frac{\dot{\varepsilon}_{CC}^{p}}{\dot{\varepsilon}_{SS}^{p}}-1\right)\right]$$

$$\dot{\varepsilon}_{SS}^{p}=\left\langle\frac{\sigma-R-k}{K}\right\rangle_{+}^{n}d^{-\mu}$$

$$\begin{aligned}
\dot{\varepsilon}_{CC}^{p} &= \left\langle \frac{\sigma^{*} - R - k}{K} \right\rangle_{+}^{n} d^{-\mu} \\
\dot{R} &= b(Q - R)\dot{\varepsilon}^{p} \\
\dot{d} &= \alpha d^{-\gamma_0} + \beta \dot{\varepsilon}^{p} d^{-\phi} \\
\dot{f}_{h} &= \dot{\varepsilon}_{CC}^{p} - (1 - f_{h})\dot{\varepsilon}_{SS}^{p} \\
\dot{f}_{e} &= D(\dot{\varepsilon}^{p})^{d_1} + C\langle f_{h} - f_{h}^{*} \rangle_{+} \\
\dot{l} &= -\frac{1}{2}\varepsilon_{SS}^{p} \\
\dot{\sigma} &= E(\dot{\varepsilon}^{T} - \dot{\varepsilon}^{p})
\end{aligned} \tag{6.45}$$

对于预先不存在孔洞的材料，f_h 和 f_e 初始值设为 0；若要模拟预先存在孔洞的材料的行为，则需要给出适当的初始值。孔洞间距 l_0 的初始值与其他值被认为是由单轴拉伸实验数据一起确定的材料参数。

超塑性损伤本构方程组内的材料常数为：k, K, n, μ, b, Q, α, γ_0, φ, D, d_1, C, f_h^*, E 和 l_0。总应变率 $\dot{\varepsilon}^T$ 和初始粒度 d^0 是可操作的，并且初始显微结构条件通常引用给定的实验应力 - 应变关系。然而，有些情况下，d^0 的值没有给出。在这种情况下，d^0 被认为是要确定的材料常数。

材料常数的确定通常通过优化进行，要使计算的结果与单轴实验数据一致，通常需要经过多次迭代。因此，需要一套有效且准确的统一的单轴本构方程组合技术。同时，提供在计算和给定实验数据之间稳健的、具有一致性的目标函数是至关重要的。此外，该优化技术本身也能适用于非线性问题这一方面也是很重要的。这些方面在第 7 章中有详细说明。

7. 预测结果

通过举例说明，以此确定了两套铝合金的统一超塑性损伤本构方程组内的材料常数。其确定程序和数值方法将在第 7 章给出。这里给出了预测结果。

(1) 515℃下的超塑性 Al - Zn - Mg 合金

在 515℃下的 Al - Zn - Mg 合金中，为了从应力 - 应变曲线(图 6.15) 和晶粒尺寸 - 应变关系的比较图中(图 6.16)(Pilling, 2001) 确定式(6.45)中的材料常数，需要使用优化方法来获得最佳值。由实验数据确定的材料常数列于表 6.1。在应变速率 $\dot{\varepsilon}^T = 2 \times 10^{-4}\ s^{-1}$、$5 \times 10^{-4}\ s^{-1}$ 和 $2 \times 10^{-3}\ s^{-1}$ 处计算的(实心曲线)应力 - 应变和晶粒尺寸演变如图 6.15 和图 6.16 所示。由此可以看出，对于流动应力和晶粒尺寸演变，获得的实验值和计算结果之间有良好的相关性(Cheong, 2002)。

表 6.1 515℃下的 Al – Zn – Mg 合金的材料常数(Cheong, 2002)

k/MPa	K/MPa	n	μ	b	Q/MPa	α	γ_0
2.9354×10^{-5}	28.7640	1.1299	2.0642	0.1186	5.5769	6.9000×10^{-2}	2.4000
β	φ	D	d_1	C	f_h^*	E/MPa	l_0/μm
2.600	5.5000×10^{-5}	3.7810×10^{3}	2.3973	32.3739	0.7557	1.000×10^{3}	4.3922

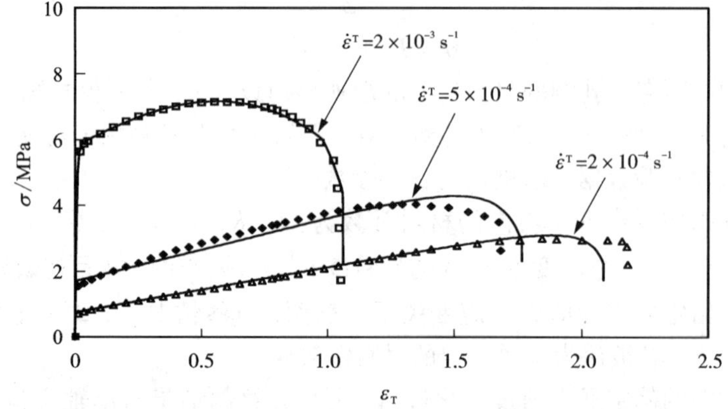

图 6.15 在各种应变速率下，Al – Zn – Mg 的计算(实心曲线)(Cheong, 2002)和实验(符号)(Pilling, 2001)应力 – 应变关系的比较

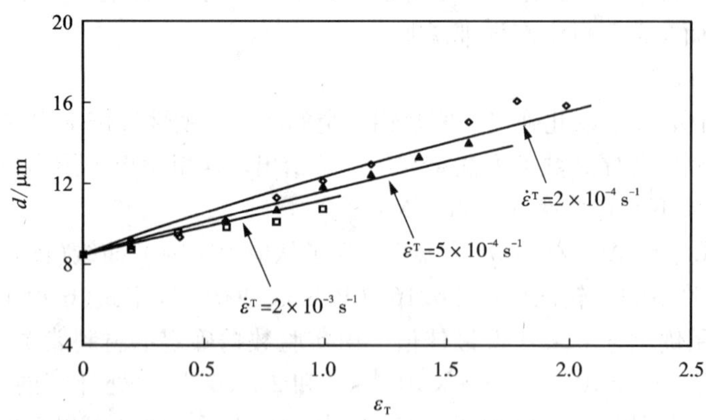

图 6.16 在各种应变速率下，Al – Zn – Mg 的计算(实心曲线)(Cheong, 2002)和实验(符号)(Pilling, 2001)晶粒尺寸 – 应变关系的比较

(2)515℃下的超塑性 AA7475 合金

方程组(6.45)中的材料常数的确定值列于表 6.2 中，其计算结果(实线)如

图 6.17 所示(Cheong, 2002)。由此可以看出，在应变速率$\dot{\varepsilon}^{T}=2\times10^{-4}\ s^{-1}$、$1\times10^{-3}\ s^{-1}$和$5\times10^{-3}\ s^{-1}$时，计算获得的应力－应变曲线和相应的实验数据吻合得很好(Cheong, 2002)。

表 6.2　515℃下的 AA7475 合金的材料常数(Cheong, 2002)

k/MPa	K/MPa	n	μ	b	Q/MPa	α	γ_0
1.3602×10^{-2}	64.9052	1.5838	1.1789	0.2794	15.0838	12.7187	39.1470
β	φ	D	d_1	C	f_h^*	E/MPa	l_0/μm
80.6578	0.8831	9.7966×10^{3}	2.9139	1.1977×10^{3}	0.5867	80.3301	16.0781

根据实验数据确定的统一的超塑性损伤本构方程可以通过用户定义的子程序输入商业 FE 代码，用于优化处理参数(Lin, 2003)。有关这些应用的更多细节将在第 8 章给出。

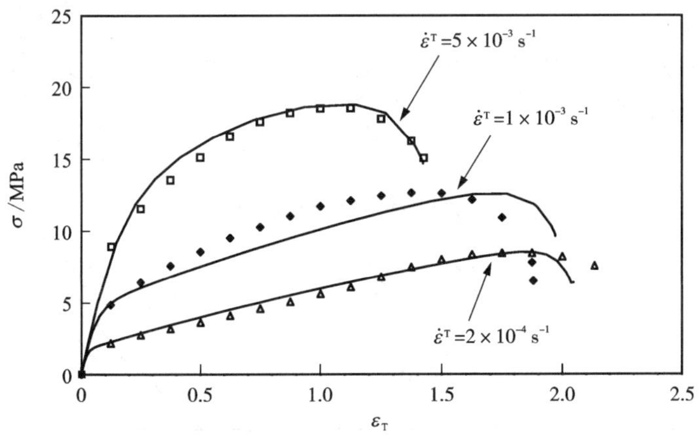

图 6.17　在各种应变速率下，AA7475 的计算(实心曲线)(Cheong, 2002)和实验(符号)(Pilling, 2001)应力－应变关系的比较

6.5.2　热成形时晶粒尺寸和应变率的影响

如前所述，根据变形率、温度和晶粒尺寸，由于脱黏(塑性损伤)，损伤可能在晶界(蠕变损伤)或第二相周围形核。已经开发出损伤模型来模拟这些损伤的特征。

除温度外，晶界损伤(蠕变损伤)与晶粒尺寸和应变率有关。其初始模型由 Liu(2004)开发，Foster(2006)和 Kaye(2012)进一步改进，以用于热轧过程中损伤演化的建模。该模型能够根据晶粒尺寸和变形率预测晶界型(蠕变型)损伤 D_{gb}。晶界损伤速率方程可写为(Liu, 2004):

$$\dot{D}_{gb} = a_4 \cdot \eta \cdot \left(\frac{\sigma_1}{\sigma_e}\right)^{n_2} \cdot (\dot{D}_{gb}^{N} + \dot{D}_{gb}^{G}) \tag{6.46}$$

式中: $\dot{D}_{gb}^{N}$和 $\dot{D}_{gb}^{G}$分别为晶界损伤的形核和扩展, 可以表示为:

$$\dot{D}_{gb}^{N} = a_7 \cdot (1 - D_{gb}) \cdot \dot{\bar{\rho}}$$

$$\dot{D}_{gb}^{G} = \left[\frac{1}{(1 - D_{gb})^{n_3}} - (1 - D_{gb})\right] \cdot \dot{\varepsilon}_p$$

方程(6.46)描述了晶界损伤, 包括损伤形核 $\dot{D}_{gb}^{N}$, 并且与标准化位错密度率$\dot{\bar{\rho}}$和晶界损伤的扩展 $\dot{D}_{gb}^{G}$有关, 与前面提出的延性孔洞扩展模型类似(Cocks 和 Ashby, 1980)。损伤形核 $\dot{D}_{gb}^{N}$反映了两个主要可能的损伤引发机制: ①晶粒沿着晶界的滑动和晶粒旋转不能完全由扩散完成; ②晶界上的空位冷凝, 如图 6.18 所示。这里的损伤扩展 $\dot{D}_{gb}^{G}$是由应变控制的。

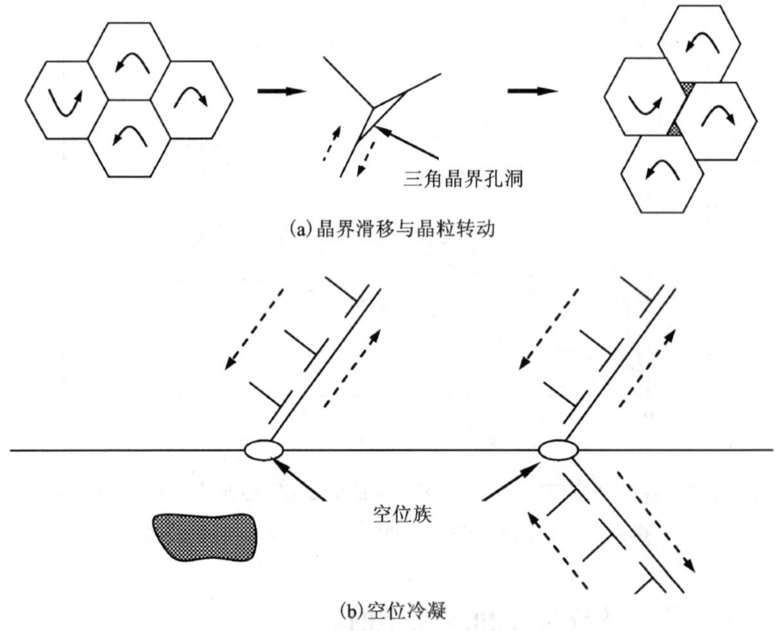

图 6.18 晶界损伤形核的变形机理(Liu, 2004)

方程式(6.46)中的参数 η 表示晶粒尺寸和应变率对晶界损伤演化的影响, 表示为:

$$\eta = \exp\left[-a_5\left(1 - \frac{d}{d_c}\right)^2\right] \text{和 } d_c = a_6(\dot{\varepsilon}_p)^{-n_1}$$

式中：a_5，a_6 和 n_1 为材料常数。例如，如果晶粒尺寸大且变形率高，则 η 的值较小，因此晶界损伤率 $\dot{D}_{gb}$ 较低。

6.6　热压缩成形损伤愈合

孔洞和缺陷可以在材料中找到，特别是在铸坯中，如图 6.19 所示。在热轧或热锻造过程中，即在压缩负载下，这种孔洞可以减少。之后，材料将变得“更强”或更“固体”，在热压负荷条件下，孔洞可以在高温下闭合并随后扩散黏结。Afshan(2013)总结了黏结机理和黏结模型，本书将不再做详细介绍。

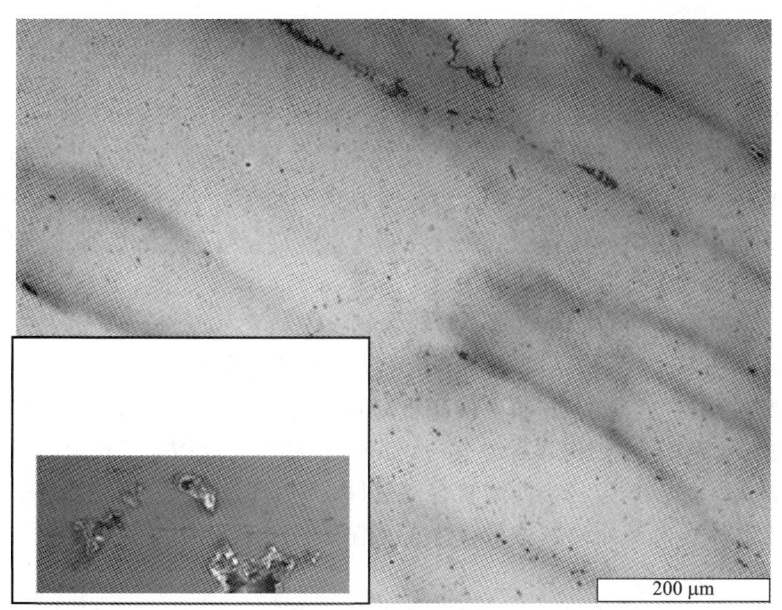

图 6.19　由于冷却期间的收缩而在铸造中产生的孔洞/缺陷

(由伦敦帝国理工学院 Dr. R. Qin 提供)

除了消除热锻和轧制过程中的孔洞，扩散键合/愈合机制已被用于各种金属加工技术，如超塑性成形和扩散黏结加工制造复杂形状面板组件；等静压处理(热等静压)和粉末锻造用粉末材料加工制造形状复杂的零件。

第 7 章
材料建模的数值方法

前面的章节已介绍了建立唯象学的弹塑性和弹黏塑性统一本构方程的基本技术。基于这些概念，可以为单个材料及其应用选择不同类型的本构方程。通常，这些方程式不能用解析方法求解，而是需要借助数值积分方法。另外，从实验数据确定一组本构方程时还需要采用优化技术。本章介绍了求解本构方程和从实验数据确定材料常数的相关数值方法。

对于各向同性弹性，基本材料常数为杨氏模量 E、泊松比 v 和剪切模量 G，这些常数均可直接通过简单材料拉伸/压缩以及剪切测试的实验结果来确定。

在塑性或黏塑性方面，如果使用简单的关系来模拟应变硬化和应变速率硬化，例如 $\sigma = K\varepsilon^n\dot{\varepsilon}^m$，则材料常数 K、n 和 m 可以使用分析方法(先前已讨论)或优化方法从实验数据确定。当使用状态变量且本构方程的统一变得更复杂时，很难从实验数据中分析确定材料常数；在这种情况下，推荐使用优化方法(Lemaitre 和 Chaboche，1990)。

确定本构方程的数值方法，特别是用于确定统一本构方程，是在 20 世纪 90 年代和 21 世纪初发展起来的。这主要得益于 20 世纪 90 年代计算能力的快速发展，使得能够开发出更复杂的统一本构方程，并用于实际工程中遇到的更多物理现象的同步模拟，如高温蠕变断裂、疲劳和材料加工技术。由于方程的复杂性，推荐使用优化方法从一系列实验数据中确定一组统一本构方程中的常数(Lemaitre 和 Chaboche，1990)。以下工作突出了用于确定本构方程的优化技术在过去二十年的发展：

- Lin 和 Hayhurst(1993a 和 1993b)使用了基于梯度的优化技术，并确定了鞋面革的本构方程的材料常数，其中应力可以明确表示为应变的函数，并将这些参数用于模拟皮鞋制造持续的过程。
- Kowalewski，Hayhurst 和 Dyson(1994)开发了一个三步法，用于确定一组蠕

变损伤方程中用于优化的常数初始值。Zhou 和 Dunne(1996)提出了一种用于确定一组超塑性本构方程中材料常数的四步法。以上发展是使用基于梯度的优化方法进行的，突出了选择适当的常数初始值的困难。此外，当一个步骤中需确定的常数数量较多时，将还会有其他的困难，例如，超过 5 个常数(Zhou 和 Dunne，1996)。

- Lin 和 Yang(1999)提出了一种使用基于遗传算法(genetic algorithm，GA)的优化技术来确定统一的超塑性本构方程，其中 13 个常数在一个过程中被优化，并且避免了选择合适的初始值的困难。
- Li，Lin 和 Yao(2002)使用了基于演化规划(evolutionary programming，EP)的优化技术来提高方程的计算效率和精度。该算法已经成功应用于许多本构方程，并且发现这种算法对于确定统一蠕变损伤本构方程和一般黏塑性本构方程尤其有用。
- Cao 和 Lin(2008)制定了一个有效的无单位目标函数，用于确定统一的本构方程。克服了单个微分方程具有不同单位尺度的问题，避免了用于校正的加权因子。

随着研究工作的深入，在确定统一黏塑性本构方程的技术的研究方面，取得了重大进展(Cao，2006；Lin，Cao 和 Balint，2011)。然而，除了一些内部的软件代码(Cao，Lin 和 Dean，2008b；Pan，Lin 和 Balint，2012)外，没有专业的商业软件系统可用于确定一组统一本构方程中的材料常数。本章介绍了数值积分的基本概念、目标函数和求解/确定统一黏塑性本构方程的优化方法，并给出了一些应用实例。

为了方便本章的讨论，在附录 A 中列出了几组统一的本构方程，其中涵盖了不同的应用。但是，附录 A 没有详细地介绍所有的本构方程。然而，本构方程的基本概念及建模技术在本书不同章节有详细介绍，尤其是在第 5 章和第 6 章中。

7.1　材料建模中的数值框架

7.1.1　求解 ODE 型本构方程的方法

1. ODE 型统一本构方程

附录 A 中列出的本构方程是对时间 t 的普通微分方程组(ordinary differential equations，ODE)，具有以下共同特征：

$$\frac{\mathrm{d}\varepsilon^{\mathrm{p}}}{\mathrm{d}t}=f(\sigma,\ y_2,\ \cdots,\ y_{NE},\ T)$$

$$\frac{\mathrm{d}y_2}{\mathrm{d}t}=f_2\left(\varepsilon^{\mathrm{p}},\ y_2,\ \cdots,\ y_{NE},\ T,\ \frac{\mathrm{d}\varepsilon^{\mathrm{p}}}{\mathrm{d}t},\ \frac{\mathrm{d}y_3}{\mathrm{d}t},\ \cdots,\ \frac{\mathrm{d}y_{NE}}{\mathrm{d}t}\right)$$

$$\cdots \tag{7.1}$$

$$\frac{dy_{NE}}{dt}=f_{NE}\left(\varepsilon^{p}, y_2, \cdots, y_{NE}, T, \frac{d\varepsilon^{p}}{dt}, \frac{dy_1}{dt}, \cdots, \frac{dy_{NE-1}}{dt}\right)$$

式中：$y_i(i=2, 3, \cdots, NE)$为内部状态变量，而 NE 为代表本构方程的普通微分方程(ODE)的数量。例如，y_2 可以是硬化变量，y_3 可以表示位错密度等。对于变形过程中的给定时刻，可以通过数值积分求解这些方程。一般来说，可将这些瞬时值立即代入“响应方程”，例如在给定时刻的流变应力 σ：

$$\sigma=f(y_2, y_3, \varepsilon^{p}, \varepsilon^{T}, \cdots, T)$$

式中：ε^{p}、ε^{T} 和 T 分别为塑性应变、总应变和温度。

值得注意的是，这里的方程式与普通数学书籍中提出的 ODEs 系统不同，因为一组方程中各个方程的单位可能不同(各个方程式的单位在附录 A 中给出了)，这使得采用数值积分方法求解方程具有很大的困难。

2. 材料建模中数值积分的特点

ODE 型本构方程，即方程(7.1)，可以根据给出的每个方程的初始值(时间 $t=0$)使用数值积分法来求解。这也称为解决初始值问题。

需要使用具有足够的误差控制算法的积分方法对每组中具有不同单位尺度的多个 ODE 型本构方程进行同步积分。不同单位尺度的存在增加了求解的难度。需要采用不同的公差来控制单个方程的积分精度。但是，该技术实施起来有难度。

当使用基于进化算法(EA)的方法来确定实验数据的本构方程(Lin 和 Yang, 1999)时，在整个优化过程中需要数千次迭代计算以获得一个解，并且在每一次迭代中，通常有数百个群体产生。

对于一次迭代群体，统一的本构方程需要准确的积分；然而，可通过计算积分和实验数据的差异来评估适应度(误差)(Li, Lin 和 Yao, 2002; Cao 和 Lin, 2008a)。这样的积分幅值需要花费大量的计算时间，并且误差的估计值也需要准确计算。为了有效地解决问题，需要最少数量的时间增量对这些方程进行积分，以获得最少时间内的可控精度。换句话说，积分需要准确又有效地解决。

统一的黏塑性本构方程通常是高度非线性的、耦合的和数学上非常严谨的(Miller 和 Shih, 1977; Banthia 和 Mukherjee, 1985; Miller 和 Tanaka, 1988; Vinod, 1996)。如果使用前向欧拉法(后面将会给出)对一组统一的黏塑性本构方程(附录 A 中的 SET Ⅰ)进行数值积分，且给定小的恒定时间增量，例如 $\Delta t=1.5\times10^{-4}$，则应力-应变曲线(实线)通过 10000 次迭代后可以顺利地完成积分，如图 7.1 中的实线所示。

如图 7.1 所示，如果将恒定步长 Δt 增加到 1.5×10^{-3}，则应力-应变曲线会发生振荡(1000 次迭代)。虽然方程本身具有某些收敛好的特征，但是过大的 Δt

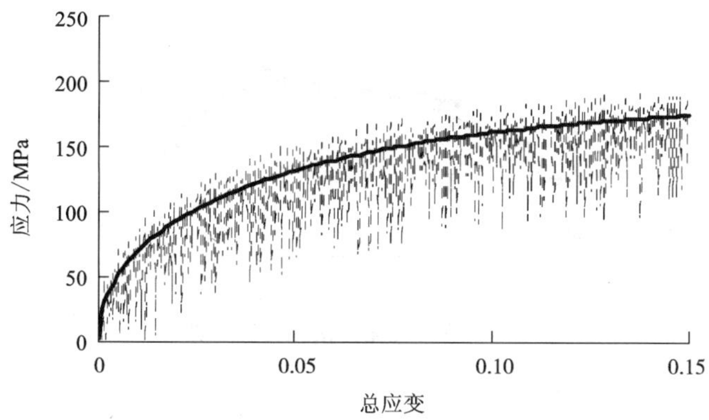

图 7.1　附录 A 中方程式 SET Ⅳ的应力 – 应变曲线，$\dot{\varepsilon}=0.1$ 与步长进行积分，$\Delta t=1.5\times10^{-4}$（实线）和 $\Delta t=1.5\times10^{-3}$（虚线）（Cao，2006）

会引起数值积分的不精确和不稳定性。其原因如下：

（1）如果步长太大，则在附录 A 中的方程式 SET Ⅰ中计算出的应力过高；把它应用在下一步迭代计算中，将导致高的塑性应变速率和大的塑性应变增量 $\Delta\varepsilon^{p}$。

（2）如果总应变增量 $\Delta\varepsilon^{T}$ 是恒定的，则会导致差值（$\Delta\varepsilon^{T}-\Delta\varepsilon^{p}$）变低，因此计算出的应力偏低。

（3）在下一次迭代中，偏低的应力将导致计算的塑性应变增量 $\Delta\varepsilon^{p}$ 偏低，从而产生更高的应力。重复该过程时会因此产生振荡的，将不能获得理想的应力值。

如果积分的步长太大，则无法实现收敛，计算不能继续。本书中介绍的一些积分方法，都存在具有不同单位的 ODE 型统一本构方程组中的误差控制问题。

7.1.2　基于实验数据确定统一本构方程

1. 最小二乘拟合概念

如图 7.2 所示，在材料建模中，需要确定在一组本构方程中出现的常数的值，以便可以实现对材料的实验数据的最佳拟合。找到给定的一组点（实验数据）的最佳拟合曲线的数学程序是最小化点和曲线（“偏差”）之间差异的平方和。使用偏差的平方和代替偏差的绝对值，是因为允许它们被视为连续的可微量。

如图 7.3（a）所示，垂直偏差通常用于评估拟合误差。然而，垂直偏差［图 7.3（b）］也用于许多种情况。线性最小二乘拟合技术是线性回归的最简单和最常见的应用形式之一，并且通过一组点提供了找到最佳拟合直线的问题的解决方案。

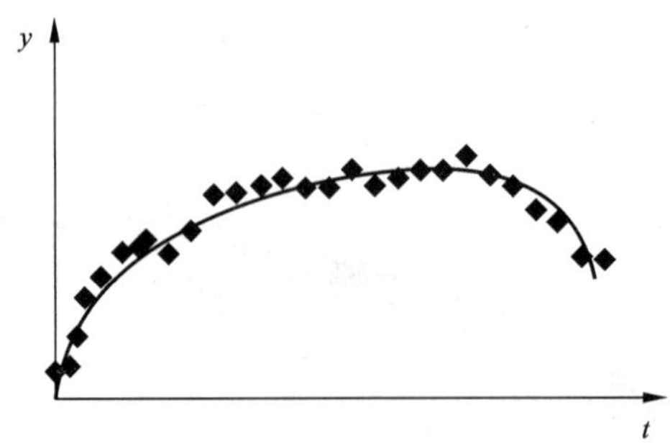

图 7.2 使用优化方法拟合实验数据

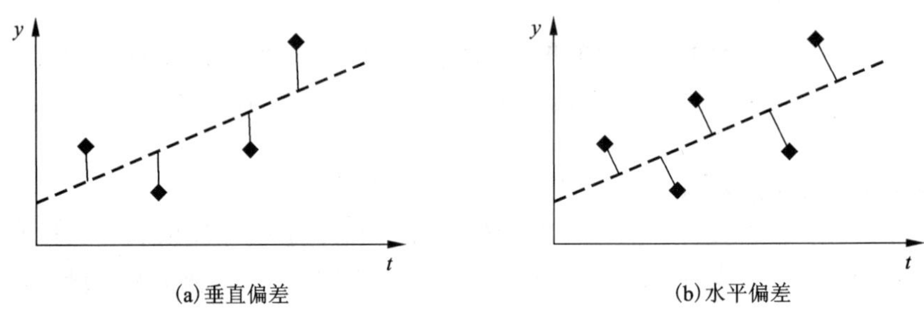

(a)垂直偏差　　(b)水平偏差

图 7.3 误差评估方法

垂直最小二乘拟合通过找到一组 M 个数据点的垂直偏差 $f(x)$ 的平方和来进行:

$$f(x) = \sum_{i=1}^{M} [g(t_i, x_1, x_2, \cdots, x_{NC}) - y_i^e]^2 \tag{7.2}$$

从方程

$$y = g(t, x_1, x_2, \cdots, x_{NC}) \tag{7.2a}$$

其中: $x = \{x_1, x_2, \cdots, x_{NC}\}$ 为最佳拟合确定的常数; NC 是要确定的常数数量。请注意, 该过程不会把直线的实际偏差最小化(这一直线通过测量垂直于给定函数来确定)。另外, 虽然没有二乘的距离总和可能是用来最小化更为合适的量, 但使用绝对值会导致不可分析的不连续导数。因此, 对每个数据点 i 的平方偏差进行求和, 并将得到的和最小化就可以找到最佳拟合线。

$f(x)$ 最小的条件是

$$\frac{\partial f(x)}{\partial x_j} = 0 \tag{7.2b}$$

式中: $j = 1, 2, \cdots, NC$。

对于线性拟合, 例如:

$$y = g(t, x_1, x_2) = x_1 + x_2 t$$

可以得出：

$$f(x_1, x_2) = \sum_{i=1}^{M}[(x_1 + x_2 t_i) - y_i^e]^2$$

最佳拟合条件为：

$$\frac{\partial f(x_1, x_2)}{\partial x_1} = 2\sum_{i=1}^{M}[(x_1 + x_2 t_i) - y_i^e]^2 = 0$$

$$\frac{\partial f(x_1, x_2)}{\partial x_2} = 2\sum_{i=1}^{M}[(x_1 + x_2 t_i) - y_i^e]^2 t_i = 0$$

这些方程可以通过数值分析求解。如果数据点数为 2，即 $M = 2 = NC$，则拟合曲线将通过所有数据点，其误差为 0。对于一般的最佳拟合问题，如果数据点的数量大于要确定的常数的数量，即 $M > NC$，则拟合曲线可能不会通过所有数据点，如图 7.2 所示。

2. 材料建模中的优化和问题描述

在数学计算中，解决优化问题是为了从所有可行的解中找到最佳解。在很多情况下，很难找到最好的全局解。一般来说，优化问题包括最大化或最小化实数的函数。许多方法可用于搜索最佳解，如渐变方法(包括共轭梯度法、梯度递减法等)和进化算法(包括遗传算法、寻优编程等)。这些方法已经在教科书中做了介绍，其相应的计算机代码已被开发并嵌入到许多商业数学系统中，如 NAG、MATLAB、MATHEMATICA 等。在本书中，将不再详述优化方法。

传统的最小二乘法被广泛用作目标函数，也称为适应度函数，其中实验数据和计算数据之间误差的平方和的总和被最小化。优化问题的目标函数可以表述为(图 7.4)：

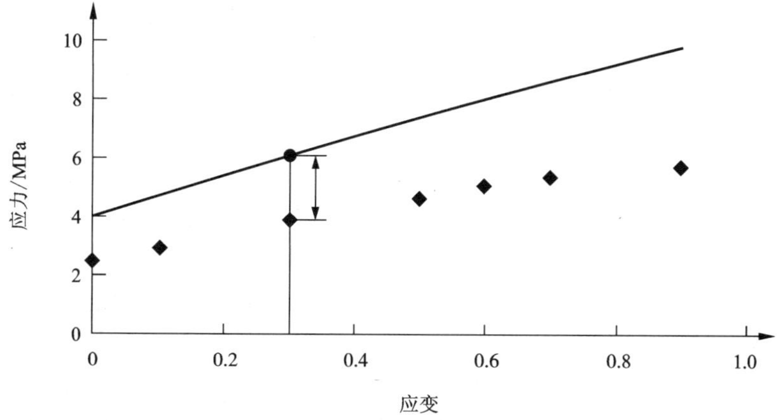

图 7.4　使用传统最小二乘法的计算误差

计算(实线)和实验(符号)数据之间的平方差的和是在相同的应变下计算所得

$$f(x) = \sum_{i=1}^{M} w_i [\sigma_i^c - \sigma_i^e]^2 \tag{7.3}$$

式中：$f(x)$是残余应力的平方和，也称为优化的目标函数；参数$x(x = \{x_1, x_2, \cdots, x_{NC}\})$表示常数$x_j(j = 1, 2, \cdots, NC)$，其中$NC$是从实验数据确定（优化）的常数的个数；$\sigma_i^c$和$\sigma_i^e$是相同应变水平$i$下的计算应力和实验应力；$w_i$是加权函数，用于量化拟合中各个实验数据点的重要性；M是实验中应力－应变数据点的数量（如图7.4所示）。

评估$f(x)$的最小值的必要条件由下式给出：

$$\frac{\partial f}{\partial x_j} = 0, \ j = 1, 2, \cdots, NC \tag{7.3a}$$

目标函数方程（7.2）是非线性函数，存在满足方程（7.3）给出的条件的解有很多。常数x_j的典型非线性目标函数如图7.5所示。其中标出了几个局部最小/最大位置以满足条件［方程（7.3a）］，诸如a_1、a_2等。

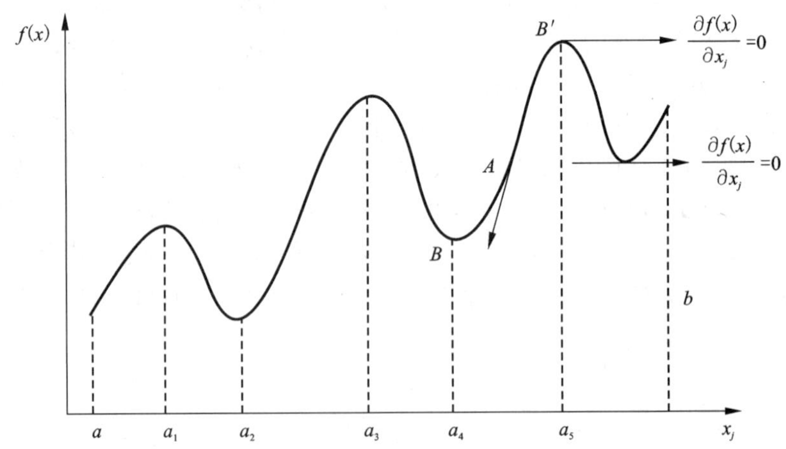

图7.5　一个变量问题的非线性优化（找到许多局部的最小和最大位置）

如果使用梯度搜索优化方法，则选择正确的起点非常重要。例如，如果起始点为A，则优化获得的最小值和最大值将位于图7.5中B或B'的位置。这是通过优化技术在确定统一本构方程中找到全局最小值的困难之一。

各种本构模型已经通过使用传统的最小二乘法得以确定（Tong和Vermeulen，2003；Kajberg和Lindkvist，2004；Springmann和Kuna，2005）。如果考虑到一组蠕变本构方程（SET Ⅱ：附录A），则寿命（材料的故障）可以由列于附录A的表A.2中的材料常数来描述，此时难以使用传统的最小二乘法来解决问题（Li，Lin和Yao，2002），因为为了得到最佳拟合需要同时优化太多的常数。

3. 确定简单方程的一个例子

对于与速率无关的塑性，材料的应力 - 应变关系可以使用前面章节讨论的简单的方程式进行建模

$$\sigma = k\varepsilon^n$$

式中：k 和 n 是根据实验数据确定的材料常数。之前提到给定两组实验应力 - 应变数据，可以分析确定 k 和 n 的值。例如，使用图 7.6 中的实验应力 - 应变数据点(3)和点(9)。k 和 n 的值分别为 179.99 MPa 和 0.14。使用这些值计算的应力 - 应变曲线(虚线)如图 7.6 所示；可以看出，曲线只能通过两个实验数据点。

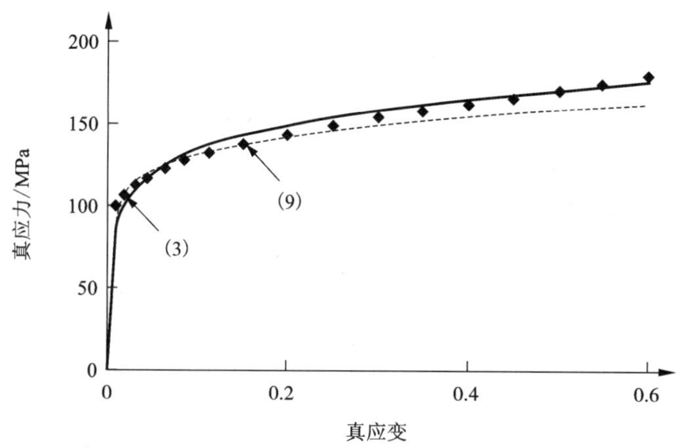

图 7.6　确定珠光体钢在 20℃时 $\sigma = k\varepsilon^n$ 中的 k 和 n

从 Zener 和 Hollomon(1944)的实验数据(符号)，使用分析(虚线)和优化(实线)方法(Cao, 2006)获得的应力 - 应变曲线

优化曲线拟合方法还可以通过最小化实验和拟合结果之间的差来确定方程中的常数。最小二乘法是用于这种特定类型问题的常见选择。优化的拟合结果如图 7.6 中实线所示(其中 $k = 190.45$ MPa，$n = 0.15$)。使用优化方法确定的方程可以更好地预测总体实验数据，即使它不能通过任何实验数据点。

这种情况需要基于实验数据确定两个常数。这就是二维优化问题。然而，在一组唯象学统一的本构方程中，需要从一系列实验曲线中确定不少于 10 个甚至 30 个常数。对于多材料参数和多目标问题，则需要采用合适的优化技术。

4. 多目标优化

在这个优化过程中，对于不同的温度和应变速率，可以得到许多实验应力 - 应变曲线。每个曲线可被认为是一个目标，或者将一组应力 - 应变曲线视为一个目标，因为所有曲线在所有数据点上具有相同的单位和相同的特征。另外，在优化过程中还可能获得材料在高温变形条件下的其他物理参数的实验数据，例如材

料的再结晶体积分数和晶粒尺寸演变(晶粒细化和晶粒长大)。在热变形条件下，这些物理现象的演变在一组统一本构方程中可以用状态变量表示。每个物理现象的实验数据应被视为一个目标。因此，多目标优化问题可以表示为：

$$\min_{x \in X} \sum_{i=1}^{k} w_i f_i(x) \tag{7.4}$$

式中：i 表示单个目标，$i=1, 2, \cdots, k$，其中 k 是目标数目；$f_i(x)$ 是第 i 个目标函数，其中 $x=\{x_1, x_2, \cdots, x_{NC}\}$ 表示常数 $x_j(j=1, 2, \cdots, NC)$，NC 是从实验数据确定(优化)的常数数量；w_i 是单个的权重，它是难以在确定统一的本构方程中明确的，因为不同的目标有不同的单位。

在本书中，将介绍为优化问题制定目标函数的不同方法。

5. 数值程序

基于实验数据确定一组统一本构方程中的材料常数的总体数值过程如图 7.7 所示。它包括三个关键阶段：

(1)第一阶段是根据给出的初始值，使用数值积分法来求解附录 A 中列出的 ODE 型本构方程。这个阶段是最重要的。应考虑使用大的时间增量来进行单个数值积分迭代，从而使计算效率最大化以控制数值积分的精度。因此，误差评估和自动步长控制是数值积分过程中的关键问题。Cao, Lin 和 Dean(2008a)强调了解决积分问题的困难。

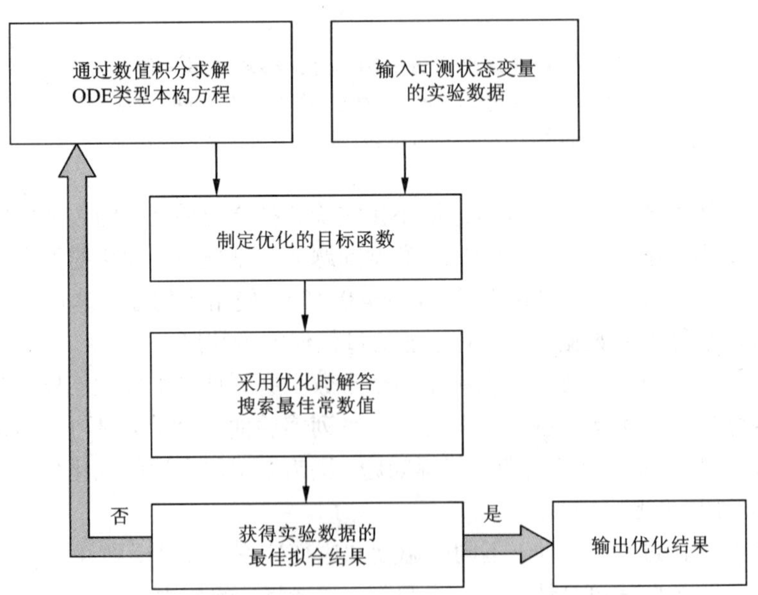

图 7.7 通过优化过程确定材料常数的数值程序

(2)第二阶段是制定目标函数，以有效评估计算数据与相应实验数据之间的误差。多组实验曲线经常会被同时考虑，这会导致多目标函数。例如，不同温度和应变速率、变形过程中及之后的晶粒尺寸演变、再结晶体积分数等条件下的应力-应变曲线。单个目标可能具有不同的单位，且其误差难以评估。Cao 和 Lin (2008a)已经讨论了这个问题。

(3)第三阶段是使用优化方法或组合优化方法来找到方程组中常数的最佳值，从而可以获得对相应实验数据的最佳拟合。获取全局解是非常困难的，但遗传算法(Lin 和 Yang, 1999)和进化编程(Li, Lin 和 Yao, 2002)等进化算法可以更好地解决优化问题，从而获得全局最小值(Cao, 2006; Lin, Cao 和 Balint, 2011)。

在解决多材料参数问题(一个方程组中超过 10 个常数)时，通常需要几百次迭代。在每一次迭代，通常选择 50 ~ 100 个群体。这种选择将导致大量的本构方程的数值积分，从而需要大量的计算时间。在下面的章节中，将介绍与确定一组统一本构方程中的材料常数的每个关键阶段相关的方法。

7.2　数值整合

为方便讨论，方程(7.1)所示的 ODE 型本构方程组可表示为

$$\dot{y}_i = \frac{\mathrm{d}y_i}{\mathrm{d}t} = f_i(y_1, y_2, \cdots, y_{NE}, T, \dot{y}_1, \dot{y}_2, \cdots, \dot{y}_{NE}) \tag{7.5}$$

初始值为(当 $t=0$)：

$$y_i(t=0) = y_{0,i}, \quad i=1, 2, \cdots, NE \tag{7.6}$$

式中：$y_i(i=1, 2, \cdots, NE)$是从第 i 个常微分方程 y_i 积分的变量；NE 表示状态变量的方程数。ODE 方程组可以使用许多数值方法来进行积分，这将在本节中进行介绍。

7.2.1　显式欧拉法

欧拉方法(Leonhard Euler, Swiss, 1707—1783)是用于求解具有给定变量初始值的常微分方程的一阶数值方法。这是求解普通微分方程的最简单和最常用的方法之一，它也称为欧拉前进法。

1. 积分

积分的几何表示如图 7.8 所示。对于使用向前欧拉法逼近初始值问题的解，有

$$y_{k+1,i} = y_{k,i} + \Delta t_k \dot{y}(t_k, y_{k,i}) = y_{k,i} + \Delta t_k \dot{y}_{k,i} \quad i=1, 2, \cdots, NE \tag{7.7}$$

方程(7.7)提出对于第 i 个变量第 k 次迭代的时间步长从 $y_{k,i}$ 到 $y_{k+1,i}$ 的解(从 t_k 到 t_{k+1})，其中 $k=1, 2, 3, \cdots, N$(N 是积分的增量数)。值得注意的是，在

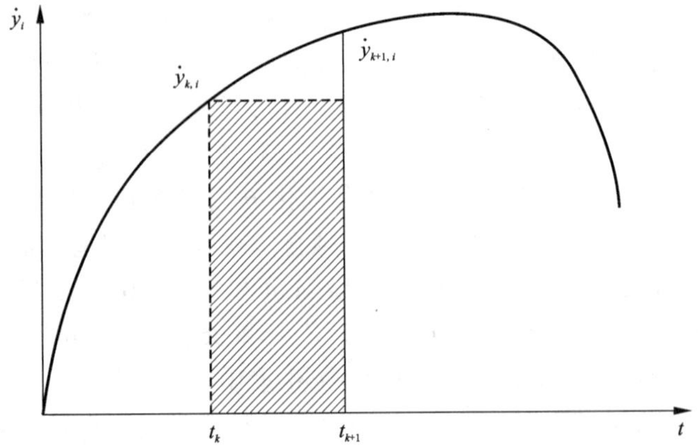

图 7.8 用于数值积分的显式一阶欧拉法

一组本构方程[方程(7.5)]和附录 A 中的方程式列表中，时间 t(或第 k 次迭代的 t_k)通常不是变量。它通过进化方程得以隐含地表达。然而，为了泛化目的，t_k 写在等式(7.7)中。

$$\Delta t_k = t_{k+1} - t_k \text{或 } t_{k+1} = t_k + \Delta t_k$$

第 k 次迭代的步长为 Δt_k。在整个积分过程中，步长也可以是一个恒定的值，这是最简单的情况，也称为恒定步长积分。

2. *局部截断误差*

欧拉积分法的局部截断误差是在单次迭代中产生的误差。这是在一步之后的数值解，是 $y_{k,i}$(在时间 t_k)和时间 $t_{k+1} = t_k + \Delta t_k$ 时的精确解之间的差值。数值解由公式(7.7)给出。对于精确解，可使用泰勒扩展形式求解

$$y_{k+1,i} = y_{k,i} + \Delta t_k \dot{y}_{k,i} + \frac{1}{2}\Delta t_k^2 \ddot{y}_{k,i} + O(\Delta t_k^3) \tag{7.8}$$

式中：$\ddot{y}_{k,i}$ 为对时间的二次微分，即 $\ddot{y}_{k,i} = \frac{\mathrm{d}\dot{y}_{k,i}}{\mathrm{d}t}$。通过忽略高阶项，由欧拉方法引入的单个变量的局部截断误差(ΔE_i)可以由方程(7.8)和方程(7.7)之间的差值给出。

$$\Delta E_{k+1,i} = \frac{1}{2}(\Delta t_k)^2 \ddot{y}_{k,i},\ i = 1,\ 2,\ \cdots,\ NE \tag{7.9}$$

因此，截断误差是 Δt_k^2 阶。这表明对于小 Δt_k，局部截断误差大致与 Δt_k^2 成正比。这使得欧拉方法比其他高阶技术更不准确。如果定义了局部截断误差，则可以用它来估计数值积分过程中所需的步长 Δt_{k+1}。

7.2.2　中点法

中点法是用于数值求解方程式(7.5)中列出的微分方程的一步法，微分方程的初始值(在 $t=0$)如方程(7.6)所示，中点法可以由下面等式给出

$$y_{k+1,\,i}=y_{k,\,i}+\Delta t_k\dot{y}(\bar{t}_k,\,\bar{y}_{k,\,i}),\ i=1,\,2,\,\cdots,\,NE \tag{7.10}$$

中点法的命名源自方程(7.5)中的微分函数 $\dot{y}_i$；因为 $\dot{y}_i$ 是通过增量的中点来估算的，如图 7.9 所示。中点法的困难源于需要在每个增量的中点评估变量的值。在第 k 次迭代中，可以使用以下方程来计算中点

$$\bar{t}_k=t_k+\frac{\Delta t_k}{2}$$

$$\bar{y}_{k,\,i}=y_{k,\,i}+\frac{\Delta t_k}{2}\dot{y}_{k,\,i}$$

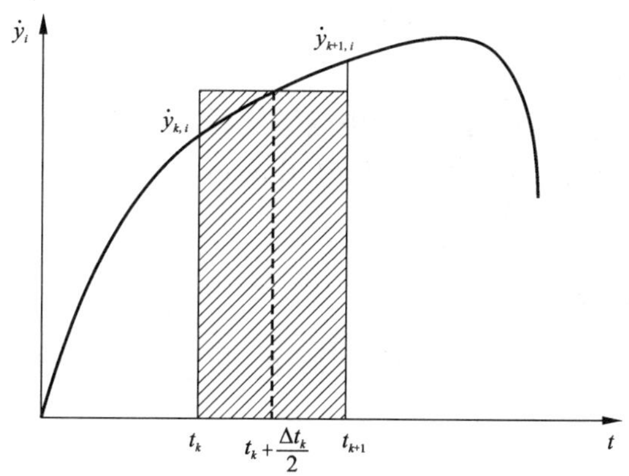

图 7.9　用于数值积分的显式中点欧拉法

中点法也称为修改的欧拉方法。中点法中每个步骤的第 i 个本构方程的局部截断误差为 Δt_k^3 阶。因此，虽然中点法比一阶欧拉方法的计算更密集，但它通常能给出更准确的结果。该方法是一类称为 Runge-Kutta 方法的高阶方法的例子。

7.2.3　Runge-Kutta 法

在数值分析中，Runge-Kutta 方法是用于近似一组常微分方程解的迭代方法中的一个重要系列。该方法由数学家 Runge(Carl David Tolme Runge，德国人，1856—1927)和 Kutta(Martin Wilhelm Kutta，德国人，1867—1944)在 1901 年提出。Runge-Kutta 方法之一被称为经典的 Runge-Kutta 方法(RK4)，或者简称为 Runge-Kutta 方法，并且其初始值由公式(7.6)给出时，可用于求解等式(7.5)的本构方程式：

$$y_{k+1,\,i}=y_{k,\,i}+\frac{1}{6}(K_{1,\,i}+2K_{2,\,i}+2K_{3,\,i}+K_{4,\,i}),\ i=1,\ 2,\ \cdots,\ NE \tag{7.11}$$

其中：$t_{k+1}=t_k+\Delta t_k$。

且

$$K_{1,\,i}=\Delta t_k\dot{y}_i(t_k,\ y_{k,\,i})$$
$$K_{2,\,i}=\Delta t_k\dot{y}_i(t_k+\Delta t_k/2,\ y_{k,\,i}+(\Delta t_k/2)K_{1,\,i})$$
$$K_{3,\,i}=\Delta t_k\dot{y}_i(t_k+\Delta t_k/2,\ y_{k,\,i}+(\Delta t_k/2)K_{2,\,i})$$
$$K_{4,\,i}=\Delta t_i\dot{y}_i(t_k+\Delta t_k,\ y_{k,\,i}+\Delta t_kK_{3,\,i})$$

这是典型的 4 阶 Runge-Kutta 方法，值 $y_{k+1,\,i}$是当前值 $y_{k,\,i}$加上四个增量的加权平均值的近似。每个增量是时间增量 Δt_k 估计斜率(由微分函数 $\dot{y}_i$ 确定)的乘积。

- $K_{1,\,i}$是基于第 i 个方程的间隔开始的斜率的增量，使用 $\dot{y}_i(t_k,\ y_{k,\,i})$；
- $K_{2,\,i}$是基于第 i 个方程的间隔中点的斜率的增量；
- $K_{3,\,i}$是基于中点处的斜率的增量；
- $K_{4,\,i}$是基于间隔终点的斜率的增量。

在对四个增量求平均值时，给予中点增量更大的权重。如果 $\dot{y}_i$ 独立于 y_i，权重的选择会使得微分方程变为简单积分。Runge-Kutta 方法中每个步骤的第 i 个本构方程的局部误差为 Δt_k^5 阶。

7.2.4 隐式欧拉法

隐式欧拉法也称为后向欧拉法，是使用最少增量精确求解 ODE 型本构方程的最基本和常用的方法之一。

1. *积分*

一阶隐式方法的一般形式由(Press, Flannery, Ateukolsky 等, 2002)给出：

$$y_{k+1,\,i}=y_{k,\,i}+\Delta t_k\dot{y}_{k+1,\,i} \tag{7.12}$$

通过线性化一阶隐式方法，如牛顿法，得到

$$\dot{y}_{k+1,\,i}=\dot{y}_{k,\,i}+\frac{\partial\dot{y}_i}{\partial y_j}(y_{k+1,\,i}-y_{k,\,i}) \tag{7.13}$$

将式(7.13)代入式 (7.12)，有

$$y_{k+1,\,i}=y_{k,\,i}+\Delta t_k\left[\dot{y}_{k,\,i}+\frac{\partial\dot{y}_i}{\partial y_j}(y_{k+1,\,i}-y_{k,\,i})\right]$$

$$\left(I-\Delta t_k\frac{\partial\dot{y}_i}{\partial y_j}\right)y_{k+1,\,i}=\left(I-\Delta t_k\frac{\partial\dot{y}_i}{\partial y_j}\right)y_{k,\,i}+\Delta t_k\dot{y}_{k,\,i}$$

然后得出

$$y_{k+1,\,i}=y_{k,\,i}+\Delta t_k\left(I-\Delta t_k\frac{\partial\dot{y}_i}{\partial y_j}\right)^{-1}\dot{y}_{k,\,i} \tag{7.14}$$

式中：$y_{k+1,i}$表示使用一阶隐式欧拉方法从第 i 个常微分方程 $\dot{y}_i$ 积分的变量，i 和 j 从 1 到 NE 不等，其中 NE 是方程组内微分方程的数量。$\frac{\partial \dot{y}_i}{\partial y_j}$是具有 $NE \times NE$ 阶数的矩阵，并且在隐式数值积分的当前第 k 次迭代中被称为雅可比矩阵。I 是一个单位矩阵。方程可以写成如下矩阵形式

$$\begin{bmatrix} y_{k+1,1} \\ y_{k+1,2} \\ \vdots \\ y_{k+1,NE} \end{bmatrix} = \begin{bmatrix} y_{k,1} \\ y_{k,2} \\ \vdots \\ y_{k,NE} \end{bmatrix} + \Delta t_k \left(\begin{bmatrix} 1 & 0 & \cdots & 0 \\ 0 & 1 & \cdots & 0 \\ \vdots & \vdots & & \vdots \\ 0 & 0 & \cdots & 1 \end{bmatrix} - \Delta t_k \begin{bmatrix} \frac{\partial \dot{y}_1}{\partial y_1} & \frac{\partial \dot{y}_1}{\partial y_2} & \cdots & \frac{\partial \dot{y}_1}{\partial y_{NE}} \\ \frac{\partial \dot{y}_2}{\partial y_1} & \frac{\partial \dot{y}_2}{\partial y_2} & \cdots & \frac{\partial \dot{y}_2}{\partial y_{NE}} \\ \vdots & \vdots & & \vdots \\ \frac{\partial \dot{y}_{NE}}{\partial y_1} & \frac{\partial \dot{y}_{NE}}{\partial y_2} & \cdots & \frac{\partial \dot{y}_{NE}}{\partial y_{NE}} \end{bmatrix} \right)^{-1} \begin{bmatrix} \dot{y}_{k,1} \\ \dot{y}_{k,2} \\ \vdots \\ \dot{y}_{k,NE} \end{bmatrix}$$

隐式方法的难点在于估算雅可比矩阵。计算矩阵的倒数需要大量的计算。然而，在步长较大时，收敛性也较好。

2. 雅可比矩阵的数值估算

在尝试使用公式(7.14)对方程组进行准确的积分时，关键问题之一是开发一种可以精确有效地计算雅可比矩阵的方法。当所有变量(除了目标变量)在微分中保持不变时，偏导数$\frac{\partial \dot{y}_k}{\partial y_j}$可以被定义为多个变量函数的导数(Abramowitz 和 Stegun，1972)。对于一组统一本构方程而言，很难获得解析的雅可比矩阵，从而限制了隐式数值方法在积分中的应用。

数值雅可比矩阵扩展了使用数值方法在第 k 次迭代时有效地生成方程数 NE 的偏导数的想法。例如，雅可比矩阵中的偏导数可以使用下列公式计算(Abramowitz 和 Stegun，1972)

$$\frac{\partial \dot{y}_i}{\partial y_j} = \lim_{\Delta h_i \to 0} \frac{\dot{y}_i | y_i + \Delta h_i - \dot{y}_i | y_i}{\Delta h_i} \tag{7.15}$$

式中：Δh_i 为第 i 个方程的当前增量 Δy_i 的一部分，并且定义为：

$$\Delta h_i = \alpha \cdot \Delta y_i \tag{7.16}$$

式中：$\alpha(0 \sim 1)$为一个因子。理论上，随着 $\Delta h_i \to 0$，$\frac{\partial \dot{y}_i}{\partial y_j}$可以很容易地从公式(7.15)中计算出，但实际上，对于多重复方程，这是难以计算的，其中 $\dot{y}_i|_{y_i+\Delta h_i}$不能简单地从 $\dot{y}_i(y_1, \cdots, y_i + \Delta h_i, \cdots, y_{NE})$计算，因为变量 y_i 的小增量会影响复方程组内的其他变量的值(Lin，Cao 和 Balint，2012)。

用于数值计算雅可比矩阵的流程图如图 7.10 所示。它描述了在积分的一个增量上定义雅可比矩阵的总体结构。在计算过程中，需要特别注意 Δh_i 的价值。

当 $\Delta y_i=0$ 时，$\dot{y}|_{y_i+\Delta h_i}=\dot{y}|_{y_i}$，此时偏导数$\frac{\partial \dot{y}_i}{\partial y_j}=0$。计算$\frac{\partial \dot{y}_i}{\partial y_j}$的关键是：①确定 α 的值；②每个方程组中每次迭代的偏导数的计算。将在 7.3 节中详细介绍 α 值的敏感性。大多数情况下，推荐使用 $\alpha=0.1$（Cao，Lin 和 Dean，2008a）。

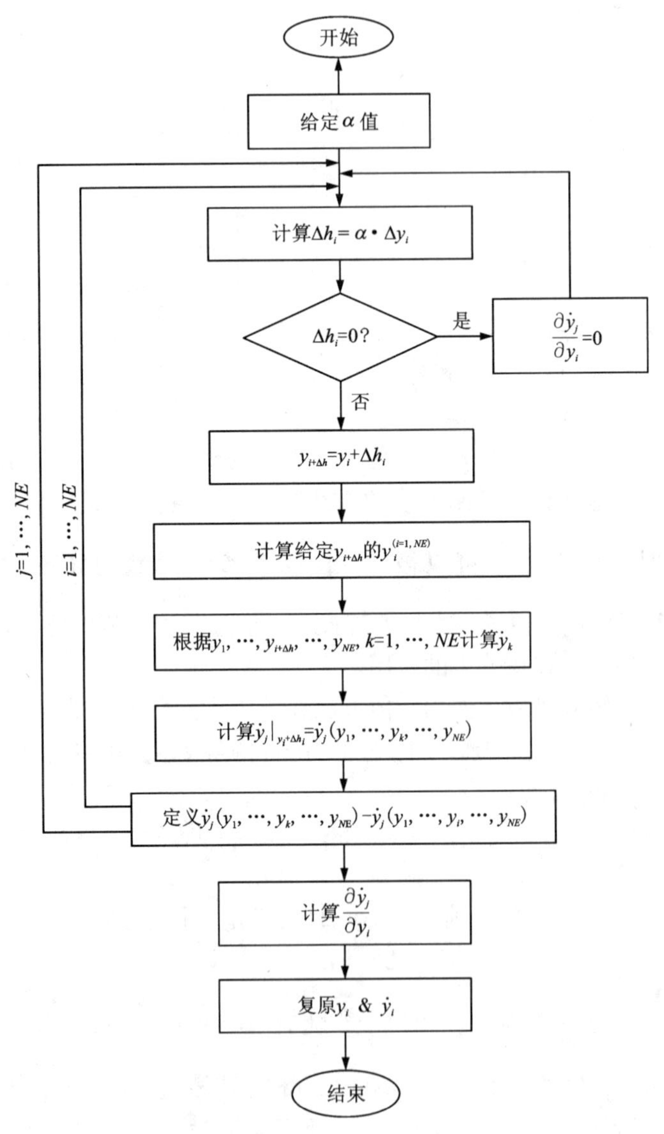

图 7.10　用积分增量数值计算雅可比矩阵的算法流程图

（Cao，Lin 和 Dean，2008a）

7.3 误差分析和步长控制方法

7.3.1 误差和步长控制

在数值积分方法中定义的截断误差可用于控制步长。例如，可以定义第 i 个变量的第一阶欧拉方法的截断误差为：

$$O_i(\Delta t_k^2) \leqslant \mathrm{Tol}_i \tag{7.17}$$

因此，该误差应小于公式的特定公差 Tol_i。

1. 截断误差的使用

如果使用截断误差，则有

$$O_{k,i}(\Delta t_k^2) = \frac{1}{2}(\Delta t_k)^2 \ddot{y}_{k,i} = \mathrm{Tol}_i$$

故可以从当前误差和特定的公差估算用于下一次迭代($k+1$)的第 i 个方程(变量)的步长。

$$\Delta t_{k+1,i} = \sqrt{\frac{2\mathrm{Tol}_i}{\ddot{y}_{k,i}}}$$

用于下一次迭代的步长可以从下列公式估计出

$$\Delta t_{k+1} = \min\{\Delta t_{k+1,i}\},\ i = 1,\ 2,\ \cdots,\ NE \tag{7.18}$$

这种方法可以扩展到更高阶的截断误差。值得注意的是，下一次迭代的步长是由当前积分迭代估计的。积分后应该对误差进行核对，如果误差超过了指定的截断误差，则这次迭代的积分应该停止，并且下一次试验应该减小步长，直到该误差在所有等式的指定公差内。

2. 应变率的变化

也可以控制步长，使得两次迭代之间的差异保持在一定的公差范围内。如下，

$$|\dot{y}_{k+1,i} - \dot{y}_{k,i}| \tag{7.19}$$

这是一个非常简单有效的方法。另外，还有许多控制积分误差和步长的方法，但这些方法主要用于解决数值积分中的一般数学问题。ODE 型统一黏塑性本构方程式具有特定的特征，因此 Cao，Lin 和 Dean(2008a)特别针对这一类问题开发了一种新方法，将在本节稍后介绍。

7.3.2 统一本构方程中的单位

当处理统一的黏塑性/蠕变本构方程时，需要考虑单个方程组单位的不一致性。表 7.1 所示为附录 A 中列出的方程组 Ⅰ 和 Ⅱ 计算的微分方程 $\dot{y}_i$ 和截断误差

$O_i(\Delta t_k^2)$的值。使用具有相同迭代次数的一阶隐式方法($N=10000$)对这两个方程进行积分。方程组 SET Ⅰ(附录 A)包含三个具有不同单位的微分方程(表 7.1),它们对 $\dot{\varepsilon}^{\mathrm{T}}=0.1\ \mathrm{s}^{-1}$ 积分。$t=1.26\times10^{-3}$ s 时,给出方程(Ⅰ.1)、(Ⅰ.2)和(Ⅰ.3)的速率和这些方程的截断误差 $O_i(\Delta t_k^2)$。在这个时间值,对于速率 $\dot{y}_i$,最大差值为 1×10^4,截断误差 $O_i(\Delta t_k^2)$ 为 1.3×10^5。从表 7.1 可以看出,(Ⅰ.3)的单位($\mathrm{MPa\cdot s^{-1}}$)与(Ⅰ.1)和(Ⅰ.2)的单位($\mathrm{s^{-1}}$)不同。即使(Ⅰ.1)和(Ⅰ.2)的单位相同,这些值也是明显不同的,这是因为位错密度率的最大值是塑性应变率的 10 倍。

表 7.1　附录 A 中列出的方程组 Ⅰ 和 Ⅱ 中方程间的速率和截断误差的比较

		(L.1)	(L.2)	(L.3)	(L.4)	max/min
SET Ⅰ	$\dot{y}_i\big\|_{t=1.26\times10^{-3}\mathrm{s}}$	9.2×10^{-2} $\mathrm{s^{-1}}$	0.95 $\mathrm{s^{-1}}$	954.2 $\mathrm{MPa\cdot s^{-1}}$	—	1.0×10^4
	$O_i(\Delta t^2)\big\|_{t=1.26\times10^{-3}\mathrm{s}}$	4.2×10^{-9}	3.2×10^{-8}	5.3×10^{-4} MPa		1.3×10^5
SET Ⅱ	$\dot{y}_i\big\|_{t=2.7\ \mathrm{h}}$	2.2×10^{-4} $\mathrm{h^{-1}}$	1.1×10^{-2} $\mathrm{h^{-1}}$	6.1×10^{-5} $\mathrm{h^{-1}}$	6.2×10^{-4} $\mathrm{h^{-1}}$	188.1
	$O_i(\Delta t^2)\big\|_{t=2.7\ \mathrm{h}}$	2.6×10^{-5}	2.5×10^{-3}	5.2×10^{-9}	7.1×10^{-5}	4.5×10^5

注:L= Ⅰ或Ⅱ,代表方程组(Cao, 2006)。

对等式 SET Ⅱ 进行类似的研究,且用其对 $\sigma=241.3$ MPa 进行积分。为了进行比较,将结果列于表 7.1 中。方程组的方程之间的巨大差异使得不可能为这项研究选择出适当的公差。从表 7.1 可以看出,方程组中的不同速率方程具有不同的单位,因此截断误差也用不同的单位近似。因此,误差值难以比较,因为变量的单位具有不同的量级。

图 7.11 显示了 $\dot{\varepsilon}^{\mathrm{T}}=0.1\ \mathrm{s}^{-1}$时 SET Ⅰ 中方程的自然截断误差的不同单位量级。这三个方程已经使用上面介绍的一阶隐式方法进行了积分,迭代次数设置为 10000,并且使用公式(7.9)估计了单个方程的自然截断误差。由于具有不同的单位尺度,(Ⅰ.3)中的误差远高于(Ⅰ.1)和(Ⅰ.2)中的误差,在整个积分过程中这样的差异几乎不变,如果使用单个公差,则表明在第三个方程式中的误差控制着整个积分过程的误差估计的步长。为了获得类似的误差,公式(Ⅰ.1)和公式(Ⅰ.3)的公差差异大约为 10^6。

随着统一的本构方程被同时数值积分,方程间单位的不一致性会产生问题。

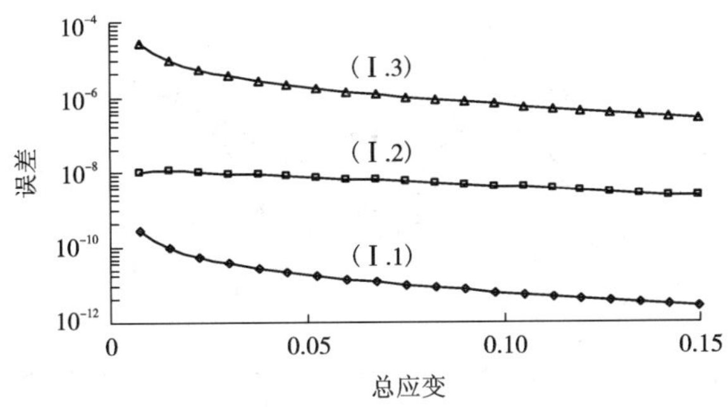

图 7.11　附录 A 中列出的方程组 I 积分的自然截断误差比较

(Cao, Lin 和 Dean, 2008a)

不可能定义出一个适用于一个方程组内的所有方程的公差。要获得类似的截断误差值，需要为单个方程定义不同的公差(Tol_i)，然而这是非常困难的。对于简单的方程组，这些公差可以根据经验来定义。对于更复杂的方程组，如附录 A 中的 SET Ⅲ，要为每个方程定义出可以控制积分精度的可接受公差(Tol_i)是非常困难的。

7.3.3　无量纲误差评估方法

为了解决单位不一致的问题，可应用截断误差的适应性，使得与集成变量相关联的单位值可以转换为无单位值。这可以通过引入归一化方法来实现。归一的截断误差 $\overline{O}_i(\Delta t_k^2)$ 可定义为：

$$\overline{O}_i(\Delta t_k^2) = \frac{O_i(\Delta t_k^2)}{|\Delta y_{k,i}|} \tag{7.20}$$

式中：第 k 次迭代的第 i 个方程的截断误差 $O_i(\Delta t_k^2)$ 是从高低阶近似值的差值估计出来的。$\Delta y_{k,i}$ 是第 i 个方程的积分值的增量。这种归一化方法在定义公差 Tol 方面具有优势，它与每个方程的解的幅度和单位无关。

图 7.12 显示了在附录 A 中列出的方程组 SET Ⅰ中方程式(Ⅰ.1)、(Ⅰ.2)和(Ⅰ.3)的归一化误差，它们均使用了相同的迭代次数($N = 10000$)。在积分过程中，(Ⅰ.3)和(Ⅰ.2)对于低应变具有最高的误差。在较高的应力下，方程(Ⅰ.2)的误差变得最高，并且保持到最后。这表明如果使用单个归一化公差，则积分的步长可以由方程组内的不同方程来控制。

图 7.11 表明，若使用自然误差估计方法和单一公差，则积分的步长总是由公式(Ⅰ.3)控制。通过使用归一化公差，截断误差被转移到无单位值，并且从各个方程获得的归一化误差之间的差异大大降低，而整个积分的误差变量具有良好的特

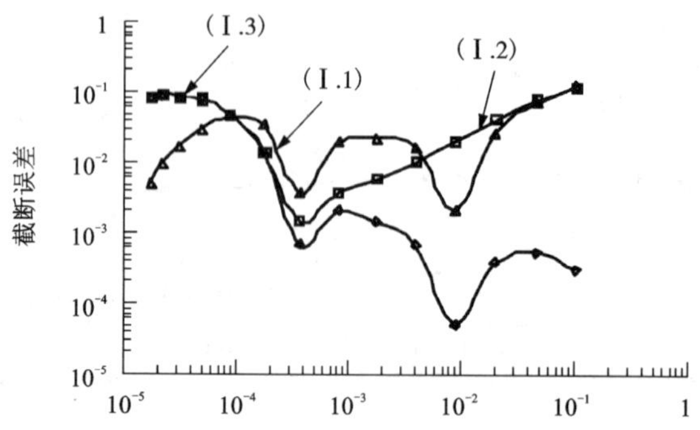

图 7.12　对附录 A 中列出的方程 SET Ⅰ 的积分的归一化截断误差的比较

(Cao, Lin 和 Dean, 2008)

征。这为使用单个指定公差控制步长提供了更好的方法，使错误评估更加简单。

因此，可以通过使用归一化截断误差来容易地控制数值积分的步长，并且可以为积分过程定义单个公差，Tol。

7.4　隐性数值积分的案例研究

在本节中将演示一个用于数字整合的一组统一本构方程的整个过程。使用附录 A 中列出的方程式 SET Ⅰ。

7.4.1　隐式积分法

一阶隐式积分方程给出如下：

$$y_{k+1,\,i}^{(1)} = y_{k,\,i} + \Delta t_{k+1}\left[1 - \Delta t_{k+1}\frac{\partial \dot{y}_i}{\partial y_j}\right]^{-1}\dot{y}_{k,\,i} \tag{7.21}$$

式中：$y_{k+1,\,i}^{(1)}$表示使用一阶隐式欧拉法从第 i 个常微分方程 $\dot{y}_i$ 积分的变量。根据隐式梯形规则(Cao, Lin 和 Dean, 2008a)，平均显式和隐式欧拉方法可以获得更高的精度，给出如下：

$$y_{k+1,\,i}^{(2)} = y_{k,\,i} + \frac{1}{2}\Delta t_{k+1}(\dot{y}_{k,\,i} + \dot{y}_{k+1,\,i}) \tag{7.22}$$

该方法使用了 $\dot{y}_{k,\,i}$和 $\dot{y}_{k+1,\,i}$对近似 $y_{k,\,i}$的导数的平均值，其中导数 $\dot{y}_{k+1,\,i}$是未知的，它可通过使公式(7.13)的牛顿方法线性化获得。那么使用梯形规则的二阶隐式积分可以用下式表示

$$y_{k+1,\,i}^{(2)} = y_{k,\,i} + \Delta t_{k+1}\left[1 - \frac{1}{2}\Delta t_{k+1}\frac{\partial \dot{y}_i}{\partial y_j}\right]^{-1}\dot{y}_{k,\,i} \tag{7.23}$$

通过泰勒级数扩展，该方法具有二阶截断误差。因此它比方程(7.21)更精确。两种隐式积分方法具有良好的收敛特征，但其缺点在于，在每次迭代中，必须将雅可比矩阵$\frac{\partial \dot{y}_i}{\partial y_j}$求逆后方能得到$y_{k+1}$。关于雅可比矩阵近似的详细分析将在后面讨论。

7.4.2　归一化误差估计和步长控制

1. 误差估计

归一化截断误差$\overline{O}_i(\Delta t_k^2)$可以定义为：

$$\overline{O}_i(\Delta t_k^2)=\frac{O_i(\Delta t_k^2)}{|\Delta y_{k,i}|} \tag{7.24}$$

式中：第k次迭代的第i个方程的截断误差$O_i(\Delta t_k^2)$是根据式(7.21)和式(7.22)中定义的较高阶和低阶近似之间的差来估计的：

$$O_i(\Delta t_k^2)=\left|\frac{1}{2}\Delta t_k(\dot{y}_{k-1,i}^{(2)}+\dot{y}_{k,i}^{(2)})-\Delta t_k\dot{y}_{k,i}^{(1)}\right|$$

和

$$|\Delta y_{k,i}|=y_{k,i}^{(2)}-y_{k-1,i}^{(2)}$$

$\Delta y_{k,i}$是使用二阶隐式积分规则[方程(7.23)]的第i个方程的积分值的增量，该归一化方法的优点在于可以定义单个独立于每个方程的解的大小的公差，Tol。

2. 步长控制

根据下面的定义，误差可以从式(7.23)和式(7.21)间的差值精确估计出来：

$$\overline{O}_i(\Delta t_k^2)=\frac{|y_{k,i}^{(2)}-y_{k,i}^{(1)}|}{|y_{k,i}^{(2)}-y_{k-1,i}^{(2)}|}$$

然后归一化误差可以使用下列公式进行外推：

$$\overline{O}_i(\Delta t_{k+1}^2)=1-\left[1-\Delta t_{k+1}\frac{\partial \dot{y}_j}{\partial y_i}\right]^{-1}\Bigg/\left[1-\frac{1}{2}\Delta t_{k+1}\frac{\partial \dot{y}_j}{\partial y_i}\right]^{-1} \tag{7.25}$$

由于雅可比矩阵的求逆，Δt不能为了下一步直接计算出来。因此，必须使用外推法，并且在每个步骤中，必须对矩阵求逆，这就需要大量的计算时间。为了解决这个问题，可采用牛顿方法中线性化方程(Faruque，Zaman等，1996)的近似方法来计算步长，其中所有未知值$\dot{y}_{k,i}$被消除；随后，第$(k+1)$次迭代中方程(7.25)的归一化误差可以估计为：

$$\overline{O}_i(\Delta t_{k+1}^2)=\frac{\Delta t_{k+1}\cdot\left|(\dot{y}_{k,i}^{(2)}-\dot{y}_{k,i}^{(1)})+\frac{\partial \dot{y}_j}{\partial y_i}(\frac{1}{2}\Delta y_{k+1,i}^{(2)}-\Delta y_{k+1,i}^{(1)})\right|}{|\Delta y_{k+1,i}^{(2)}|} \tag{7.26}$$

式中：$\overline{O}_i(\Delta t_{k+1}^2)$为第$(k+1)$次迭代的第$i$个方程的预测归一化截断误差。$\Delta y_{k+1,i}$是

积分值的增量，但是在第$(k+1)$次迭代中$y_{k+1,i}$是未知的，若设定与前面积分点相同的增量，即$\Delta y_{k+1} \approx \Delta y_k$，可以近似该误差。因此，归一化误差可以通过每次迭代中的百分比误差近似。在物理上，它是对积分值的相对误差的估计。实际上，这个相对误差是无单位的，可以直接与方程组中其他速率方程计算的误差进行比较。

通过使用归一化截断误差，单个速率方程的不同误差单位已被消除。这将有利于使用单一公差来控制精度。重排方程（7.26）并用指定的归一化公差，且用Tol代替归一化截断误差$\overline{O}_i(\Delta t_{k+1}^2)$，则可以得到以下等式：

$$\Delta t_{k+1,i} = \frac{\text{Tol} \cdot \left| \Delta y_{k,i}^{(2)} \right|}{\left| (\Delta \dot{y}_{k-1,i}^{(2)} - \Delta \dot{y}_{k-1,i}^{(1)}) + \frac{\partial \dot{y}_j}{\partial y_i} \left(\frac{1}{2} \Delta y_{k,i}^{(2)} - \Delta y_{k,i}^{(1)} \right) \right|}, \quad i = 1, \cdots, NE \tag{7.27}$$

$$\Delta t_{k+1} = \min\{\Delta t_{k+1,i}\}$$

式中：Δt_{k+1}为从各个方程计算的下一次迭代的估计步长。$\Delta t_{k+1,i}$的最小值用于估计下一次迭代的步长。实际上，如果归一化误差在定义的公差Tol内，则Δt_{k+1}可用于下一增量。然而，如果归一化误差大于Tol，则步长需进一步减小直至可接受。下一次试验的步长可以用以下公式进行估计（Omerspahic 和 Mattiasson，2007）：

$$\Delta t_{k+1}^{\text{new}} = \beta \cdot \Delta t_{k+1} \cdot \left| \frac{\text{Tol}}{\overline{O}(\Delta t_{k+1}^2)} \right|^{1/q} \tag{7.28}$$

式中：β为在实践中比1小几个百分点的安全系数；q与积分方法的顺序有关。在这个例子中，选择$\beta = 0.8$和$q = 3$。这里介绍的归一化技术可以解决单位不一致的问题，它是通过使从统一的本构方程组合得到的误差转变成具有无单位值来实现的。该方案旨在保持误差估计值接近用户指定的公差Tol。当$\text{Tol} < \overline{O}_i(\Delta t_{k+1}^2)$和以更小的步长$\Delta t_{k+1}^{\text{new}}$进行新的尝试时，该步骤被拒绝。

7.4.3 雅可比矩阵和计算效率

已经在图7.10中讨论并详细描述了雅可比矩阵$\frac{\partial \dot{y}_i}{\partial y_j}$的估计数值程序。这些都是基于式（7.15）和式（7.16），如下所示：

$$\frac{\partial \dot{y}_i}{\partial y_j} = \lim_{\Delta h_i \to 0} \frac{\dot{y}_i|_{y_i + \Delta h_i} - \dot{y}_i|_{y_i}}{\Delta h_i}$$

$$\Delta h_i = \alpha \cdot \Delta y_i$$

式中：Δh_i为变量y_i中的小增量。

α的值对于使用等式（7.15）计算的偏导数$\frac{\partial \dot{y}_i}{\partial y_j}$的准确度有显著影响，从而影

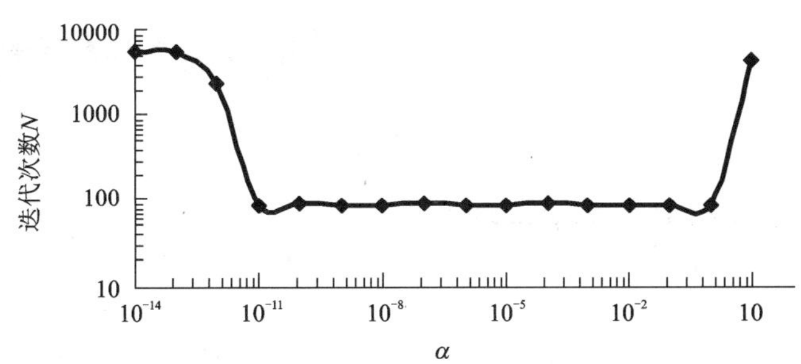

图7.13　α 值对积分方程 SET Ⅰ所需的迭代次数 N 的影响

(Cao, Lin 和 Dean, 2008)

响计算结果和效率。前面已经研究了 α 值在大范围(从 10^{14} 变化到 10，超出这个范围，不能进行积分)的敏感性问题。图 7.13 中示出了 α 值对积分方程 SET Ⅰ所需的迭代次数 N 的影响。应用新的步长控制，并将公差 Tol 设置为 0.1。

从图 7.13 可以看出，数值积分所需的迭代次数是可接受的，随着 α 的值在 10^{-12} 和 1.0 之间变化，迭代次数几乎不变。大范围的 α 值意味着可能选择到合适的值。因此，当使用上述范围内的 α 值时，数值偏导数将是可接受的。但是如果 $\alpha<10^{-12}$，则误差会显著增加，并且需要大量的迭代来达到指定的公差。原因是当 Δh_i 达到一定的小值时，式(7.15)中两个小数值的比可能会使得数值不稳定。

$\alpha=10^{-12}$ 和 $\alpha=0.1$ 时分析和数值计算的偏导数的差异如图 7.14 所示。粗曲线表示使用分析雅可比矩阵获得的应变速率为 0.1 的数值积分 SET Ⅰ方程中的偏导数 $\frac{\partial\dot{\varepsilon}^{p}}{\partial\varepsilon^{p}}$、$\frac{\partial\dot{\varepsilon}^{p}}{\partial\bar{\rho}}$、$\frac{\partial\dot{\bar{\rho}}}{\partial\varepsilon^{p}}$ 和 $\frac{\partial\dot{\bar{\rho}}}{\partial\bar{\rho}}$ 的值。相应的振荡细曲线和符号表示使用数值计算的雅可比矩阵获得的当 $\alpha=10^{-12}$ 和 $\alpha=0.1$ 时的偏导数。图 7.14 显示偏导数变得不稳定，并且随着 α 的值变得小于 10^{-12}，计算通常难以进行，因此会显著地影响数值积分的准确性和效率。然而，如果 $\alpha>1.0$，则增量变得太大而不可接受，并且误差急剧增加。

另外，本书还对有关使用分析和数值雅可比矩阵来求解不同应变率下的方程式 SET Ⅰ展开了研究。图 7.15 所示为在 $\dot{\varepsilon}=0.1\ \mathrm{s}^{-1}$、$2.0\ \mathrm{s}^{-1}$ 和 $5.0\ \mathrm{s}^{-1}$ 下方程 SET Ⅰ的数值积分中的两个偏导数 $\frac{\partial\dot{\varepsilon}^{p}}{\partial\varepsilon^{p}}$ 和 $\frac{\partial\dot{\bar{\rho}}}{\partial\varepsilon^{p}}$ 的值，且对使用分析(实线)和数值(符号)雅可比矩阵计算的偏导数值做了比较。在整个积分过程中，两个偏导数的值得到了几乎相同的结果。对于其他两个偏导数 $\frac{\partial\dot{\varepsilon}^{p}}{\partial\bar{\rho}}$ 和 $\frac{\partial\dot{\bar{\rho}}}{\partial\bar{\rho}}$(这里没有给出)，它们的结果也是相同的。这表明，对于这种类型的本构方程，可以使用数值方法准确

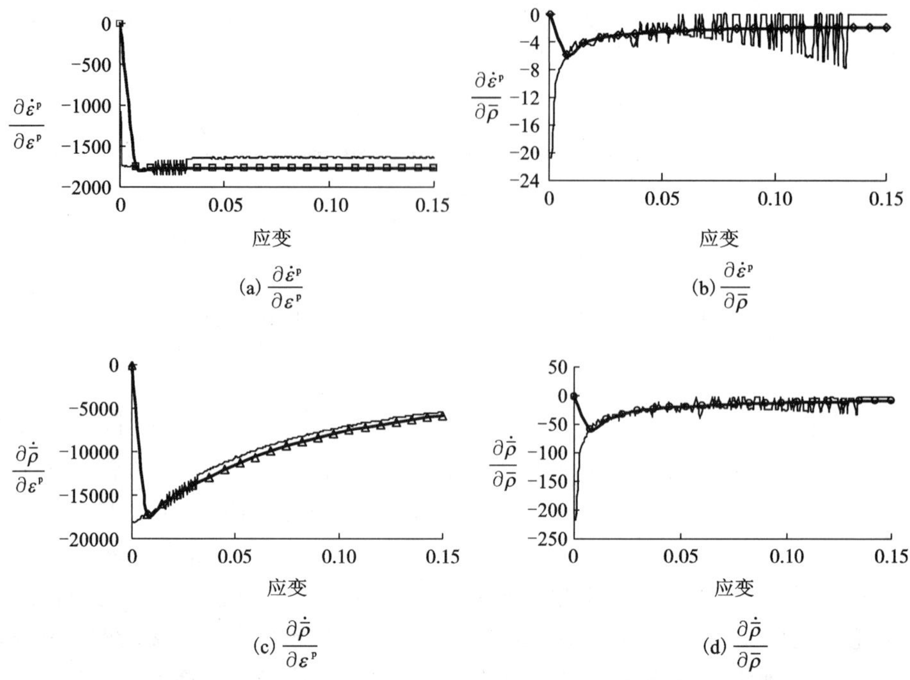

图 7.14　$\dot{\varepsilon}=0.1\ \text{s}^{-1}$下分析(粗曲线)和数值(细曲线 $\alpha=10^{-12}$和符号 $\alpha=0.1$)方法计算 SET Ⅰ的偏导数的比较

(Cao, Lin 和 Dean, 2008a)

地估计雅可比矩阵。

图 7.16 显示了采用隐式欧拉法，使用分析(实曲线)和数值(符号)雅可比矩阵获得的应力 - 应变曲线之间的比较图。SET Ⅰ方程组包含三个具有不同单位的微分方程，在 $\dot{\varepsilon}=0.1\ \text{s}^{-1}$、$2.0\ \text{s}^{-1}$ 和 $5.0\ \text{s}^{-1}$ 下进行积分。选择 $\alpha=0.1$ 用于数值计算。从图 7.16 可以看出，使用分析和数值雅可比矩阵得到的结果几乎相同。对于其他更复杂的统一本构方程，Cao、Lin 和 Dean(2008a)对 α 值的敏感性进行了研究。从这些研究的结果可以看出，在求解一般蠕变/黏弹性本构方程时，为了获得良好的结果，推荐取 $\alpha=0.1$。

自然误差 O 和归一化累积误差 $\overline{O}$ 可以定义为

$$O = \sum_{k=1}^{N} O_{k,\ i}(\Delta t_k^2)$$

$$\overline{O} = \sum_{k=1}^{N} \overline{O}_{k,\ i}(\Delta t_k^2)$$

式中：N 是积分的迭代次数。自然误差(O)和归一化累积误差($\overline{O}$)以及用于积分

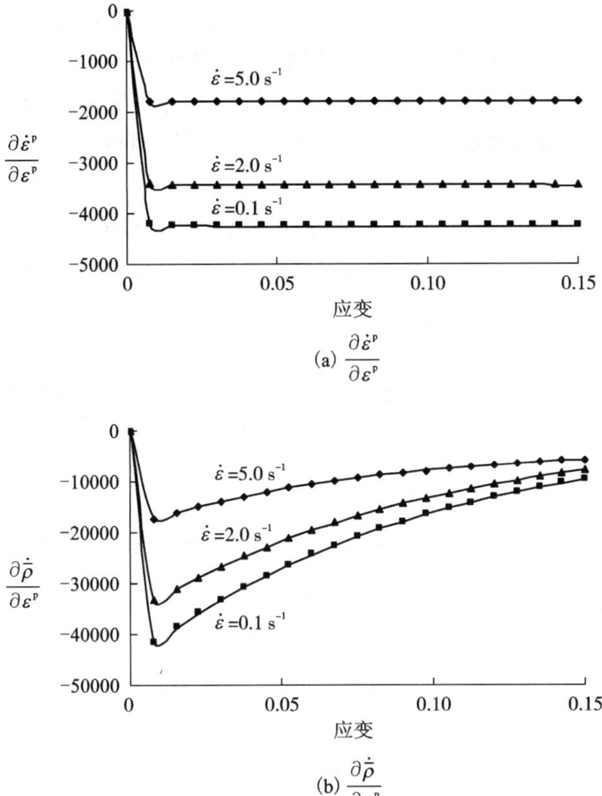

图 7.15　在不同应变率下使用分析(实线)和数值(符号)($\alpha = 0.1$)方法计算的偏微分的比较

(Cao, Lin 和 Dean, 2008)

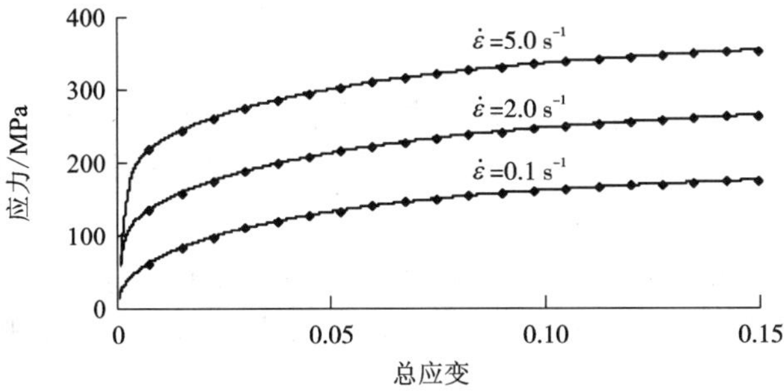

图 7.16　应变速率为 $\dot{\varepsilon} = 0.1\ s^{-1}$、$2.0\ s^{-1}$ 和 $5.0\ s^{-1}$，使用方程 SET Ⅰ 的分析(曲线)和数值(符号)雅可比矩阵获得的应力－应变曲线的比较

(Cao, Lin 和 Dean, 2008a)

各曲线的迭代次数见表 7.2 中方程 SET Ⅰ所示。各个微分方程(Ⅰ.1),(Ⅰ.2)和(Ⅰ.3)的归一化累积误差($\overline{O}$)具有相似的数量级。相反地，累积的自然误差(O)具有非常不同的数量级，归一化误差的最大和最小累积误差之间的比值明显低于自然误差这两者的比值。使用先前概述的步长控制技术，方程式可以使用 38 次迭代进行积分。

对于附录 A 中列出的统一蠕变损伤本构方程式，SET Ⅱ也具有类似的特征。由于应变率较高，步长需要较小，所以方程式 SET Ⅱ需要使用更多次的迭代，因此材料在失效之前会有更多的迭代。

表 7.2　当积分方程组 SETs 为Ⅰ和Ⅱ时，自然误差(O)和归一化累积误差($\overline{O}$)的比较

		(L.1)	(L.2)	(L.3)	(L.4)	max/min
SET Ⅰ $N=38$	O	3.0×10^{-4}	4.9×10^{-2}	52.88 (MPa)		1.8×10^{5}
	$\overline{O}$	4.5	5.4	5.9		1.3
SET Ⅱ $N=114$	O	1.7×10^{-2}	2.0×10^{-2}	6.3×10^{-8}	4.7×10^{-2}	7.5×10^{5}
	$\overline{O}$	6.4	36.9	3.0	6.4	12.3

注：$L=$ Ⅰ和Ⅱ，代表方程组(Cao, 2006)。

7.4.4　对解决 ODE 型统一本构方程的评价

1. 积分中的难点

数值积分 ODE 型本构方程遇到的主要困难是：

(1)方程非常死板。如果使用显式(前进)积分方法，则应使用非常小的步长。这是非常耗时的。

(2)推荐使用隐式(向后)积分方法来求解 ODE 型本构方程，其效率高。隐式方法的主要问题是对雅可比矩阵的评估。应利用数值分析方法来粗略估计雅可比矩阵的各个组元。

(3)在一系列方程中，不同变量的不同单位是控制积分精度时一个最难处理的方面。这与数学教科书中所讨论的 ODE 类型的方程不同，应开发出一些特殊方法来处理这些问题。

(4)不同单位会导致误差评估上的困难(从每个独立方程计算出的误差不能直接进行比较)。因此，很难为时间步长控制创造一种算法。

2. 误差和步长控制

如果可以控制误差，则可以在积分中实现自动步长控制算法。为了直接比较从不同方程的积分中得到的误差，应使用归一法使误差变成无单位的。由此，为了对一系列方程积分，可以定义一个单一的公差值，同时也可以有效地控制步长。

3. 效率分析

推荐使用具有归一化误差控制的低阶隐式（反向）积分法，比如一阶隐式欧拉法来对统一本构方程积分。使用自动步长控制可以使方程以较小的增量积分。这对于FE模拟来说非常重要，因为对于每个增量，需要为工件网格的每个积分点求解方程。因此，最大化步长可以减少解决过程建模问题所需的增量数量，进而大幅度地减少计算时间。

7.5 构建优化目标函数

正如上述提到的，利用实验数据确定一系列本构方程中的材料常数非常重要（Lin等，2012）。目前，确定本构方程的方法通常是利用优化方法来尽量减小实验数据和运算数据间的误差。这种误差可以表达成一个方程$f(x)$，可以称为目标函数或适应度函数。

已经开发许多种优化方法以从实验数据确定本构方程中的常数，比如基于梯度（Kowalewski等，1994）和基于进化算法（EA）（Lin和Yang，1999）的方法并且构造了不同的目标函数来评估实验数据和运算数据之间的误差（Li，Lin和Yao，2002；Cao和Lin，2008）。目标函数应该能有效地“引导”优化过程，随后找出与实验数据的最佳拟合。一个理想的目标函数应该具有以下特征：

- 标准1　对于单一曲线——假如实验数据误差已经被提前消除，则应对所有在曲线上的实验数据点进行优化运算，且优化概率相等。
- 标准2　对于多重曲线——所有实验曲线应具有被优化的同等机会。拟合过程的重点不应该取决于每条实验曲线中数据点的数量。
- 标准3　对于多重子目标——一个目标函数应该解决多重子目标问题，其中子目标的单元可能不同，而且所有的子目标应该有被优化的同等机会。在每个子目标中，不同的单位和/或曲线的数目不应该影响整个拟合过程。
- 标准4　权重因子——上述标准可自动满足，无须手动选择权重因子，因为在实践过程中很难选择权重因子。

用来制定目标函数的基础最小二乘法在方程（7.2）中已经给出。本章介绍了几种用于解决统一本构方程的特殊方法。

7.5.1 用于材料建模的目标函数的个体特征

对于应力－应变数据，目标函数通常是通过最小化同一应变水平的计算数据和实验数据差值的平方和或者残差来构造的。例如，为了确定基于应力 - 应变数据的黏塑性损伤本构方程组(附录 A 方程 SET Ⅲ)中的材料常数，目标函数可以写成：

$$f(x) = \sum_{j=1}^{M} \sum_{i=1}^{N_j} w_{ij} [\sigma_{ij}^{c} - \sigma_{ij}^{e}]^2 \tag{7.29}$$

式中：$f(x)$ 为应力残差的平方和，即用来最优化的目标函数。参数 x($x = \{x_1, x_2, \cdots, x_j, \cdots, x_{NC}\}$)代表常数 x_j($j = 1, 2, \cdots, NC$)，NC 是需要从应力 - 应变实验数据中确定(优化)的常数数量。σ_{ij}^{c} 和 σ_{ij}^{e} 分别为实验数据曲线 j 在相同应变水平 i 时的计算应力和实验应力，w_{ij} 是权重因子，N_j 是应力 - 应变曲线 j 的实验应力 - 应变数据点的个数，如图 7.17(a)所示。M 是在优化过程中需要考虑的实验曲线数。例如，只考虑一条实验曲线，即 $M = 1$、$N_1 = 15$ 和 $w_{ij} = 1.0$。对于一个常见的弹性黏塑性问题，需要考虑一组在不同温度和应变速率下的应力 - 应变曲线。

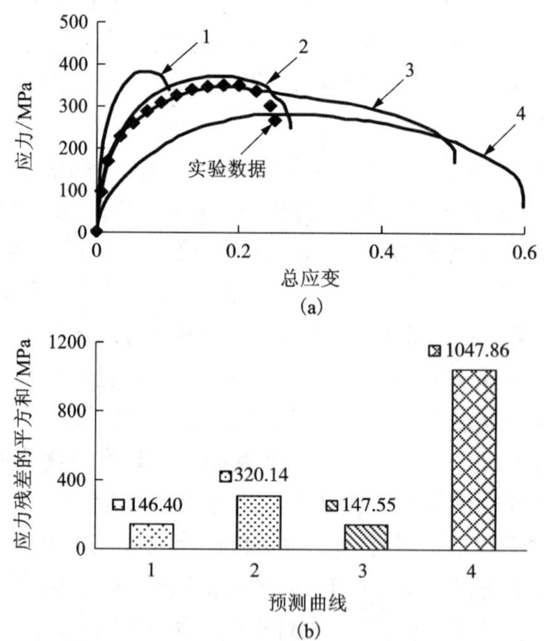

图 7.17　(a)实验(符号)和计算(曲线 1, 2, 3, 4)应力 - 应变曲线的比较；(b)应力残差的平方和

(Cao 和 Lin, 2008)

图 7.17(a)显示了实验曲线(符号)和四条由方程组(附录 A 中的等式 SET Ⅲ)得到的曲线。对于黏塑性损伤材料模型，断裂应变隐含通过一些材料参数来表征，正如 Lin, Foster, Liu 等(2007)提到的。图 7.17(a)显示了四条计算的应力

应变曲线，可以看到运算曲线 1 与实验数据具有较差的匹配度。曲线 2 与实验数据在整体上匹配得最好。曲线 3 在实验数据范围内匹配得较好，但是超过这一范围，曲线具有一个更高的断裂应变。曲线 4 与实验数据最不匹配，它具有最高的断裂应变。

图 7.17(b)显示了用方程式(7.29)得出的图 7.17(a)中四条计算曲线的应力残差的平方和(在不同应变时的应力)。从图 7.17(b)可以看出，曲线 4 具有最大的平方和，而曲线 1 具有最小的平方和。从 7.17(a)中可以明显看出，曲线 2 与实验数据最匹配，但其残差的总和仍然很高。显然，假如预测的断裂应变比实验数据小，如图 7.17(a)中的曲线 1，则一些实验数据不包含在误差估计中。如果计算的断裂应变高于实验数据，比如图 7.17(a)中的计算曲线 3 和 4，则拟合的结果也可能产生误导。

假如应力残差的平方和的计算是在两个方向上(应变和应力)完成的，则会出现另一种情况，即横、纵坐标的单位尺度不同，如图 7.17(a)所示。以上的例子强调了在材料建模制定目标函数时会遇到的困难。在下面的章节中，将会介绍几种为确定本构方程而制定目标函数的方法。

7.5.2　最短距离修正法(OF-Ⅰ)

这种方法是由 Li，Lin 和 Yao(2002)开发的，用于确定由 Kowalewski，Hayhurst 和 Dyson(1994)提出的蠕变损伤本构方程组(附录 A 的 SET Ⅱ)。在这种方法中，误差被定义为实验和计算蠕变曲线之间的最短距离：

$$r^2 = \Delta\varepsilon^2 + \Delta t^2$$

如图 7.18 所示，$\Delta\varepsilon$ 是实验和计算的蠕变应变(%)之差，Δt 是蠕变时间(h)的增量。为补偿应变和时间不同单位量级的影响，Li，Lin 和 Yao(2002)引入了两个权重参数 α 和 β。所以第 j 条曲线的第 i 个数据点的误差可以定义为：

$$r_{ij}^2 = \alpha\Delta\varepsilon_{ij}^2 + \beta\Delta t_{ij}^2 = \alpha(\varepsilon_{ij}^{\mathrm{c}} - \varepsilon_{ij}^{\mathrm{e}})^2 + \beta(t_{ij}^{\mathrm{c}} - t_{ij}^{\mathrm{e}})^2$$

通过对每条曲线的所有数据点求和 r_{ij}^2，并考虑权重因子时，目标函数可表示为

$$f(x) = \sum_{j=1}^{M}\sum_{i=1}^{N_j} w_{ij} r_{ij}^2 + \sum_{j=1}^{M} W_j (t_{N_j j}^{\mathrm{c}} - t_{N_j j}^{\mathrm{e}})^2 \tag{7.30}$$

式中：w_{ij}是第 j 条实验蠕变曲线第 i 个数据点的相对权重。W_j 是曲线 j 的相对权重。Kowalewski，Hayhurst 和 Dyson(1994)引入方程(7.30)的第二项是用于确定蠕变损伤本构方程，以提高蠕变寿命对估算误差的敏感性。在计算值 r_{ij}中，引入两个权重参数是为了保持单位尺度的兼容性并提高目标函数的敏感性。正如 Li，Lin 和 Yao(2002)建立的蠕变损伤本构方程组，通过正确地选择权重参数，可以得到相当好的拟合结果。

权重参数(或比例因子)α 和 β 可通过每个轴的最大值的归一化来选择，即

$$\alpha = \frac{1}{\varepsilon_{N_j j}^{e}} \text{ 和 } \beta = \frac{1}{t_{N_j j}^{e}}$$

式中：$\varepsilon_{N_j j}^{e}$ 和 $t_{N_j j}^{e}$ 分别是第 j 条蠕变曲线在失效时的应变和时间。在此，可以设置

$$\alpha = \frac{t_{N_j j}^{e}}{\varepsilon_{N_j j}^{e}} \text{ 和 } \beta = 1.0$$

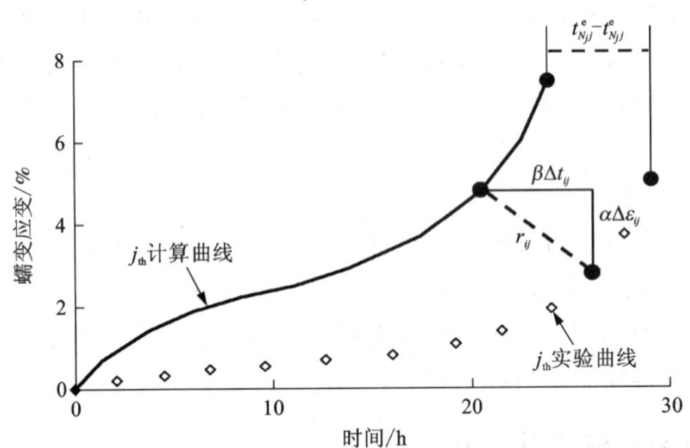

图 7.18　具有修正项的最短距离法的误差定义

(Li, Lin 和 Yao, 2012)

Li, Lin 和 Yao(2002)选择 $\alpha = 100$ 和 $\beta = 0.01$ 用于所有曲线，这些值很适合于方程式的确定。引入一个权重参数和其他各种参数给目标函数带来了一定的灵活性，反过来也容易获得本构方程组中优化的常数结果。但是，这也会给工程师或其他研究人员带来额外的困难，因为他们必须为这些参数选择合适的值，才能获得更好的结果。

7.5.3　通用多重目标函数(OF-Ⅱ)

为了减小预测和实验断裂应变的差异和不同单位尺度产生的问题，Lin，Cheong 和 Yao 引入了一个用于确定一组超塑性损伤本构方程无量纲目标函数，将多重目标包含其中。多重目标问题的误差定义如图 7.19 所示，并且目标函数用以下形式呈现：

$$f(x) = f_{\sigma} + f_{d} \tag{7.31}$$

其中

$$f_{\sigma} = \sum_{j=1}^{M} \left\{ \left[\frac{1}{N_j} \right] \sum_{i=1}^{N_j} \left\{ \frac{\sigma_{ij}^{e} - \sigma^{c}(\varepsilon_{N_j j}^{c} \varepsilon_{ij}^{e} / \varepsilon_{N_j j}^{e})}{S_{\sigma, ij}} \right\}^2 + \left[\frac{\varepsilon_{N_j j}^{e} - \varepsilon_{N_j j}^{c}}{S_j} \right]^2 \right\} \tag{7.31a}$$

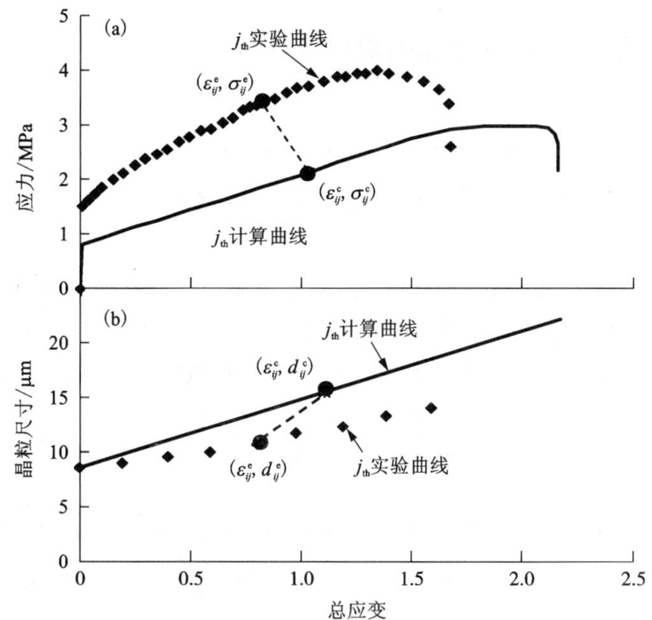

图 7.19　(a) 应力 (MPa)；(b) 晶粒尺寸 (μm) 的误差定义

(Lin, Cheong 和 Yao, 2002)

$$f_{\mathrm{d}} = \sum_{j=1}^{M}\left\{\left[\frac{1}{N_j}\right]\sum_{i=1}^{N_j}\left\{\frac{d_{ij}^{\mathrm{e}} - d^{\mathrm{c}}(\varepsilon_{N_j j}^{\mathrm{c}}\varepsilon_{ij}^{\mathrm{e}}/\varepsilon_{N_j j}^{\mathrm{e}})}{S_{d,\,ij}}\right\}^2 + \left[\frac{\varepsilon_{N_j j}^{\mathrm{e}} - \varepsilon_{N_j j}^{\mathrm{c}}}{S_j}\right]^2\right\} \qquad (7.31\mathrm{b})$$

式中：f_σ 为应力的残差；f_d 为晶粒尺寸的残差；$S_{\sigma,\,ij}=0.1\sigma_{ij}^{\mathrm{e}}$和 $S_{\mathrm{d},\,ij}=0.1d_{ij}^{\mathrm{e}}$用于第 j 条曲线第 i 个数据点，$S_j=0.1\varepsilon_{N,\,j}^{\mathrm{e}}$用于第 j 条曲线。在式(7.31a)和式(7.31b)的第一项中，计算数据相对于相应的实验数据进行归一化，将误差转换成无量纲值。这种方法可以处理多重目标，直接合并残差以形成一个不用引入加权因子的多重目标函数。

方程式(7.31a)和方程式(7.31b)的第二项，具有与方程式(7.30)第二项类似的函数，均为对实验的最大应变值进行归一化处理。这将再次导致一次无量纲误差计算，并确保预测的断裂应变更接近于相应的实验值。这种效果是非常全面的，因为使 $\varepsilon_{N,\,j}^{\mathrm{c}}$最终逼近 $\varepsilon_{N,\,j}^{\mathrm{e}}$意味着使所有预测点逼近模型中相应值。通过归一化所有数据点的误差可以确保两项具有同等重要性。

正如 Lin, Cheong 和 Yao(2002)所提到的，这种目标函数已经成功应用于确定超塑性损伤本构方程组中的材料参数。对于所有独立的实验数据点，准确获取相应的计算数据很重要。对于一对实验和相应的计算曲线，可利用相同的函数来选择第 j 条曲线第 i 个实验数据点上相应的值 σ^{c}。这样保证了所有实验数据点都进行了优化，并且预测的数据会逼近相应的实验数据。

7.5.4 真误差定义多重目标函数(OF-Ⅲ)

1. 真误差定义

在处理附录 A 列出的统一本构方程时，第 j 条曲线第 i 个数据点的计算和相应的实验数据之间的残差估算可以通过以下方式测量：

$$\sigma_{ij}^{c}/\sigma_{ij}^{e},\ \varepsilon_{ij}^{c}/\varepsilon_{ij}^{e},\ t_{ij}^{c}/t_{ij}^{e},\ 等$$

这种测量方法有无单位的优势，很自然地避免了 OF-Ⅰ中的权重因子以及 OF-Ⅱ中的归一化因子。计算数据和实验数据的比值提供了一个测量相对误差的方法。通过使用对数尺度和平方比率，可以将一对数据点的误差定义为：

$$E=\left[\ln\frac{\sigma_{ij}^{c}}{\sigma_{ij}^{e}}\right]^{2},\ \left[\ln\frac{\varepsilon_{ij}^{c}}{\varepsilon_{ij}^{e}}\right]^{2},\ \left[\ln\frac{t_{ij}^{c}}{t_{ij}^{e}}\right]^{2},\ 等 \tag{7.32}$$

这就是真误差的定义，类似于真应变的定义。例如，$E=\left[\ln\left(\frac{\sigma_{ij}^{c}}{\sigma_{ij}^{e}}\right)\right]^{2}$ 是第 j 条实验应力 - 应变曲线上第 i 个数据点的“真实”应力误差的定义，方程中的平方是为了提高敏感性并保证所有误差都是正数。

2. 权重因子

Cao(2006)引入了第 j 条曲线第 i 个数据点的自动权重因子，可以表达为

$$\omega_{ij}=\phi\cdot\varepsilon_{ij}^{e}\sum_{j=1}^{M}\sum_{i=1}^{N_j}\varepsilon_{ij}^{e} \tag{7.33}$$

其中

$$\phi=\sum_{j=1}^{M}N_j$$

是一个尺度因子，其与数据点的总量有关，能提高目标函数的敏感性。

3. 真误差定义目标函数

在此，使用了用来寻找 OF-Ⅱ中定义的相应计算和实验数据点同样的方法。鉴于方程式(7.32)和方程式(7.33)定义的真误差定义和权重因子，应力 - 应变曲线的残差可以表示为：

$$r_{ij}^{2}=\omega 1_{ij}\left[\ln\frac{\varepsilon^{c}(\varepsilon_{N_j j}^{c}\varepsilon_{ij}^{e}/\varepsilon_{N_j j}^{e})}{\varepsilon_{ij}^{e}}\right]^{2}+\omega 2_{ij}\left[\ln\frac{\sigma^{c}(\varepsilon_{N_j j}^{c}\varepsilon_{ij}^{e}/\varepsilon_{N_j j}^{e})}{\sigma_{ij}^{e}}\right]^{2} \tag{7.34}$$

式中：$\omega 1_{ij}$ 和 $\omega 2_{ij}$ 分别为 ε_{ij}^{e} 和 σ_{ij}^{e} 的相对权重因子。基于方程式(7.33)，第 j 条曲线第 i 个实验数据点的权重因子是通过每个数据点的应变总和计算的。由此可给每个数据点提供平等的优化机会，而且可补偿由于对数表达式而丢失的特征。加上残差计算式 r_{ij}^{2}，自然目标函数表达式如下：

$$f(x) = \frac{1}{M}\sum_{j=1}^{M}\left\{\frac{1}{N_j}\sum_{i=1}^{N_j} r_{ij}^2\right\} \tag{7.35}$$

残差的总和通过实验数据点的数量进行归一化。这确保了残差的估算可以用一个平均无量纲数据点来表示。方程式(7.35)在本质上提供了一个自然无单位的平均误差，可以方便地用于多重目标问题。它使得处理多重子目标成为了可能，其中不同数量的曲线和单位可能会在优化中涉及。在处理多重目标时，加上自动权重因子，它可以实现每个数据点、曲线和目标之间的兼容性。所有目标都同等重要，目标的重要性不受相关数据量的影响。

7.5.5 评估目标函数的特征

当应力水平在250.0 MPa 时，附录 A 中的蠕变损伤本构方程 SET Ⅱ常被用于分析当中。如果使用了五种列在表 A.2 中的材料常数，且仅允许常数 A 变化 (10^{-15}, 10^{-13}和 10^{-11})，如图 7.20(a)所示，则可以得到三条蠕变曲线。从图7.20 可以看出，计算曲线 1 预测了最长的寿命——超出实验曲线的寿命三倍以上。计算曲线 2 和计算曲线 3 彼此几乎是重叠的。

为了看出计算曲线2 和计算曲线 3 的差异，如图 7.20(b)所示，使用了对时间的对数尺度。然而，通过对 OFs-Ⅰ和 OFs-Ⅱ使用误差定义，曲线 2 和曲线 3 的误差变得相近并且小于曲线 1 的误差。因此，给定一个较大的常数 A 值，蠕变曲线的寿命趋向于零，误差计算趋向于 OFs-Ⅰ和 OFs-Ⅱ中的 t_i^e。这说明 OFs-Ⅰ和 OFs-Ⅱ的误差定义都没有给出一个正确的误差评估。同时说明图 7.20(b)中的对数尺度能够扩大蠕变曲线的较短计算寿命之间的差异，并且缩短较长的计算寿命。这种误差估算导致了 OF-Ⅲ中使用的真误差定义。

图7.21 给出了两个目标函数随着材料常数 A 和 B 的变化。Li，Lin 和 Yao (2002)研究了附录 A 方程式 SET Ⅱ中 OF-Ⅰ的特征，在图中也可以看出它与 OF-Ⅱ具有相似的特征。当 A 和 B 超出一个特定值时，误差和保持不变。这表明 A 和 B 的值太大了，蠕变曲线的计算寿命趋近于零，正如图 7.21(a)中的计算曲线 2 和计算曲线 3 一样。所以，某些材料常数(比如 A 和 B)的目标函数会包含一个大的平台区域，此时$\frac{\partial f(x)}{\partial A}\approx 0$ 或者$\frac{\partial f(x)}{\partial B}\approx 0$，这将给优化过程一个错误信号，从而导致确定本构方程中材料常数时出现问题。

相比于 OFs-Ⅰ和 OFs-Ⅱ，由于对数误差定义(或真误差定义)的存在，大平台区域在 OF-Ⅲ中被消除，因而搜索过程会更加简单。

在材料建模中，需要用具体的目标函数来表示优化问题。目标函数的特征需要符合本章中最初提到的标准。一旦为一个具体问题构建了目标函数，应该使用优化搜索算法找到目标函数的全局最小值。在下节中将讨论这种搜索方法的原理。

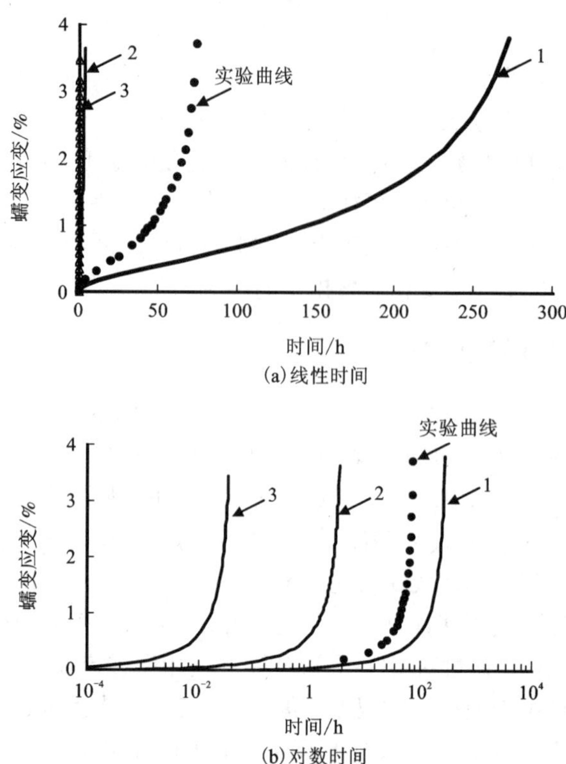

图7.20　对于附录A中的方程式SET－Ⅱ，随着线性时间(a)和对数时间(b)变化的不同常数A(10^{-15}，10^{-13}和10^{-11})的实验和计算(曲线1，2和3)的比较，应力水平为250 MPa

(Cao & Lin, 2008)

7.6　从实验数据确定本构方程的优化方法

7.6.1　优化的定义

可以用以下方法来表达某个优化问题：

- 给出一个函数$f(x)$（目标函数），其中$x = \{x_i\}$，$i = 1, 2, \cdots, NC$，且NC是实数$f(x)$的实数域A需要优化的参数数量。
- 搜索一系列的值$\{x_i^*\}$，使得A中所有的$\{x_i\}$都满足$f(x_i^*) \leqslant f(x)$，此时称为最小化；或者，使得A中所有的$\{x_i\}$都满足$f(x_i^*) \geqslant f(x)$，此时则称为最大化。

这种公式化被称为一个优化问题，并且制定目标函数$f(x)$的方法已在前面部分提到了。$f(x)$的域A被称为搜索空间或者选择集，而A中的元素被称为候选集

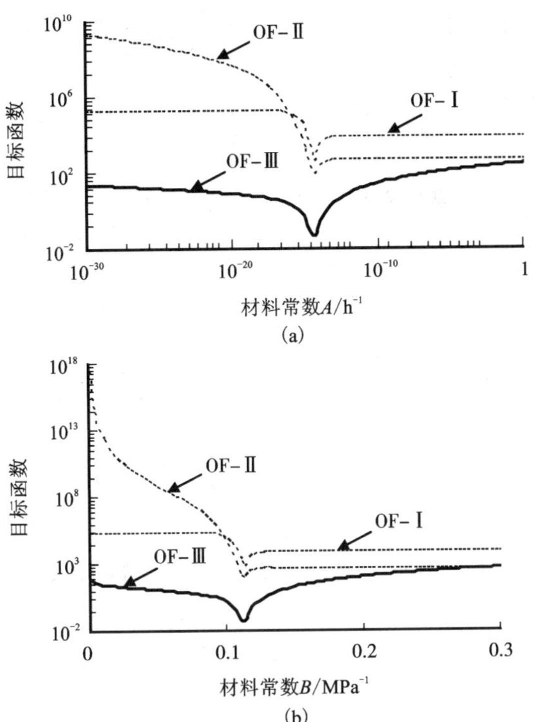

图7.21　列于附录A的方程式SET－Ⅱ中目标函数伴随着材料常数A和B的变化

(Cao和Lin, 2008)

或可行解，$\{x_i^*\}$被称为优化参数(或常数)。

一般而言，优化问题的标准形式是由最小化来表示的。通常来说，除非目标函数和可行区域在最小化问题中都是凸的，否则可能存在数个局部的最小值，其中一个局部最小值$\{x_i^*\}$被定义为对于所有x存在一些$\delta>0$的点，从而使得

$$\| x_i - x_i^* \| \leqslant \delta$$

其表达式为

$$f(x_i^*) \leqslant f(x) \tag{7.36}$$

也就是说，在$\{x_i^*\}$周围的某些区间，所有的函数值都比这一点的值大或者相等，即$f(x_i^*)$是一个最小值。优化的数值方法是一种为了找到满足以下条件的$\{x_i^*\}$值的数学算法：

$$\left[\frac{\partial f(x)}{\partial x_i}\right]_{x_i=x_i^*} = 0,\ i=1,\ 2,\ \cdots,\ NC \tag{7.36a}$$

一组本构方程中材料常数的确定一般是一个非凸的问题。因此这种方法不能

区分局部的最优解和严格的最优解，并会将前者作为原始问题的实际解。涉及确定性算法发展的数值方法被称为全局优化方法，如图 7.5 所示，该确定性算法能有效地保证在有限时间内收敛到非凸问题的实际最优解。

目前已经开发了许多可以用来解决材料建模中遇到的问题的优化算法，并且已在许多诸如 MATLAB 的商业软件系统中进行了编程。典型的优化方法包括基于梯度方法、遗传方法、进化编程法等。这些方法的详细理论可以在有关数值方法或者数值分析的书中找到。在本节中，仅简单介绍优化搜索方法。

7.6.2 基于梯度的优化方法

常使用的一种基于梯度的优化方法是共轭梯度法，它可应用于在一定次数的迭代中考虑它的梯度$\nabla f(x)$来最小化一个非线性多维函数$f(x)$的问题，并且具有以下形式(Willima, 2002)：

$$x_{k+1,i}=x_{k,i}+\theta_k d_{k,i} \tag{7.37a}$$

$$d_{k+1,i}=g_{k+1,i}+\lambda_k d_{k,i} \tag{7.37b}$$

式中：k 表示第 k 次迭代，其通过选择第 i 个材料常数的初始值 $x_{0,i}$并设置搜索方向来初始化

$$d_{0,i}=g_{0,i}=-\nabla f(x_{0,i})$$

式中：$i\in\{1, 2, \cdots, NC\}$，NC 为材料常数的数量；$\nabla f(x_{0,i})$为第一次迭代的第 i 个材料常数的梯度；θ_k 为通过在一维黄金部分搜索得到的步长(Polak, 1971)。为了计算方程(7.37b)中下一次迭代所需的 $d_{k+1,i}$，Polak(1971)提出的搜索方向和标量可以更加顺利地转化为进一步迭代，可以表示为

$$g_{k+1,i}=-\nabla f(x_{k+1,i})$$

和

$$\lambda_k=\frac{(g_{k+1,i}-g_{k,i})\cdot g_{k+1,i}}{g_{k,i}\cdot g_{k,i}}$$

这种优化方法基于共轭搜索方向和最陡下降法。由于之前的方向是作为一个新方向的一部分，所以这种方法的收敛速度比最快下降方法快。如果要优化的参数数量小于 5，那么它就是一种用于最小化目标函数法中有效的搜索方法(Lin 和 Hayhurst, 1993; Zhou 和 Dunne, 1996)。然而，它很难选择材料常数的初始值(Li 等, 2002)，并且不适于解决含有大量材料常数的先进材料模型。

7.6.3 基于进化编程(EP)的方法

为了克服使用基于梯度方法优化时选择常数初始值的问题，Lin 和 Yang (1999)提出了遗传算法，并且成功确定了在统一超塑性本构方程中的常数。此外，Li, Lin 和 Yao(2002)使用进化编程方法确定了一组蠕变损伤本构方程。这些

工作表明，进化算法（EA）能够用于并适合于在材料建模中确定统一本构方程。这里只介绍进化编程（EP）方法的基本概念。

EP 最早是作为一种人工智能的方法被提出的（Fogel，1991）。它已成功应用于从实验数据中确定统一本构方程中的材料常数（Cao，2006）。EP 的优化可以概括为两个主要步骤：

（1）在当前群体中使解发生突变；

（2）从已突变的和当前的解中选择下一代。

这两个步骤可以看作经典的生成和测试方法的基于群体的版本，其中使用突变来生成新的解决方案（后代），并使用选择来测试新生成的解决方案中哪些方法能存活到下一代。经典的进化编程方法运行如下（Yao，Liu 和 Lin，1999）：

步骤 1：生成 NC 个个体的初始群体，并设置初始迭代 $k=1$。每个个体都是一对实数向量(x_i, η_i)，$\forall i \in \{1, \cdots, NC\}$，其中 x_i 是材料常数，η_i 是高斯突变的标准偏差（也称为自适应进化算法中的策略参数）（Li，Lin 和 Yao，2002）。

步骤 2：评估每个个体(x_i, η_i)，$\forall i \in \{1, \cdots, NC\}$和基于目标函数$f(x)$的群体的适应值。

步骤 3：每个上一代(x_i, η_i)，$\forall i \in \{1, \cdots, NC\}$，为第 j 代创建了一个单独的后代(x_i', η_i')，$j=1, \cdots, n$，其中 n 是指定的群体大小，通过

$$x_i'(j) = x_i(j) + \eta_i(j) N_j(0, 1) \tag{7.38a}$$

$$\eta_i'(j) = \eta_i(j) \exp[\tau' N(0, 1) + \tau N_j(0, 1)] \tag{7.38b}$$

式中：$x_i(j)$、$x_i'(j)$、$\eta_i(j)$和$\eta_i'(j)$分别表示 x_i、x_i'、η_i 和 η_i'的第 j 个组分。$N_j(0, 1)$表示一个具有平均值为 0 和标准差为 1 的正态分布的一维随机数。$N_j(0, 1)$表明随机数是每个 j 值重新再生成的。因子 τ 和 τ' 通常设置为$(\sqrt{2n^{1/2}})^{-1}$和$(\sqrt{2n})^{-1}$。全局因子 $\tau' \cdot N(0, 1)$是考虑到突变型的总体变化，然而 $\tau \cdot N(0, 1)$是考虑到“平均步长”η_i 的单个改变。

步骤 4：计算每个后代(x_i', η_i')，$\forall i \in \{1, \cdots, NC\}$的拟合度。

步骤 5：对上一代(x_i, η_i)和后代(x_i', η_i')，$\forall i \in \{1, \cdots, NC\}$的联合体进行成对比较。对于每个个体，$q$ 个对手均匀随机地从所有的上一代和后代中选择。在每一次比对中，假如个体的拟合度不低于对手的拟合度，则它获得“胜利”。

步骤 6：从(x_i, η_i)和(x_i', η_i')，$\forall i = \{1, \cdots, NC\}$中选出 n 个最有可能成为下一代的母体的个体。

步骤 7：若满足了停止标准，则过程停止；否则，令 $k=k+1$ 且跳转到步骤 3。

在初始中心的一维高斯密度函数可以定义为（Bäck 和 Schwefel，1993）：

$$f_g(x) = \frac{1}{\sqrt{2n}} e^{-\frac{x^2}{2}} \tag{7.39}$$

式中：$-\infty < x < \infty$。因此，柯西分布的变化是无限的。由式(5.3)可知，柯西变异由于其长平尾，因而更可能产生一个与其上一代相差很远的后代。预计会有较高的远离其局部的最优解或远离平台的可能性。这种搜索方法已经成功应用于确定蠕变损伤本构方程(Li，Lin 和 Yao，2002)。

在 EP 方法中，需要定义单个材料常数的取值范围。许多常数具有自己的物理意义而且也应该有一定的范围，这是很容易定义的。然而有的材料常数具有较少的物理意义，并且需要根据经验来定义。在这种情况下，通常定义一个大范围，这可能需要较长的计算时间。

根据经验和问题的大小来选择用于优化的个体常数的群体、代的数量以及巡回赛大小。一般来说，群体大小一般为 30 ~ 100；巡回赛规模是群体的一半；而代的数量为 100 ~ 500。

7.7 确定本构方程示例

如果使用黏塑性本构方程，则应使用数值积分法求解方程组。建议使用低阶积分方法，如具有步长控制法的后向和前向欧拉方法。

如果一组统一本构方程的常数超过 5 个，建议采用基于 EA 的优化方法，它更有可能获得全局最小值。应该根据问题来制定一个合适的目标函数，但建议先考虑 OF-Ⅲ，它具有一些独特功能来解决材料建模中遇到的问题。

7.7.1 材料建模的系统开发

图 7.22 展示了一个称为 OPT - CCE(Cao，Lin 和 Dean，2008b)的系统结构，专门开发用于从实验数据确定统一的黏塑性本构方程。该系统包括三个部分：①预处理——输入用于优化的必要信息；②优化——寻找与实验数据匹配得最好的常数值；③优化结果的后处理。预处理的主要输入窗口如图 7.23 所示。

在预处理部分的输入过程包括：

- 选择/输入一组本构方程。除了可以选择已经嵌入的本构方程外，还允许用户输入自己的本构方程。
- 输入单个状态变量的初始值。默认情况下，它们为零。
- 定义每个材料常数的下限和上限。
- 输入/链接实验数据文件。
- 优化参数，如群体大小、巡回赛规模、代的数量等。
- 选择数值方法：①数值积分方法；②包括目标数量的目标函数形式；③优化搜索方法。

对一些基于 EA 的搜索方法进行了编程并可以用于系统中的优化(Cao，

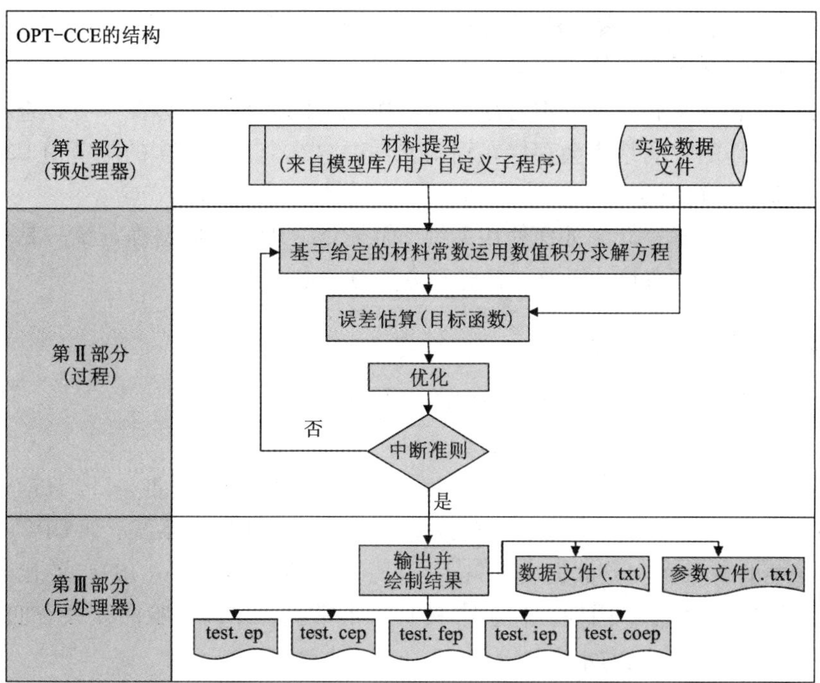

图 7.22　在统一黏塑性本构方程中确定材料常数的系统结构图(Cao，Lin 和 Dean，2008b)

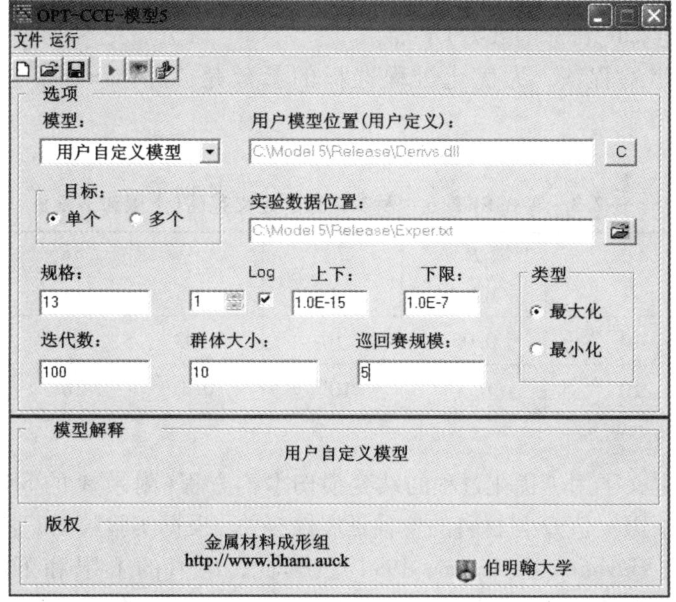

图 7.23　OPT－CCE 的主要输入窗口(Cao，Lin 和 Dean，2008b)

2006)。许多其他的搜索方法可以从不同的数学解算器中获得，诸如 MATLAB，它可以链接到该系统以执行搜索任务。

各种状态变量和目标的拟合结果可以按规定的代数频率以图形方式查看。最终结果和选择的中间结果会存储在输出文件中。这个系统更多的细节由 Cao，Lin 和 Dean(2008b)提供。

本节的目的不是介绍如何使用系统，而是介绍从实验数据确定统一黏塑性本构方程的一般数值程序，以及与任务和方法有关的一般术语。

7.7.2 本构方程的确定

本节中用到的方程都在附录 A 中列出，在此将不再重复。

1. 方程 SET－Ⅱ(蠕变损伤本构方程)

为确定在附录 A 中 SET－Ⅱ蠕变损伤本构方程(Kowalewski，Hayhurst 和 Dyson，1994)中的常数，需要利用到以上介绍的方法和软件系统，如 OPT－CCE。图 7.24 中的符号和实验数据由 Kowalewski，Hayhurst 和 Dyson(1994)给出。这是一个非常简单的例子，因为方程组中只有六个常数，并且实验曲线只有四条(对应图 7.24 中的四个应力水平)。

首先，使用具有自动步长控制的隐式欧拉方法来对方程积分。数值积分的归一化公差为 0.05，用于控制数值积分精度和步长。变量在 $t=0$ 时的初始值为

$$\varepsilon=0,\ H=0,\ \phi=0,\ \omega=0$$

为这一任务选择的目标函数为 OF-Ⅲ。

使用进化编程法，为优化过程选择的参数是：群体 = 30；巡回赛 = 15；代数 = 100。

表 7.3 等式 SET Ⅱ中材料常数的定义范围(上限和下限)

	A /h^{-1}	B /MPa^{-1}	h_0 /MPa	H^*	K_c /h^{-1}	D
下限	10^{-20}	0.05	10	0.03	10^{-10}	2.75
上限	10^{-10}	0.3	10^{10}	0.3	10^{-1}	2.75

表 7.3 定义了用于优化过程的蠕变损伤本构方程(附录 A 的 SET－Ⅱ)中常数的上限和下限。值 D 与材料的单轴延展性有关，根据实验数据，它的值为 2.75 (Kowalewski，Hayhurst 和 Dyson，1994)。因此，D 值的上限和下限都设置为 2.75。对于常数 B 和 H^* 来说，可使用线性变化选择一个个体的群体来评估目标函数的值。例如，如果 B 的群体是 30，则个体 $B_j(j=1,2,3,\cdots,30)$ 在(0.05，

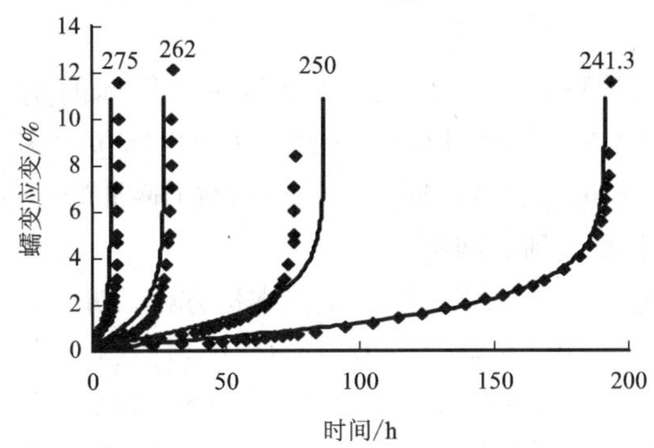

图 7.24　附录 A 中等式 SET Ⅱ在不同应力水平时实验（符号）和计算（实线）蠕变曲线的比较，应力水平为 241 MPa、250 MPa、262 MPa 和 275 MPa

（Cao，2006）

0.3）范围内的浮动可以通过方程（7.39）定义的可能性理论来选择。

材料常数 A、h_0 和 K_c 的差异很大，需要定义一个很大的范围，所以将它们转换成对数。例如，对于常数 A，在对数尺度 $[\ln(1.0\times10^{-20}), \ln(1.0\times10^{-10})]$ 范围内的 30 个个体 $A_j(j=1, 2, 3, \cdots, 30)$，可以基于方程（7.39）选择。这表明高斯分布［方程（7.39）］的横轴变为对数，可以提高参数的敏感度。在经历 100 代的优化搜索过程之后，可以给出确定的材料常数值并列于表 7.4 中，其值与附录 A 中表 A.2 中的值不同。如图 7.24 所示，这种拟合结果看起来非常好，对所有的蠕变曲线，它均可以获得实验数据和计算数据的高度匹配。这表明材料常数的确定并不是唯一的。

表 7.4　方程 SET Ⅱ确定的材料常数

A /h^{-1}	B /MPa^{-1}	h_0 /MPa	H^*	K_c /h^{-1}	D
6.32×10^{-15}	0.10	5.28×10^{3}	6.19×10^{-2}	7.47×10^{-4}	2.75

值得注意的是，上限和下限有时很难定义。它们需要根据优化结果进行更改，特别是当一些常数可能具有接近上限或下限的优化值时。在这种情况下，可能需要进行调整。

2. 方程 SET－Ⅳ（统一的黏塑性本构方程）

这种方程最先由 Lin，Liu，Farrugia 等（2005）提出，用于模拟碳钢在热轧过程中的再结晶、晶粒尺寸演变、强化和黏塑性流动。可利用的实验数据有：应力－

应变曲线、再结晶体积分数、在恒定温度1100℃时材料在不同应变速率下变形的晶粒尺寸。

这种优化涵盖了具有不同尺度的多重目标。目标的实验数据(Medina 和 Hernandez, 1996)在图7.25中用符号表示。每个目标包含多重曲线(在此有两条),每条曲线具有不同的实验数据点。目标函数OF-Ⅲ的构造可用于此项工作,并且可以自动克服上面提到的问题。

用隐式欧拉方程法来解决统一的黏塑性本构方程,初始值($t=0$ 时)为:

$$\varepsilon^{\mathrm{p}}=0,\ S=0,\ x=0,\ \bar{\rho}=0,\ d=189(\mu\mathrm{m})$$

在应变速率(单轴测试模拟)$\varepsilon=0.544\ \mathrm{s}^{-1}$ 和 $5.224\ \mathrm{s}^{-1}$ 下进行积分。将流变应力、再结晶体积分数和晶粒尺寸的积分值与基于OF-Ⅲ(目标函数Ⅲ)相应的实验数据进行比较。

使用进化编程的方法,为优化过程选择的参数为:群体=50;比赛=25;代数=200。对优化的常数范围进行了定义并列于表7.5中,其中"lg"表示用于特定常数的对数映射;否则,使用线性系统来选择常数个体。

表7.5 用于本构方程SET Ⅳ优化过程的材料常数范围(Cao, 2006)

A_1 /s^{-1}(lg)	A_2 /MPa^{-1}	K /MPa	γ_4	Q_0	$\bar{\rho}_c$	N_q
$10^{-8}\sim10^{-5}$	0.01~1.0	1.0~10.0	0.01~1.0	20.0~50.0	0.1~2.0	1.0~10.0
c_1	c_2	c_3 (lg)	d_0 /μm	γ_d	A_0	B /MPa
1.0~10.0	0.5~3.0	$10^{-3}\sim1.0$	10.0~100.0	0.1~3.0	10.0~100.0	10.0~100.0
a_0 /μm	γ_0	a_2 /μm	γ_2	γ_3		
1.0~5.0	1.0~8.0	30.0~100.0	0.1~5.0	0.1~5.0		

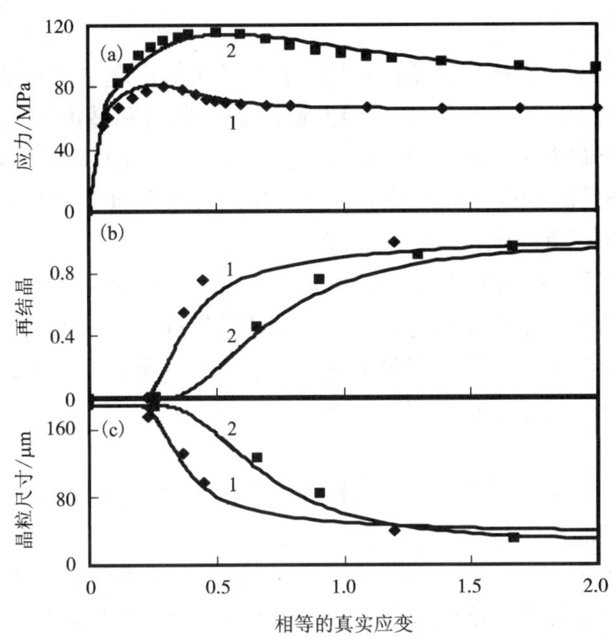

图 7.25　附录 A 方程 SET Ⅳ具有相等真实应变的(a)应力；(b)再结晶；(c)晶粒尺寸的实验(符号)和计算(实线)的比较。数字 1 和 2 分别表示应变速率为 0.544 s^{-1} 和 5.224 s^{-1}
(Cao, 2006)

表 7.6　方程 SET Ⅳ的材料常数(Cao, 2006)

A_1 /s^{-1}	A_2 /MPa^{-1}	k /MPa	γ_4	Q_0	$\bar{\rho}_c$	N_q
1.29×10^{-7}	0.28	4.81	0.12	23.13	0.25	1.00
c_1	c_2	c_3 (lg)	d_0 /μm	γ_d	A_0	B /MPa
6.14	1.10	8.05×10^{-2}	70.50	1.67	45.97	60.38
α_0 /μm	γ_0	α_2 /μm	γ_2	γ_3		
1.74	7.78	91.63	0.11	1.06		

材料常数的确定值列于表 7.6 中。图 7.25 所示为计算结果和实验数据的比较情况。可以看出，得到的实验数据和计算结果有很好的吻合度。这表明已确定的统一黏塑性本构方程可以用来预测热加工时的黏塑性流变和微结构演变。

7.7.3 讨论

对从实验数据确定统一黏塑性本构方程中的关键问题进行总结如下：

(1)具有不同单位的多个 ODE 型方程的数值积分和精度控制。推荐使用具有归一化误差控制方法的低阶隐式积分方法来求解统一的黏塑性本构方程。

(2)选择合适的本构方程来满足本章所述的标准。推荐使用 OF-Ⅲ。不同目标之间的单位和权重问题可以自动克服。

(3)选择合适的搜索方法来优化大尺寸问题。推荐使用进化编程方法，这种方法在许多数学软件系统中都有。其关键问题是选择各个常数的范围，这对于不知道方程和常数物理意义的工程师来说可能是一个非常难的工作。即使多年来在解决此问题上已经做出了重大努力(Cao, 2006)，但这仍然是一个有待进一步解决的问题。

试验和误差技术可用于从实验数据确定统一本构方程，但是对于在材料建模方面没有很多经验的工程师来说，这是十分困难的。

从实验数据确定统一的本构方程需要一个自动化系统，需要一个对数学优化、计算机工程和科学以及材料力学都非常了解的多学科团队来解决这一问题。

附录 A 列出了近年来为不同应用而开发的统一本构方程集。另外，它还列出了使用优化技术从相应的实验数据中确定的方程集和校准常数。

第 8 章
材料与过程建模在金属成形中的应用

前面章节讨论了材料在热机械加工过程中的统一黏塑性本构方程理论，以及表示材料物理性能和损伤演化的状态变量。本章将介绍一些关于材料和过程建模理论在实际金属材料成形中的应用实例。在多数实例中，给出了所应用的统一本构方程，省略了详细介绍。

8.1　先进的金属成形过程建模框架

有限元法(FE)是模拟金属成形过程最常用的方法之一。传统的有限元模拟主要研究材料的流动特性与模具的充填情况。因此，可以计算及显示材料流动的应力应变分布和速度场，以便于过程分析。基于应力应变分布和材料流动的模拟结果，可以调整实际成形工艺参数，避免产生缺陷，并获得更好的材料流线。

图 8.1 所示为利用刚性模具锻造双金属齿轮的应力分布图(Politis, 2014)。为了减少 CPU 的计算时间，故将冲压机、凸模和凹模设置为刚体。齿轮毛坯是铅芯铜环。通过建模和模拟，可以掌握材料的流动规律和模具的充填情况。除了获得应力应变分布情况外，还可以分析载荷位移曲线，进而优化坯料形状的设计、模具的设计以及成形工艺参数，最终锻造出高品质的齿轮。详细分析可以参考 Politis(2014)的相关工作。

在传统的有限元过程模拟中，只能得到与工件力学变形有关的信息。通常这对于工业需求来说是不够的。特别是在热成形过程中，一个重要的功能是改变工件的微观结构以提高成形零件的力学性能且尽量减少缺陷。与相应的锻造材料相比，锻造件具有更高的强度和韧性。在工业中，特别是对于航空航天和汽车应用中的关键部件，它们应该具有特定的微观结构和力学性能，且这些可以通过 FE 过程模拟来预测。

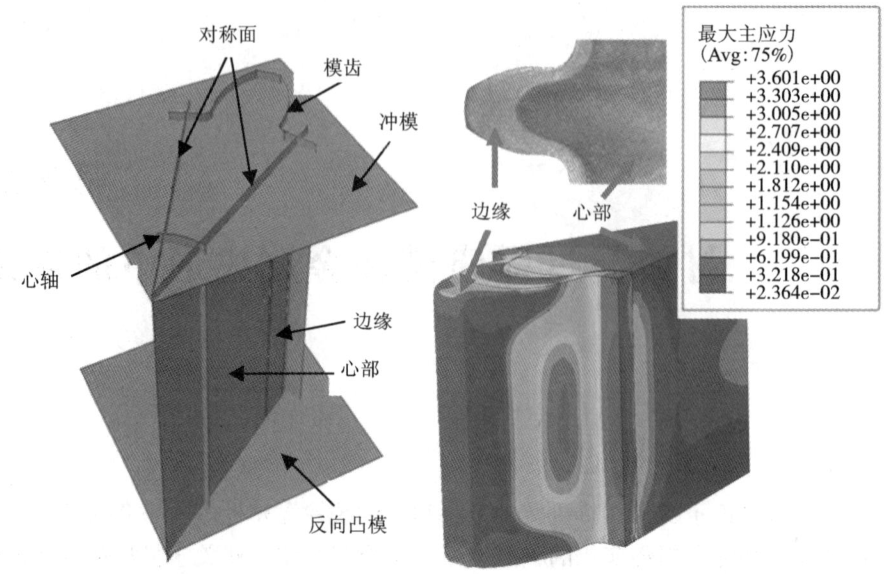

图 8.1　双金属齿轮锻造的有限元模型(左图)及最大主应力分布图(右图)

为了进行有限的有限元分析，模型中只包含一个齿。

工件由外部边缘和心部材料组成，如右上图成形工件的截面所示

(Politis，2014)

通过过程建模来预测工件的微观组织和机械性能的关键是需要获取一系列的统一本构方程，这些模型可以描述热/温成形条件下材料黏塑性变形和微观组织演变之间的交互作用。通过实验数据，对统一本构方程进行标定，并将其嵌入商业有限元软件，则可以对成形过程建模，获得关于材料黏塑性流变特性以及微观组织演变/分布的相关信息。

为了模拟成形过程，建立一个精确的有限元模型、定义约束条件、确定模具与材料接触界面的摩擦和传热是十分重要的。然而，详细的建模过程在此将不做介绍。

先进金属材料的成形过程建模的整体框架，如图 8.2 所示。这是一个集成的过程，本书前面章节已经对每一个子过程进行了讨论，总结如下：

(1)首先，确定建模过程中可能出现的大致变形温度、应变与应变速率(高温)的取值范围。其次，通过在此过程条件范围内的实验(通常采用简单的拉伸实验)来确定工件材料的本构方程，从而获得实验条件下的应力 - 应变关系、应变率、温度和微观组织演变规律。基于这些实验数据，可以建立统一黏塑性本构方程。统一黏塑性本构方程的建模方法详见第 5 章和第 6 章。

(2)实验方案的设计需要考虑本构方程中材料常数的求解所需的实验数据。相关变形条件下，一些机械和物理数据可以在参考文献中获得。一般而言，获取

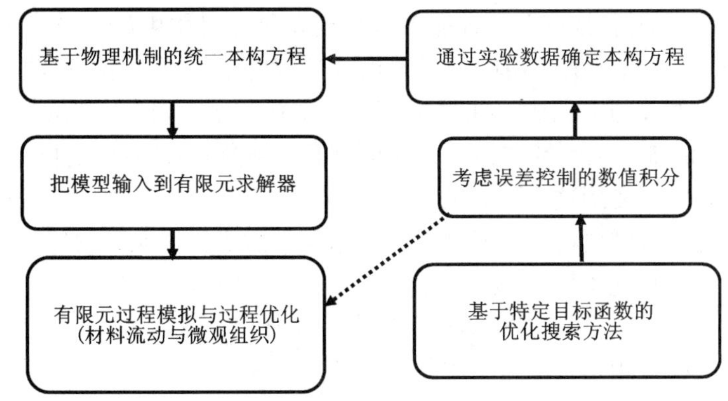

图 8.2　材料和金属成形过程建模的完整体系

（包括利用实验数据确定统一本构方程和利用商业有限元软件对成形过程的建模）

标定本构方程的实验数据是一件非常困难和耗时的事情。获取数据的实验方法在本书中不再赘述。数据的质量与试样的设计、测量方法、使用的设备及其控制精度等密切相关。建议使用并参考相应的测试标准。此外，工件和成形模具的交互作用是边界条件，需要通过实验确定，通常包括摩擦和高温情况下的热传递。在模拟时，模具的机械和物理性能有时也需考虑在内。

(3)在本构方程建模过程中，可通过实验数据来确定材料常数(本构模型标定)。如第 7 章所述，此部分包含三个方面：为求解方程进行的数值积分、针对具体问题进行的目标函数建模，以及合适的优化搜索方法的选择，以便达到全局最优。在此，建议使用具有常规误差评估和控制技术的低阶隐式积分方法。第 7 章中介绍的 OF-Ⅲ方法适用于评估预测结果和实验结果之间的误差。另外，如果有多个常数需要标定，建议使用进化算法搜索方程中常数的最优值，这样可以得到更好的预测效果。

(4)通过用户自定义的子程序，如 ABAQUS 中的 UMAT 和 VUMAT 子程序，将建立的统一黏塑性本构方程嵌入商业有限元软件中，如 ABAQUS、DEFORM、QFORM、PAMSTAMP、LS－DYNA、MSC－MARC，等等。为了使用大步长和控制数值积分精度，建议采用隐式数值积分方法。大部分先进的有限元软件可以提供多种用户子程序，以便于将建立的统一本构方程嵌入软件求解器中。而且，很多商业有限元软件已包含一些常用的统一黏塑性本构方程，以便工业用户长期使用。在软件系统中，物理变量可以通过状态变量的形式来表征。

(5)过程模拟的实施。根据模拟结果，通常可以采用试错法来优化过程参数、模具设计和坯料外形设计。这种成形工艺变量的优化和确定是工业生产中的主要需求。

(6)利用实验验证模拟结果。这是一个重要的环节，且应为评估模拟结果的可靠性和准确性设定一个标准。

第(1) ~ (4)项和第(6)项通常由高校或者研究机构中经验丰富的研究人员完成。第(5)项通常是由公司中的工艺设计工程师来完成。第(6)项也可以由软件公司的程序工程师来完成。如果上面提到的第(1) ~ (4)项和第(6)项已经完成，那么建立的统一黏塑性本构方程就可以嵌入到商业有限元软件中。公司的工艺设计工程师可以使用这个强大的工具来模拟合金在成形过程中的机械性能和物理性能的演变。这样便可以精确地预测成形零件的机械性能和物理性能。

有关统一黏塑性本构方程建模的主要问题已经在前面的章节中做了详细介绍，特别是在第4章、第5章、第6章和第7章中。然而，微观组织演变的特点取决于不同的工程应用。以下章节将给出一些应用案例，介绍本书中所涉及理论的工程应用。

8.2 超塑性成形过程建模

超塑性成形(简称SPF)，也称为气吹成形，是模锻成形的一种方法。把金属坯料加热到柔性状态(此时的温度是熔点温度的0.5 ~ 0.6)，然后通过气体加压将其推入模具的型腔，如图5.8所示。超塑性成形零件实例，如图8.3所示。

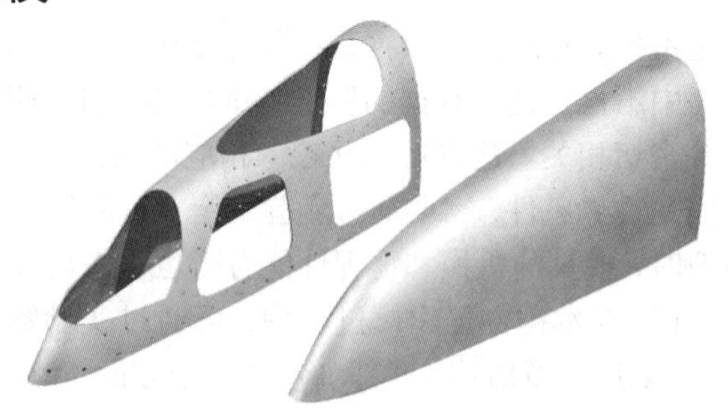

图8.3 通过超塑性成形得到的封闭飞机驾驶舱结构

(由Superform Aluminium公司提供，2001)

该材料具有优异的延展性，并且可以一次性成形出形状复杂的仪表板。材料变形程度大，增加了控制超塑性成形零件局部区域厚薄的难度。过程建模常用于评估工艺参数对局部减薄的作用，进而通过模拟对过程进行优化。在等温超塑性成形过程中，成形零件的局部减薄与晶粒的大小/分布、成形速率以及成形后零件的形状密切相关。

8.2.1 统一超塑性成形本构方程

众所周知，在材料超塑性成形过程中，应变速率强化是控制成形性能和局部减薄最重要的参数之一。建模通常使用如下公式：

$$\sigma = K\dot{\varepsilon}^{m} \tag{8.1}$$

应变速率敏感系数或应变速率强化系数 m，其变化范围通常为0.3 ~ 1.0。这个方程忽略了晶粒大小和塑性变形对流变应力的影响。Zhou和Dunne (1996)引入了一组包含表征随动强化和晶粒长大的统一本构方程。该方程被进一步简化为仅考虑各向同性强化。有关统一方程建模的理论详见第 5 章和第 6 章。求解方程和由实验数据确定方程的方法详见第 7 章。

1. 双曲正弦型超塑性成形本构方程

Kim 和 Dunne (1997)、Lin 和 Dunne (2001)建立了基于双曲正弦型的弹－黏塑性本构方程，并将其应用于一系列超塑性变形材料中。该方程的形式如下：

$$\begin{cases}\dot{\varepsilon}^{\mathrm{p}}=\alpha\sinh[\beta(\sigma-R-k)]d^{-\gamma}\\ \dot{R}=(Q-\gamma_1 R)|\dot{\varepsilon}^{\mathrm{p}}|\\ \dot{d}=(\alpha_1+\beta_1|\dot{\varepsilon}^{\mathrm{p}}|)d^{-\gamma_0}\\ \dot{\omega}=E(\dot{\varepsilon}^{\mathrm{T}}-\dot{\varepsilon}^{\mathrm{p}})\end{cases}\tag{8.2}$$

式中：ε^{T} 和 ε^{p} 分别表示总应变和塑性应变；d 表示平均晶粒尺寸，其初始值为 6.8 μm；R 表示各向同性硬化变量；在 900℃时，杨氏模量 $E=1000$ MPa。方程中的材料常数由 900℃时 Ti－6Al－4V 合金的单轴实验数据确定(Kim 和 Dunne，1997)，如表 8.1 所示。

表 8.1　900℃时 Ti－6Al－4V 合金的材料常数(Kim 和 Dunne，1997)

α/s^{-1}	β/MPa^{-1}	γ	Q/MPa	γ_1	α_1	β_1	γ_0
0.242×10^{-6}	0.114	1.017	3.974	0.880	0.206×10^{-13}	0.69×10^{-9}	3.021

2. 幂次型超塑性成形本构方程

Cheong，Lin 和 Ball(2000)建立了如下幂次型统一超塑性本构方程：

$$\begin{cases}\dot{\varepsilon}^{\mathrm{p}}=\left\langle\dfrac{\sigma-R-k}{K}\right\rangle_{+}^{n}d^{-\mu}\\ \dot{R}=b(Q-R)|\dot{\varepsilon}^{\mathrm{p}}|\\ \dot{d}=\alpha d^{-\gamma_0}+\beta|\dot{\varepsilon}^{\mathrm{p}}|d^{-\phi}\\ \dot{\sigma}=E(\dot{\varepsilon}^{\mathrm{T}}-\dot{\varepsilon}^{\mathrm{p}})\end{cases}\tag{8.3}$$

方程中材料常数的取值由 Ghosh 和 Hamilton(1979)获得的实验数据确定，该实验用的 Ti－6Al－4V 合金的变形温度为 927℃，初始平均晶粒尺寸为 6.8 μm，如表 8.2 所示(Cheong，Lin 和 Ball，2000)。除去晶粒长大方程($\dot{d}$)，其他方程与式(8.2)中对应的方程类似。晶粒尺寸对静态和动态晶粒长大产生不同的影响，在式(8.3)中分别由参数 y_0 和 ϕ 表示。

表 8.2　在 927℃条件下 Ti－6AL－4V 合金的材料常数(Cheong，Lin 和 Ball，2000)

α	γ_0	β	ϕ	n	μ	K/MPa	Q/MPa	b	k/MPa
73.408	5.751	2.188	0.141	1.400	2.282	60.328	3.933	2.854	0.229

3. 超塑性成形损伤本构方程

根据式(8.3)中引入的损伤变量，即韧性空洞长大损伤f_h和有效损伤f_e，统一超塑性成形损伤本构方程可表示为(Lin, Cheong 和 Yao, 2002)：

$$\begin{cases}\dot{\varepsilon}^{p}=\dot{\varepsilon}_{SS}^{p}\left[1+\dfrac{2lf_h^{1/2}}{d}\left(\dfrac{\dot{\varepsilon}_{CC}^{p}}{\dot{\varepsilon}_{SS}^{p}}-1\right)\right]\\ \dot{\varepsilon}_{SS}^{p}=\left\langle\dfrac{\sigma-R-k}{K}\right\rangle_{+}^{n}d^{-\mu}\\ \dot{\varepsilon}_{CC}^{p}=\left\langle\dfrac{\sigma^{*}-R-k}{K}\right\rangle_{+}^{n}d^{-\mu}\\ \dot{R}=b(Q-R)\left|\dot{\varepsilon}^{p}\right|\\ \dot{d}=\alpha d^{-\gamma_0}+\beta\left|\dot{\varepsilon}^{p}\right|d^{-\phi}\\ \dot{f}_h=\left|\dot{\varepsilon}_{CC}^{p}\right|-(1-f_h)\left|\dot{\varepsilon}_{SS}^{p}\right|\\ \dot{f}_e=D\left(\left|\dot{\varepsilon}^{p}\right|\right)^{d_1}+C\langle f_h-f_h^{*}\rangle_{+}\\ \dot{l}=-\dfrac{1}{2}\dot{\varepsilon}_{SS}^{p}\\ \dot{\sigma}=E(\dot{\varepsilon}^{T}-\dot{\varepsilon}^{p})\end{cases} \tag{8.4}$$

对于内部没有空洞的材料，f_h和f_e的初始值为0。如果材料内部存在空洞，那么必须给出合适的f_h和f_e初始值。损伤演化方程的建模详见第6章。

超塑性损伤本构方程[式(8.4)]中涉及的材料参数有：k, K, n, μ, b, Q, α, γ_0, β, ϕ, D, d_1, C, f_h^*, E 和 l^0。总应变速率$\dot{\varepsilon}^T$和初始晶粒尺寸d^0是可以选择的，并且初始微观组织状态对实验的应力－应变关系有影响。Cheong(2002)建立的式(8.4)是根据 Al－Zn－Mg 在515℃时的热变形实验数据(Philling, 2001)确定的，如表8.3所示。计算值与实验数据的对比，如图8.4和图8.5所示。

表8.3 在515℃时 Al－Zn－Mg 合金的材料参数(Cheong, 2002)

k /MPa	K /MPa	n	μ	b	Q /MPa	α	γ_0
2.9354×10^{-5}	28.7640	1.1299	2.0642	0.1186	5.5769	0.0690	2.4000
β	ϕ	D	d_1	C	f_h^*	E /MPa	l^0 /μm
2.6000	5.5000×10^{-5}	3.7810×10^{3}	2.3973	32.3739	0.7557	1000	4.3922

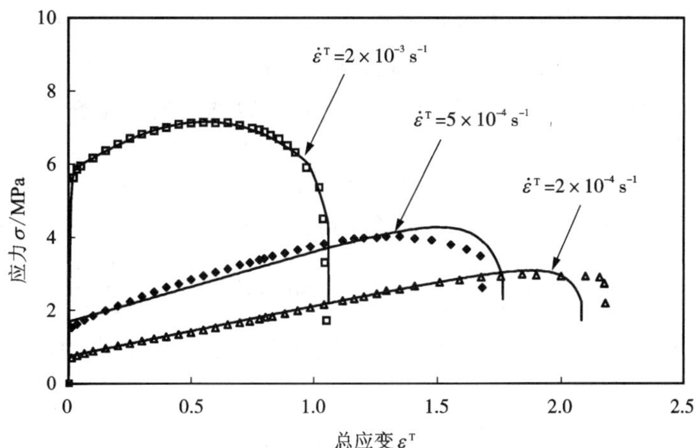

图 8.4　在不同应变速率条件下，Al－Zn－Mg 合金应力－应变关系（Cheong，2002）的计算值（实线）与实验数据（点）（Pilling，2001）的对比

（Pilling，2001）

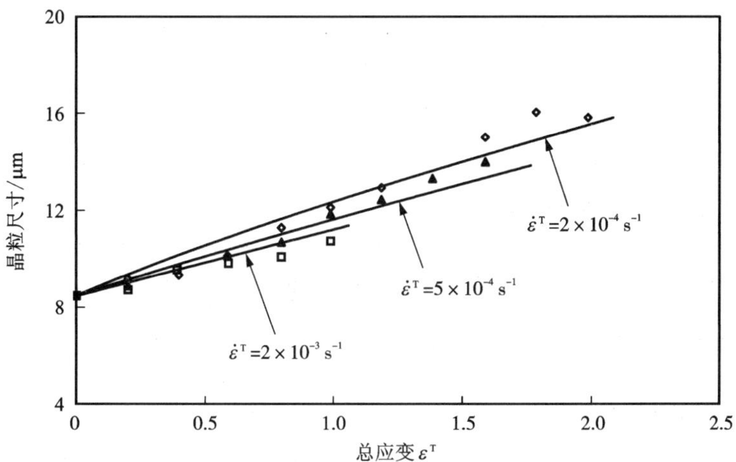

图 8.5　在不同应变速率条件下，Al－Zn－Mg 合金晶粒尺寸－应变关系（Cheong，2002）的计算值（实线）与实验数据（点）（Pilling，2001）的对比

（Pilling，2001）

4. 多轴统一超塑性本构方程

根据耗散函数，可以得出单轴双曲正弦型模型式(8.2)。首先不考虑硬化效应和晶粒尺寸变量，应变速率方程可简化为：

$$\dot{\varepsilon}^{\mathrm{p}}=\alpha\sinh[\beta(\sigma-k)]$$

假设能量耗散满足如下关系，则以上方程可以推广到多轴条件：

$$\psi=\frac{\alpha}{\beta}\cosh(\beta\sigma_{\mathrm{e}}-k)$$

假设满足常态流动法则，则多轴关系可以表示为：

$$\dot{\varepsilon}_{ij}^{\mathrm{p}}=\frac{\partial\psi}{\partial S_{ij}}=\frac{3}{2}\frac{\partial\psi}{\partial\sigma_{\mathrm{e}}}\frac{\partial\sigma_{\mathrm{e}}}{\partial S_{ij}}=\frac{3}{2}\frac{S_{ij}}{\sigma_{\mathrm{e}}}\alpha\sinh(\beta\sigma_{\mathrm{e}}-k)=\frac{3}{2}\frac{S_{ij}}{\sigma_{\mathrm{e}}}\dot{\varepsilon}_{\mathrm{e}}^{\mathrm{p}}$$

已知硬化和晶粒长大变量，双曲正弦型材料模型的有效塑性应变速率可以表示为：

$$\dot{\varepsilon}_{\mathrm{e}}^{\mathrm{p}}=\frac{\partial\psi}{\partial\sigma_{\mathrm{e}}}=\alpha\sinh[\beta(\sigma_{\mathrm{e}}-R-k)]d^{-\gamma}$$

因此，在大应变建模中，使用的多轴黏塑性本构方程组可以表示为(Lin 和 Dunne，2001)：

$$\begin{cases}D_{ij}^{\mathrm{p}}=\dfrac{3}{2}\dfrac{S_{ij}}{\sigma_{\mathrm{e}}}\dot{\varepsilon}_{\mathrm{e}}^{\mathrm{p}}\\ \dot{R}=(Q-\gamma_1R)\left|\dot{\varepsilon}_{\mathrm{e}}^{\mathrm{p}}\right|\\ \dot{d}=(\alpha_1+\beta_1\left|\dot{\varepsilon}_{\mathrm{e}}^{\mathrm{p}}\right|)d^{-r_0}\\ \hat{\sigma}_{ij}=GD_{ij}^{\mathrm{e}}+2\lambda D_{kk}^{\mathrm{e}}\end{cases}\tag{8.5}$$

式中：D_{ij}^{p}表示塑性变形速率；D_{ij}^{e}表示弹性变形速率；$\hat{\sigma}_{ij}$表示柯西应力的乔曼速率；G 和 λ 表示拉梅弹性常数。

采用同样的方法，另外两组统一超塑性本构方程，即式(8.3)和式(8.5)，也可以改写为多轴形式。幂律型方程的多轴形式详见第 3 章。

8.2.2 有限元模型和数值计算程序

采用 ABAQUS 软件，对矩形截面框的超塑性成形进行了有限元模拟。超塑性成形过程包括：将金属板固定在模具上，在金属板表面形成所需形状的空腔。在板的另一边施加气压，促使它成为模具形状，这是一个等温成形过程。通过施加不同的气压来保证在整个板的成形过程中，最大的应变速率接近于材料的最佳变形速率。有限元模型如图 8.6 所示。根据其对称性，在有限元成形模拟中只需要对四分之一的矩形框进行模拟。

1. 坯料

被用来分析的四分之一矩形金属薄板，如图 8.6 所示。原始的坯料厚度为

1.25 mm，分析采用四节点的四边形壳单元。

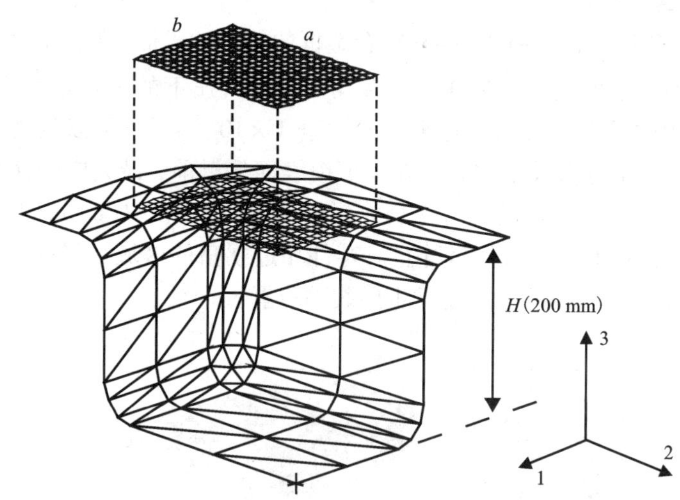

图 8.6　矩形框超塑性气压成形的有限元模型

坯料的尺寸：$a = 1.6H$，$b = 1.1H$，H 为成形零件的高度（Cheong，2002）

在气压成形过程中，材料的黏塑性流变行为可以由已建立的统一超塑性本构方程描述。多轴本构方程通过用户自定义的 CREEP 子程序嵌入到有限元软件 ABAQUS 中，并用来模拟一个三维结构件的气压成形过程。为了有效利用其计算能力，采用了一个自适应隐式时间增量算法。与数值集成精度有关的参数 CETOL 设为 1×10^{-3}，它规定了由塑性应变速率计算得到的塑性应变增量的最大允许偏差，其计算是根据增量步的开始时间与结束时间确定的。

2. 模具

在成形工艺数值模拟过程中，为了避免坯料脱离刚性模具表面，模具建模必须超过四分之一。通过扩展刚性表面使得变形薄板上的单元和节点在模拟时不会脱离模具。

模具表面分为两种类型的子区域：平面区域和倒角区域，如图 8.6 所示。为了精确重构出具有大量曲面的模具表面，子区域的边界需要设置在曲率急剧变化的部分，曲面尽可能少，以便完成高效的数学计算。

3. 建模过程

有限元建模分析包括两个阶段。在第一个阶段，快速施加气压，此时板材的变形为纯弹性变形。此阶段在 0.7 s 内完成，所施加的气压仅为 960 Pa。然后，气压会发生变化使最大应变速率值超过了材料应变速率目标值 $\dot{\varepsilon}^{tgt}$。这个阶段的材料行为由 8.2.1 节得到的统一超塑性本构方程描述。当材料完全接触模具表面时，分析结束。在薄板上的每个节点到模具表面的标准距离由用户自定义子程序 URDFIL 监控。当标准距离低于公差值(DISTOL = 0.001 mm)时，认为模具与材料接触。

4. 成形速率控制

在 900℃条件下，Ti - 6Al - 4V 钛合金框的超塑性成形，如图 8.7 所示。t_f 表示成形完成所需的时间。等值线表示在均匀分布气压下的等效塑性应变速率值。成形模拟过程中设定的目标应变速率为 $\dot{\varepsilon}^{tgt} = 1 \times 10^{-5}\ s^{-1}$。可以发现在整个薄板上，等效应变速率分布并不均匀。在和下模表面接触前，最大应变速率出现在薄板的中心点附近。拐角处是最后完全成形的位置[如图 8.7(c)]，由于摩擦和几何效应，靠近拐角的材料将保持静止。零件靠近拐角的区域是最薄的，这些区域也是超塑性成形过程中最有可能发生撕裂的位置。

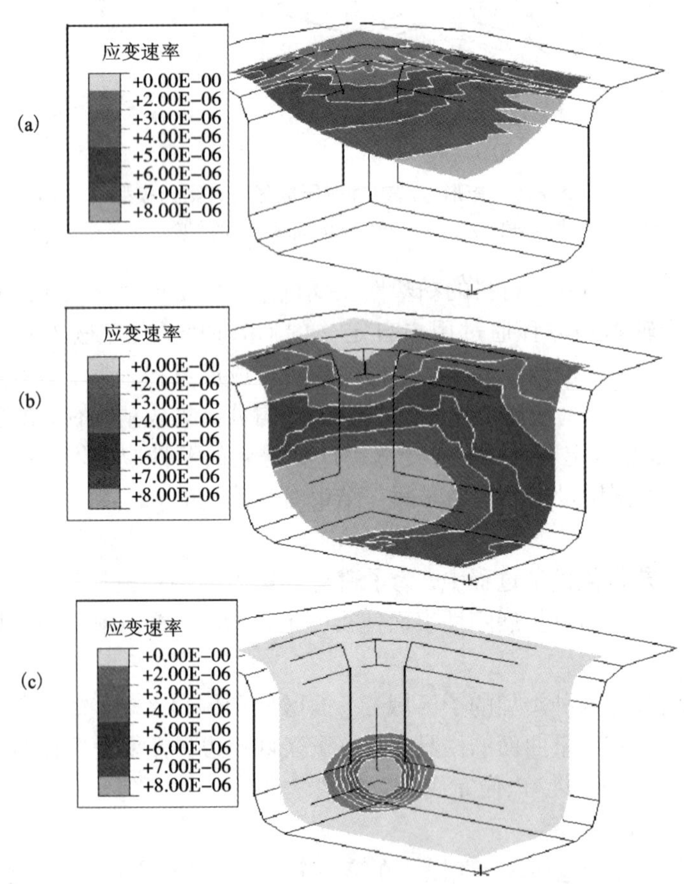

图 8.7　成形过程和等效塑性应变速率场分布图

(a) $t/t_f = 0.1$; (b) $t/t_f = 0.6$; (c) $t/t_f = 1.0$

模拟是根据式(8.5)在目标成形速率 $\dot{\varepsilon}^{tgt} = 1 \times 10^{-5}\ s^{-1}$ 下完成的(Lin 和 Dunne, 2001)

合金的超塑性性能取决于应变速率。超塑性仅在一个很小的应变速率范围下才能够发生，并且对于不同材料，存在特定的温度范围（Ghosh 和 Hamilton，1979）。然而，由于几何特征和加载特性，几乎不可能使整个部件都维持恒定均一的应变速率，如图 8.7 所示。有限元模拟过程中采用了两个不同的目标应变速率：$\dot{\varepsilon}^{tgt}=1\times10^{-4}\ s^{-1}$和$\dot{\varepsilon}^{tgt}=1\times10^{-5}\ s^{-1}$（Lin 和 Dunne，2001）。变形薄板上最大应变速率的历史记录与相应的目标应变速率的对比，如图 8.8 所示。两种情况下，达到的最大应变速率和对应的目标值之间的偏差在 20% 以内。

两种情况下，维持变形薄板的最大应变速率接近目标变形速率所需气压的过程，如图 8.9 所示。由于在高应变速率条件下，流变应力增大，所以高应变速率成形需要更大的气压。

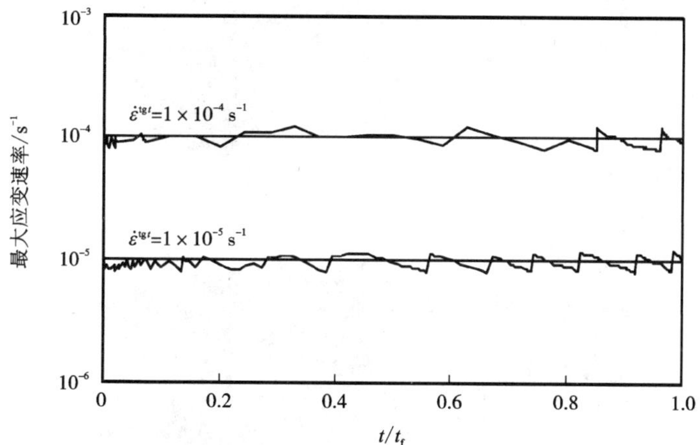

图 8.8　在不同目标应变速率成形过程中，最大应变速率的变化

（$\dot{\varepsilon}^{tgt}=1\times10^{-4}\ s^{-1}$和$\dot{\varepsilon}^{tgt}=1\times10^{-5}\ s^{-1}$）（Lin 和 Dunne，2001）

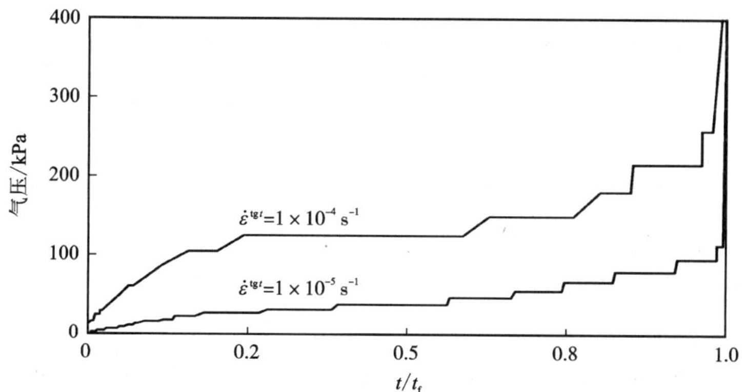

图 8.9　在不同目标应变速率成形过程中，施加气压的变化

（a）$\dot{\varepsilon}^{tgt}=1\times10^{-5}\ s^{-1}$；（b）$\dot{\varepsilon}^{tgt}=1\times10^{-4}\ s^{-1}$（Lin 和 Dunne，2001）

5. 成形速率对局部减薄的影响

随着成形时间的增加，几何约束和摩擦约束不断增大；同时，为了克服由于晶粒长大带来的材料加工硬化，施加的气压需要不断地增大。在成形的最后阶段，需要很大的气压以使坯料充满模具的拐角区域。在此，采用了不同的目标成形速率对成形不均匀薄区进行了研究，如图 8.10 所示。发现在高应变速率条件下，局部减薄现象变弱，如图 8.10(b)所示。

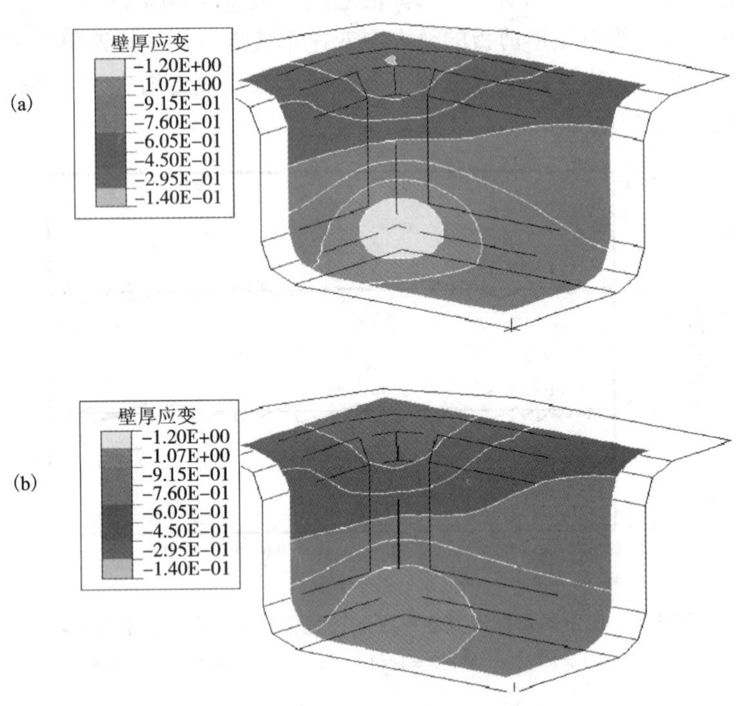

图 8.10　不同目标应变速率条件下的薄板应变分布情况

(a) $\dot{\varepsilon}^{tgt}=1\times10^{-5}\ s^{-1}$；(b) $\dot{\varepsilon}^{tgt}=1\times10^{-4}\ s^{-1}$(Lin 和 Dunne, 2001)

6. 成形速率对晶粒长大的影响

通过比较图 8.11 中(a) $\dot{\varepsilon}^{tgt}=1\times10^{-5}\ s^{-1}$和(b) $\dot{\varepsilon}^{tgt}=1\times10^{-4}\ s^{-1}$两种情况下的晶粒尺寸分布情况，可以发现，低成形速率条件下的晶粒尺寸要比高成形速率条件下的大。这是由于在低成形速率条件下，成形时间相对较长，有利于晶粒长大。然而，不同成形区域晶粒尺寸的变化十分显著，在高成形速率条件下，$\Delta d=d_{max}-d_{min}\approx1.08\ \mu m$；而在低成形速率条件下，$\Delta d\approx0.5\ \mu m$。由此可以发现，静态和塑性变形引起的晶粒长大速率随着晶粒的长大而降低。该现象已由 Ghosh 和 Hamilton(1979)通过实验验证，Lin 和 Dunne(2001)进一步完成了建模。在超塑性成形过程中，晶粒尺寸的演变对材料黏塑性变形有一定影响，进而会影响到成形零件的厚度分布。

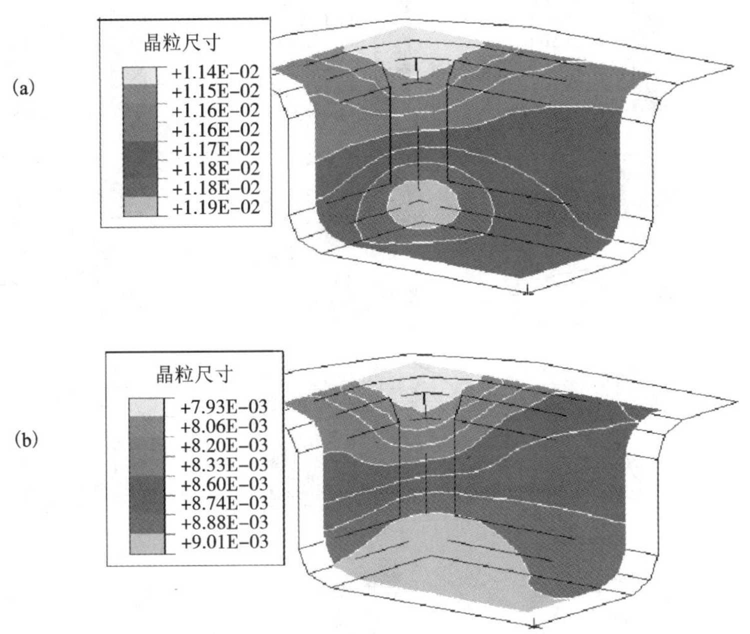

图 8.11　不同目标应变速率条件下的晶粒尺寸分布情况

(a) $\dot{\varepsilon}^{tgt}=1\times10^{-5}\ s^{-1}$；(b) $\dot{\varepsilon}^{tgt}=1\times10^{-4}\ s^{-1}$ (Lin 和 Dunne, 2001)

8.2.3　晶粒尺寸对 Ti-6Al-4V 合金矩形框成形的影响

为了研究 Ti-6Al-4V 合金矩形框在 927℃时超塑性气压成形过程中，非均匀原始晶粒尺寸、分布以及目标变形速率对局部区域减薄的影响，采用了在前面章节(Lin, Cheong 和 Ball, 2003)已经详细介绍的有限元模型，进行了有限元模拟。有限元模拟采用式(8.3)，目标成形速率设定为 $2\times10^{-4}\ s^{-1}$ 和 $2\times10^{-5}\ s^{-1}$，均匀的薄板厚度为 $h^0=1.5$ mm，初始的晶粒尺寸分布如下所示：

- $d^0=6.4$ μm(均匀)[图 8.12(a)(1)]。
- $d^0=11.5$ μm(均匀)[图 8.12(a)(2)]。
- 6.4 μm $\leqslant d^0 \leqslant$ 11.5 μm(非均匀)[图 8.12(a)(3)]。

不均匀的原始晶粒尺寸(6.4 μm $\leqslant d^0 \leqslant$ 11.5 μm)通过以下两步获得：首先根据在 $\dot{\varepsilon}^{tgt}=2\times10^{-4}\ s^{-1}$ 和 $d^0=6.4$ μm 条件下的有限元模拟结果，把薄板划分为 6 个区域，材料厚度的范围为 0.394 mm $\leqslant h^t \leqslant$ 1.330 mm，如图 8.12(c)(1)所示。然后，在这些区域内，晶粒尺寸的分布范围为 6.4 μm $\leqslant d^0 \leqslant$ 11.5 μm。特别地，

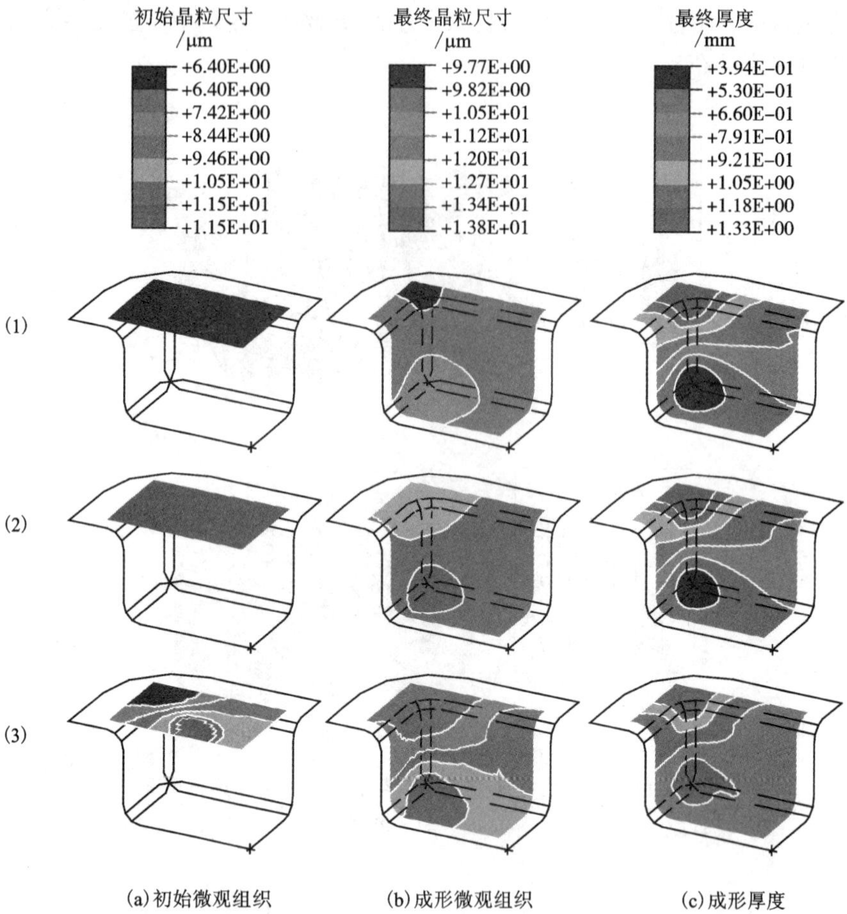

(a)初始微观组织　(b)成形微观组织　(c)成形厚度

图 8.12　初始晶粒尺寸为(1)$d^0=6.4$ μm，(2)$d^0=11.5$ μm，(3)6.4 μm≤d^0≤11.5 μm 的场分布图

(Lin，Cheong 和 Ball，2003)

最薄的区域对应的晶粒尺寸最大(为 11.5 μm)，最厚的区域对应的晶粒尺寸最细(为 6.4 μm)。产生的非均匀初始晶粒尺寸场，如图 8.12(a)(3)所示。在 $\dot{\varepsilon}^{tgt}=2\times10^{-4}\ s^{-1}$ 和三种不同初始晶粒尺寸分布条件下，如图 8.12(a)[(1)~(3)]，成形后的晶粒尺寸和薄板厚度分布，分别如图 8.12(b)[(1)~(3)]和图 8.12(c)[(1)~(3)]所示。

1. 初始晶粒尺寸对气压历史的影响

在 $\dot{\varepsilon}^{tgt}=2\times10^{-4}\ s^{-1}$ 和三种不同初始晶粒尺寸分布条件下，如图 8.12(a)[(1)~(3)]，计算得到的过程气压，如图 8.13 所示。由此可以发现，整个过程可以分为三个阶段：

(1)在成形开始的近 15% 成形时间，气压随着 t/t_f 的增加而增加。其中，t 为时间，t_f 为成形过程的时长。

(2)然后，气压几乎保持一个常值。

(3)最后，气压又随着 t/t_f 的增加而增加。这个过程约占整个成形时间的 50%。

在第一阶段，气压的增大是由于应力的快速增加，与晶粒和位错密度增长导致的硬化作用有关。在这个阶段，初始晶粒尺寸为 $d^0=6.4\ \mu m$，$d^0=11.5\ \mu m$ 以及 $6.4\ \mu m \leqslant d^0 \leqslant 11.5\ \mu m$ 的薄板可以自由弓出。

在第二阶段，气压基本保持恒定。可以通过统一超塑性本构方程对硬化现象进行建模，由晶粒长大和位错引起的硬化现象可能会与由薄板厚度的减小导致的软化现象达到平衡。在第二阶段，气压基本保持恒定是由于晶粒和位错密度增长引起的材料硬化和材料变薄导致的表观软化达到平衡导致的(图 8.13)。在此阶段，三种不同晶粒尺寸分布的薄板仍可以自由弓出。

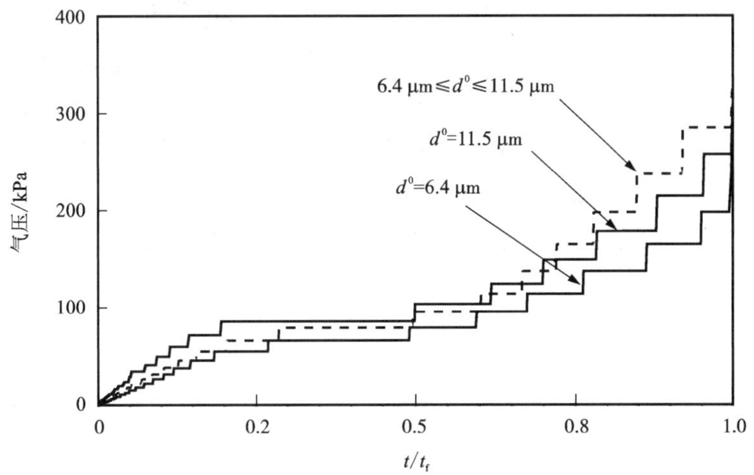

图 8.13　初始晶粒尺寸为 $d^0=6.4\ \mu m$，$d^0=11.5\ \mu m$ 以及 $6.4\ \mu m \leqslant d^0 \leqslant 11.5\ \mu m$ 条件下的气压历史

(Lin，Cheong 和 Ball，2002)

在最后阶段，气压随着 t/t_f 的增加而增加，如图 8.13 所示。这表明部分薄板已经和下模具表面相接触，并且限制零件进一步变形，以充填空腔。因此，需要更大的气压来完成目标应变速率为 $\dot{\varepsilon}^{tgt}$ 的成形。

在 $d^0=11.5\ \mu m$ 条件下，计算得到的气压要大于 $d^0=6.4\ \mu m$ 条件下得到的。这是因为晶粒尺寸较大[图 8.12(b)(1)]将会导致显著的硬化现象[图 8.12(b)(2)]。同样，在第一阶段和第二阶段(图 8.13)，在 $6.4\ \mu m \leqslant d^0 \leqslant 11.5\ \mu m$ 条件下计算得

到的气压介于 $d^0 = 11.5\ \mu m$ 和 $d^0 = 6.4\ \mu m$ 条件下得到的结果之间。然而，在最后阶段，在 $6.4\ \mu m \leqslant d^0 \leqslant 11.5\ \mu m$ 条件下计算得到的气压最大。这是因为成形零件拐角部分与模具最后接触，该区域最厚[图 8.12(c)(3)]，故其由于变薄而导致的表观软化最弱，并且与 $d^0 = 11.5\ \mu m$、$6.4\ \mu m$ 情况相比，在该晶粒尺寸条件下，晶粒粗化最为明显[图 8.12(b)(3)]，晶粒长大导致的硬化现象显著。

2. *初始晶粒对材料减薄的影响*

成形后最大板厚(max{h})和最小板厚(min{h})间的偏差，如图 8.14 所示。该计算在 $\dot{\varepsilon}^{tgt} = 2 \times 10^{-4}\ s^{-1}$ 和三种不同初始晶粒尺寸分布条件下进行的，如图 8.12(a)[(1) ~ (3)]所示，其余情况为 $\dot{\varepsilon}^{tgt} = 5 \times 10^{-5}\ s^{-1}$ 和 $d^0 = 6.4\ \mu m$。

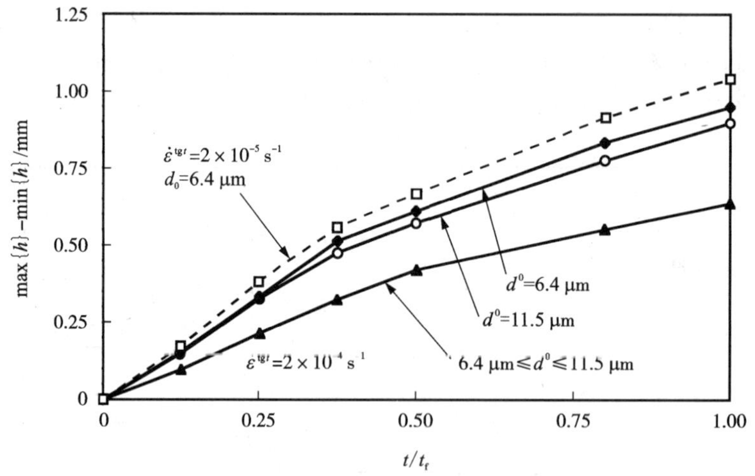

图 8.14　max{h} - min{h}的变化

成形条件为 $\dot{\varepsilon}^{tgt} = 2 \times 10^{-4}\ s^{-1}$(实线)和 $d^0 = 6.4\ \mu m$，$d^0 = 11.5\ \mu m$，$6.4\ \mu m \leqslant d^0 \leqslant 11.5\ \mu m$，以及 $\dot{\varepsilon}^{tgt} = 5 \times 10^{-5}\ s^{-1}$(虚线)和 $d^0 = 6.4\ \mu m$(Lin，Cheong 和 Ball，2002)

从图 8.14 可以发现，对于 $d^0 = 11.5\ \mu m$、$6.4\ \mu m$，在 $\dot{\varepsilon}^{tgt} = 2 \times 10^{-4}\ s^{-1}$ 条件下，max{h} - min{h}的差值没有明显的变化。尤其是在 $t/t_f = 1.0$ 时，两种模拟结果得到的 max{h} - min{h}的差值分别为 0.949 mm 和 0.897 mm，与 h^0 的偏差小于4%。两种模拟结果得到的成形后薄板的厚度分布也没有明显的区别，如图 8.12(c)[(1) ~ (2)]所示。这表明初始晶粒的粗化(从 6.4 μm 增加到 11.5 μm)不能有效改善成形后薄板厚度的均匀性。这是因为最大变形速率一旦被限定，具有均匀初始晶粒尺寸 d^0 的薄板材料极可能以一种相似的方式变形。薄板上各点从起始位置到最终位置的变形轨迹的变化不是很明显。

采用如图 8.12(a)(3)所示的初始微观组织梯度，可以从图 8.12(c)(3)中发现，成形后薄板厚度的均匀性比图 8.12(c)[(1) ~ (2)]中所示的结果有了明显提高。同时，可以发现当 $6.4\ \mu m \leqslant d^0 \leqslant 11.5\ \mu m$ 时，$\max\{h\}-\min\{h\}$ 的差值低于其他初始晶粒尺寸条件下的结果，如图 8.14 所示。尤其是当 $t/t_f=1.0$、$6.4\ \mu m \leqslant d^0 \leqslant 11.5\ \mu m$ 时，$\max\{h\}-\min\{h\}$ 的差值为 0.636 mm，比在相同目标应变速率 $\dot{\varepsilon}^{tgt}$ 和初始晶粒尺寸 $d^0=6.4\ \mu m$ 时低 20% h^0。当 $6.4\ \mu m \leqslant d^0 \leqslant 11.5\ \mu m$ 时，成形后拐角区域的厚度是三种情况下最厚的[图 8.12(c)(1)～(3)]。然而，成形后微观结构[图 8.12(b)(3)]的均匀性比其余情况[图 8.12(b)(1)～(2)]要差。这表明，利用初始微观结构梯度来调节零件最终的成形厚度的方法是可行的，但它难以保证成形后微观结构的均匀性。

在目标应变速率 $\dot{\varepsilon}^{tgt}=5\times10^{-5}\ s^{-1}$ 和初始晶粒尺寸 $d^0=6.4\ \mu m$ 时，$\max\{h\}-\min\{h\}$ 的差值如图 8.14 所示。在该成形条件下，$\max\{h\}-\min\{h\}$ 的差值比在 $\dot{\varepsilon}^{tgt}=2\times10^{-4}\ s^{-1}$ 和 $d^0=6.4\ \mu m$ 条件下的差值高。这表明 $\dot{\varepsilon}^{tgt}$ 值越低，越会加剧材料的局部减薄情况。

为了得到理想晶粒尺寸分布的薄板，可以进一步进行局部热处理，如激光处理、搅拌摩擦焊形式的处理等。

8.2.4　在 515℃条件下 Al－Zn－Mg 合金框的成形

利用式(8.4)，研究了损伤对矩形框局部减薄的影响，如图 8.6 所示。图 8.6 所示的有限元模型中 Al－Zn－Mg 合金坯料的尺寸为 $a=1.12H$、$b=0.77H$。超塑性成形温度为 515℃，目标应变速率分别为 $\dot{\varepsilon}^{tgt}=2\times10^{-4}\ s^{-1}$ 和 $\dot{\varepsilon}^{tgt}=2\times10^{-3}\ s^{-1}$。

在目标应变速率 $\dot{\varepsilon}^{tgt}=2\times10^{-4}\ s^{-1}$(1)和 $\dot{\varepsilon}^{tgt}=2\times10^{-3}\ s^{-1}$(2)条件下，Al－Zn－Mg 合金零件的韧性孔洞长大损伤 f_h 和等效损伤 f_e 的分布，如图 8.15 所示。根据统一超塑性损伤本构方程式(8.4)，设计人员难以观察到 f_h 的变化，但是制造工程师能够通过数字化的方式进行模拟。可以发现，在 $\dot{\varepsilon}^{tgt}=2\times10^{-4}\ s^{-1}$ 时，韧性孔洞长大损伤 f_h 值通常和等效损伤 f_e 值相等。在 $\dot{\varepsilon}^{tgt}=2\times10^{-3}\ s^{-1}$ 条件下，两者有明显不同。还可以发现在高目标成形速率 $\dot{\varepsilon}^{tgt}=2\times10^{-3}\ s^{-1}$ 条件下，成形零件的损伤值明显较大。损伤随着目标成形速率的提高而增加，这一现象可以通过合金的单轴应力应变曲线关系(图 8.4)来证实，并且与已有文献中的实验报道相吻合。在 $\dot{\varepsilon}^{tgt}=2\times10^{-3}\ s^{-1}$ 条件下，Al－Zn－Mg 合金零件最大的 f_h 值超过 0.722，最大的 f_e 值超过 0.9，如图 8.15(2)(a)和(b)所示。

当目标应变速率 $\dot{\varepsilon}^{tgt}=2\times10^{-4}\ s^{-1}$、$5\times10^{-4}\ s^{-1}$ 和 $2\times10^{-3}\ s^{-1}$ 时，成形后 Al－Zn－Mg 框的厚度分布，如图 8.16 所示。图 8.16 中(a)组是没有孔洞损伤的，而(b)组是考虑了孔洞损伤，使用式(8.4)得到的。

在 $\dot{\varepsilon}^{tgt}=2\times10^{-4}\ s^{-1}$ 条件下，没有考虑孔洞损伤和考虑孔洞损伤模拟得到的流线图具有一致性，如图 8.16(a)(1)和图 8.16(b)(1)所示。这表明在两种成形模拟过程第一阶段的后期(在前文中已定义)，出现了锥形的空间材料状态。此

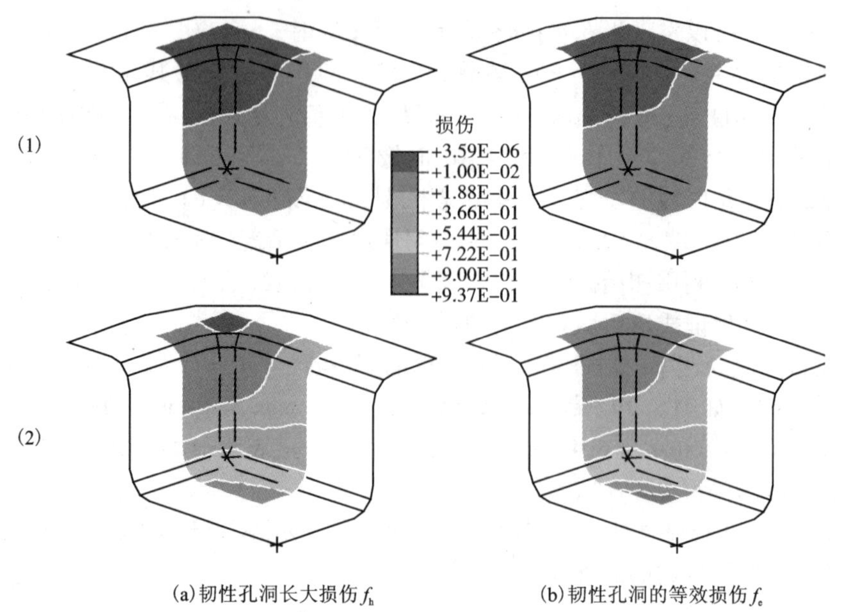

(a)韧性孔洞长大损伤f_h　　(b)韧性孔洞的等效损伤f_e

图 8.15　Al - Zn - Mg 合金 f_h 和 f_e 的场分布图

(1)和(2)分别表示目标应变速率 $\dot{\varepsilon}^{tgt}=2\times10^{-4}\ s^{-1}$ 和 $\dot{\varepsilon}^{tgt}=2\times10^{-3}\ s^{-1}$(Cheong, 2002)

外，在低目标成形速率条件下，孔洞损伤的作用并不显著。因此，在不考虑孔洞损伤的情况下，材料成形模拟也是可靠的。从图 8.16(a)(1)和图 8.16(b)(1)中，还可以发现成形后零件的最薄区域都是在拐角处，并且厚度相当。

在中等目标成形速率($\dot{\varepsilon}^{tgt}=5\times10^{-4}\ s^{-1}$)条件下，成形后的零件厚度分布如图 8.16(a)(2)和图 8.16(b)(2)所示。由孔洞损伤导致的表观软化并不显著。然而，与 $\dot{\varepsilon}^{tgt}=2\times10^{-4}\ s^{-1}$ 条件下相比，拐角区域的厚度及分布均匀性均有所提高。这是因为目标成形速率的增大能够减弱第一阶段中局部流动现象。

在最高目标成形速率($\dot{\varepsilon}^{tgt}=2\times10^{-3}\ s^{-1}$)条件下，可以发现图 8.16(a)(3)和图 8.16(b)(3)中的模拟结果有着显著的区别。和图 8.16(a)(2)相比，没有考虑孔洞损伤的模拟结果具有更加均匀的厚度分布[图 8.16(a)(3)]。另外，与图 8.16(b)(2)相比，考虑了孔洞损伤的模拟结果的厚度分布更加不均匀[图 8.16(b)(3)]。这表明在高目标成形速率条件下，孔洞损伤的影响是显著的，不能忽略。

不考虑孔洞损伤的影响，第一阶段和第二阶段中的局部流动现象可以通过提高目标成形速率来改善。然而，这并不容易实现，当变形超过一定程度后，应变速率的提高会导致损伤的加剧，这可以从材料的单轴应力应变关系得知(图 8.4)。值得注意的是，由于超塑性损伤本构方程具有鲁棒性和普遍性，故这

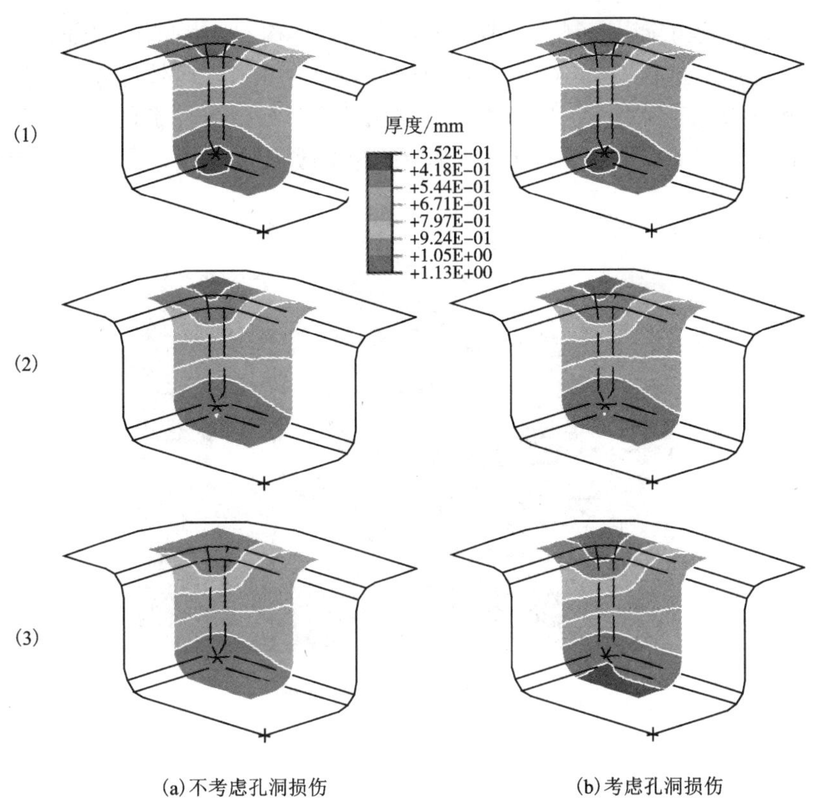

图 8.16　Al－Zn－Mg 合金成形后的厚度分布情况

(1) $\dot{\varepsilon}^{tgt}=2\times10^{-4}\ s^{-1}$; (2) $\dot{\varepsilon}^{tgt}=5\times10^{-4}\ s^{-1}$; (3) $\dot{\varepsilon}^{tgt}=2\times10^{-3}\ s^{-1}$ (Cheong, 2002)

些现象的模拟需要考虑孔洞损伤。在 $\dot{\varepsilon}^{tgt}=2\times10^{-4}\ s^{-1}$ 和 $\dot{\varepsilon}^{tgt}=2\times10^{-3}\ s^{-1}$ 情况下，上述没有考虑孔洞损伤的模拟结果[图 8.16(a)(1)～(2)]和考虑了孔洞损伤的模拟结果[图 8.16(b)(1)～(2)]相一致。很明显，在高应变速率条件下，两种模拟方法得到的结果是相矛盾的。因此，不考虑孔洞损伤的气压成形模拟结果是不可靠的，并且可能会产生误导。

8.3　大型铝板的蠕变时效成形(CAF)

8.3.1　蠕变时效成形工艺与变形机制

1. 应用

德事隆飞机结构集团(Textron)的 Holman(1989)提出了一种新的成形方法，并将其应用于飞机机翼的生产，证实了其可行性。这种方法叫作蠕变时效成形

(CAF)，现已成功应用于制造大型高强铝合金板形构件，也叫作高压时效成形。

在成形加工过程中，CAF 利用了可热处理合金在人工时效过程中，合金的应力释放和/或蠕变特性。图 8.17 所示为利用蠕变时效成形制造的空客 A380 机翼壁板。这种工艺也可以用来成形大型航天飞机的翼板和运载火箭翼板，如图 8.18 所示。

图 8.17　空客 A380 翼板

(Watchan, 2004)

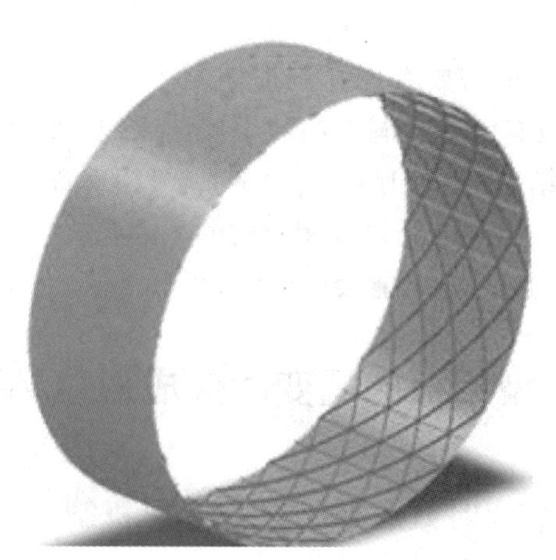

图 8.18　航天运载火箭带加强筋的箭体

(Yang, 2013)

2. 成形工艺与变形机制

典型蠕变时效成形工艺包含以下四个阶段，如图 8.19(a)所示。

第一阶段：在 T4 状态或部分时效情况下，将固溶热处理的铝板放在模具表面。

第二阶段：采用真空袋技术(Zhan，Lin 和 Dean 等，2011)，用外部压力将工件固定在模具表面。由于航空板件需要的变形程度较小，故其通常是弹性的。因此，当压力释放后很可能会导致工件又恢复到以前的平板状。

第三阶段：将模具和工件都放入真空热压罐中，将工件贴模，然后逐渐升温对合金进行时效处理。时效的温度和时间参照材料的热处理规范。图 8.19(b)和(c)所示为时效后，工件发生典型的应力松弛和蠕变，从而使工件发生塑性变形。

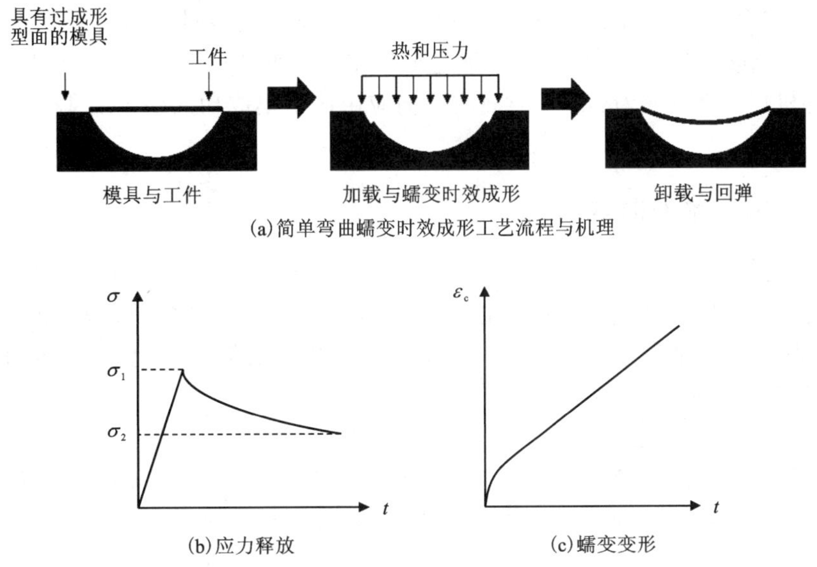

图 8.19　简单弯曲蠕变时效成形工艺流程与机理

(Zhan，Lin 和 Dean，2011)

第四阶段：时效后，将模具冷却至室温后从真空罐中取出，卸载压力。以 7000 系铝合金(AA7xxx)为例，可以在 T6(峰值强度)或 T7(过时效态)条件下成形。由于在时效状态下累积塑性应变很小，工件中的残余应力很难完全消除，从而导致很大的回弹，这给蠕变时效成形技术带来了很大的挑战(Lin，Ho 和 Dean，2006)。

作为一种铝合金温成形的方法，蠕变时效成形可将材料时效硬化行为和蠕变行为结合起来制造高强铝合金构件。热处理后的铸造铝合金强度非常高，并广泛应用于航空航天工业，例如 AA2xxx、AA6xxx、AA7xxx 系。相比之下，其他如 AA1xxx、AA3xxx、AA5xxx 系的铝合金不需要进行时效强化，而是直接固溶强化和位错强化。需要说明的是，除非有特殊标注，后续章节中谈到的铝合金都是可热处理的铝合金。

蠕变时效成形过程中的变形机制有：

(1)中高应力水平下的一级蠕变和二级蠕变。低应力水平下的蠕变可以忽略，这是因为：①时效时间短(8 ~ 30 h，视材料、工艺和温度情况而定)；②积累的蠕变应变不明显。蠕变时效成形中晶粒尺寸对蠕变变形影响不大。因此可以使用未考虑蠕变损伤的传统方程来对一级和二级蠕变变形进行建模。另外，在一级蠕变中，由位错和时效引起的强化很重要，这会显著地影响材料的蠕变行为。

(2)应力松弛。它是高应力蠕变变形和热激活应力松弛(回复)的共同作用。

由于蠕变时效成形过程很长，从经济的角度来考虑，对于超大型平板构件而言，低压成形更为合适。事实上，通过成形出具有期望的微观组织、强度和形状的各种机翼零部件来看，蠕变时效成形的应用还是很成功的(Zhan，Lin 和 Dean，2011)。

8.3.2　铝合金的时效强化

对于具体的合金来说，蠕变时效成形很大程度上依赖于它的时效强化行为。虽然它主要应用于铝合金，但理论上完全可以用于其他合金。只要在时效温度下，材料就会发生显著的蠕变和应力松弛，这个理论都是适用的(Jeunechamps，Ho，Lin 等，2006)。

1. 蠕变时效建模

为了模拟材料在蠕变时效成形过程中的变形行为，首先必须建立可靠的本构方程。在建立基于物理机制的统一蠕变时效本构方程之前，必须掌握合金在蠕变时效成形中的强化机制。本节将介绍典型铝合金热处理过程中的一些基本概念。

图 8.20 所示为一个模拟蠕变时效成形的热处理工艺过程，可通过该过程确定合金的微观组织和力学性能。

(1)固溶热处理(SHT)。固溶热处理一般在 470 ~ 570℃ 的温度下进行，时间为 10 min 到 1 h，这取决于合金的成分。固溶热处理可以使合金元素均匀地分布在铝基体中，当出现过饱和固溶体时将材料迅速从固溶温度冷却到室温(淬火)，为了避免晶界上出现大的析出相，冷却速度必须足够快，晶界上的粗大第二相将会导致材料强度显著降低。对许多合金来说，这也可能会导致应力腐蚀断裂(SCC)，降低合金的疲劳寿命。在 T4 条件下处理的合金相对较软，延展性好。

(2)拉伸。由快速冷却导致的残余应力会使工件发生变形，这对于合金薄

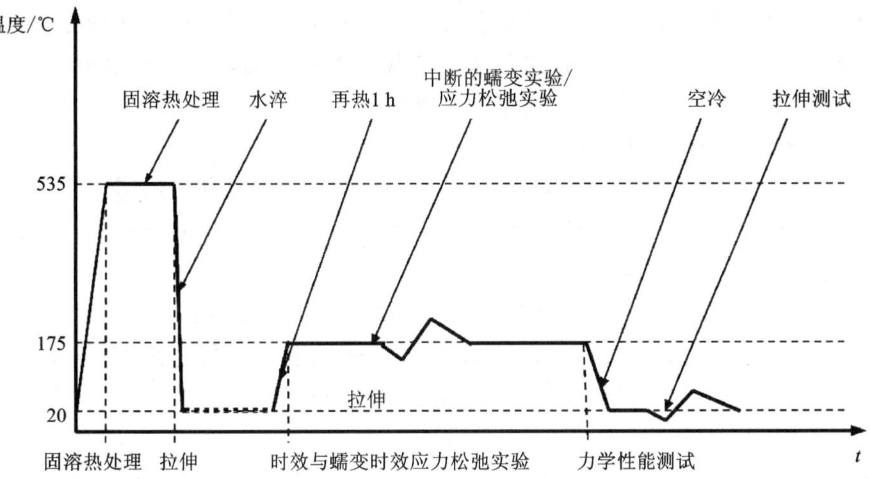

图 8.20　通过蠕变时效成形热处理、蠕变时效(CA)、应力松弛(SR)和力学性能实验确定的合金行为

板来说是很正常的。为了去除残余应力，通常可以对工件进行 1% ~3% 应变的预拉伸。

(3)时效。时效处理可以控制析出相的形核和长大，以获得高的强度和低的韧性。此外，在过时效(T7)状态下，合金可以获得更好的韧性，但强度会稍微降低。因此，为了得到理想的强韧比，大多数的蠕变时效构件都会进行 T7 过时效处理。

(4)蠕变时效/应力松弛。材料的一级和二级蠕变行为可以通过中断蠕变实验来表征。必要的话，可以进行不同时效温度和时效时间下的应力松弛实验。

(5)力学性能测试。对蠕变时效(应力松弛)后的试样进行拉伸/硬度测试，可以研究合金动态时效后的力学性能。动态时效是指在应力和塑性变形条件下的时效(如蠕变)。

时效会在两种情况下发生：

(1)人工时效是在室温以上进行热处理。例如，AA6082 铝合金在 190℃ 条件下处理 9 h 可以达到峰值强度。对于一些合金来说，多阶段的人工时效处理是可行的；AA6xxx 铝合金可以先在 220℃ 条件下时效 5 min(第一阶段时效)，然后在 180℃ 条件下时效 30 min(第二阶段时效)，这种快速时效工艺可以达到或接近峰值强度的效果。然而，在蠕变时效成形中，采用长时间的时效处理，有利于材料的蠕变和应力松弛，从而保证工件良好的成形质量。

(2)自然时效是在室温下通过控制析出相达到合金强化的目的。很多合金都会发生自然时效。将 AA7xxx 系铝合金在室温下放一段时间就可以达到表面时效强化的目的。制造商就可以通过要求材料供应商在固溶热处理后立刻进行人工时效处理来避免这个问题。这有助于保证微观组织在室温条件下的稳定性。然后，制造商就可以直接对材料进行蠕变时效成形。

2. 析出相的形核与长大

通常，期望合金在时效过程中析出的相分布均匀，有利于阻碍位错运动，从而提高强度。在等温热处理过程中，研究了 AA7xxx 系铝合金的时效行为，时效析出顺序如下(Ho, 2004)：

$$\alpha_{固溶体} \rightarrow \alpha + 球状\ GP\ 区域 \rightarrow \alpha + \eta' \rightarrow \alpha + \eta$$

式中：α 为铝合金基体；GP 区表示 Guinier-Preston 区；η′是过渡相；η 是平衡相 $MgZn_2$。图 8.21 所示为 7000 系铝合金在时效过程中的微观组织演变示意图。

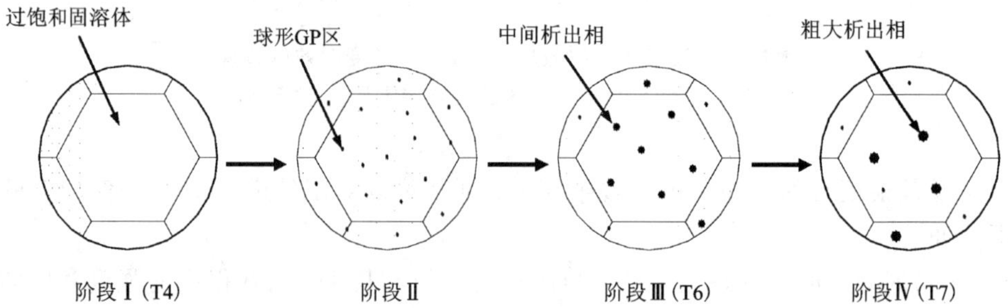

图 8.21　在不同时效阶段 7000 系铝合金析出行为的示意图

I—过饱和固溶体；II—GP 区域的形核(共格)；III—析出相粗化(半共格)；IV—过时效态(不共格)

(Lin, Ho 和 Dean, 2006)

如上所述，时效过程可以分为四个阶段。通常，第一阶段时效开始于具有过饱和固溶体的淬火态合金，这相当于 T4 状态的 AA7xxx 系铝合金；第二阶段开始于有序而富集的溶质簇的形成，被称作 GP 区，在厚度方向上有 1 ~ 3 个原子面，并且与铝基体具有相似的晶体结构。由于共格特性，它们内部的能量很低，有利于析出相形核。尽管 GP 区的形成强化了合金，但是析出相较小并且共格，能够被位错切过。在这一阶段，随着时间的延长，析出相的数量迅速增加，析出相原子层尺寸的改变导致晶格的变形。强化是由于变形使位错切过变形晶格和切过 GP 区导致的，但是也会减弱元素扩散导致的固溶强化效果。由于析出相的平均尺寸在不断增大，因此在初始阶段，材料的强度和硬度会持续增大。

在第三阶段，GP 区被更稳定的 η′相所代替，η′相的尺寸主要为 1 ~ 10nm (Ferragut, Somoza 和 Tolley, 1999)，与铝基体为半共格关系，在 T6 状态下，材料可以达到峰值强度。如果时效继续进行，析出相的尺寸会继续增大，同时溶质成分继续减少，直至达到平衡。随着析出相尺寸的增大，共格关系被破坏。同时析出相之间的平均间距增大，会使得析出相和位错之间的作用减弱。在第四阶段，析出相进一步的粗化导致非共格的 η 相出现。析出相之间的平均间距已经大到足以使位错通过 Orowan 机制绕过析出相，而不再是切过。合金在过时效(T7)态条件下，强度有所降低，如图 8.22 所示。

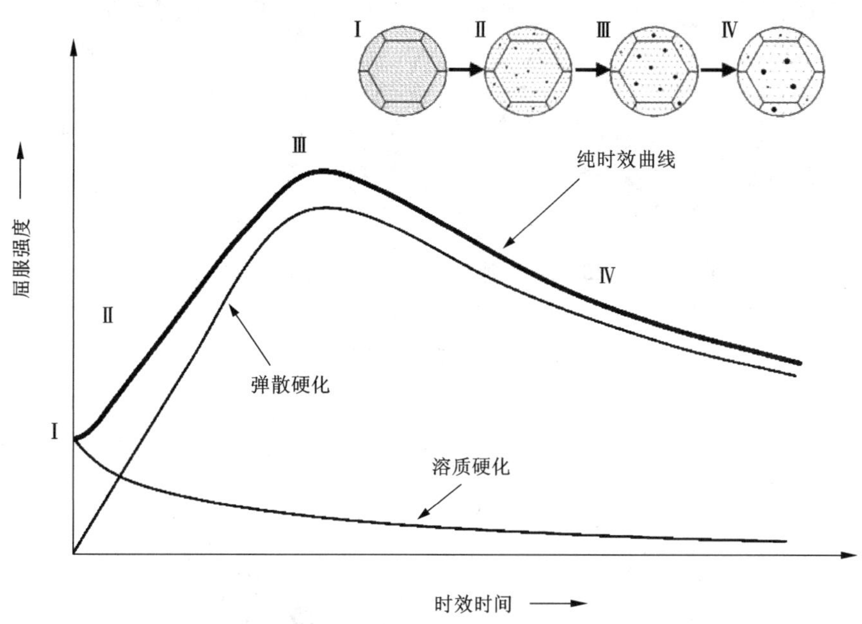

图 8.22　固溶强化和弥散强化对 AA7010 铝合金屈服强度的影响

(Ho, 2004)

图 8.23 所示为两种 7000 系铝合金在 150℃时峰值时效(T6)后的析出相。图中较暗近球形状的是析出相，其最大直径不超过 50 nm。

图 8.24 所示为两种合金(AA7010 和改进型 AA7010) 在 160℃时效后析出相半径的演变图(Deschamps, Solas 和 Bréchet, 1999)。析出相的分布、长大与应力施加的方向也有关，这对 2000 系铝合金来说尤其重要(Zhu 和 Starke, 2001)。图 8.25 所示为时效后合金的微观组织。在无应力的条件下，薄片状的析出相随机分布在微观组织中，其力学性能是各向同性的。另外，施加应力会改变析出相的取向，导致材料的各向异性。

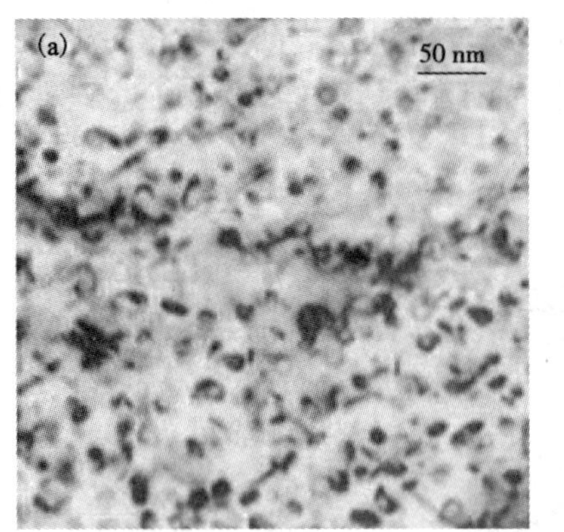

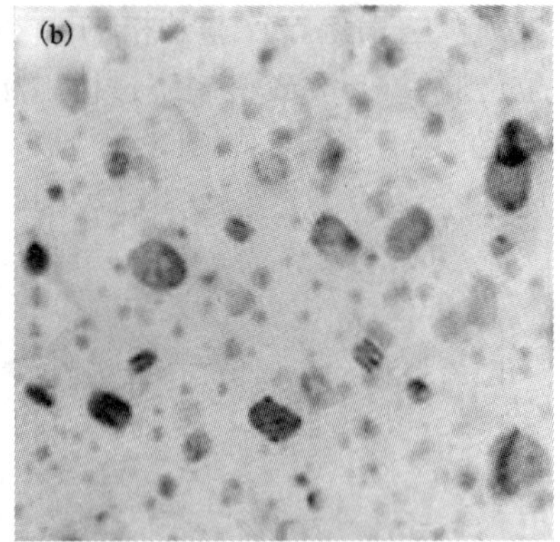

图 8.23　在 150℃时两种 7000 系铝合金峰值时效微观组织

(a) Al－1.72Zn－3.4Mg－0.1Ag；(b) Al－1.72Zn－3.4Mg－0.37Cu

(Caraher，Polmear 和 Ringer，1998)

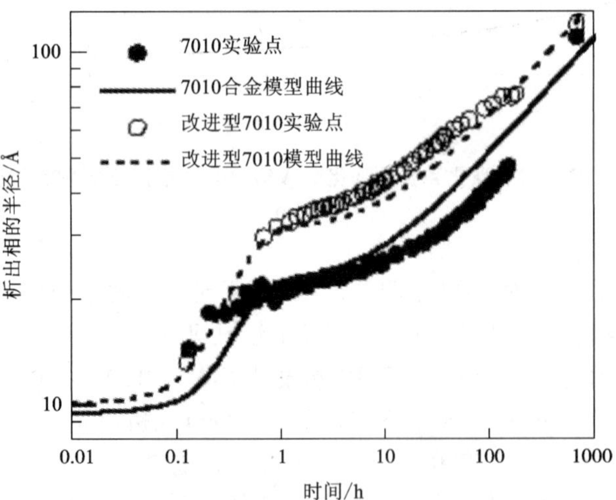

图 8.24　在 160℃时效过程中，析出相尺寸的演变

(Deschamps，Solas 和 Bréchet，2005)

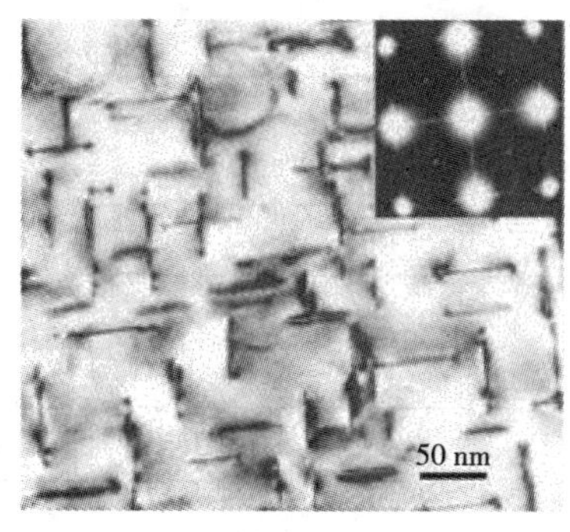

(a)传统时效

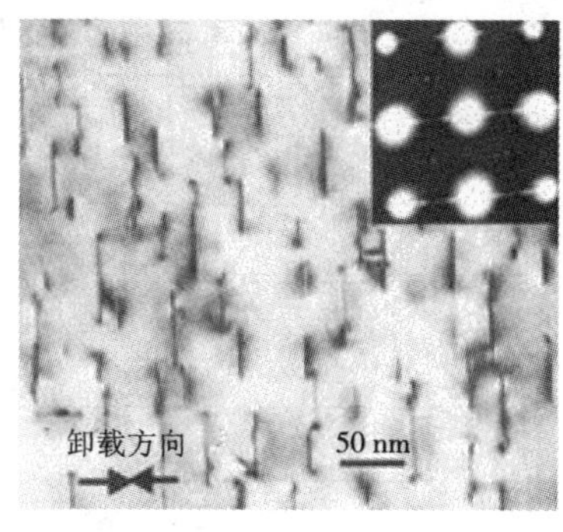

(b)应力时效(40 MPa)

图 8.25　在 201℃下时效 11 h 后，Al－4Cu 合金的 TEM－BF 与衍射斑点

(Zhu 和 Starke, 2001)

8.3.3　统一蠕变时效本构方程

1. 时效强化蠕变本构模型

Lin, Ho 和 Dean(2006)根据统一蠕变时效本构方程建立了一个新的模型。该模型考虑了材料的蠕变应变、初始蠕变强化、析出相半径和屈服强度，以及在蠕变时效成形过程中它们之间的内在联系。根据“统一理论”方法以及等温时效和析出相限定长大的假设，基于物理机制的统一蠕变时效本构方程表示如下：

$$\begin{cases} \dot{\varepsilon}_{C} = A\sinh\{B[(\sigma - \sigma_{A})(1 - H)](\dfrac{C_{SS}}{\sigma_{SS}})^{n}\} \\ \dot{H} = \dfrac{h_{C}}{\sigma^{0.1}}(1 - \dfrac{H}{H^{*}})\dot{\varepsilon}_{C} \\ \dot{r}_{p} = C_{0}(Q - r_{p})^{m_0}(1 + \left|\dfrac{\dot{\varepsilon}_{C}}{\gamma}\right|^{m_1}) \\ \sigma_{A} = C_{A}r_{p}^{m_2} \\ \sigma_{SS} = C_{SS}(1 + r_{p})^{-m_3} \\ \sigma_{Y} = \sigma_{SS} + \sigma_{A} \end{cases} \tag{8.6}$$

式中：A, B, h_C, H^*, n, Q, C_0, C_A, C_{SS}, m_0, m_1, m_2 和 m_3 都是可以通过实验数据确定的材料常数(表 8.4)。可以发现，蠕变应变 ε_C 的演变存在如下特点：

(1)蠕变速率不仅仅是应力 σ 和位错强化 H 的函数，还是时效强化 σ_A 和溶质强化 σ_{SS}的函数。

(2)析出相的形核、长大与蠕变变形(动态时效)有关。

(3)析出相长大时，基体材料的软化和 C_{SS}、σ_{SS}以及 n 有关。

表 8.4　式(8.6)中的常数(AA7010 合金在 150℃条件)

A /h^{-1}	B /MPa^{-1}	n	h_C /MPa	H^*	Q /nm	γ /h^{-1}
3.97×10^{-7}	0.03	0.03	520	0.2	120	1.83×10^{-4}
C_0 /h^{-1}	C_A /MPa	C_{SS} /MPa	m_0	m_1	m_2	m_3
0.112	31.35	20	1/3	0.369	0.5	1.3

初始蠕变用变量 H 表示，它采用了 Kowalewski、Hayhurst 和 Dyson(1994)建立的方程形式。H 值可从蠕变开始时的 0 变化到 H^*，H^* 表示在初始时效阶段末的饱和值。应力敏感系数受 σ 幂函数的阶数控制。

在等温时效过程中，随着析出相逐渐长大，时效机制的长大动力学通过析出相半径 $\dot{r}_p$ 的长大过程来建模。由于蠕变时效成形综合了蠕变变形和时效强化，为了表征动态时效过程，$\dot{r}_p$ 模型考虑了蠕变应变速率的影响。

随着位错密度增加，时效强化的作用逐渐增强。蠕变影响的敏感性由常数 γ 和 m_1 控制。当蠕变应变速率等于 0 时，$\dot{r}_p$ 模型表示静态时效行为。$\dot{r}_p$ 方程的形式有四个特点：

(1)为了避免数值计算困难，将析出相半径 $\dot{r}_p$ 置于分子位置，而不是分母位置。

(2)Q 表示铝基体中溶质原子损耗的饱和值。当溶质原子的损耗达到饱和值时，相的析出过程停止。

(3)对于不同合金，公式中的 m_0 值不同。如 AA7010 合金的 $m_0=1/3$。

(4)$\dot{r}_p$ 模型可以描述 AA7xxx 合金的静态和动态时效行为。

在这个模型中，通过假定等温时效状态，利用 $\dot{r}_p$ 简化了时效机制(Deschamps 等，1999)。可剪切析出相的强化作用可能来自很多不同的机制，比如化学强化或者共格应变强化。基于析出相限定长大的假设，m_2 和 C_A 可以表征位错和可剪切析出相的交互作用。

σ_{SS}表示溶质强化。C_{SS}不仅与析出相的尺寸有关，还和模量以及溶质原子的电子错配有关。m_3 表示流入析出相的溶质原子的损失量。随着溶质原子浓度的下降，σ_{SS}的作用减弱。σ_A 和 σ_{SS}的总和是材料的总屈服应力 σ_Y。Ho(2004)利用 AA7010 合金验证了该模型的正确性，标定的常数值列于表 8.4，蠕变应变量的预测值如图 8.26 所示。

2. T6 和 T7 状态下的建模

Ho(2004)的研究仅能对 T6 状态下的蠕变时效过程进行建模。Zhan，Lin，

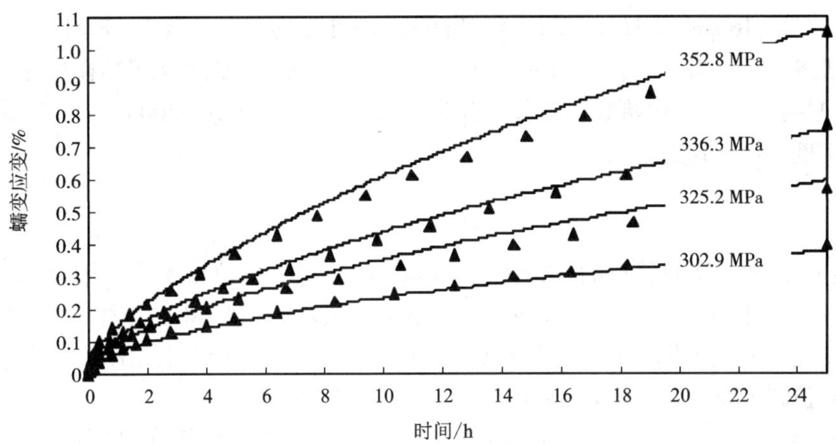

图 8.26　预测(实线)和实验(符号)蠕变应变的对比

(应力分别为 302.9 MPa、325.2 MPa、336.3 MPa、352.8 MPa)(Ho, 2004)

Dean 等(2011)引入了标准析出相尺寸的概念，使得同时对 T6 和 T7 状态进行建模成为了可能。单轴形式下的模型可表示为：

$$
\begin{cases}
\dot{\varepsilon}_C = A_1 \sinh\{B_1[\,|\sigma|(1-\bar{\rho}) - k_0\sigma_y]\}\,\mathrm{sign}\{\sigma\} \\
\dot{\sigma}_A = C_A \dot{\bar{r}}^{m_1}(1-\bar{r}) \\
\dot{\sigma}_{SS} = C_{SS}\dot{\bar{r}}^{m_2}(\bar{r}-1) \\
\dot{\sigma}_{dis} = A_2 n \bar{\rho}^{n-1}\dot{\bar{\rho}} \\
\sigma_y = \sigma_{SS} + \sqrt{\sigma_A^2 + \sigma_{dis}^2} \\
\dot{\bar{r}} = C_r(Q-\bar{r})^{m_3}(1+\gamma_0\bar{\rho}^{m_4}) \\
\dot{\bar{\rho}} = A_3(1-\bar{\rho})\,|\dot{\varepsilon}_C| - C_p\bar{\rho}^{m_5}
\end{cases}
\tag{8.7}
$$

式中：A_1, B_1, k_0, C_A, m_1, C_{SS}, m_2, A_2, n, C_r, Q, m_3, γ_0, m_4, A_3, C_p 和 m_5 均是材料常数。

在这个方程组中，蠕变速率 $\dot{\varepsilon}_C$ 是应力 σ 和标准位错密度 $\bar{\rho}$ 的函数。时效强化 σ_A、溶质强化 σ_{SS} 和位错强化 σ_{dis} 共同影响屈服应力 σ_y，在蠕变时效成形过程中屈服应力是不断变化的。

Deschamps, Solas 和 Bréchet(2005)使用析出相半径对时效机制的建模过程进行了简化。在蠕变时效成形建模过程中，Zhan, Lin 和 Dean 等(2011)引入标准析出相尺寸的概念，

$$\bar{r} = \frac{r}{r_C}$$

式中：r_C 为峰值时效状态的析出相尺寸，这个状态考虑了合金析出相的尺寸和间距

的最佳匹配(Ringer 和 Hono, 2000)。当 $0 \leqslant \bar{r} < 1$ 时，为欠时效状态；$\bar{r}=1$ 代表峰值时效状态(T6)；当 $\bar{r}>1$ 时，为过时效状态。这种方法显著地简化了建模过程。

$(1-\bar{\rho})$项用于初始蠕变阶段的建模。Lin, Liu, Farrugia(2005)等引入了标准位错密度，并将其定义为：

$$\bar{\rho}=\frac{\rho-\rho_i}{\rho_m}$$

式中：ρ_i 为材料初始状态的位错密度；ρ_m 是最大(饱和)位错密度。因此，ρ 的取值范围在 ρ_i 和 ρ_m 之间。由于 $\rho_i \ll \rho_m$，故 $\bar{\rho}$ 的取值范围在 0 和 1 之间。第一项 $\dot{\bar{\rho}}$ 代表蠕变变形和动态回复导致的位错密度演变。第二项描述在时效温度条件下静态回复对位错密度的影响(Lin, Liu, Farrugia 等, 2005)。

$\dot{\sigma}_A$ 和 $\dot{\sigma}_{SS}$ 分别代表时效和溶质强化的演变，C_A 表示位错和可剪切析出相之间的交互作用。

$\dot{\sigma}_{SS}$ 表示溶质强化的作用，其强化效果是由溶质原子对位错移动的阻碍而形成的。C_{SS} 和溶质体的尺寸、模量以及电子错配有关；m_2 描述流入析出相的溶质耗损。随着溶质原子浓度的下降，溶质强化作用减弱。Lin, Liu, Farrugia 等(2005)定义的 $\dot{\sigma}_{dis}$ 描述了位错强化的演变，演变过程可以通过 $\bar{\rho}$ 的函数表征。

将 $\dot{\sigma}_A$、$\dot{\sigma}_{SS}$ 和 $\dot{\sigma}_{dis}$ 相加就得到了屈服强度 σ_y，即时效过程的总屈服强度。在蠕变时效过程中，由于时效和位错强化的作用，σ_y 会发生动态变化，这将影响到蠕变时效成形过程中材料的蠕变变形。

后来，这个方程组被 Yang(2013)进一步用来模拟 2000 系铝合金中析出相的形核和长大过程。

3. 120℃时 AA7055 的本构关系

Zhan, Lin, Dean 等(2011)确定了 120℃条件下 AA7055 合金统一蠕变时效本构方程[式(8.7)]中的材料常数，见表 8.5。从图 8.27 和图 8.28 中，可以发现方程组可以预测静态时效条件(施加应力为 0 MPa)下的析出强化作用。

表 8.5 蠕变时效本构方程[式(8.7)]中的常数(AA7055 合金在 120℃时)

(Zhan, Lin, Dean 等, 2011)

A_1 /h^{-1}	B_1 /MPa	k_0	C_A /MPa	m_1	C_{SS} /MPa	m_2	n	A_2
5.0×10^{-5}	0.0279	0.2	94.3	0.44	20.0	0.4	0.8	291.5
C_r /h^{-1}	Q	γ_0	m_3	m_4	A_3	C_p	m_5	
0.032	1.69	2.7	1.3	1.98	200.0	0.07	1.3	

在不同蠕变时效条件下，AA7055 合金屈服强度的实验值和预测值之间的比较如图 8.27 所示。蠕变应力分别为 0 MPa、252.2 MPa 和 308.9 MPa。值得注意的是，在蠕变刚开始时，三条曲线都有相同的屈服强度（387 MPa），实验值和理论值非常接近，这表明建立的本构方程可以模拟合金在 120℃条件下低于 30 h 的蠕变时效行为。

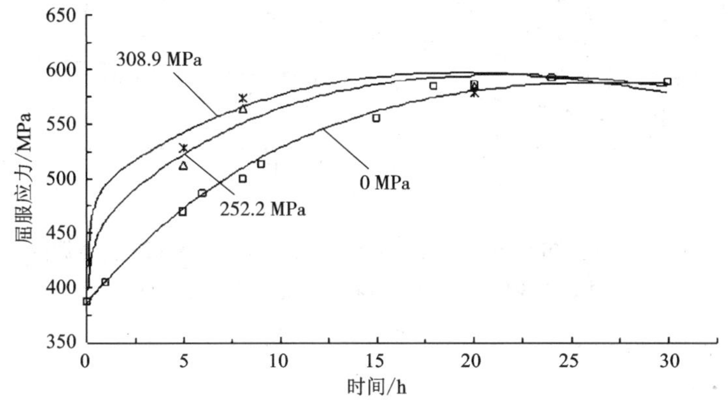

图 8.27　在 120℃和不同蠕变应力条件下，AA7055 合金屈服强度预测值（实线）和实验值（符号）的对比

（Zhan 和 Lin 等，2011）

在不同应力水平下，蠕变速率的变化如图 8.28 所示。显然可以发现，采用方程可以准确地预测第一和第二阶段的蠕变行为。蠕变速率是确定蠕变行为的一个重要因素。第一阶段初期（第一阶段蠕变的起点）和第二阶段蠕变（蠕变实验 8 h 后）的蠕变速率实验值和预测值的对比如图 8.29 所示。在第一阶段初期（实验时间为 10^{-5} h），蠕变速率非常大。由于蠕变时效过程中位错强化和时效强化的作用，材料强度升高，蠕变速率逐渐降低到一个稳定值，这被称作第二阶段蠕变。此阶段的蠕变速率最小值显著低于第一阶段的蠕变速率。蠕变速率与应力和蠕变应变速率的对数值之间存在近似线性的关系。这表明双曲正弦型的蠕变速率本构方程适用于描述蠕变时效成形过程中的变形行为[详见方程组(8.7)]。

4. 175℃下 AA2219 的本构关系

Yang(2013)推广了式(8.7)中析出相的定义，并将方程组应用于 AA2219 合金。根据图 8.30 中的实验规程，进行了一系列与图 8.20 中相似的蠕变时效实验。在 175℃条件下，对固溶处理的试样进行了间断蠕变时效实验和应力松弛实验。随后，还对试样进行了常温拉伸实验，以检测材料的机械性能，详见 8.3.2 节。

之后，还采用第 7 章中详述的优化方法（Cao 和 Lin，2008），根据实验结果建立了统一蠕变时效本构方程[式(8.7)]。根据应力水平不高于 210 MPa 条件下的

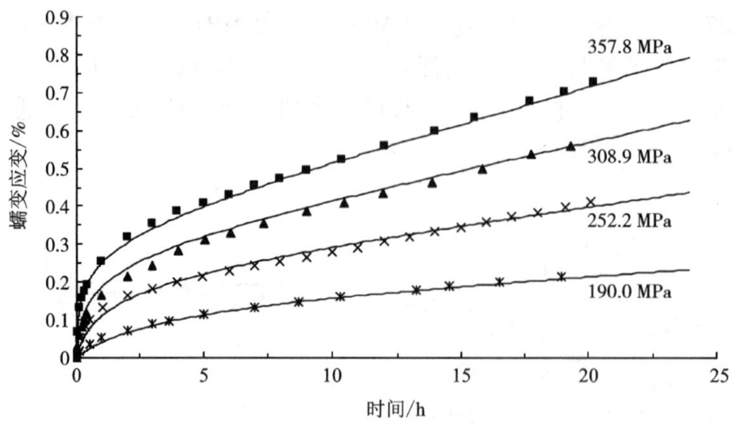

图 8.28　在 120℃和不同蠕变应力水平条件下，AA7055 合金蠕变时效曲线预测值(实线)和实验值(符号)的对比

(Zhan, Lin, Dean 等, 2011)

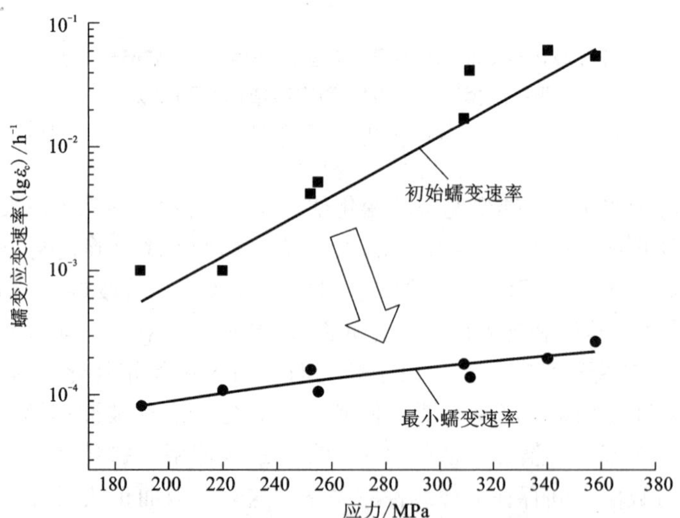

图 8.29　在 120℃条件下，AA7055 合金初始状态和稳态的蠕变应变速率预测值(实线)和实验值(符号)的对比

(Zhan, Lin, Dean 等, 2011)

实验结果，确定了统一本构方程中的材料常数，见表 8.6。应力水平高于 200 MPa 条件下的材料常数，见表 8.7。当应力水平为 200 ~ 210 MPa 时，两个表内的材料常数都可用。

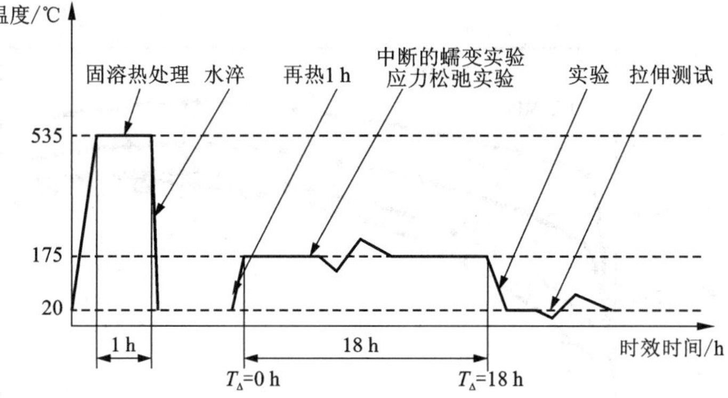

图 8.30　AA2219 合金热处理条件和在 175℃条件下的蠕变时效实验规程
(Yang, 2013)

表 8.6　蠕变时效本构方程[式(8.7)]中的常数
(AA2219 合金在 175℃和低于 212.5 MPa 时)(Yang, 2013)

A_1/h^{-1}	B_1/MPa	k_0	C_A/MPa	m_1	C_{SS}/MPa	m_2	n	A_2
3.0×10^{-8}	0.0825	0.078	50.1	0.42	15.0	0.85	0.9	520
C_r/h^{-1}	Q	γ_0	m_3	m_4	A_3	C_p	m_5	
0.032	1.76	2.7	1.6	2.1	65	0.182	1.01	

表 8.7　蠕变时效本构方程[式(8.7)]中的常数
(AA2219 合金在 175℃和高于 212.5 MPa 时)(Yang, 2013)

A_1/h^{-1}	B_1/MPa	k_0	C_A/MPa	m_1	C_{SS}/MPa	m_2	n	A_2
1.6×10^{-10}	0.101	0.08	50.1	0.42	15.0	0.85	0.9	520
C_r/h^{-1}	Q	γ_0	m_3	m_4	A_3	C_p	m_5	
0.032	1.76	2.7	1.6	2.1	35	0.318	1.01	

计算得到的屈服应力值，如图 8.31 所示。由此可以发现，蠕变变形会导致位错密度的增加。因此，在高应力条件下进行时效，材料的屈服强度会增加，与无应力时效相比，其材料可以在短时间内达到峰值强度。

在 175℃和高应力水平时，AA2219 合金第一和第二阶段蠕变曲线计算值，以及相应的实验数据，如图 8.32 所示。值得注意的是，这些方程只能描述第一和第二阶段的蠕变。当应力值高于 225 MPa 时，在变形初期就会出现第三阶段蠕变。建立的统一蠕变时效本构方程可以准确预测 AA2219 合金在 175℃条件下的蠕变时效行为。

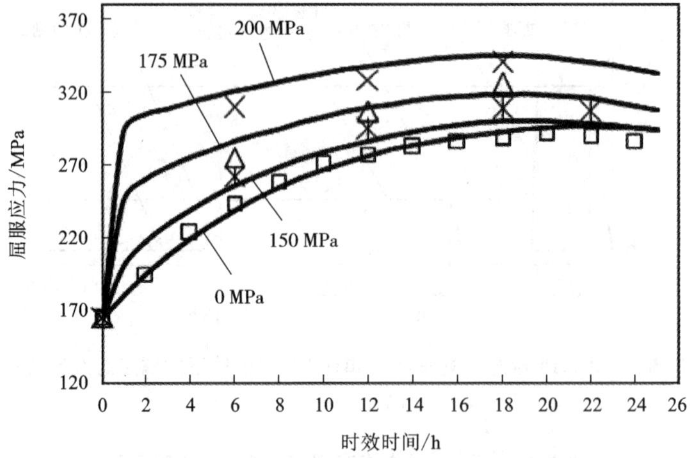

图 8.31　在 175℃和不同应力水平下，AA2219 合金屈服强度预测值(实线)和实验值(符号)的对比

(Yang, 2013)

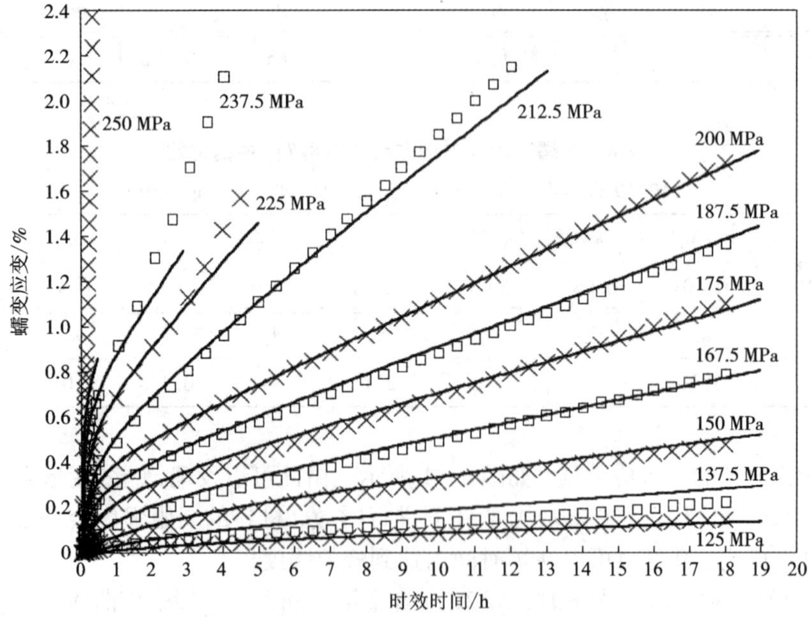

图 8.32　在 175℃和不同蠕变应力水平下，AA2219 合金蠕变时效曲线预测值(实线)和实验值(符号)的对比

(Yang, 2013)

作者进行了应力松弛实验来验证确定的材料常数。在 175℃ 和不同初始应力条件下的应力松弛实验结果，如图 8.33 所示。

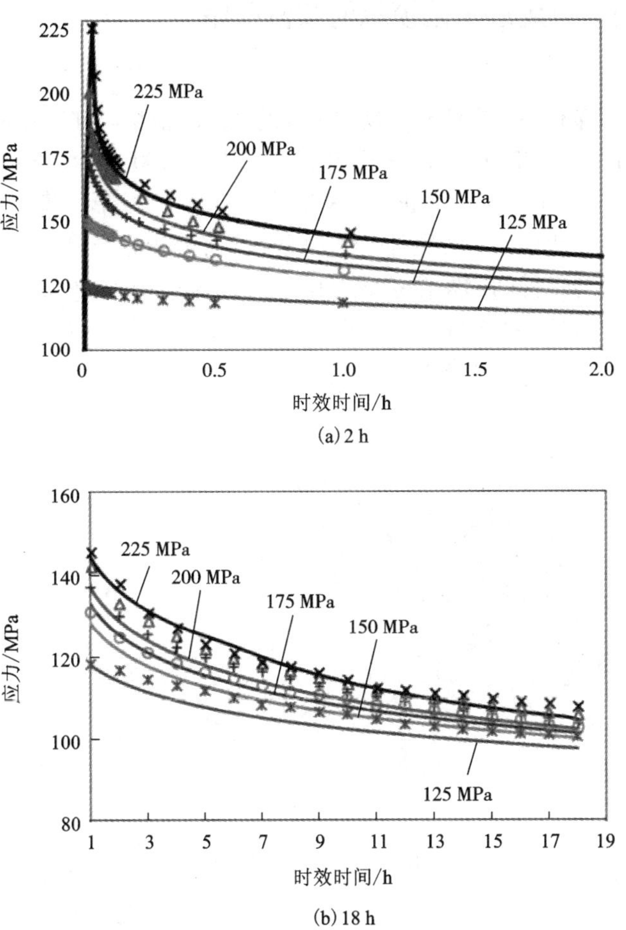

(a) 2 h

(b) 18 h

图 8.33　在 5 种初始蠕变应力水平(225 MPa，200 MPa，175 MPa，150 MPa 和 125 MPa)下，应力松弛预测值(实线)和实验值(符号)的对比

(Yang，2013)

在不同初始应力条件下，对式(8.7)进行数值积分，得到预测的应力，并与实验结果进行了对比，如图 8.33(a)和(b)所示。实验值与预测值吻合良好，最大误差为 11.8%。从图 8.33(b)中可以发现，在时效 1 h 后，应力水平的预测值略低于实验值。这可能是因为本构模型对应力低于 137.5 MPa 后蠕变行为的敏感度不高，因此与时间相关的蠕变的影响就不显著。

尽管如此，可以发现得到的材料参数可以较好地预测材料的强化机制以及其对屈服强度、第一和第二阶段的蠕变行为、蠕变时效成形过程中 AA2219 合金的应力松弛行为等的影响。

8.3.4 蠕变时效成形工艺模拟的数值程序

1. 有限元建模

在均匀加载条件下，圆柱形模具和工件的有限元模型，如图 8.34 所示。模型包括厚度为 6 mm 的 AA2219 合金平板矩形工件(尺寸：200 mm × 50 mm × 6 mm)和模具。模拟工件在 175℃ 条件下进行 18 h 的蠕变时效成形。模具表面的半径为 150 mm，在建模过程中设置为刚体。采用四节点降阶积分壳单元的方法对工件进行网格划分。模具与工件间的摩擦系数为 0.1。为了便于工件在模具表面的定位，同时提高计算的收敛性，在工件四个角布置四个刚度系数为 1×10^{-6} N · mm^{-1} 的地弹簧以用于支撑工件的重量(图 8.34)。

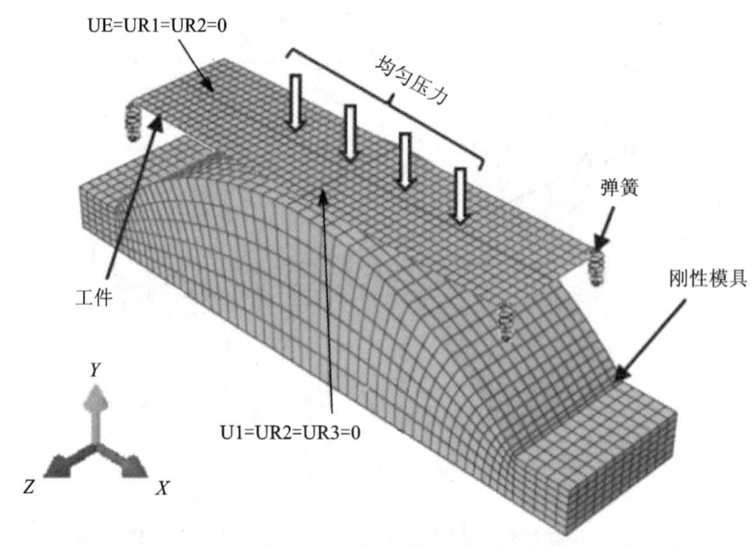

图 8.34 AA2219 合金板类零件成形有限元模型的边界条件和加载条件

(Yang, 2013)

2. 多轴本构方程

如前所述，通过考虑能量耗散函数，双曲正弦型本构方程可以推广到多轴形式，具体过程详见第 3 章。多轴本构方程可以嵌入到大应变有限元求解器中，例如通过使用用户定义的子程序 CRPLAW 嵌入到 MSC. MARC，用于模拟蠕变时效成形过程(Yang, 2013)。

3. 蠕变时效成形建模过程

蠕变时效成形分为三个阶段进行分析，如图 8.35 所示。首先，在静态分析中逐步施加 10 MPa 的载荷。然后进行贴模步骤，该载荷保持 18 h，同时进行热时效、蠕变和应力松弛实验。最后，逐渐移除施加的均匀压力(Yang，2013)。

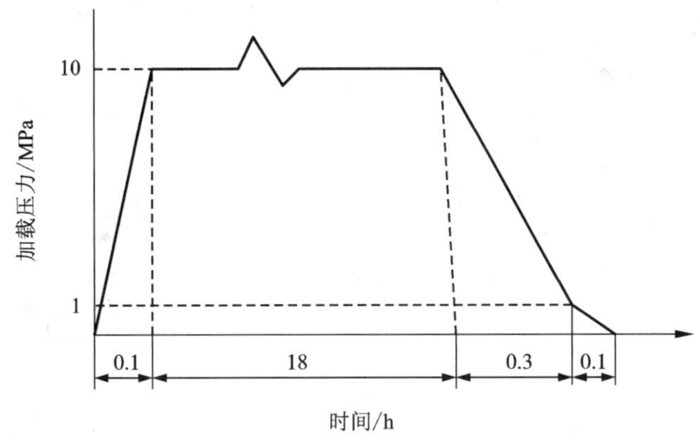

图 8.35　有限元模拟加载过程

(Yang，2013)

8.3.5　蠕变时效成形过程模拟分析

1. 蠕变时效成形过程中的应力松弛和回弹

等效(米塞斯)应力分布图，如图 8.36 所示。图 8.36(a)所示为初始满载荷加载状态，通过施加压力克服弹簧刚度，压缩地弹簧，使整个工件完全与模具表面贴合。此阶段，可以获得相对均匀的应力分布(190 ~ 200 MPa)。最大应力(204 MPa)位于工件中心部分，且该应力高于材料的屈服应力(约为 165 MPa)。

在蠕变时效成形结束时[图 8.36(b)]，由于材料发生了蠕变，出现了显著的应力松弛现象，使得最大等效应力减小了 80%(约为 115 MPa)。卸载后，发生一定程度的回弹，工件中存在一定的残余应力，其值低于 76 MPa，如图 8.36(c)所示。比较三个阶段的应力，可以发现工件边缘的等效应力较低，但在所有阶段，工件中心的等效应力都比较高。其主要原因是施加的均匀压力不足以迫使工件与模具表面完全贴合(Yang，Davies，Lin 等，2013)。

2. 蠕变应变和析出强化

蠕变时效成形过程中工件表面蠕变应变的分布情况，如图 8.37 所示。蠕变时效 1 h 后，蠕变应变的最大值约为 0.16%[图 8.37(a)]。除了工件的端部之外，蠕变应变分布非常均匀。时效 9 h 后，工件大部分区域的蠕变应变均有所增

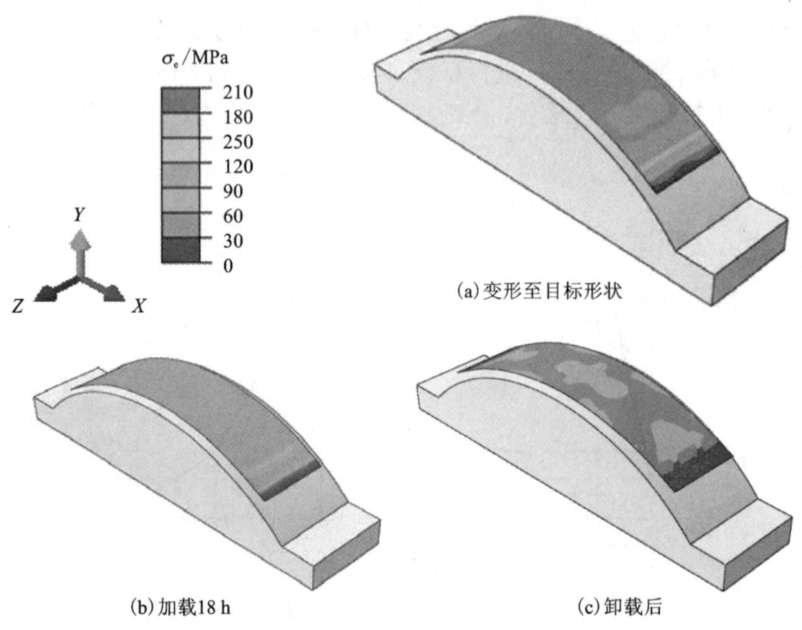

图 8.36　蠕变时效成形过程不同阶段的米塞斯应力分布

(Yang, 2013)

加，端部区域较高的蠕变应变开始降低[图 8.37(b)]。大部分蠕变应变值分布在 0.36% 和 0.38% 之间。在蠕变时效成形完成时，工件上大部分区域的蠕变应变达到了 0.43%[图 8.37(c)]。随着蠕变变形达到稳态，蠕变应变不再明显增加。

除了模拟蠕变变形外，还可以预测蠕变时效成形过程中材料的归一化析出比和屈服强度的增量。当时效时间为 1 h，归一化析出相的尺寸范围从低变形区域(边缘)的 0.14 到高变形区域(全贴合)的 0.32，如图 8.38(a)所示。随着时效时间从 1 h 增加到 18 h，归一化析出相的尺寸随着蠕变变形的增加而逐渐增大。在蠕变时效成形完成后，归一化析出相尺寸的最大值为 0.88，最小值约为 0.37。可以发现在低变形区域(边缘)处，析出相的尺寸较小，这是因为该区域中析出相是由静态时效产生的。而在高变形区域，析出相尺寸较大，这是由于动态时效的作用(也就是蠕变变形对析出长大有促进作用)(Yang, 2013)。

蠕变时效成形过程中，屈服强度的演变如图 8.39 所示。由于时效强化和固溶强化与析出相的比例有关，位错强化主要在蠕变第一阶段提高屈服强度，使得模拟的屈服强度分布趋势与归一化析出相分布趋势相似。在蠕变时效成形完成时(蠕变时效 18h)，屈服强度增量将均匀地分布在工件与模具贴合的区域，最终达到 318 MPa。

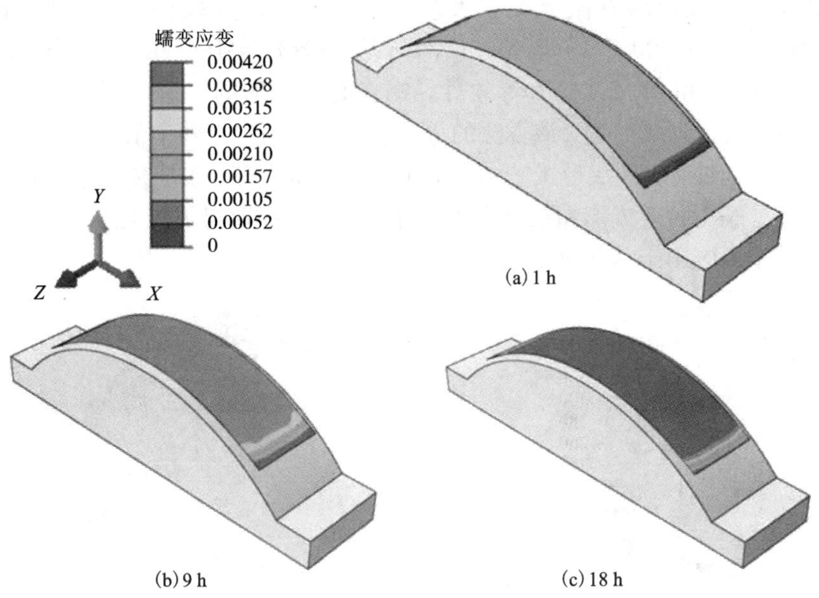

图 8.37　蠕变时效成形过程中的蠕变应变分布

(Yang, 2013)

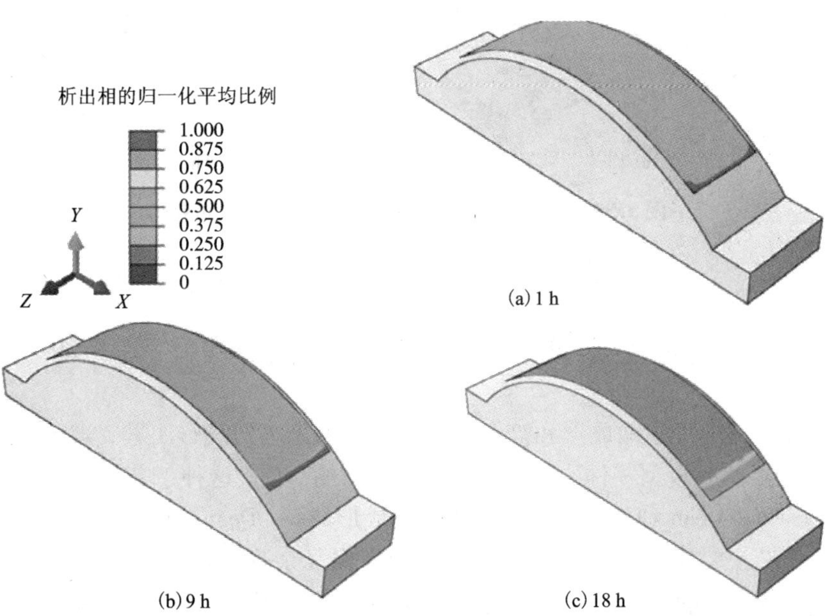

图 8.38　蠕变时效成形过程中析出相的归一化平均比例分布

(Yang, 2013)

蠕变时效成形的有限元模拟大多采用商业有限元软件完成，如 ABAQUS (Lin，Ho 和 Dean 2006；Yang，Davies，Lin 等，2013)，MSC. MARC (Zhan，Lin 和 Dean 等，2011)和 PAMSTAMP 等软件。蠕变时效成形的工业应用已经延伸到高强超大板件的成形。然而，该方法的进一步推广受到生产效率低和零件回弹大的限制。因此，蠕变时效成形工艺主要适用于小批量生产，多应用于航空航天零部件的成形。蠕变时效成形在铝合金零部件的成形方面取得了较大进展。该工艺有可能进一步被应用于其他合金的成形。

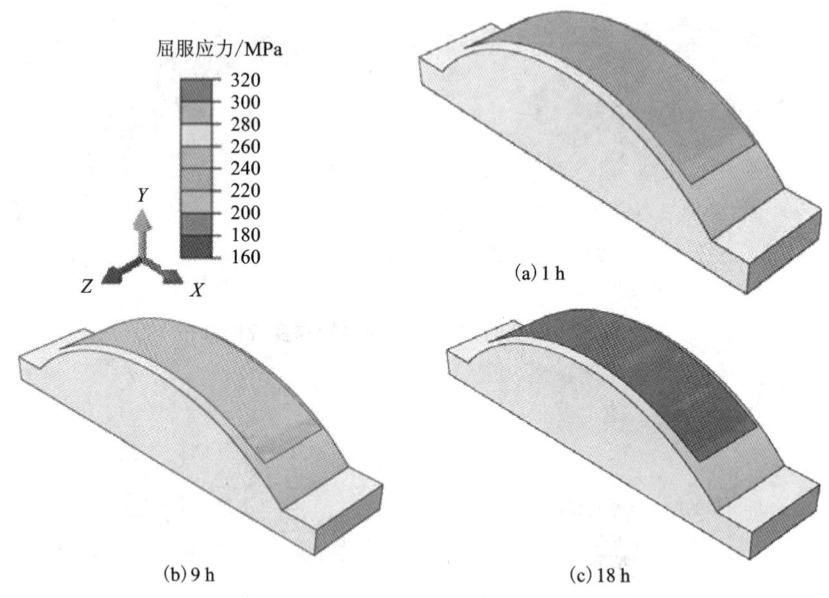

图 8.39　蠕变时效成形过程中的屈服应力分布变化

(Yang，2013)

8.4　铝合金板型零件的成形工艺

固溶处理、冷模锻成形和淬火(HFQ)是一种先进的成形工艺，该工艺适用于具有复杂形状的板型零件。根据工件合金材料的不同，这种工艺可以分为一阶段成形(Foster，Dean 和 Lin，2012)和两阶段成形(Lin，Dean，Foster 等，2011)。目前，该工艺主要成功应用于汽车和航空用高强复杂形状的铝合金板型件的冲压(http://www.impression-technologies.com/)。本节将介绍铝合金 HFQ 工艺的详细内容和过程建模方法。

8.4.1　HFQ 工艺介绍

结构铝合金需要通过热处理调控微观组织，从而获得所需的机械性能。在 8.3 节中介绍的蠕变时效成形工艺，把成形与时效过程进行了紧密结合。由于铝合金的延展性在其时效温度(120～190℃)下提高有限，所以蠕变时效成形工艺主要用于仅需少量变形的板型零件的成形。

在更高温度(470～570℃)下进行铝合金的固溶处理时，材料在 350℃或更高温度下的延展性将会显著增加(Wang，Strangwood，Baliat 等，2011)。利用合金的这种特性，可冲压生产具有复杂形状的铝合金板型零件，并逐渐形成了 HFQ 工艺(Foster，Dean 和 Lin，2012)。由于高强度铝合金的延展性在室温下非常低，故 HFQ 工艺特别适用于高强铝合金板件的冲压。

1. HFQ 工艺

HFQ 工艺的不同阶段(Foster，Dean 和 Lin，2012)，如图 8.40 所示，其中包括：

(1)固溶处理(SHT)。将板坯在一定时间内加热至固溶温度，直到先前工艺中所有已存在的析出相完全溶解，合金元素均匀地分布在铝基体内。材料完全固溶处理所需的时间与先前的工艺有关。固溶处理通常在可以控制均匀温度的炉内进行。

(2)转移。固溶处理后，将坯料转移到压机的冷(室温或略高)模具上，以备冲压。

(3)冷模锻和淬火。将坯料冲压到模具型腔中，并进行保压，以实现淬火的目的。冷模淬火时需确保冷却速度足够高以避免第二相析出，尤其是晶界上的粗大析出相(粗大析出相会降低成形件的机械性能)。冷却速度与板坯厚度、接触压力和表面接触状态等相关。

时效强化型合金需要人工时效，即成形零件的后续热处理。

2. 工艺分析

HFQ 工艺的开发是为了解决常规方法在成形复杂形状铝合金零件过程中遇到的两个关键问题：

(1)冷成形(室温)时，铝合金的成形性能非常差。因此，在成形诸如汽车车身和航空航天结构件等复杂形状板型零件时非常困难(Mohamed，2010)。

(2)由于铝合金的刚度低，在冷成形时，铝板回弹非常显著。虽然可通过模具和工艺设计进行回弹补偿，如同蠕变时效成形工艺一样，但该过程非常复杂、耗时。

通过使用 HFQ 工艺可以有效地解决上述难题。在 HFQ 中，合金的延展性接近超塑性成形(SPF)。此外，与超塑性成形(SPF)相比，HFQ 坯料可以嵌入模具

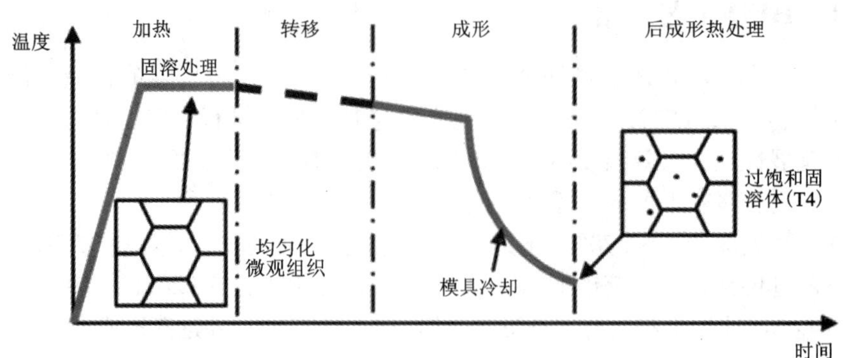

图 8.40 HFQ 工艺

中，并且可以显著减少超塑性成形工艺中产生的局部减薄现象。因此，HFQ 的生产效率显著高于超塑性成形工艺。

此外，在封闭模具中进行淬火，如同 HFQ 工艺，可有效地解决成形零件在快速冷却过程中的热变形问题，并且消除了回弹现象(Mohamed, 2010)。

8.4.2 热冲压成形极限

1. 成形极限曲线(FLC)

在不同应变状态下，准确预测金属的成形性能，对利用 HFQ 工艺制造零件起着至关重要的作用。板形金属的冷成形性能通常可以使用成形极限曲线进行评估(Ali 和 Balod, 2007)。典型的成形极限曲线如图 8.41 所示。

成形极限曲线表示的是在颈缩失效开始时，金属板材主应变和次应变的情况，能够为工艺工程师优化工艺参数提供信息，例如材料情况、模具特征和润滑情况等。成形极限曲线的概念由 Keeler(1968)和 Goodwin(1968)提出，并建立了在颈缩和失效时，表面主要应变 ε_1 和 ε_2 之间的关系，其关系可以用成形极限曲线表示。若成形板中所有位置处的正交主应变都低于成形极限曲线，则可以获得合格零件。若高于成形极限曲线，则零件将可能存在缺陷。

Marciniak, Kuczynski 和 Pokora(1973)开发了标准测试方法和样品设计，用于确定薄板的成形极限曲线。为获得图 8.42(a)中所示的数据点，试样几何形状是具有恒定宽度的腰形坯料，如图 8.42(b)所示。其几何形状参照 ISO 12004－2：2008 标准。该标准中还介绍了测量试样应变的方法。它可以通过改变试件腰部的宽度与直径的比例来获得试件主应变值与次要应变值的比例。因此，通过使用具有不同几何形状的试样，可以获得一系列双轴主应变比值，进而获得成形极限曲线，如图 8.42 所示。

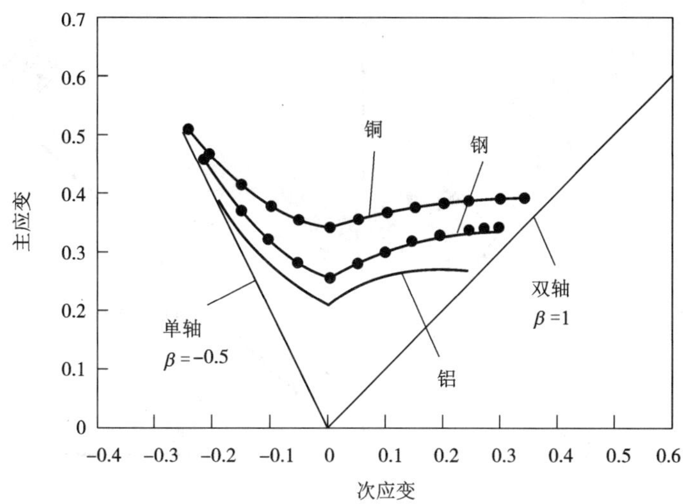

图 8.41　在室温条件下，铝合金、中碳钢和黄铜的典型成形极限曲线

（Ali 和 Balod，2007）

（次应变 ε_2 和主应变 ε_1 的比 $\beta=\varepsilon_2/\varepsilon_1=1$ 时为双轴应变，$\beta=-0.5$ 为单轴应变）

在 HFQ 工艺过程中，坯料需要加热，而模具相对较冷。在变形过程中，温度和应变速率会随着时间和板材的位置发生变化。铝合金的延展性会随温度的升高而提高，在低成形速率条件下延展性会进一步提高（需要注意的是，即使材料的延展性增加，也不需要进一步增加拉伸量）。因此，该工艺能够成形复杂形状的铝合金板型零件（Garrett，Lin 和 Dean 等，2005；Mohamed，Foster 和 Lin 等，2012）。

在不同合模速度和工件温度条件下，AA5754 合金的成形极限曲线，如图 8.43 所示。随成形速度从 300 mm · s^{-1}降低到 20 mm · s^{-1}，成形极限不断提高。同时，还发现成形极限在平面应变条件下提高最多。在成形速度为 20 mm · s^{-1}时，成形极限曲线变化平缓。与成形速度从 300 mm · s^{-1}下降到 75 mm · s^{-1}相比，成形速度从 75 mm · s^{-1}下降到 20 mm · s^{-1}时，成形极限显著提高［图 8.43（a）］。而且，在平面应变条件下，成形温度从 250℃升高至 300℃时，成形极限的增加量约为 200℃升高至 250℃时增加量的 2 倍。随着温度的升高和成形速度降低，V 形的成形极限曲线变得更加平坦。因此，可以获得如下结论：使用低成形速度和高成形温度相结合的方法有利于在等温成形条件下提高材料的成形极限。

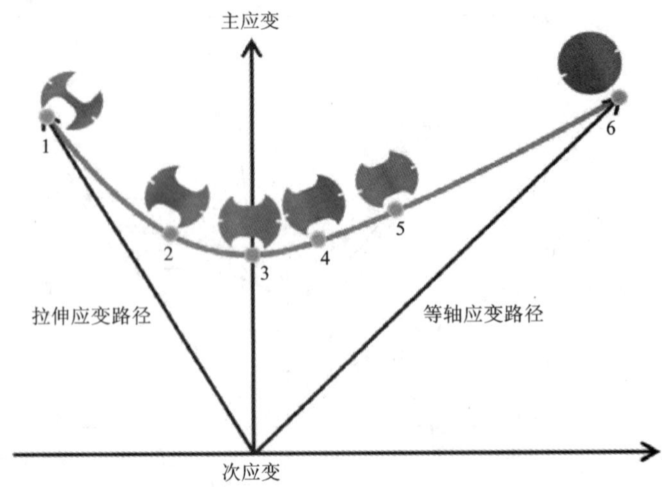

(a)成形极限曲线测试点示意图

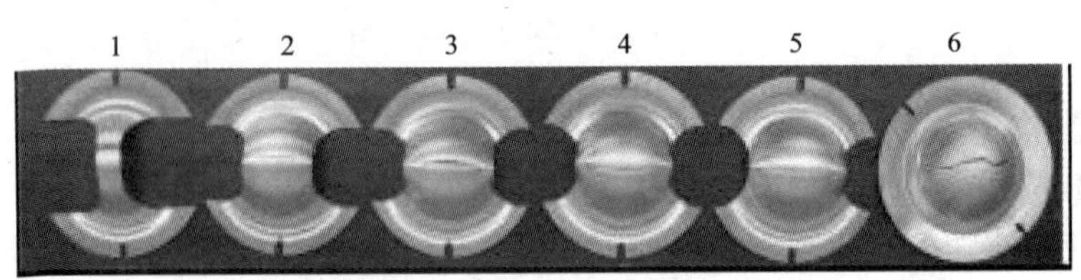

(b)在室温条件下以5 mm·s^{-1}的冲击速度进行测试

图 8.42　成形极限曲线

(Shi, Mohamed, Wang 等, 2012)

2. 热冲压工艺的关键建模问题

在热冲压工艺中，工件的应变速率和温度均随着时间和位置的变化而变化。成形极限曲线是基于恒定温度和应变比获得的，如图8.43 所示。因此，不能使用单一曲线来评估薄板材料的成形性能。为了能精确评估其成形性能，需建立一个能够考虑成形中工艺参数不断变化的数学模型，这可以通过一组黏塑性损伤本构方程来实现。此外，方程组还需要能够模拟：

(1)材料在一定温度和应变速率范围内的黏塑性变形。

(2)材料在一定温度和应变速率范围内的成形性能。

(3)在非等温成形条件下，微观组织的演变规律。例如，硼钢零件的热冲压问题(Cai, 2010; Li, 2013)，在冷模淬火中，其相变非常明显，本节中将不再涉及。例如，铝制零部件的热冲压问题，在冷模淬火中，析出相的形核和长大是非常重要的。然而，大多数合金的临界冷却速率(等于或低于此速率，不会产生析

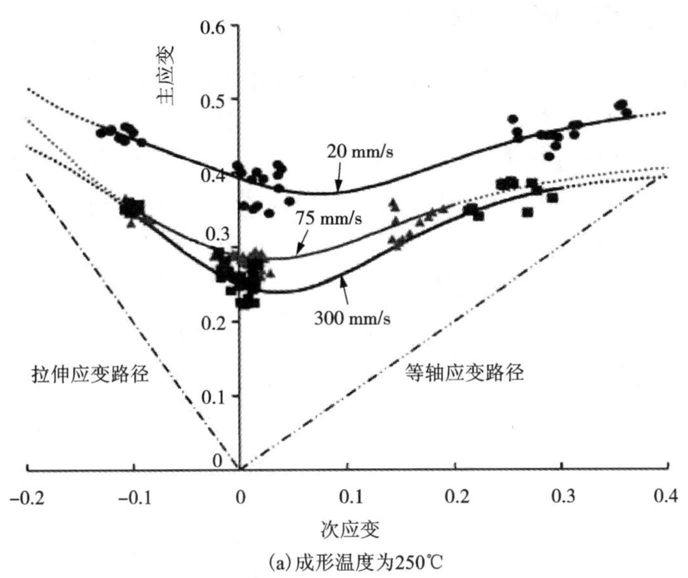

(a)成形温度为250℃

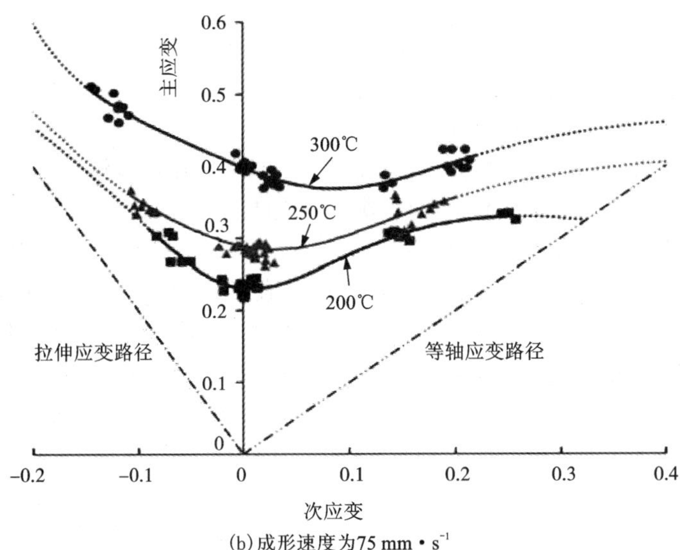

(b)成形速度为75 mm·s^{-1}

图 8.43　AA5754 合金的成形极限曲线

(Shao, Bai, Lin 等, 2014)

出相)相对较低，热量很快地从铝板传递到模具。因此，析出相的形核和长大通常在薄铝板热冲压过程中不予考虑。为了简化方程组，此现象通常被忽略。

8.4.3 HFQ 铝的统一本构方程

第6章中介绍的连续损伤力学理论已经被用于热冲压合金薄板的失效建模。在成形过程中，根据塑性变形、温度、应力和应变状态，损伤值不断积累。假定时间步足够小，在此过程中，材料的温度和应变速率可以假设为常数。如果在材料某点处的累积损伤达到一定程度，例如0.7，则认为发生失效。

1. 统一单轴黏弹损伤本构方程

应用于热冲压工艺的统一黏弹损伤本构方程组是基于 Lin 和 Dean(2005)、Lin, Liu 和 Farrugia 等(2005)的框架提出来的。根据 Lin, Mohamed 和 Balint 等(2014)的研究，可以给出如下方程：

$$\begin{cases}\dot{\varepsilon}^{\mathrm{P}}=\left(\dfrac{\sigma/(1-\omega)-R-k}{K}\right)^{n}\\ \dot{R}=0.5B\bar{\rho}^{-0.5}\dot{\bar{\rho}}\\ \dot{\bar{\rho}}=A(1-\bar{\rho})\,|\dot{\varepsilon}^{\mathrm{P}}|-C\bar{\rho}^{n_2}\\ \dot{\omega}=\dfrac{\eta_1}{(1-\omega)^{\eta_3}}(|\dot{\varepsilon}^{\mathrm{P}}|^{\eta_2})\\ \sigma=E(1-\omega)(\varepsilon^{\mathrm{T}}-\varepsilon^{\mathrm{P}})\end{cases} \tag{8.8}$$

式中：ε^{T} 和 ε^{P} 分别是总应变和塑性应变。各向同性硬化的演变 R 是前面章节定义的归一化位错密度函数 $\bar{\rho}$ 的函数。位错强化公式详见 Lin, Liu 和 Farrugia 等(2005)的研究。损伤 ω 的单轴形式是应变速率和应力的函数，并对黏塑性变形和流变应力有影响[参见式(8.8)中的第一个和最后一个方程]。损伤值 $\omega=0$ 表示变形的初始状态。假设当损伤值达到0.7时，材料会发生失效。根据损伤模型和应力应变关系中应变增量的特点，损伤值从0.7增加到1.0时，损伤变化非常小，因此可以忽略。这种简化在有限元模拟(Mohamed, Foster 和 Lin 等, 2012)过程中能显著提高计算效率。模拟材料的某一特定损伤机制不是模拟的目的。在热/温成形中，损伤将对材料产生全方位的影响。这是由于在变形过程中工件任意位置的变形速率和温度会随时间发生变化，进而导致在成形过程中主要的损伤机制可能被改变。

参数 K, k, B, C, A, n, η_1, η_2 和 E 是与温度相关的材料常数，η_3 和 n_2 是与温度无关的材料常数(E 是材料的杨氏模量)。以下等式表示与温度相关的参数：

$$K=K_0\exp\left(\frac{Q_K}{RT}\right)$$

$$k=k_0\exp\left(\frac{Q_k}{RT}\right)$$

$$B=B_0\exp\left(\frac{Q_B}{RT}\right)$$

$$C = C_0 \exp\left(-\frac{Q_C}{RT}\right)$$

$$E = E_0 \exp\left(\frac{Q_E}{RT}\right)$$

$$\eta_1 = \eta_{0_1} \exp\left(\frac{Q_{\eta_1}}{RT}\right)$$

$$\eta_2 = \eta_{0_2} \exp\left(-\frac{Q_{\eta_2}}{RT}\right)$$

$$A = A_0 \exp\left(-\frac{Q_A}{RT}\right)$$

$$n = n_0 \exp\left(\frac{Q_n}{RT}\right)$$

这些方程可以采用带有自动步长控制的隐式欧拉方法进行数值积分。在第 7 章中介绍的优化方法和软件系统可以根据实验数据确定材料常数。

在这种情况下，与温度相关的本构方程中有 20 个材料常数。Mohamed，Lin 和 Foster 等(2014)根据 Mohamed，Foster 和 Lin 等(2012)的 AA6082 合金实验数据确定了上述材料常数，如表 8.8 所示。不同温度和应变速率下的实验数据和拟合结果(Lin，Mohamed 和 Balint 等，2014)如图 8.44 所示。由此可以发现，实验数据和计算值吻合得较好。

表 8.8　AA6082 合金黏塑性损伤本构方程中的材料常数

(Mohamed，Lin 和 Foster 等，2014)

E_0 /MPa	C_0 /s^{-1}	B_0 /MPa	k_0 /MPa	K_0 /MPa	η_{0_1}	η_{0_2}
8.855	102567	0.7222	2.518	0.702	0.00899	0.8362
Q_E /(J·mol^{-1})	Q_C /(J·mol^{-1})	Q_k /(J·mol^{-1})	Q_K /(J·mol^{-1})	$Q_{\eta 1}$ /(J·mol^{-1})	$Q_{\eta 2}$ /(J·mol^{-1})	Q_n /(J·mol^{-1})
45766	128828	8857	22940	12030	953	14325
η_3	B_0	A_0	Q_A /(J·mol^{-1})	n_2	n_0	
17	0.7222	8.139	6411	1.8	0.6451	

2. 用于模拟成形极限曲线的二维黏弹性损伤方程

采用与蠕变变形建模类似的方法(Lin，Hayhurst 和 Dyson，1993)，通过考虑

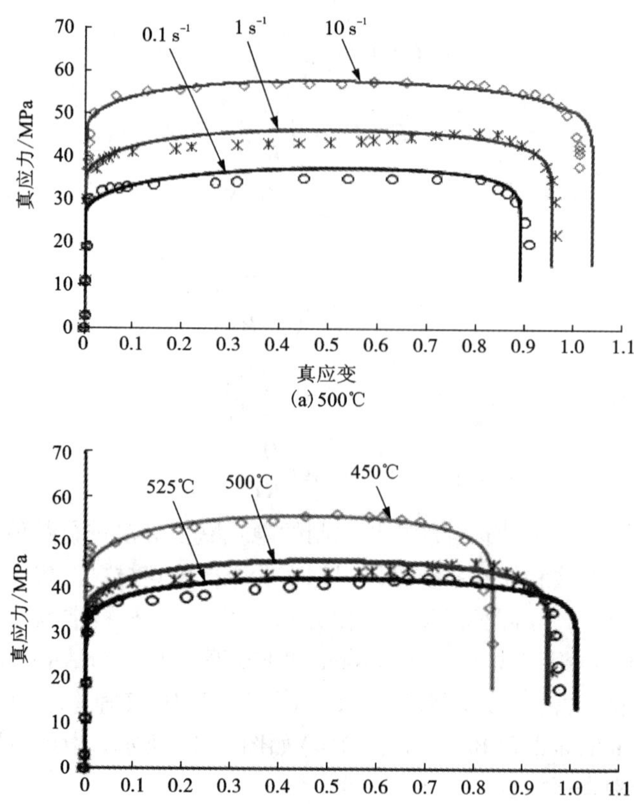

(b) 1 s^{-1}

图 8.44　AA6082 合金应力应变关系预测值(实线)和实验值(符号)的对比

能量耗散函数建立通用多轴幂律黏塑性方程。在初始屈服应力 k 以及忽略加工硬化和其他状态变量条件下，能量耗散可以表示为：

$$\psi = \frac{K}{n+1}\left(\frac{\sigma_e - k}{K}\right)^{n+1}$$

式中：K 和 n 是材料常数。假设符合正态分布和相关流变准则，能量耗散的多轴关系可以表示为：

$$\frac{d\varepsilon_{ij}^p}{dt} = \frac{\partial\psi}{\partial S_{ij}} = \frac{3}{2}\left(\frac{S_{ij}}{\sigma_e}\right)\left(\frac{\sigma_e - k}{K}\right)^n$$

式中：ε_{ij}^p 为塑性应变张量。通过引入各向同性硬化系数(R)和损伤状态变量(ω)，幂律材料模型中的等效塑性应变速率 $\dot{\varepsilon}_e^p$ 可以表示为(Lin，Hayhurst 和 Dyson，1993)：

$$\dot{\varepsilon}_e^p = \left(\frac{\sigma_e/(1-\omega) - R - k}{K}\right)^n$$

值得一提的是，只有当 $\sigma_e/(1-\omega)-R-k>0$ 时，方程才成立。否则，$\dot{\varepsilon}_e^p=0$。包含多轴损伤演化的多轴黏塑性本构方程组可以表示为(Lin，Mohamed，Balint 和 Dean，2014)：

$$\begin{cases}\dot{\varepsilon}_{ij}^{p}=\dfrac{3}{2}\dfrac{S_{ij}}{\sigma_e}\dot{\varepsilon}_e^p \\ \dot{R}=0.5B\bar{\rho}^{-0.5}\dot{\bar{\rho}} \\ \dot{\bar{\rho}}=A(1-\bar{\rho})\left|\dot{\varepsilon}_e^p\right|-C\bar{\rho}^{n_2} \\ \sigma_{ij}=(1-\omega)D_{ijkl}(\varepsilon_{ij}-\varepsilon_{ij}^{p}) \\ \dot{\omega}=\dfrac{\Delta}{(\alpha_1+\alpha_2+\alpha_3)^{\varphi}}\left(\dfrac{\alpha_1\sigma_1+3\alpha_2\sigma_H+\alpha_3\sigma_e}{\sigma_e}\right)^{\varphi}\cdot\dfrac{\eta_1}{(1-\omega)^{\eta_3}}(\dot{\varepsilon}_e^p)^{\eta_2}\end{cases} \tag{8.9}$$

式中：D_{ijkl}为材料的弹性矩阵。考虑到多轴应力状态的影响(Lin，Mohamed，Balint 和 Dean，2014)，可以根据单轴形式建立多轴损伤方程。损伤模型中材料参数的确定方法如下：

(1) α_1、α_2 和 α_3 表示损伤演变的权值参数，可以表征应力状态对损伤演化的影响，进而可以影响成形极限曲线的形状。这些参数主要受最大主应力、等效应力和静水应力的控制，可以根据经验设定。总之，α_1 和 α_3 的取值范围为 0 到 1。然而，如果 α_2 的取值范围为 -1 到 1，则静水应力为负值。如果 α_1、α_2 和 α_3 为 0，则特定的应力对片材成形过程中的损伤没有影响。

(2) φ 是一个多轴应力损伤指数，可以控制多轴应力值及其对损伤演变的影响，从而控制成形性能和影响成形极限曲线的形状。

(3) 因为需要利用不同的应变测量方法，Δ 是从单轴拉伸实验和 Marciniak/Nakazima 成形性能实验(Marciniak，Kuczynski 和 Pokora，1973；Nakazima，Kikuma 和 Asaku，1968)获得的拉伸数据的校正因子。

平面应力问题被定义成一个薄板的应力状态，其中法向应力 σ_3(薄板厚度方向)非常小，可以假设为0，在变形薄板的自由表面上必须这样做。Lin，Mohamed，Balint 和 Dean(2014)详细介绍了求解平面应力状况方程的数值方法，其中包括以下步骤：

(1) 确定变形状态，基于给定的应变速率和应变比($\beta=\varepsilon_2/\varepsilon_1$)，变形状态受主应变 ε_1 和 ε_2 控制。$\beta=1$ 表示双轴拉伸，$\beta=0$ 表示平面应变状态，$\beta=-0.5$ 表示单轴拉伸。在此情况下，式(8.9)中 $\varepsilon_1=\varepsilon_{11}$，$\varepsilon_2=\varepsilon_{22}$。当 $t=0$ 时，所有状态变量的初值均为 0。

(2) 根据初值状态，求解出黏塑性损伤方程式(8.9)，并利用式(8.9)中的应力方程，计算主应力 σ_1 和 σ_2，其中，$\sigma_1=\sigma_{11}$ 和 $\sigma_2=\sigma_{22}$。根据式(8.9)中的方程，进而计算塑性应变 ε_{11}^p、ε_{22}^p 等。

(3)当损伤值累积到0.7，即$\omega=0.7$时，确定ε_1和ε_2的值。

ε_1和ε_2是成形极限曲线上不同变形比β的计算数据点。当β从-0.5变化到1时，可以获得所有的成形极限曲线，且可将其与实验获得的成形极限曲线进行比较。可以使用相同的优化程序来确定与成形极限曲线相关的式(8.9)中的材料常数α_1，α_2，α_3和φ。

由于缺少AA6082合金在热HFQ条件下的实验成形极限曲线数据，多轴损伤本构方程式(8.9)需要根据室温成形极限曲线数据进行确定，并根据HFQ条件下的单轴拉伸数据进行修正。

图8.45中的符号为室温条件下的实验成形极限曲线数据，可以用来标定在式(8.9)多轴形式中与应力状态相关的材料参数α_1，α_2，α_3和φ。标定后的常数$\alpha_1=0.4$，$\alpha_2=-0.072$，$\alpha_3=0.05$和$\varphi=4.0$。

在20℃条件下，AA6082合金成形极限曲线的预测值(实线)和实验值(符号)的对比如图8.45所示。由此可见，成形极限曲线实验值和和预测值吻合较好。在这种情况下，$\Delta=0.8$。成形极限曲线的形状和与应力状态相关的材料参数α_1，α_2，α_3和φ的值有关。假设随着温度和变形速率的变化，成形极限曲线的形状将保持不变。因此，在HFQ条件(不同温度和应变速率)下的成形极限曲线可以通过补偿室温成形极限曲线获得。根据单轴数据，例如$\beta=-0.5$时，校正参数$\Delta=0.8$ (Mohamed，Lin和Foster等，2014)。

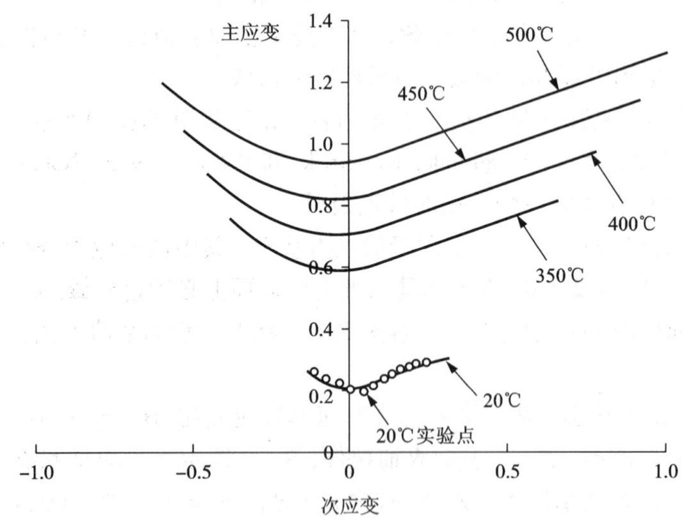

图8.45 通过AA6082合金室温(20℃)成形极限曲线补偿得到HFQ(高温)条件下的成形极限曲线

其中$\alpha_1=0.4$，$\alpha_2=-0.072$，$\alpha_3=0.05$，$\varphi=4.0$，$\Delta=0.8$

(Mohamed，Lin和Foster等，2014)

在应变速率为 0.1 s^{-1} 和不同温度条件下，通过补偿方法获得成形极限曲线的示例，如图 8.45 所示。曲线的形状由参数 α_1、α_2、α_3 和 φ 控制，曲线的高度取决于单轴应变 ε_1，其中 $\varepsilon_2 = -0.5\varepsilon_1(\beta = -0.5)$。为获得在热冲压条件下的成形极限实验数据，还需要进行详细地研究工作。

8.4.4　HFQ 特性的测试

1. 实验台

设计了一套模具来研究非等温热冲压条件下的拉深和成形性能。图 8.46(a) 所示为设计的实验台。图 8.46(b) 所示为具有中心孔的试样。试样被放置在挡板上，并且在变形过程中被夹在挡板与顶板之间，试样外边缘被固定，同时将中心区域卡在一个半球形冲头上（冲头直径为 80 mm）。同时，顶板和挡板下压，从而在试样上施加双轴状态的应变（即半径和圆周）。试样在中心孔和夹紧区域中部的失效情况，如图 8.46(c) 所示。

(a) 液压机和成形性能实验台的设计

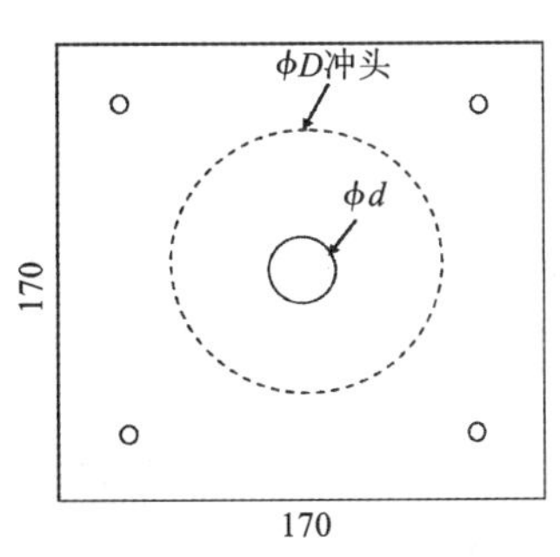

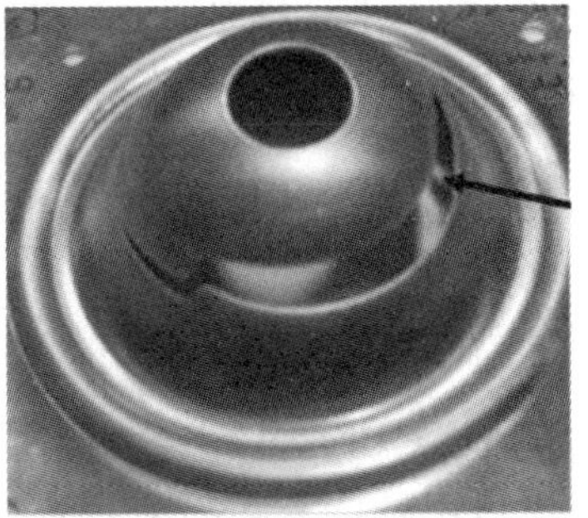

(a) 试样的尺寸 (mm)　　(b) 实验后的试样

图 8.46　一套用来研究非等温热冲压条件下的拉深和成形性能的模具

(Mohamed, Foster, Lin 等, 2012)

AA6082 合金的方形试件的尺寸为 170 mm × 170 mm × 2 mm，其中心孔的直径有多种图[8.46(b)]。冲头能穿过孔的距离取决于孔的尺寸和成形速度。此外，中心孔直径的演变可以定性评估塑性变形，验证模型结果和确定失效形式(Mohamed，Foster，Lin 等，2012)。这里，通过数值和实验方法研究了在 HFQ 条件下 AA6082 合金的孔径尺寸和成形速度对材料成形性能的影响。

2. 有限元模型

为了模拟图 8.46 所示的实验过程，建立了如图 8.47 所示的有限元模型。通过研究试样中心孔的设计，评估材料在热冲压条件下的成形性能和失效形式。采用有限元软件 ABAQUS 与耦合温度/位移的轴对称变形模式，模拟高温条件下 AA6082 合金半球形杯的成形过程。采用轴对称二次单元对薄板划分网格。

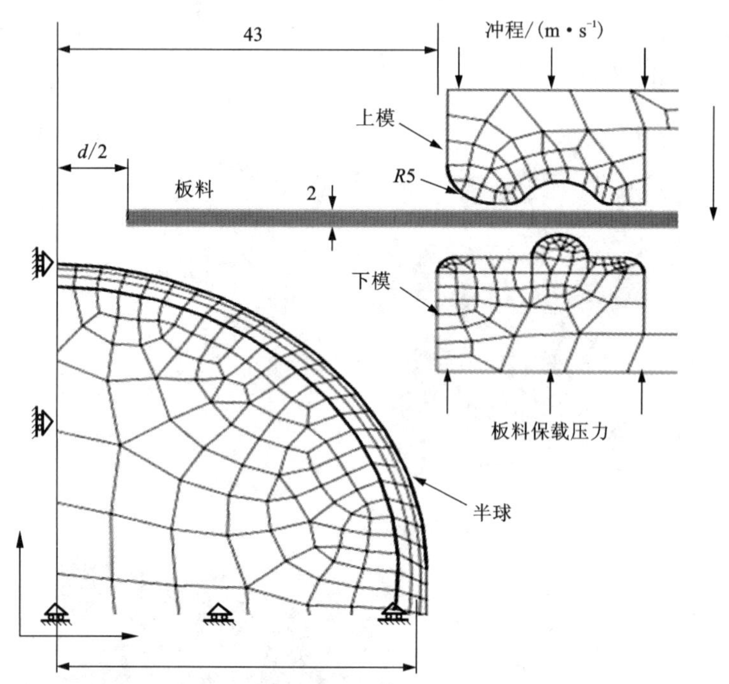

图 8.47　半圆形冲头和中心孔试样的轴对称有限元模型

(Mohamed，Foster，Lin 等，2012)

统一黏塑性损伤本构方程组[式(8.9)]可用于 AA6082 合金的模拟。工件与模具之间的传热与接触压力和间隙有关。模拟中使用的传热数据来自 Foster，Mohamed，Lin 和 Dean(2008)的研究。热冲压过程中的润滑和摩擦条件同样来自 Foster，Mohamed，Lin 和 Dean(2008)的研究，同时模拟使用了研究获得的摩擦数据。

3. 有限元模拟结果

在热冲压实验中，存在两种失效形式：(a)在成形杯子基部和顶点之间大约一半位置处发生颈缩和随后的撕裂；(b) 在中心孔附近发生颈缩和撕裂。其模拟条件为：变形温度为 470℃，冲程行程为 42 mm，成形速率分别为(0.166 ±0.01) $m \cdot s^{-1}$ [图 8.48(a)]和(0.64 ±0.01) $m \cdot s^{-1}$[图 8.48(b)]，冲头和试样中心孔的直径分别为 80 mm 和 16 mm。

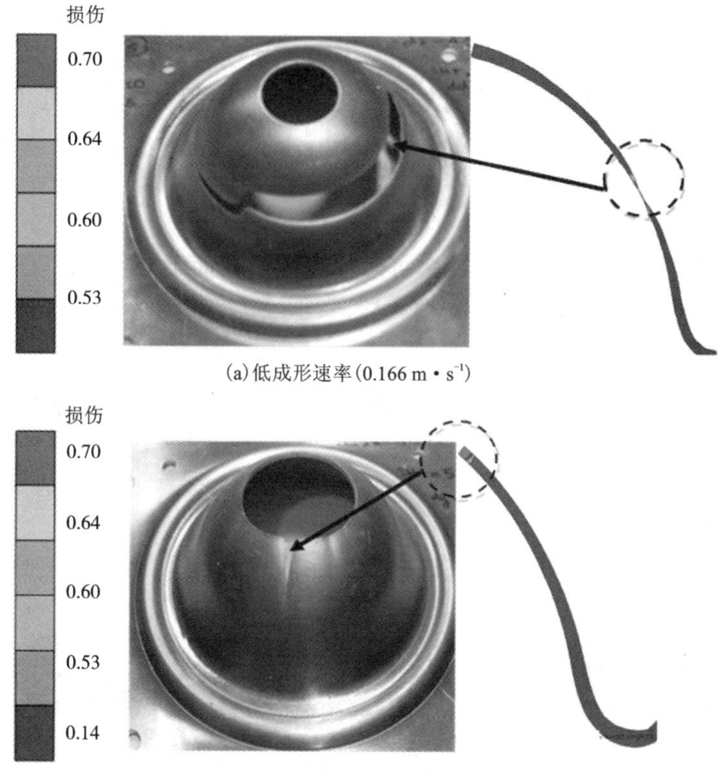

(a)低成形速率(0.166 $m \cdot s^{-1}$)

(b)高成形速率(0.64 $m \cdot s^{-1}$)，还显示了损伤参数的等高图，中心孔直径为16 mm

图 8.48　有限元成形性能模拟和实验结果

在慢/快成形速率条件下，损伤值的预测结果如图 8.48 所示。根据相关理论，当损伤值达到 0.7 时，将发生失效。由此可见，撕裂是从局部颈缩处开始的。从图 8.48 可以看出，撕裂是由最初的局部颈缩诱发的，而失效的位置与成形速率相关。根据建立的黏塑性损伤本构模型和有限元模型，以及由 Foster，Mohamed，Lin 和 Dean(2008)定义的摩擦和传热系数，可以准确预测失效形式。

同时，也建立了一系列具有不同中心孔尺寸(0 ~ 24 mm)和冲头尺寸的有限元模型。冲孔尺寸由直径比($\gamma = d/D$)表示，其中 d 是样品中心孔直径，D 是冲头直径。γ 的取值范围为 0 ~ 0.25。本研究采用两种成形速度，分别为高成形速度($0.64\ \text{m}\cdot\text{s}^{-1}$)和低成形速度($0.166\ \text{m}\cdot\text{s}^{-1}$)。

在成形速度为 $0.64\ \text{m}\cdot\text{s}^{-1}$ 的模拟情况下，成形后杯的冲击行程和直径之间的关系如图 8.49 所示。在高成形速度时，传热时间非常短，材料接近等温形成条件。在这种情况下，温度对变形的影响较弱。

图 8.49 所示为三种不同的失效形式，其失效形式与中心孔的直径或直径比 γ 的值相关。

(1)模式 1：当 γ 的值为 0 ~ 0.05 时，失效形式为圆周撕裂。这是由于在试样心部被限制，影响了材料变形。失效发生在拉伸中间区域，接近于平面应变变形。

(2)模式 2：当 γ 的值为 0.1 ~ 0.2 时，在中心孔处失效。由于冲头的约束较小，孔周边发生环向拉伸。

(3)模式 3：当 γ >0.2 时，冲头可以透过中心孔而不会撕裂，只有塑性变形发生。

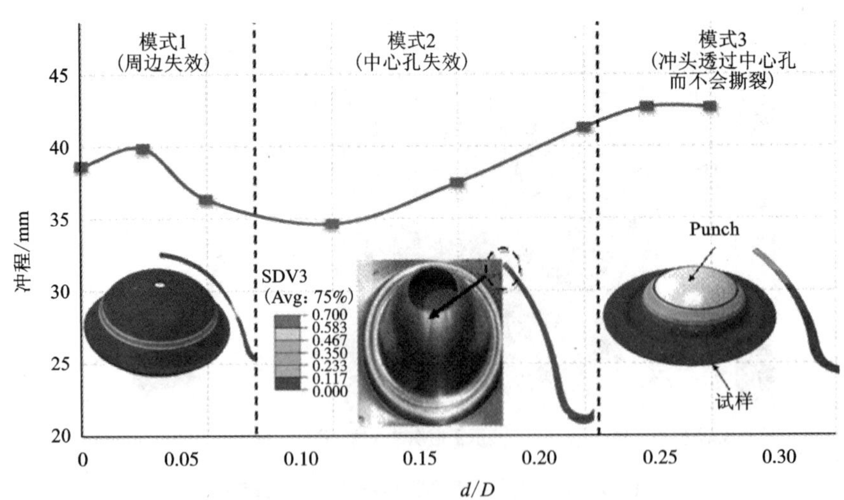

图 8.49 在成形速度为 $0.64\ \text{m}\cdot\text{s}^{-1}$ 和温度为 470℃时，具有中心孔的 AA6082 合金试样失效形式的变化图，实线表征冲头的位移极限，即失效发生点

(Mohamed, Lin 和 Foster 等, 2014)

从图 8.49 可以发现，如果中心孔尺寸太小，则孔对应力消除的影响并不明显。如果孔的尺寸太大(相对于冲头尺寸)，冲头可能在变形过程中穿过孔。这与材料的延展性相关，是温度和应变速率的函数。因此，为了在实际成形速度与温度条件下评估薄板的失效，需要对试样进行优化设计，以便获得热冲压工艺的有用信息。

8.5　钢的热轧

热轧是一种常见的金属加工方式，它通常是在金属再结晶温度以上进行的。进行热轧的目的包括把铸锭轧制成方坯或者厚板，以便于最终轧制成棒材、板材或者薄板材。此外，还包括改善微观组织和去除铸造缺陷等。在钢的热轧过程中，根据合金的成分，厚板通常要在 1200～1300℃的温度下进行预热和保温。通常，一个坯料需要经历 10～20 道次轧制，终轧温度通常控制在 700～900℃。在连续铸造的情况下，金属通常在一个合适的轧制温度下直接进入到轧机。

当晶粒在足够高的温度下充分变形时，将会发生动态再结晶(轧制过程中)和静态再结晶(轧制道次间)，这将有助于细化微观组织并避免加工硬化现象。通常，热轧后金属的各向异性和变形残余应力不明显。

在热轧过程中，预测微观组织演变是非常重要的。本节将给出一个运用统一黏塑性本构方程预测微观组织演变的例子。

8.5.1　统一黏塑性本构方程

黏塑性本构方程已经运用到钢的热轧过程中(Lin, Liu, Farrugia 等, 2005; Liu, Lin, Dean 等, 2005; Foster, Lin, Farrugia 等, 2011)。该方程能够在大范围内对率相关现象进行模拟，例如应变硬化、应力松弛、回复和蠕变现象。钢在热轧条件下的统一黏塑性本构方程，如式(8.10)所示。可利用一组统一黏塑性本构方程描述再结晶、位错密度、加工硬化和晶粒尺寸的演变规律。同时，这组模型描述了各微观组织状态之间的内在关系以及对黏塑性变形的影响。

$$
\begin{cases}
\dot{\varepsilon}^{\mathrm{p}} = A_1 \sinh[A_2(\sigma - R - k)]_+ d^{-\gamma_4} \\
\dot{S} = Q_0[x\bar{\rho} - \bar{\rho}_{\mathrm{c}}(1-S)]_+ (1-S)^{Nq} \\
\dot{x} = A_0(1-x)\bar{\rho} \\
\dot{\bar{\rho}} = (d/d_0)\gamma^d(1-\bar{\rho})|\dot{\varepsilon}^{\mathrm{p}}| - c_1\bar{\rho}^{c_2} - [c_3\bar{\rho}/(1-S)]\dot{S} \\
R = B\bar{\rho}^{\varphi} \\
\dot{d} = \alpha_0 d^{-\gamma_0} - \alpha_2 \dot{S}^{\gamma_3} d^{\gamma_2} \\
\sigma = E(\varepsilon^{\mathrm{T}} - \varepsilon^{\mathrm{p}})
\end{cases}
\tag{8.10}
$$

在统一本构方程中，如果标准位错密度$\bar{\rho}$达到了临界值$\bar{\rho}_{\mathrm{C}}$，然后保持足够的时间，就会发生再结晶，再结晶的发生受进化方程 $\dot{S}$ 的控制。再结晶体积分数 S 的范围为0～1。再结晶的孕育时间受变量 x($x=0\sim1$)控制，x 的变化率直接和位错密度相关。各向同性硬化因子 R 也和位错密度直接相关。指数 φ 的取值范围为0.2~1.0，但通常取0.5。然而，对于在1100℃下C－Mn钢的变形行为，φ 值为1.0，因为在热轧过程中这种材料的硬化效应很显著。

标准位错密度$\dot{\bar{\rho}}$的演变包含三个过程。第一个过程是由于塑性变形和动态回复导致的位错增殖，第二个过程是静态回复或者在高温下的退火，第三个过程是再结晶对降低平均位错密度的影响。第三个过程意味着动态再结晶创造了新的、没有位错的晶粒，这将降低材料的整体位错密度。大的晶粒阻碍了晶粒的旋转，因此增加了位错增殖的速率。在位错方程中，也建立了表征晶粒尺寸效应的模型。再结晶对流变应力的影响通过各向同性硬化变量和晶粒尺寸变量表征。小晶粒对晶粒旋转有重要作用，晶界滑移是主要变形机制，晶界滑移不仅降低了塑性变形中位错增殖速率，还增强了在低应力条件下的黏塑性流动。这个符号$[\cdots]_+$表示如果方括号内的值小于0，则取0。

在方程组中，E 是杨氏模量(100 GPa)。A_1，A_2，k，γ_4，Q_0，$\bar{\rho}_C$，N_q，c_1，c_2，c_3，d_0，γ_d，A_0，B，α_0，α_2，γ_0，γ_2 和 γ_3 是材料常数，这些常数由Lin、Liu和Farrugia等(2005)根据Medina和Hernandez(1996a；1996b)的C－Mn钢实验数据求解得到的。材料的初始平均晶粒尺寸为189 μm，这些实验是在1100℃下进行的。方程式(8.10)中的材料参数，如表8.9所示。

表8.9 式(8.10)中的材料常量

A_1 /s^{-1}	A_2 /MPa^{-1}	γ_4	Q_0	$\bar{\rho}_C$	N_q	A_0
1.81×10^{-6}	0.314	1.00	30.00	0.184	1.02	40.96
c_1	c_2	c_3	d_0 /μm	γ_d	B /MPa	φ
16.00	1.43	0.08	36.38	1.02	75.59	1.00
α_0 /μm	γ_0	α_2 /μm	γ_2	γ_3		
1.44	3.07	78.68	0.12	1.06		

注：表中数据来源于Lin，Liu和Farrugia等(2005)。

计算采用的应变速率为0.544 s^{-1}、1.451 s^{-1}、3.628 s^{-1}和5.224 s^{-1}。图8.50所示为流变应力、动态再结晶分数、晶粒尺寸和标准位错密度的预测结果。可以发现在低应变速率条件下，动态再结晶在小塑性应变下已经开启。这是由于材料在高温变形情况下将持续很长时间，综合的热机械效应会促进动态再结晶在低位错密度下发生。建模过程中，引入了开启变量 x 来表征热机械效应的影响。

在高应变速率热变形条件下，晶粒长大不太明显。这是因为在再结晶发生之前，在很短的时间内应变达到了相对较高的值。然而，一旦动态再结晶开启了，就会有许多新的晶粒形核，从而使平均晶粒尺寸快速减小。因为在高应变速率条件下，晶粒长大的时间较短，所以高应变速率通常会导致较小的晶粒尺寸。

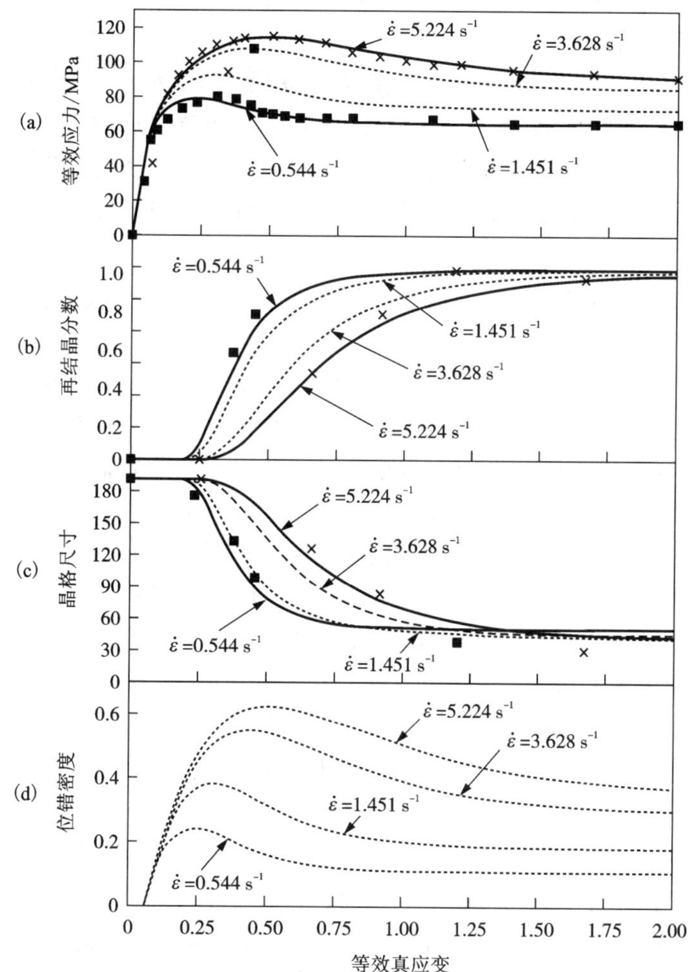

图 8.50　在不同应变速率条件下，实验数据(符号)(Medina 和 Hernandez，1996a)与计算值(粗曲线)和预测值(细曲线)的比较

(a)等效应力；(b)再结晶分数；(c)晶粒尺寸；(d)预测的归一化位错密度

随着应变速率的增加，流变应力迅速增大。此外，由于应变速率的影响，材料硬化效应直接与位错密度增量有关(Sandstrom 和 Lagneborg，1975)。

$$\sigma = \alpha b G \sqrt{\rho}$$

式中：α 是一个取值在 0.5 和 1.0 之间的常数；b 是伯氏矢量；G 是剪切模量。

对于高应变速率变形，由于回复发生的时间较短，故位错增殖的速度很快[图 8.50(d)]。这导致了在高应变速率条件下出现高的流变应力[图 8.50(a)]。一旦位错密度在一定应变速率条件下达到了临界值，在足够的时间内由于热机械效应作用，将会发生动态再结晶，从而降低位错密度[图 8.50(d)]和晶粒尺寸[图 8.50(c)]。同时，它还将导致流变应力的降低，如图 8.50(a)所示。当动态再结晶完成之后，流变应力达到稳态，这也导致了材料硬化[位错密度，如图 8.50(d)所示；晶粒长大和细化的平衡阶段，如图 8.50(c)所示]。在稳态阶段，流变应力和晶粒尺寸之间的关系通常符合经验等式(Humphreys，1999)：

$$\sigma = A d^{-m}$$

式中：A 是与特定材料、伯氏矢量和剪切模量相关的参数。流变行为如图 8.50 所示。

在热变形过程中，如果位错密度积累到一定水平，并且动态再结晶的孕育时间足够长，就会发生动态再结晶。动态再结晶临界应变 ε_C 对应的临界位错 $\bar{\rho}_C$ 通常随着应变速率、原始晶粒尺寸和温度而变化。当动态再结晶体积分数达到一定程度，由于晶粒细化和位错的减少，流变应力将会逐渐下降。

根据确定的本构模型，计算得到的临界应变和峰值应力与应变速率和原始晶粒尺寸之间的关系如图 8.51 所示。对于细晶钢来说，动态再结晶临界应变较高，峰值应力较小。这是因为细晶材料的变形机制以晶界滑移和晶粒旋转为主。这导致了位错增殖的速率较慢，流变应力更小。

对于给定初始晶粒的材料，如果应变速率较低(比如说 0.3 s^{-1})，由于发生静态回复(退火)，位错增殖速率很低。因此，为了使位错密度能够积累到临界值 $\bar{\rho}_C$，临界应变通常较大[图 8.51(a)]。如果应变速率较高(比如说 10 s^{-1})，则临界应变也很大[图 8.51(a)]。这是因为再结晶的发生需要孕育时间，虽然高位错密度条件下，再结晶孕育时间很短。然而，对于在低应变速率条件下变形的细晶钢来说，晶界的滑移和晶粒的旋转是主要的变形机制，这将降低位错的增殖速率。因此，对于给定原始晶粒尺寸的材料，存在一个使动态再结晶临界应变最低的应变速率。另外，在一定温度条件下，采用合适的原始晶粒尺寸和变形速率，可能出现独特的“超塑性现象”。

根据式(8.10)得到的多轴形式的本构方程，是通过假设 von-Mises 行为和定义能量耗散效率的方式得到的，具体详见前述相关章节。

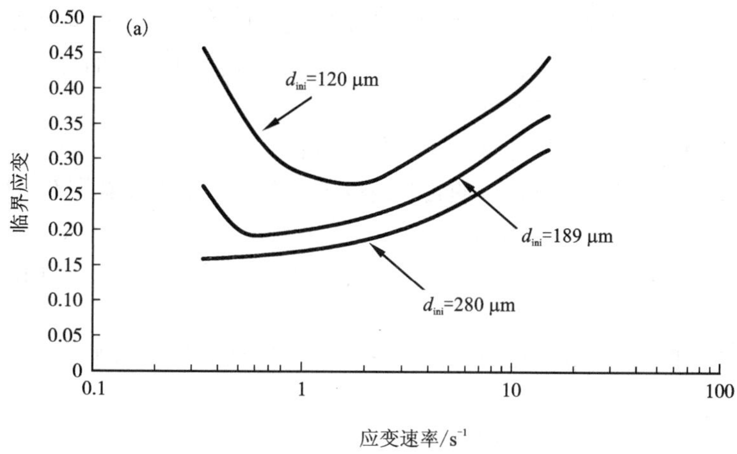

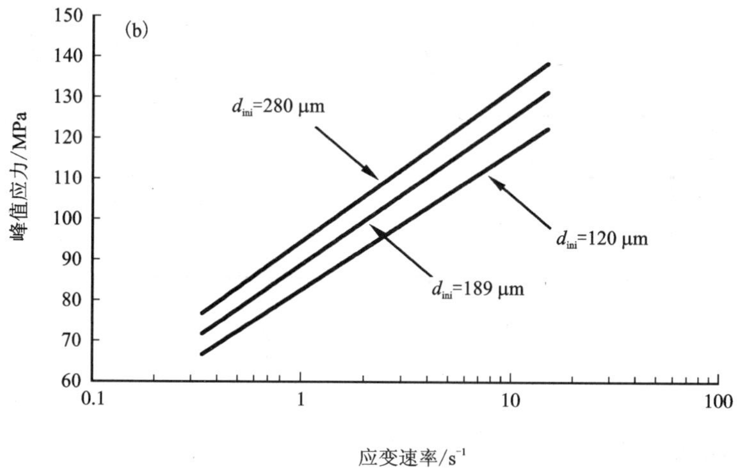

图 8.51　不同的初始晶粒尺寸下(a)动态再结晶临界应变和(b)峰值应力与应变速率之间的关系

8.5.2　有限元模型和模拟程序

热轧的模拟是在 1100℃ 的恒定温度下进行的。两道次的热轧有限元模型如图 8.52 所示。第一道次过后板材厚度从 50 mm 降到 30 mm，第二道次过后板材厚度下降到 20 mm。材料的黏塑性变形受多轴本构方程控制[式(8.10)]，并且通过用户自定义子程序 CREEP 嵌入到 ABAQUS 有限元求解器。通过隐式数值积分方法，计算梯度$\frac{\partial \Delta \varepsilon_e^p}{\partial \varepsilon_e^p}$和$\frac{\partial \Delta \varepsilon_e^p}{\partial \sigma_e}$，并嵌入系统中。由于轧制系统具有对称性，故只对轧制系统的一半进行建模。可以利用八节点四边形的平面应变单元对工件进行网格划分。摩擦作为表示接触表面相互作用关系的性能，特定的黏摩擦系数与接触轧辊和工件顶部及左边表面状态有关。多道次轧制模拟具体的有限元程序如下（Lin，Liu 和 Farrugia 等，2005）：

阶段 1：将工件移动到轧辊 1 中并与之接触。

阶段 2：工件以 6.58 rad/s 的轧制速度进行轧制，工件要花费 0.92 s 的时间通过轧辊 1。

阶段 3：在恒定温度 1100℃条件下，道次间隔时间为 20 s，在此期间回复、再结晶和晶粒尺寸的演变持续进行。然后，工件将进入轧辊 2 中。

阶段 4：工件在轧辊 2 中以 3.74 rad/s 的轧制速度进行轧制。

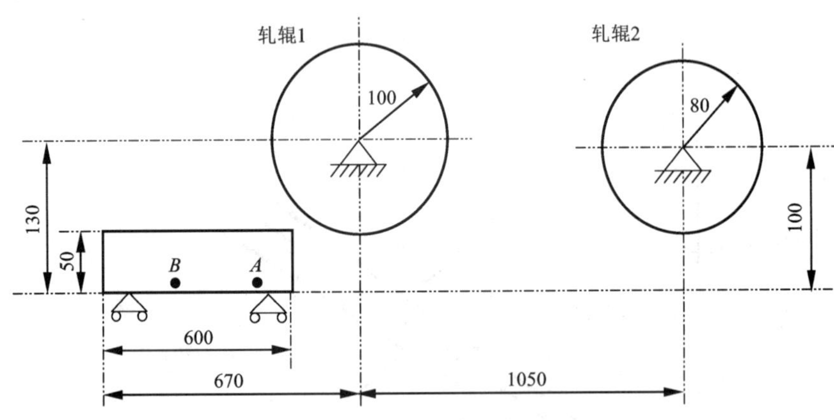

图 8.52　双道次轧制的有限元模型

（Liu，2004）

8.5.3　预测结果

利用以上双道次轧制有限元模型和数值程序，可进行有限元模拟分析。图 8.53 所示为第一道次轧制后的等效应力、位错密度、再结晶分数和晶粒尺寸分布图。由此可知，在工件左侧端部的微观组织几乎没有发生变化。然而，在轧制范围内，应力和应变水平发生急剧变化。在轧制完成后，应力（残余应力）减小到一个很低的水平。由于轧辊和工件原始接触条件的影响，工件的最前端部分的应力情况很复杂。

微观组织演变呈现出不同的规律。板材一旦被放进轧辊间，位错密度迅速增加[图 8.53(b)]。原始变形部分的位错密度场分布和对应的等效应力分布很相似[图 8.53(a)]。这是由于位错密度的增量直接与塑性应变速率相关，如公式中所述一样。

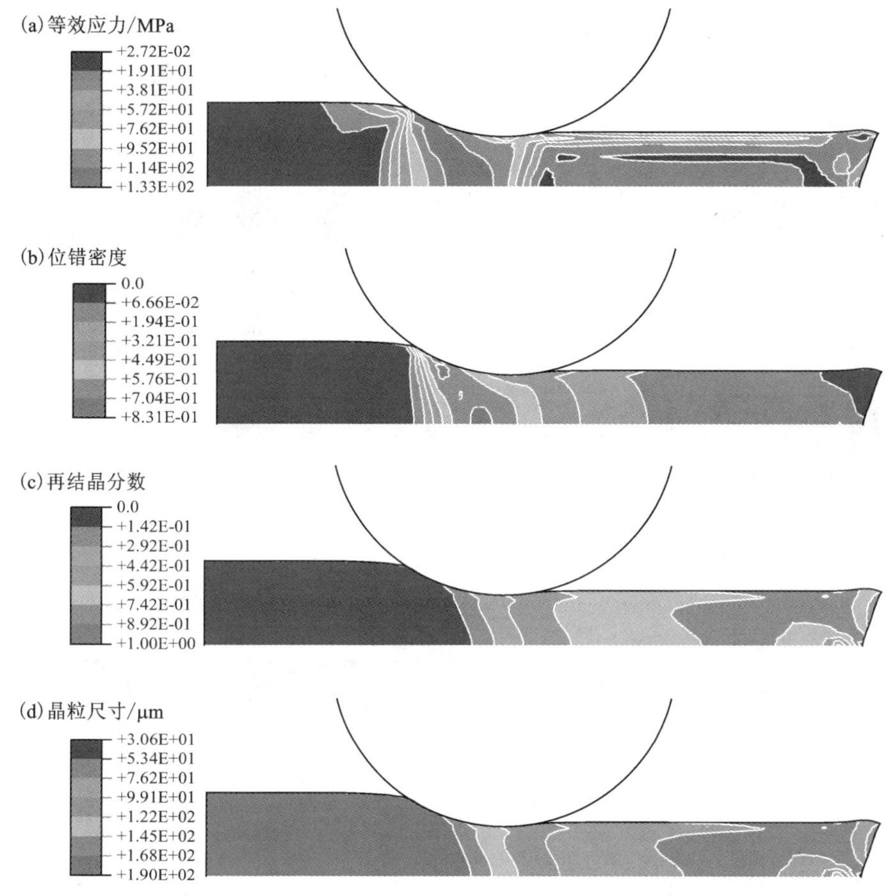

图 8.53　第一道次的等效应力，位错密度，再结晶分数和晶粒尺寸分布的预测

（Lin，Liu 和 Farrugia 等，2005）

当位错密度达到最大值时，等效应力通常也将达到最大值[图 8.53(a)]。在位错密度达到临界值后，开始发生动态再结晶。可以清晰地从图 8.53(c)中发现，再结晶在刚开始进入轧辊时并没有立即发生。

由于开启参数的控制和变形过程中临界位错密度的增殖，动态再结晶存在明显的延迟。在工件通过轧辊后[图 8.53(c)]，由于变形中积累了较高的位错密度[图 8.53(b)]，静态再结晶开始发生。这使得材料的再结晶分数在通过轧辊后很短的时间内，从 0.4 增加到了 0.8 左右。从图 8.53(b)中可以发现，由于连续的再结晶和静态回复过程，轧制完成后位错密度逐渐减少。只有当动态再结晶开启后，晶粒才开始细化。由于动态再结晶的发生，第一道次后平均晶粒尺寸从 189 μm 减少到 100 μm[图 8.53(d)]。由于静态再结晶的发生，晶粒尺寸进一步减少至 60 μm。

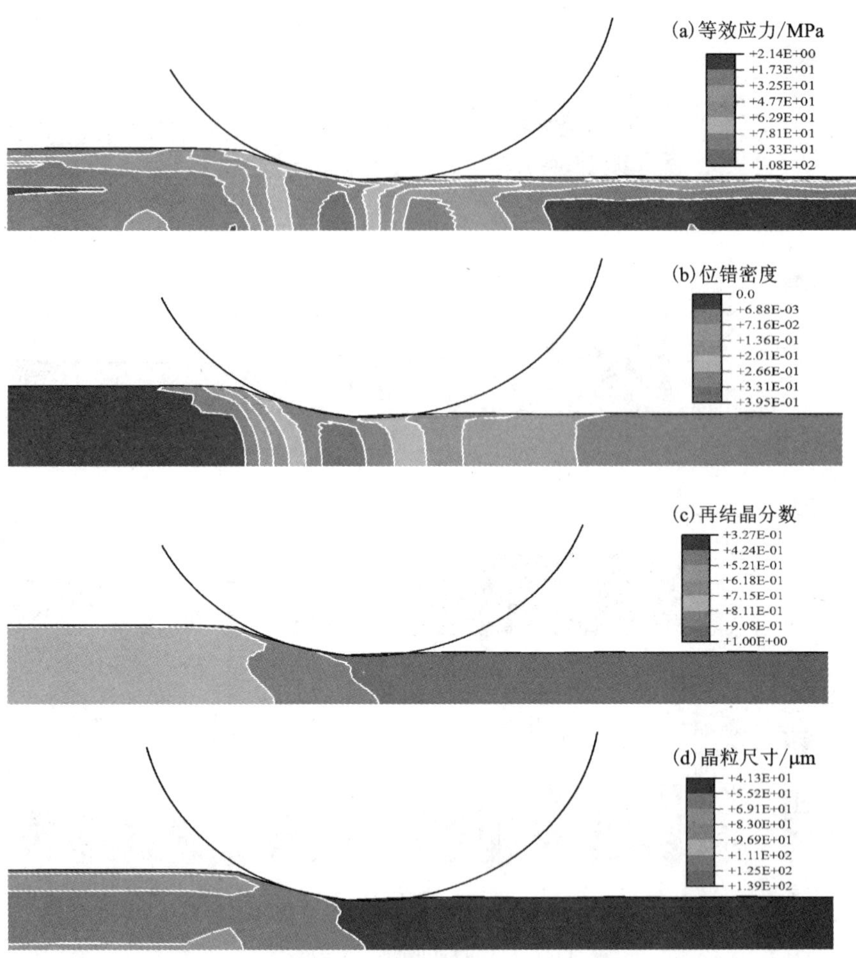

图 8.54　第二道次的等效应力，位错密度，再结晶分数和晶粒尺寸分布的预测

（Lin，Liu 和 Farrugia 等，2005）

图 8.54 所示为在相同工艺参数条件下，第二道次轧制区域的等效应力，位错密度，再结晶分数和晶粒尺寸分布情况。第二道次轧制速度为 3.74 rad/s。可以发现经历了 20s 的道次间隔时间后，由于再结晶和回复的影响，位错密度[图 8.54(b)]基本上减少至 0，这不仅降低了第一道次塑性变形导致的加工硬化现象，同时，还增加了钢的成形性能。由于较低的轧制速度和细小的晶粒尺寸，第二道次的应力水平较低[图 8.54(a)]。由于再结晶行为的持续发生[图 8.54(c)]，第二道次后平均晶粒尺寸减小为约 45 μm[图 8.54(d)]。因此，在第二道次中较低的应力水平是因为较低的轧制速度和晶粒的细化。在细晶条件下，更容易发生晶界滑移。

图 8.55 所示为位置 A 和位置 B 处的等效应力、位错密度、再结晶分数和晶粒尺寸的变化，同时考虑了图 8.52 中的双道次轧制过程。位置 A 和位置 B 处都通过了第一个轧辊，但是位置 A 通过了第二个轧辊，位置 B 没有通过。在第一道次轧制后，再结晶分数迅速增长，但是由于回复和再结晶的作用，位错密度消失时，再结晶将停止，从而导致材料再结晶不完全。

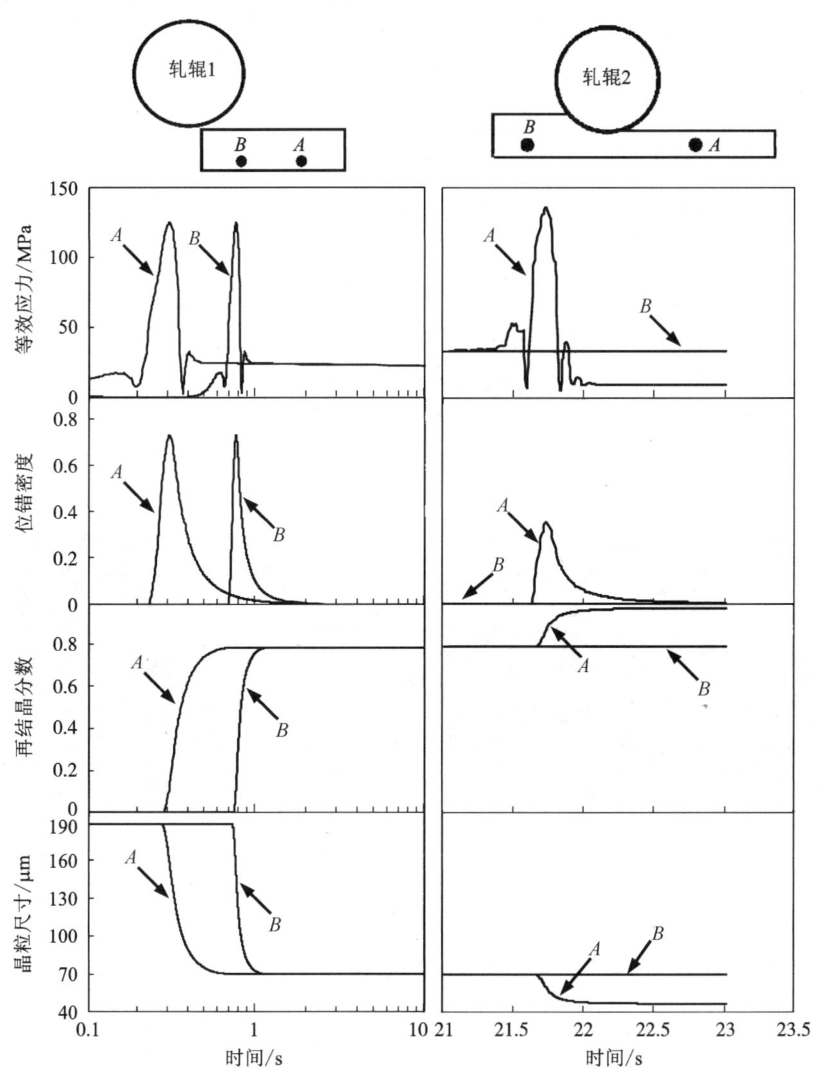

图 8.55　两道次轧制过程后位置 A 和 B 处等效应力，位错密度，再结晶分数和晶粒尺寸的变化图

两道次轧制速度分别为 6.58 rad/s 和 3.74 rad/s(Liu, 2004)

在第二道次轧制中，一旦位错密度再次增加，则再结晶继续进行，直到材料完全再结晶，这是第二次循环再结晶的起点。

把建立的统一黏塑性本构方程嵌入到有限元求解器中，可以模拟微观组织的演变，例如热轧过程中和轧制后的再结晶和晶粒尺寸的变化。根据再结晶的规律，轧制道次间的位错密度回复和晶粒长大可以被确定为间隔时间的函数。如果间隔时间太短，位错的回复可能不完全，这可能导致在后续变形中需要更大的轧制力且使材料成形性能变差。如果间隔时间太长，再结晶后晶粒过度的静态长大将会导致轧制后钢的性能恶化。因此，把方程嵌入有限元程序中，有助于控制材料的微观组织结构，优化热轧过程。

8.6　锻造过程中二相钛合金的建模

钛合金被大量用在燃气轮机(图 8.56)，特别是用于制造工作温度低于 400℃的压气机叶片(Eliaz，Shemesh 和 Latanision，2002)。热挤压和锻造是制造钛合金叶片最常见的成形工艺之一。在成形过程中，微观组织的演变会影响合金的黏塑性变形，进而影响成形零件的机械性能。因此，建立一个能够预测钛合金微观组织演变和黏塑性－塑性变形相互作用的统一黏塑性本构模型是非常必要的。

图 8.56　燃气轮机的解剖图

(Eliaz，Shemesh 和 Latanision，2002)

8.6.1　Ti－6Al－4V 燃气轮机叶片的热成形

燃气轮机叶片用 Ti－6Al－4V 钛合金的热锻造包含一系列的过程，典型示例如图 8.57 所示。首先，通过挤压圆柱型坯料达到预成形的目的。圆柱型坯料的尺寸和形状是根据汽轮机叶片的类型和尺寸制造的。然后，通过在室温下浸透干燥的方法，在坯料上镀层。

坯料首先在 920℃下进行挤压，然后在相同的温度下进行墩锻和扭转。接下

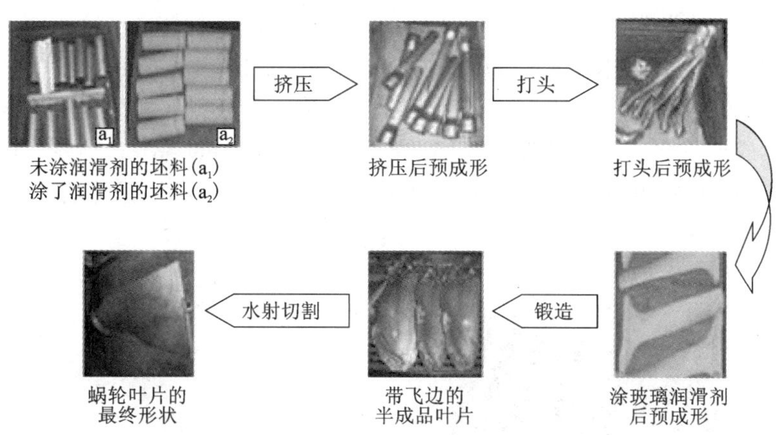

图 8.57　一种燃气轮机叶片的典型制造过程

(Bai, 2012)

来的预成形过程是，再一次在坯料表面镀层并且在加热炉中再加热到 920℃。在锻造之前，在上、下模具之间涂抹石墨润滑剂，用来减小模具磨损和促进金属流动。从下模中取出锻造好的叶片，然后冷却至室温。最后，通过水射流或者机械方法完成切边。

在热挤压、墩锻、扭转和锻造的过程中，工件和模具之间的热转换和微观组织的演变都将对流变应力产生影响。成形温度可以控制 α、β 相的比例以及 α + β 型钛合金的晶粒尺寸，这些都受到塑性变形的影响。

8.6.2　变形和软化机制

在 Ti－6Al－4V 合金的热压缩实验中，流变应力会随着变形而逐渐降低（Bai, Lin 和 Dean 等, 2013）。随着变形温度的升高，这种现象越来越不明显。材料的软化行为是由于在 β 相晶粒中片层状 α 相的球化引起的（Stefansson 和 Semiatin, 2003）。流变软化现象可能归因于热加工的 Ti－6Al－4V 合金的变形热、织构的变化和微观组织形貌。然而，片层状 α 相的球化是 Ti－6Al－4V 合金的主要流变软化和微观组织演变机制。Semiatin, Seetharaman 和 Weiss（1999）发现了在低于 β 相转变温度的热加工过程中，微观组织转变对等轴 α 相的形成起到关键作用。

α 相比 β 相具有更高的硬度，好比硬粒子散布在软基体中（Weiss 和 Semiatin, 1998）。由于 α 相的变形小于 β 相，故应变集中主要发生于 α 相附近较软的 β 相，将引起更加细小的不规则的亚晶粒形成（与 β 相基体内部的亚晶相比）。

在大应变条件下，亚晶界在 α 相的尖端或者 β 相沿着 α 相和 α 亚晶界产生。

Weiss，Froes 和 Eylon 等(1996)研究了 Ti－6Al－4V 合金在热加工过程中片层状 α 相的变化，并发现 α 相的形貌由片层状向小展弦比晶粒转变，这是由片层状 α 相的破碎导致的。从本质上分为两个过程：小角度和大角度的 α 相晶界的形成或者沿着板状 α 相的剪切带的形成，以及 β 相的嵌入导致彻底分裂。他们还发现了 α 相在热成形及之后的热处理过程中的破碎现象，如图 8.58(a)所示，该图通过背散射 SEM 获得(Weiss 和 Semiatin，1998)。初始的微观结构是片层转变组织。

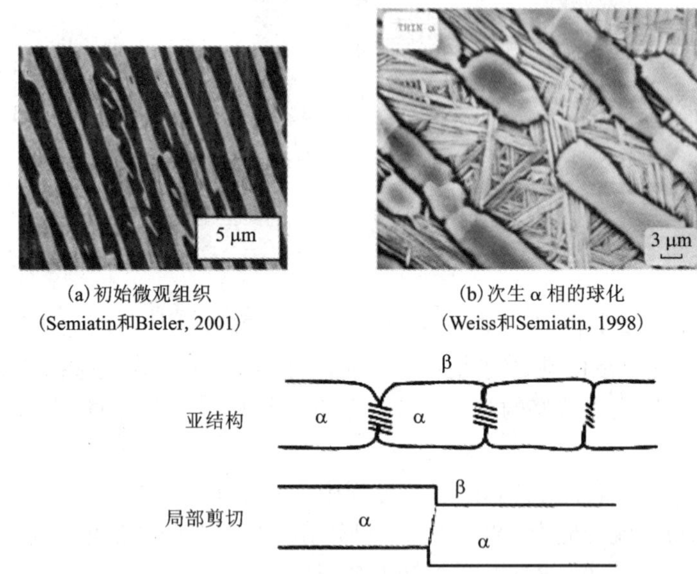

(a)初始微观组织
(Semiatin和Bieler, 2001)

(b)次生 α 相的球化
(Weiss和Semiatin, 1998)

(c)在片层状 α 相剪切带上亚晶界的形成引起的球化(Semiatin和Furrer， 2008)

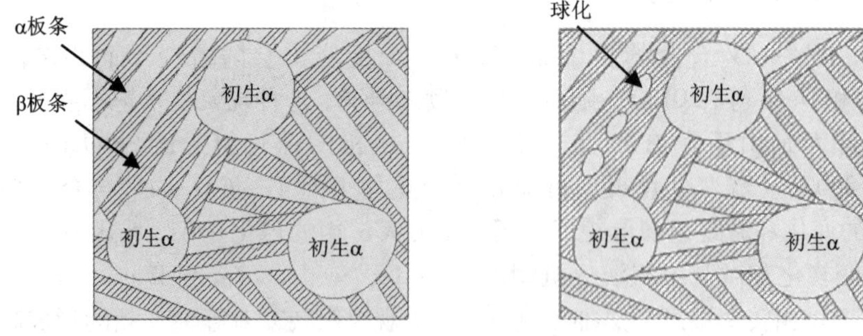

(d)含有初生 α 相的Ti-6Al-4V合金中次生 α 相的球化原理图(Bai，Lin，Dean等，2013)

图 8.58　钛合金热成形中的球化

(a)由 Semiatin 和 Bieler(2001)通过背散射 SEM 获得；(b)由 Weiss 和 Semiatin(1998)通过对比衬度 SEM 获得

在 α 相和 β 相区域内进行热加工，次生 α 相将发生球化，如图 8.58(b)所示。Weiss, Froes 和 Eylon 等(1986), Stefansson 和 Semiatin(2003)的研究表明，聚集 α 相的球化是由片层状 α 相的剪切带变形引起的[图 8.58(c)]。同样，Ti－6Al－4V 合金的微观组织包含了初生 α 相和 β 基体，其中 β 基体包括板状 α 相和板状 β 相[图 8.58(d)]（Bai, Lin 和 Dean 等, 2013）。相对较硬的初生 α 相，软的 β 基体变形更大。因此，可以假设在 Ti－6Al－4V 合金的热加工过程中板条状 α 相也会发生球化，也将会引起热加工过程中的软化(Bai, Lin 和 Dean 等, 2013)。

8.6.3　统一黏塑性本构模型

1. 球化软化模型

β 相应变诱发的球化率(w)是描述 Ti－6Al－4V 合金热加工过程中软化的一个状态变量(Bai, Lin, Dean 等, 2013)。β 相应变控制的球化本构模型可以表示为：

$$\begin{cases} \dot{w} = c_{\mathrm{w}}(1-w)\,\dot{\varepsilon}^{\mathrm{p},\beta} \\ \dot{\varepsilon}^{\mathrm{p},\beta} = \left(\dfrac{\sigma - R - k_{\beta}}{K_{\beta}(1-w)}\right)^{n} \end{cases} \tag{8.11}$$

式中：c_{w} 和 K_{β} 是与温度有关的常数；k_{β} 是 β 相的临界应力；R 是各向同性硬化因子；板条状 α 相的球化与 β 相的塑性应变 $\varepsilon^{\mathrm{p},\beta}$ 相关；板条状 α 相的球化程度随着 β 相变形的增加而增加；β 相的黏塑性变形 $\dot{\varepsilon}^{\mathrm{p},\beta}$ 表明，α 相的塑性应变与球化相关；w 的取值范围为 0(初始状态)到 1(球化的饱和状态)。这个条件可由式(8.11)的第一个方程获得。

2. 绝热升温

许多研究者(例如 Khan, Sung-Suh 和 Kazmi, 2004)认为热加工过程中钛合金的流变软化一部分是由于高应变速率下的绝热升温。Ding, Guo 和 Wilson (2002)认为绝热升温会导致试样温度的升高，同时将提高 β 相的比例。通常，假设 90% 的塑性功以热的形式表现出来，本构模型会考虑绝热升温（Khan, Sung-Suh 和 Kazmi, 2004）。在热成形过程中，通常认为变形热导致的软化可以根据应力应变曲线转化为温度增量：

$$\Delta T = \frac{\eta}{cd}\int_{0}^{\varepsilon_{\mathrm{p}}} \sigma(\varepsilon_{\mathrm{p}})\,\mathrm{d}\varepsilon_{\mathrm{p}} \tag{8.12}$$

式中：η 是塑性变形引起的热耗散分数，$\eta = 0.9$；c 和 d 分别是比热容和质量密度(Khan, Sung-Suh 和 Kazmi, 2004)。温度的升高可以通过数值计算获得。表征温度升高的自定义状态变量可以表示为：

$$\dot{T}_{\varepsilon} = \eta\,\frac{\sigma}{cd}\,|\dot{\varepsilon}_{\mathrm{p}}|$$

式中：T_ε 表示应变引起的温升。在等温条件下，瞬时温度 T 和初始温度 T_0 相等。当大塑性变形导致温升时，瞬时温度 T 等于（$T_0 + \Delta T$）（其中 $\Delta T = \dot{T}_\varepsilon \times \Delta t$，$\Delta t$ 是数值积分中的时间增量），温升是一个与变形、变形速率相关的函数。从上述方程可以发现，在给定应变速率和当前应力情况下，可以通过数值积分获得形变引起的温升。

3. 相变

由于同素异形相的转变，钛具有两种晶体结构：低温下 HCP 结构的 α 相和高温下 BCC 结构的 β 相。对于二相钛合金，α 相的体积分数随着温度的升高而降低，并且当高于 β 相转变温度时，将发生完全转变（Fan 和 Yang，2011）。在本书中，室温条件下的 Ti－6Al－4V 合金在热加工之前，主要由初生 HCP 结构的 α 相和在 α 晶界附近散布的 β 相组成，如图 8.59 所示。α 相转变为 β 相的起始转变温度为 873 K。β 相的完全转变温度高于 1268 K（Ding，Guo 和 Wilson，2002）。

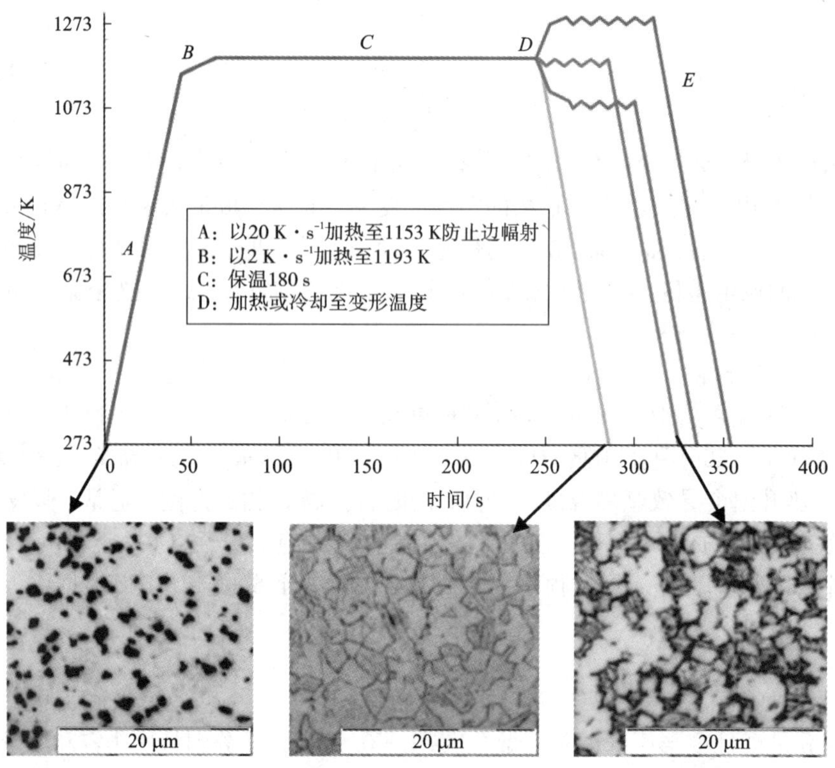

图 8.59 实验计划的原理图和各个阶段对应的微观组织

（Bai，Lin 和 Dean 等，2013）

热压缩实验的温度设置，如图 8.59 所示。实验过程中采用恒定的加热速率。为了避免实验温度超出设定值，在低于设定温度 40 K 时降低加热速率。以变形温度 1193 K 为例，试样以 20 K · s^{-1}的速率加热至 1153 K，然后再以 2 K · s^{-1}速率升温至 1193 K。在 1193 K 温度条件下保温 180 s，然后在设计应变速率条件下开始压缩实验。实验结束后，通过水冷方式降至室温。材料初始的、保温后的和热变形后的微观组织形貌如图 8.59 所示。

在非等温热成形工艺中，相的体积分数随变形温度的改变而改变。由于 BBC 结构的 β 相较软，其体积分数会影响材料的高温变形行为。因此，建立相变和温度之间的关系对模拟结果非常重要。α 和 β 之间的相变可以用 Avrami 方程描述。Picu 和 Majorell(2002)直接通过相图获得了 β 相的体积分数，并且用式(8.13)描述和预测了所有温度下 β 相的体积分数。

$$C_\beta(T) = \left(\frac{T}{1270}\right)^{10} \tag{8.13}$$

式中：$C_\beta(T)$为 β 相的体积分数，是温度的函数；T 是试样的温度。

β 相体积分数的演变模型可以表示为(Bai，Lin，Dean 等，2013)：

$$\dot{f}_\beta = X\left(\frac{f_\beta}{0.5}\right)^{\alpha}(1-f_\beta)^{\gamma}\dot{T}_{\mathrm{T}} \tag{8.14}$$

式中：X 和 α 是材料常数；T_{T} 是实时变形温度。当在等温条件下发生变形时，可以忽略传热，$T_{\mathrm{T}} = T_\varepsilon$。Bai，Lin 和 Dean 等(2013)利用 Ding，Guo 和 Wilson(2002)的实验数据对该方程的材料参数进行了标定。拟合结果如图 8.60 所示，常数值如表 8.10 所示。

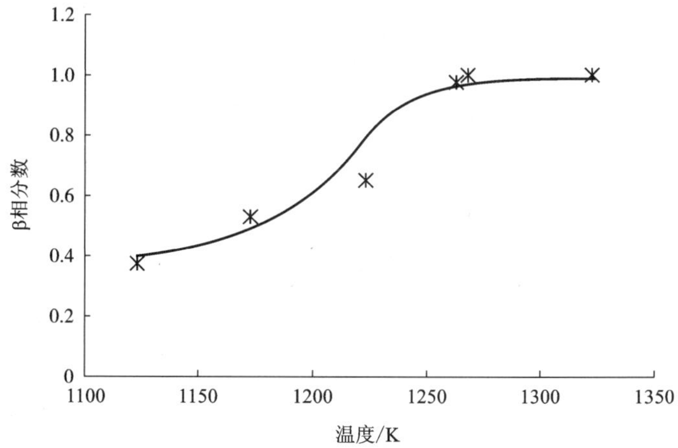

图 8.60　β 相分数和温度关系实验值[符号，Ding，Guo 和 Wilson(2002)]和计算值的对比[(实线，Bai，Lin，Dean 等(2013)]

表 8.10 Ti-6Al-4V 合金的统一黏塑性本构模型的常数

$k_{\alpha 0}$ /MPa	Q_p /(J·mol^{-1})	$K_{\alpha 0}$ /MPa	Q_α /(J·mol^{-1})	n	A	C_0
6.57×10^{-3}	7.79×10^{4}	4.08×10^{-2}	7.11×10^{4}	2.8	10.0	1.62×10^{16}
Q_c /(J·mol^{-1})	δ	B_0 /MPa	Q_b /(J·mol^{-1})	η	X /K^{-1}	α
3.28×10^{5}	2.0	1.34	4.15×10^{4}	0.95	0.01	5.7
γ	c_{w0}	Q_w /(J·mol^{-1})	E_0	Q_e /(J·mol^{-1})		
1.81	7.09×10^{2}	6.70×10^{4}	7.57×10^{4}	1.14×10^{3}		

注：表中数据来源于 Bai，Lin，Dean 等(2013)。

4. 统一黏塑性本构模型

Bai，Lin 和 Dean 等(2013)为二相材料建立了统一黏塑性本构模型，用来模拟位错密度演变、位错强化、绝热变形引起的温升、相变和 β 相应变控制的球化，合理地解释了它们之间的相互作用和对塑性变形的影响。为了简化，在初始变形阶段，没有考虑材料的动态再结晶行为。此模型可以模拟热变形条件下材料的软化机制。利用该统一黏塑性本构模型模拟了材料的软化机制(Bai，Lin 和 Dean 等，2013)：

$$\begin{cases}\dot{\varepsilon}^{p,\alpha}=\left(\dfrac{\sigma-R-k_\alpha}{K_\alpha}\right)^n\\ \dot{\varepsilon}^{p,\beta}=\left[\dfrac{\sigma-R-k_\beta}{K_\beta(1-w)}\right]^n\\ \dot{\varepsilon}^{p}=\dot{\varepsilon}^{p,\alpha}(1-f_\beta)+\dot{\varepsilon}^{p,\beta}f_\beta\\ \dot{\bar{\rho}}=A(1-\bar{\rho})\left|\dot{\varepsilon}^{p}\right|-C\bar{\rho}^{\delta}\\ R=B\bar{\rho}^{0.5}\\ \dot{T}_\varepsilon=\eta\dfrac{\sigma}{cd}\left|\dot{\varepsilon}^{p}\right|\\ \dot{f}_\beta=X\left(\dfrac{f_\beta}{0.5}\right)^{\alpha}(1-f_\beta)^{\gamma}\dot{T}_{T}\\ \dot{w}=c_w(1-w)\dot{\varepsilon}^{p,\beta}\\ \sigma=E(\varepsilon^{T}-\varepsilon^{p})\end{cases}\tag{8.15}$$

方程组的状态变量表示在材料热变形过程中不同的物理现象。α 相比 β 相硬，两相的变形难易程度不一。因而，α 相的应变速率 $\dot{\varepsilon}^{p,\alpha}$ 和 β 相的应变速率

$\dot{\varepsilon}^{p,\beta}$需要分开建模(Bai，Lin 和 Dean 等，2013)。

(1)α 相的塑性应变速率是应力 σ、各向同性硬化因子 R 和屈服应力 k_α 的函数。

(2)β 相的塑性应变速率是应力 σ、球化引起的软化 w($w=0\sim1$)，各向同性硬化因子 R 和屈服应力 k_β 的函数。在这两个方程中，$\dot{\varepsilon}^{p,\alpha}$、$\dot{\varepsilon}^{p,\beta}$、$\sigma$、$R$ 和 w 是状态变量。n 是材料常数，k_α 和 K_α 是 α 相条件下与温度相关的参数。从 Ti－6Al－4V 二相钛合金的高温压痕实验中，可以发现 β 相与 α 相屈服应力的比值约为 0.8。因此，可以假设在所有高温条件下 $k_\beta=0.8k_\alpha$。由于 α 相和 β 相的主要元素是钛，因此两相的材料特性是相似的，可以假设 $K_\beta=0.9K_\alpha$。

二相材料的特性依赖于多种因素，如组成相的体积分数和微观形貌、相的各向异性和取向角。在热加工过程中，每种相都被认为是各向同性的弹黏塑性体。相的体积分数对材料特性的影响可以通过两种简单的假设和混合物规则来预测。首先，两种相的应变是一样的，服从 Voigt 估计。其次，两种相受到的应力是一样的，服从 Reuss 估计(Nemat-Nasser，2004)。总的塑性应变速率是$\dot{\varepsilon}^{p}$，$\dot{\varepsilon}^{p,\alpha}$是 α 相的塑性应变速率，$\dot{\varepsilon}^{p,\beta}$是 β 相的塑性应变速率，$f_\beta$ 是 β 相的分数，与温度相关。

由塑性变形引起的各向同性硬化 R 直接与归一化位错密度$\bar{\rho}$相关。归一化位错密度的演变速率$\dot{\bar{\rho}}$本质上是总塑性应变速率的函数。A 是材料常数，B 和 C 是与温度相关的参数，采用传统的 Arrhenius 方程可以表示为：

$$k_\alpha = k_{\alpha_0}\exp\left(\frac{Q_p}{kT}\right)$$

$$K_\alpha = K_{\alpha_0}\exp\left(\frac{Q_\alpha}{kT}\right)$$

$$C = C_0\exp\left(-\frac{Q_c}{kT}\right)$$

$$c_w = c_{w_0}\exp\left(-\frac{Q_w}{kT}\right)$$

$$B = B_0\exp\left(\frac{Q_b}{kT}\right)$$

$$E = E_0\exp\left(\frac{Q_e}{kT}\right)$$

这些方程可以通过数值积分的方法求解。

8.6.4　确定的统一黏塑性本构方程

图 8.59 所示实验的实验数据可用来确定统一本构方程中的材料常数。根据计算目标和实验数据差值最小化，进化优化算法(EP)被用来确定这些材料常数。

这类问题的详细优化方法和相应的数值程序详见第 7 章。Cao(2006)建立一种定义为“error”的方法，可以对一对数据点进行误差评定，这种方法可以给出拟合过程中的误差，适用于全局目标函数。

优化系统 OPT - CCE(Cao, Lin 和 Dean, 2008b)包含三个部分。部分一是可以输入本构方程、常数的边界和相应实验数据的系统。部分二是进化算法优化系统，本构方程可以利用数值积分求解。模型预测值和实验数据之间的误差可以利用确定的目标函数来评估。部分三是输出最优化的材料常数和图像化拟合结果。

确定本构模型中材料常数的过程可以分为两步(Bai, 2012)。第一步是利用式(8.14)确定与相变相关的常数。β 相分数利用的是 Ding, Guo 和 Wilson(2002)的实验数据，如图 8.60 所示。相变方程中的常数 X、α 和 γ 是利用实验数据和 Bai, Lin, Dean 等(2013)提出的进化优化方法确定的，如表 8.10 所示。拟合的数值结果如图 8.60 中实线所示。第二步是确定式(8.15)中的其他常数和它们相应的变量。挑选 7 组不同应变速率和温度条件下热压缩实验的应力应变曲线，实验结果如图 8.61 和图 8.62 所示。变形温度为 1093 ~ 1293 K，应变速率为 0.1 ~ 10 s^{-1}。选取的温度和应变速率是工业中 Ti - 6Al - 4V 合金热成形的最佳温度和应变速率取值范围。

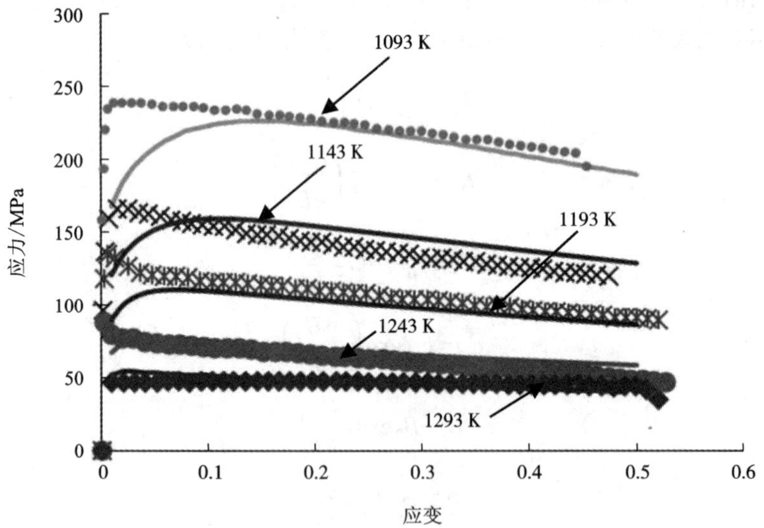

图 8.61　在应变速率为 1 s^{-1}和不同温度条件下，压缩实验应力应变曲线实验值(符点)和计算值(实线)的对比

(Bai, Lin, Dean 等, 2013)

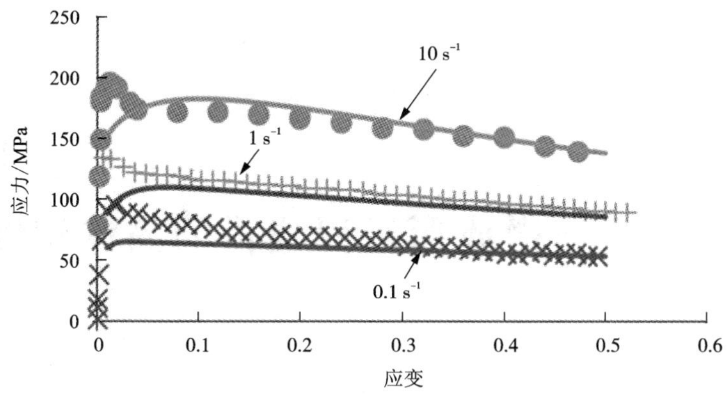

图 8.62　在温度为 1193 K 和不同应变速率条件下，压缩实验应力应变曲线实验值（符点）和计算值（实线）的对比

（Bai，Lin，Dean 等，2013）

这个步骤采用了如上所述的方法，即采用进化优化算法确定常数的方法得到的常数值，如表 8.10 所示。拟合结果与实验值对比曲线如图 8.61 和 8.62 所示，表明该模型可以准确地描述 Ti－6Al－4V 合金在热锻造过程中的软化机制。

利用与前文中相似的方法，统一黏塑性本构模型可以利用用户自定义的子程序嵌入到商业有限元软件中，用于模拟 Ti－6Al－4V 合金的挤压和锻造过程。

第 9 章

微成形过程建模的晶体塑性理论

单晶内塑性流动的各向异性导致前面介绍的本构方程无法准确地描述其塑性变形行为。因此，需要建立可直接描述单晶滑移行为以及多晶结构中单个晶粒(晶体)转动行为的本构方程。

晶体塑性理论问世已久(Taylor, 1934)，一般用于解释单晶和多晶材料的变形机制。近几年来，晶体塑性理论得到了快速发展，广泛用于研究晶体材料在加工及服役过程中的变形以及失效行为(Dunne, Rugg 和 Walker, 2007; Dunne, Kiwanuka 和 Wilkinson, 2012; Huang, 1991)。

近年来，金属成形技术被用于加工微型零件，或者具有微特征的金属零件(Engle 和 Eckstein, 2002; Cao, Krishnan 和 Wang 等, 2004)。在很多情况下，微型零件的最小截面上仅有少量的晶粒(Krishnan, Cao 和 Dohda, 2007)。所以，需要用晶体塑性理论准确预测成形过程中材料的变形及其流动特征(Zhuang, Wang 和 Lin 等, 2012)。因此，一些学者发展了晶体塑性有限元方法(CPFE)，用于描述金属微成形过程(Cao, Zhuang, Wang 和 Lin, 2009a)。CPFE 微成形模拟技术对于材料变形、流动以及织构演变的预测来说是不可或缺的(Wang, Zhuang, Balint 和 Lin, 2009b)。

本章将介绍晶体塑性基础理论、晶体的滑移系统、本构方程以及 CPFE 建模方法。此外，还将简要介绍集成的晶体塑性 FE 模拟系统以及晶粒组织初始化技术 VGRAIN。在章节的最后，还将给出几个实际案例。

9.1　晶体塑性及微成形

9.1.1　微型零件及尺度效应

近几十年来，电子、光学、通信等行业内产品及装置的微型化，促进了对微观尺度金属零件加工的需求。这些微型零件具有不同的形状、材质、功能以及加工工艺，常见的微型零件有螺丝钉、紧固件、插销、弹簧、微型齿轮以及微型轴等。这些微型零件的加工过程涉及多种加工工艺，如切削、铺叠、折弯、冲压、拉拔、模压、光刻和正向/反向挤压等。

常见的挤压成形微型零件，如图 9.1 所示（Engel 和 Eckstein，2002）。微成形技术非常适用于微型零件加工，这是因为微型零件的形状复杂，切削加工工艺效率低。微成形过程的数值建模，有助于缩短研发周期和制造成本，在微型零件制造领域发挥着越来越重要的作用。

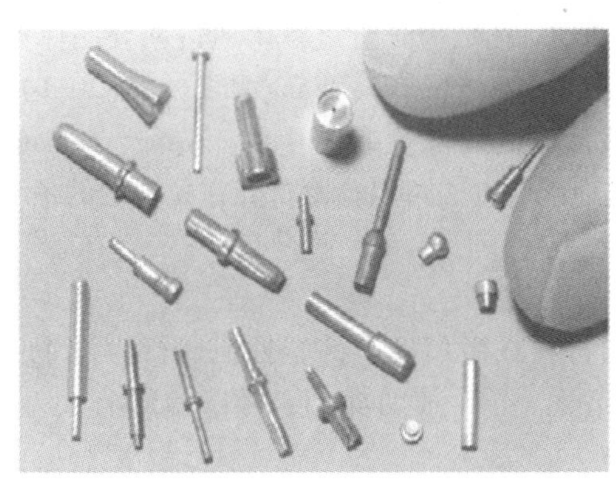

图 9.1　常见微型插销

（Engel 和 Eckstein，2002）

微型插销的直径通常为 100 μm ~ 2 mm，这种零件在电子装置中应用广泛。影响微型插销服役性能的因素有晶粒尺寸、晶粒取向以及晶粒分布，传统连续介质 FE 模拟技术无法描述上述几何缺陷。

两种不同晶粒尺寸的微型插销，如图 9.2 所示。两种微型插销具有相同材质，直径也相同，均为 0.57 mm。其晶粒尺寸的差异来自不同的热处理工艺（Krishnan，Cao 和 Dohda，2007）。据报道，当微型插销的晶粒尺寸为 32 μm，或者直径方向上分布有 16 ~ 18 个晶粒时，并且变形比为 1.3 时，可通过挤压获得直的微型插销，连续介质 FE 分析结果与实验结果一致。然而，当微型插销的晶粒尺寸为211 μm，或者直径方向上分布有2~3个晶粒时，在相同的变形比条件下，挤压后的微型插销会发生不可控的弯折。

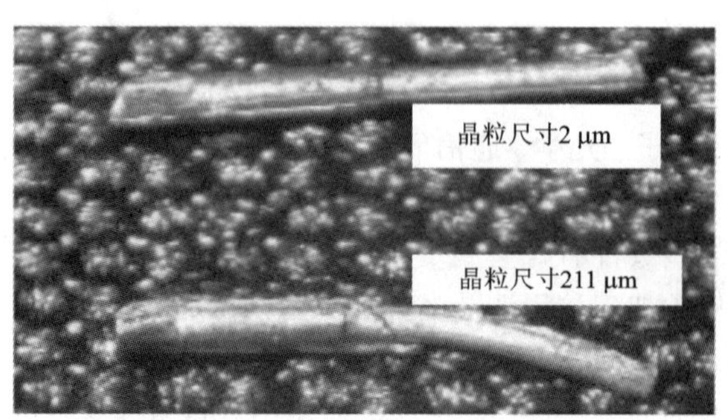

图9.2　直径0.57mm的微型插销

(Krishnan, Cao和Dohda, 2007)

针对连续介质FE模拟技术在微型加工中的不足，一些研究人员(Cao, Zhuang和Wang等, 2010)在数值分析过程中通过耦合晶体塑性理论和有限元方法，来表征材料的微观组织。Zhuang、Wang和Lin等(2011)采用这种耦合方法，研究了微管在液压成形时的局部颈缩和开裂。Wang、Zhuang和Balint等(2009)的研究结果表明，这种耦合方法可以预测薄壳在拉伸中的颈缩行为。

9.1.2　晶体塑性现象

本节将简要介绍材料在微尺度上的塑性流变行为，讨论晶体材料的屈服现象。读者若需要更严谨、更详细的介绍，可以参阅有关金属晶体塑性变形的著作。

1. 微塑性

金属材料一般为多晶结构，微观组织包括多个具有不同取向及形状的晶体(在冶金学中称为晶粒)。在每个晶粒内部，原子有规则地排列在一起。影响原子排列方式的因素有很多，例如金属材料本身的性质、温度、合金元素等。

图9.3所示为多晶铸造铝合金的典型晶粒形貌。图9.3中颜色与晶粒取向有关，不同颜色表示不同的晶粒取向。因此，可以用这种图表征晶粒取向的分布。这种图是利用发射光的干涉原理获得的。采用偏振光源，照射材料表面经腐蚀后所形成的氧化膜，反射光相互干涉形成不同的颜色，干涉后的颜色与晶粒取向有关(Quested, 2003)。

晶体材料的塑性变形来自滑移面之间的相对运动，此过程涉及原子键的断裂和重组。图9.4所示为晶体塑性变形示意图。晶面滑移是在剪切应力作用下进行

图9.3　铸态锻造铝合金的晶粒组织形貌

(Quested, 2003)

的，它与弹性变形不同的是，塑性变形不会改变晶体材料的体积。此外，变形后晶体结构会保留下来，除晶体极点发生变化以外，其他保持不变。

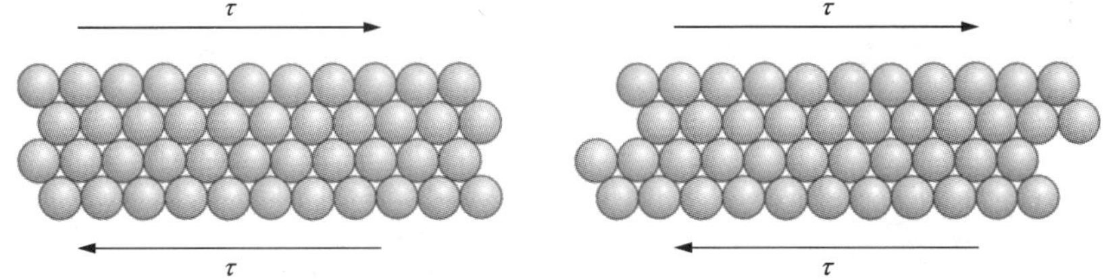

图9.4　晶体塑性变形示意图

(Dunne 和 Petrinie, 2005)

2. 晶体滑移

滑移是晶体材料非弹性变形的起源。19世纪上半叶，Taylor(1934)开展的单晶实验，以及Schmid和Boss(1935)的工作，奠定了晶体塑性领域的基础。近几年来，随着实验方法的发展和先进测量手段(SEM成像和纳米压痕仪等)的出现，使得人们可以研究更加复杂的晶体塑性问题。Uchic、Dimiduk和Wheeler等(2006)针对单晶微柱原位压缩开展了大量研究，如图9.5所示，他们的工作极大地加深了人们对塑性流动的认识。Uchic等还研究了试样尺寸对材料塑性的影响。Balint、Deshpande和Needleman等(2008)的研究表明，可以通过位错平均自由程解释试样尺寸对材料塑性的影响。该研究结果与多晶材料的Hall - Petch效应(Hall, 1951; Petch, 1953)完全吻合。

图9.5中单晶微柱所承受的压力高于其屈服极限，滑移现象非常明显。图9.6(a)清晰地展示了这一现象的本质。试样两端未固定在压头上，压头直接作用在试样的两端，导致滑移面发生相对运动。因此，试样两端在水平方向上出

图 9.5　单晶微柱试样压缩实验的 SEM 图

（Uchic，Dimiduk 和 Wheeler 等，2006）

现了错位。如果试样两端被固定在水平方向上，那么试样将会发生扭转，以适应滑移面的运动，从而改变晶格的取向。

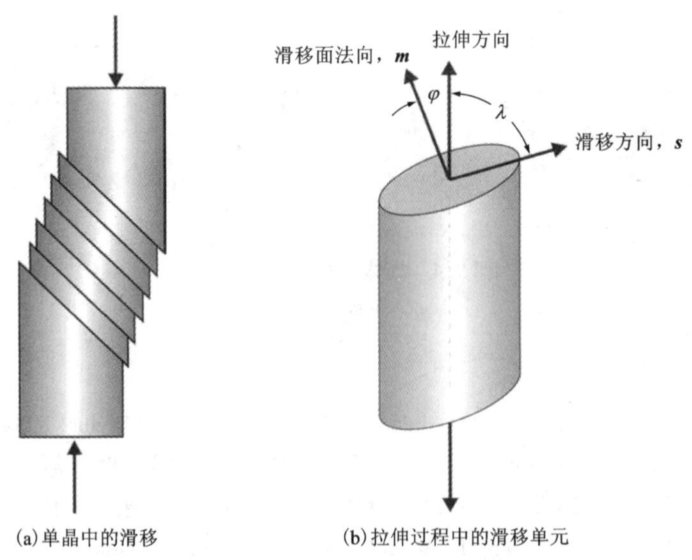

图 9.6　不同受力状态下的单晶微柱滑移示意图

（a）压缩；（b）拉伸（Karimpou，2012）

3. *临界分切应力*

临界分切应力，τ_c，指的是使滑移面发生滑移所需的最小分切应力。大多数晶体发生正向滑移时所需的剪切应力与发生负向滑移时的相等，但 BCC 材料除外（Hosford，1992）。发生滑移所需的条件可以表示为

$$\tau_{ms} = \pm \tau_c \tag{9.1}$$

式中：$\boldsymbol{m}$ 和 $\boldsymbol{s}$ 分别表示滑移面法线方向和滑移方向。这一屈服准则通常被称为 Schmid 法则，该准则是 Schmid 和 Boas(1935)在解释单晶变形行为时首次提出。对于单轴拉伸工况，如图 9.6(b)所示，拉伸方向与 x 轴方向重合，此时分切应力可以表示为

$$\tau_c = \pm\sigma_x\cos\lambda\cos\varphi \tag{9.1a}$$

式中：λ 为滑移方向与拉伸方向之间的夹角；φ 为拉伸方向与滑移面法线方向之间的夹角。Schmid 法则通常可以表示为

$$\begin{cases}\tau_c = \pm\sigma_x m_x \\ m_x = \cos\lambda\cos\varphi\end{cases}$$

式中：m_x 为 Schmid 系数。Schmid 系数可以用于测量晶粒取向，以及表征某个晶粒发生滑移的难易程度。

4. 位错

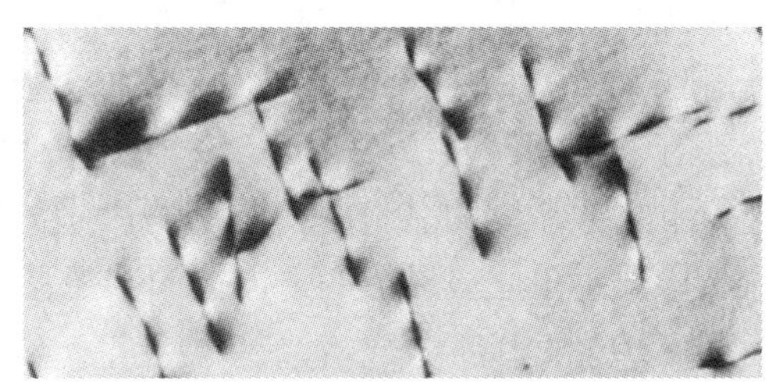

图 9.7　不锈钢中的位错线

(Ashby 和 Jones，2005)

晶体材料的塑性变形涉及原子键的断裂与重组，以及晶格重排。如图 9.7 所示，不锈钢试样内的位错线长度约为 100 个原子(Ashby 和 Jones，2005)。根据位错理论，晶体借助基体中位错的滑移来产生变形。位错滑移只包括晶格的局部重排，这与实验中得到的低屈服应力值吻合。需要指出的是，单个位错滑移所导致的变形，与柏氏矢量相等，而柏氏矢量的数量级与原子间距相同。因此，晶体材料需要具有大量位错滑移，才能够发生大变形。

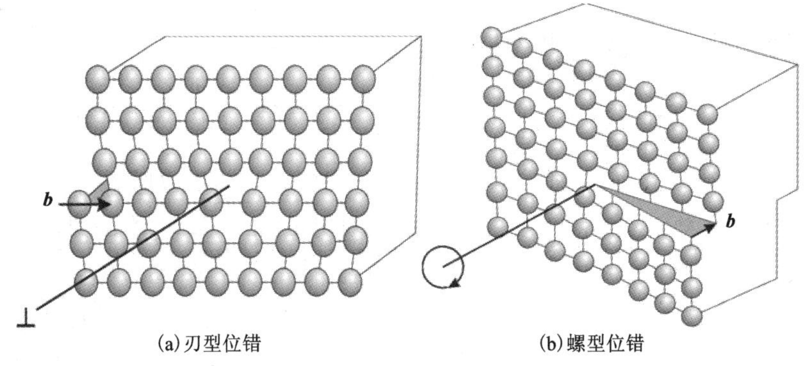

(a)刃型位错　　(b)螺型位错

图 9.8　位错示意图

(Dunne 和 Petrinic，2005)

位错有两种基本类型，分别为刃型位错[图 9.8(a)]和螺型位错[图 9.8(b)]。采用单种位错模型，或者两种位错模型的组合，可以解释任何复杂的位错结构(例如位错线或者位错环)。

如图 9.8 所示，两种位错模型之间的主要区别在于，在刃型位错中，柏氏矢量 $\boldsymbol{b}$ 与位错线垂直，而在螺型位错中，两者相互平行。因此，螺型位错的滑移方向并不唯一，通过位错线并包含柏氏矢量 $\boldsymbol{b}$ 的所有晶面都可能成为它的滑移面。

5. 晶体结构和滑移系

实验表明，位错滑移总是优先发生在某些滑移面的特定方向上。滑移面及滑移方向通常具有最高的原子密度，原子间隙最小。滑移面与滑移面上的一个滑移方向，组成一种滑移系。滑移系与材料的晶体结构有关，通常采用滑移面和滑移方向的密勒指数来表示。表 9.1 所示为在部分单晶工程材料中发现的滑移系。

在面心立方晶体中，发生滑移的“密排”面位于晶胞的对角面。面心立方晶胞及其滑移系如图 9.9(a)所示。面心立方晶胞共有 4 个滑移系，3 个滑移方向，因此总共有 12 个滑移系，可以表示为$\langle 1\bar{1}0\rangle\{111\}$。

简单立方晶体的晶胞中，所有原子均位于立方体的顶点处，是最简单的立方晶体结构。简单立方晶体的滑移方向和滑移面，如图 9.9(b)所示，其滑移族可以表示为$\langle 1\bar{1}0\rangle\{110\}$。

图 9.9(c)所示为密排六方晶胞。滑移系位于[001]面，滑移方向为$\langle 100\rangle$。[110](100)为次级滑移族，但一般不把它看作独立的滑移系，因为[110](100)可以用[100](100)和[010](100)表示。

表 9.1 部分工程材料的滑移系

(Karimpour, 2012)

金属	结构	滑移系
Cu	FCC	$\langle 1\bar{1}0\rangle\{111\}$
Ni	FCC	$\langle 1\bar{1}0\rangle\{111\}$
$\gamma-Fe$	FCC	$\langle 1\bar{1}0\rangle\{111\}$
Ta	BCC	$\langle 11\bar{1}\rangle\{101\}$, $\langle 11\bar{1}\rangle\{112\}$, $\langle 11\bar{1}\rangle\{123\}$
$\alpha-Fe$	BCC	$\langle 11\bar{1}\rangle\{101\}$, $\langle 11\bar{1}\rangle\{112\}$, $\langle 11\bar{1}\rangle\{123\}$
Ti	HCP	$\langle 100\rangle\{100\}$, $\langle 110\rangle\{100\}$
MnS	SC	$\langle 1\bar{1}0\rangle\{110\}$

体心立方(BCC)晶体是一种非密排结构，没有确定的滑移系，大部分面上的

原子密度均近似相等。尽管体心立方晶体的滑移面不稳定，但是其滑移方向很稳定，总是为$\langle 11\bar{1}\rangle$。体心立方晶体的 3 种潜在滑移系及对应的滑移方向，如图 9.10 所示。滑移方向及每种滑移系分别构成如下 3 种滑移族：$\langle 11\bar{1}\rangle\{101\}$，$\langle 11\bar{1}\rangle\{112\}$和$\langle 11\bar{1}\rangle\{123\}$。

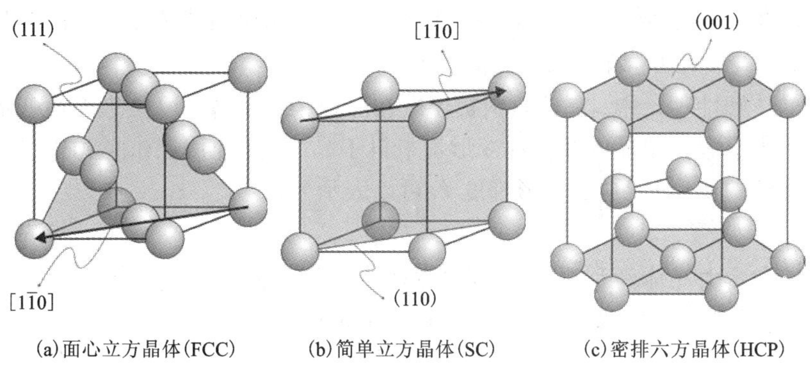

图 9.9　不同晶体类型中的滑移系

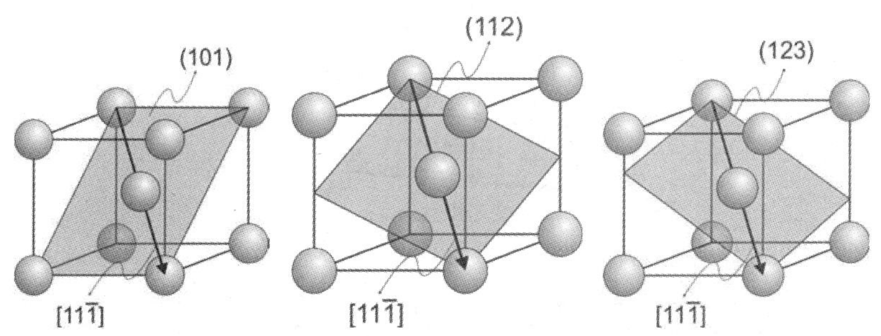

图 9.10　体心立方晶格的滑移系

(Dunne 和 Patrinic，2005)

9.2　晶体塑性本构方程

为了将微观力学效应纳入塑性变形连续介质模型中，研究人员开发了一系列描述非弹性变形的黏塑性本构方程。Taylor(1938)认为晶体滑移系剪切理论可以用于描述金属的塑性变形。Taylor 的这种开拓性工作，为上述黏塑性本构研究奠定了基础。

9.2.1　晶体动力学

Lee(1969)将变形梯度分解为局部弹性变形梯度和局部塑性变形梯度，这种分解方式是几乎所有晶体塑性材料模型的晶体动力学基础。Hill(1966)、Rice(1971)，以及 Hill 和 Rice(1972)则开发出了一整套完整的晶面滑移动力学方程。

当前构形中的变形相对于参考构形的变形梯度 F_{ij}，可以表示为

$$F_{ij} = \frac{\partial x_i}{\partial X_j}$$

式中：X_j 和 x_i 分别表示物质点在参考构形中和当前构形中的位置坐标，下标为张量标号，i、j、k 和 l 均在 1 和 3 之间取值。

在晶体塑性理论中，晶体材料被镶嵌在晶格中，晶格可以产生弹性变形和扭转变形。本书假设单晶的非弹性变形均来自于晶面滑移(例如未考虑由晶粒转动及孪晶导致的变形)。总的变形梯度 F_{ij} 可以表示为

$$F_{ij} = F^*_{ik} F^{\mathrm{P}}_{kj} \tag{9.2}$$

式中：F^{P}_{kj} 表示由晶体滑移系滑移所导致的变形梯度；F^*_{ik} 表示弹性变形(晶格畸变)和刚体转动所产生的变形梯度，上述变形过程如图 9.11 所示。

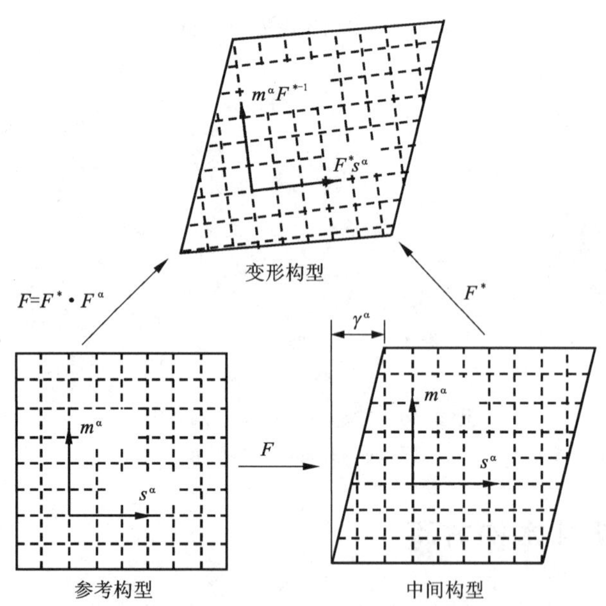

图 9.11　晶面滑移在晶体中导致的弹塑性变形过程

F^{P}_{kj} 的变化速率与第 α 个滑移系的滑移率 $\dot{\gamma}^\alpha$ 有关，即

$$\dot{F}^{\mathrm{P}}_{ik} (F^{\mathrm{P}}_{kj})^{-1} = \sum_\alpha \dot{\gamma}^\alpha s^\alpha_i m^\alpha_j \tag{9.3}$$

式中：s^α_i 和 m^α_j 分别为参考构形中的滑移方向和滑移面的法线方向。

滑移系的数量以及取向与晶体结构有关。例如，FCC 晶体具有 4 种滑移面，

每种滑移面具有 3 个滑移方向。因此，总的滑移系数量为 $\alpha=1,2,\cdots,12$。为了便于研究，可以定义一个平行于当前构形中滑移系 α 滑移方向的向量 $s_i^{*\alpha}$

$$s_i^{*\alpha}=F_{ik}^{*}s_k^{\alpha}$$

滑移面的法向向量与滑移面中所有类似 $s_i^{*\alpha}$ 的向量正交

$$m_i^{*\alpha}=m_k^{\alpha}F_{ki}^{*-1}$$

当前状态的速度梯度可表示为

$$L_{ij}=\dot{F}_{ik}\dot{F}_{kj}^{-1}=D_{ij}+\Omega_{ij} \tag{9.4}$$

式中：变形率张量 D_{ij}和旋率张量 Ω_{ij}可以分解为弹性变形部分（上标 *）和塑性变形部分（上标 p）：

$$\begin{cases}D_{ij}=D_{ij}^{*}+D_{ij}^{\mathrm{p}}\\ \Omega_{ij}=\Omega_{ij}^{*}+\Omega_{ij}^{\mathrm{p}}\end{cases}$$

满足下式

$$\begin{cases}D_{ij}^{*}+\Omega_{ij}^{*}=\dot{F}_{ik}^{*}\dot{F}_{kj}^{*-1}\\ D_{ij}^{\mathrm{p}}+\Omega_{ij}^{\mathrm{p}}=\sum\limits_{\alpha}\dot{\gamma}^{\alpha}s_i^{\alpha}m_j^{\alpha}\end{cases} \tag{9.5}$$

可知，变形率和旋率的塑性部分等于式(9.5)的对称和反对称部分。

若定义

$$\begin{cases}P_{ij}^{\alpha}=\dfrac{1}{2}(s_i^{*\alpha}m_j^{*\alpha}+s_j^{*\alpha}m_i^{*\alpha})\\ W_{ij}^{\alpha}=\dfrac{1}{2}(s_i^{*\alpha}m_j^{*\alpha}-s_j^{*\alpha}m_i^{*\alpha})\end{cases}$$

则有

$$\begin{cases}D_{ij}^{\mathrm{p}}=\sum\limits_{\alpha}P_{ij}^{\alpha}\dot{\gamma}^{\alpha}\\ \Omega_{ij}^{\mathrm{p}}=\sum\limits_{\alpha}W_{ij}^{\alpha}\dot{\gamma}^{\alpha}\end{cases}$$

值得注意的是，变形率张量的塑性部分 D_{ij}^{p}是指当前滑移方向 $s_i^{*\alpha}$ 上的滑移对变形率的贡献，D_{ij}^{p}所在平面的当前法线方向为 $m_i^{*\alpha}$，而旋率张量的塑性部分 Ω_{ij}^{p}则来自于全部滑移系转动总和对旋率张量的贡献。

9.2.2　晶体黏塑性本构方程

对于每个晶粒，其线弹性本构关系均可用广义胡克定律描述，即

$$\overset{\nabla}{\tau}{}_{ij}^{*}=L_{ijkl}D_{kl}^{*} \tag{9.6}$$

式中：L_{ijkl}为四阶刚度矩阵；D_{kl}^{*} 为晶格坐标系中的二阶弹性拉伸率；$\overset{\nabla}{\tau}{}_{ij}^{*}$ 表示 Kirchhoff 应力在旋转后晶格坐标系中的 Jaumann 应力率，则

$$\overset{\nabla *}{\tau_{ij}} = \dot{\tau}_{ij} - \Omega_{ik}^{*}\tau_{kj} + \tau_{ik}\Omega_{kj}^{*} \tag{9.7}$$

式中：$\dot{\tau}_{ij}$为 Kirchhoff 应力的物质导数，且 $\tau_{ij} = (\rho_0/\rho)\sigma_{ij}$，其中 σ_{ij}为 Cauchy 应力；ρ_0 和 ρ 分别为参考状态和当前状态中的材料密度。即 $\overset{\nabla}{\tau_{ij}}$表示 Kirchhoff 应力在随材料旋转的转轴上所生成的 Jaumann 应力率

$$\overset{\nabla}{\tau_{ij}} = \dot{\tau}_{ij} - \Omega_{ik}\tau_{kj} + \tau_{ik}\Omega_{kj} \tag{9.7a}$$

式(9.7)与式(9.7a)之差为

$$\overset{\nabla *}{\tau_{ij}} - \overset{\nabla}{\tau_{ij}} = \sum_{\alpha}(W_{ik}^{\alpha}\tau_{kj} - \tau_{ik}W_{kj}^{\alpha})\dot{\gamma}^{\alpha} \tag{9.8}$$

则式(9.8)可以表示为

$$\overset{\nabla *}{\tau_{ij}} = L_{ijkl}D_{kl} - \sum_{\alpha}(L_{ijkl}P_{kl}^{\alpha} + W_{ik}^{\alpha}\tau_{kj} - \tau_{ik}W_{kj}^{\alpha})\dot{\gamma}^{\alpha} \tag{9.9}$$

晶体塑性理论认为，塑性变形全部来自于晶面滑移。晶面滑移的驱动力为施密特应力(或分剪切应力)τ^{α}，可以表示为，

$$\tau^{\alpha} = m_i^{*\alpha}\tau_{ij}\, s_j^{*\alpha} \tag{9.10}$$

式中：$m_i^{*\alpha}$ 和 $s_j^{*\alpha}$ 分别为第 α 个滑移系的滑移面的法线方向和滑移方向。施密特应力的变化速率由 Peirce，Asaro 和 Needleman(1982)给出：

$$\tau^{\alpha} = m_i^{*\alpha}(\overset{\nabla *}{\tau_{ij}} - D_{ik}^{*}\tau_{kj} + \tau_{ik}D_{kj}^{*})s_j^{*\alpha} \tag{9.11}$$

1. 自硬化和潜硬化晶体塑性方程

滑移应变速率 $\dot{\gamma}^{\alpha}$ 与分剪切应力 τ^{α} 之间的关系可以表示为：

$$\dot{\gamma}^{\alpha} = \dot{a}\left(\frac{\tau^{\alpha}}{g^{\alpha}}\right)\left(\left|\frac{\tau^{\alpha}}{g^{\alpha}}\right|\right)^{n-1} \tag{9.12}$$

式中：$\dot{a}$ 是参考应变速率；n 是应力敏感参数；g^{α} 是晶体当前应变硬化状态。方程(9.12)与幂率黏塑性本构方程相似，用于计算剪切应力 τ^{α} 在第 α 个滑移系的滑移方向上所导致的塑性应变(剪切应变)。当参数 n 接近无穷大时，式(9.12)为率无关方程，即弹塑性问题。对于大部分黏塑性材料，n 在 2 和 8 之间取值。

当前硬化状态 g^{α} 可以表示为，

$$\dot{g}^{\alpha} = \sum_{\beta} h_{\alpha\beta}\dot{\gamma}^{\beta},\ \beta = 1,2,\cdots,12 \quad (\text{FCC 晶体})$$

式中：$h_{\alpha\beta}$是滑移硬化模量。自硬化模量和潜硬化模量可以表示为，

$$h_{\alpha\beta} = \begin{cases} h_0 \operatorname{sech}^2\left|\dfrac{h_0\gamma}{\tau_s - \tau_0}\right| & \alpha = \beta \\ qh(\gamma) & \alpha \neq \beta \end{cases} \tag{9.13}$$

式中：$\gamma = \sum_{\alpha=1}^{12}|\gamma^{\alpha}|$。参数 h_0 为初始硬化模量；τ_0 为材料初始剪切强度；在 $t=0$ 时，g^{α} 等于 τ_0；τ_s 为塑性变形开启时的临界应力；γ 为累积滑移应变；q 为硬化系数。晶体塑性本构方程中的材料参数可由实验数据确定。

例如，单晶铜的晶体塑性模型材料参数，如表 9.2 所示(Peirce，Asaro 和

Needleman, 1982)。为了削弱这种材料在室温成形过程中的黏塑性行为，表中的 n 取值较大。

表 9.2　晶体塑性模型材料参数

n	$\dot{\alpha}/\mathrm{s}^{-1}$	h_0/MPa	τ_s/MPa	τ_0/MPa
10.0	0.001	541.5	109.5	60.8

2. 基于滑移系的硬化方程

基于第 4 章和第 5 章介绍的宏观力学本构方程，晶体塑性本构方程可以写为

$$\begin{cases} \dot{\gamma}^{\alpha} = \dot{a}\left(\dfrac{\tau^{\alpha} - \tau_c^{\alpha} - R^{\alpha}}{K}\right)^{n} \\ \dot{\bar{\rho}} = A_1(1 - \bar{\rho})\,|\dot{\gamma}| \\ \dot{\bar{\rho}}^{a} = A_2(1 - \bar{\rho}^{a})\,|\dot{\gamma}^{a}| \\ R^{a} = B\left[\chi \dfrac{\bar{\rho}}{N} + (1 - \chi)\bar{\rho}^{\alpha}\right]^{\frac{1}{m}} \\ \dot{\gamma} = \displaystyle\sum_{\alpha=1}^{N} |\gamma^{\alpha}| \end{cases} \tag{9.14}$$

其中：

$$\dot{a} = \begin{cases} +1 & \tau^{\alpha} > 0 \\ -1 & \tau^{\alpha} < 0 \end{cases}$$

$$\text{当}\ |\tau^{\alpha}| - \tau_c^{\alpha} - R^{\alpha} \leqslant 0\ \text{时},\ \dot{\gamma}^{\alpha} = 0$$

式中：$\dot{\gamma}^{\alpha}$ 为滑移系 $\alpha(\alpha = 1, 2, \cdots, N)$ 的分剪切应力；N 为滑移系总数；$\dot{a}$ 为参考应变速率；τ_c^{α} 表示晶体材料第 α 个滑移系的初始剪切强度；R^{α} 为此滑移系中位错增殖导致的材料硬化；K 为拖曳应力。方程 $\dot{\bar{\rho}}$ 和 $\dot{\bar{\rho}}^{\alpha}$ 采用名义总位错密度 $\bar{\rho}$ 和分位错密度 $\bar{\rho}^{\alpha}$，描述在所有晶体层面上和单个滑移系中的位错流动。在这两种类型的位错运动中，名义总位错密度在 0(初始状态)和 1(位错网络的饱和状态)之间取值(Lin, Liu 和 Farrugia 等, 2005)。n 和 m 为材料参数。

方程 R^{α} 表示单个滑移系的硬化，该硬化来自晶粒内全部及单个滑移系上的位错。

令 $\chi = 1$，则方程变为

$$R^{\alpha} = B\left[\frac{\bar{\rho}}{N}\right]^{\frac{1}{m}}$$

硬化在每个滑移系中均呈现各向同性，这和“泰勒硬化”类似。当 $\chi = 0$ 时，

方程变为

$$R^{\alpha} = B\left[\bar{\rho}^{\alpha}\right]^{\frac{1}{m}}$$

此时，硬化呈各向异性，每个滑移系的硬化程度不同。这意味着滑移系之间的位错硬化并无相互影响。

在此方程中，不需要添加传统的硬化演变相互作用矩阵。在方程(9.14)所示的统一晶体塑性本构中，不同滑移系之间位错硬化的交互作用可以由参数χ来表征。参数χ可以是与晶体结构有关的材料常数。可以从完全解耦($\chi=0$)，或者完全耦合($\chi=1$)的角度，分析单个滑移系的硬化现象。根据所研究材料的不同，χ可在0和1之间取值。

9.3 晶粒组织生成

为了进行晶体塑性FE(CPFE)分析，首要任务是生成可以表征材料真实微观组织特征的晶粒组织。多晶FE方法能够揭示晶粒与晶粒之间的相互作用关系和局部变形机制，是一种模拟小尺度金属产品微成形过程的有效手段，并且可以模拟零件服役过程中的局部损伤过程(Asaro和Rice，1977)。由于应力和应变与晶粒尺寸、形貌、取向及分布有关，FE微观模拟必须基于FE/CAE计算环境下的晶粒组织。因此，建立真实晶粒组织的FE模型，对于模拟的准确性至关重要。

为了建立可以反映材料真实微观组织特征的晶粒组织，可直接将金相观察结果映射到FE模型中，例如采用数字化图像处理技术(Den Toonder，Van Dommelen和Baaijens，1999)，或者利用SEM/EBSD数据，重构晶粒结构(Barton，Bernier和Bebensohn等，2009)。然而，这些方法在实际应用过程中过于耗时费力(Zhang，Balint和Lin，2011a)。除了上述实验及仿真方法，还可以采用几何计算模型表征真实的晶粒组织。在早期的研究中，晶粒组织通常由简化的几何单元来表示，例如六边形、立方体、菱形十二面体和截断八面体等(Harewood和McHugh，2006)。然而，真实的晶粒具有复杂的形状和尺寸分布，更重要的是，这些形貌特征对各种力学行为，例如应变集中和微裂纹扩展等，有重要影响。

Voronoi Tessellation(VT)法为表征具有非均匀形貌的晶粒结构提供了一种解决方法，是冶金领域中模拟多晶晶粒组织的传统手段(Boots，1982)。多晶材料的晶粒组织一般需要经历形核和长大过程，VT法可以描述晶粒的这种演变过程。类似于凝固过程，VT法中的晶粒分布完全由初始晶核以及晶粒长大速度决定。VT法主要用于研究复杂晶粒长大过程，以及晶核分布的控制。通过设计形核点分布和晶粒长大速度，可以生成满足模拟要求的晶粒组织，例如弯曲的晶界等(Mahadevan和Zhao，2002)。同时，在确定晶粒长大速度后，VT法中的晶粒尺寸分布很大程度上取决于形核点的分布。

为了生成更接近真实晶粒组织特征的虚拟晶粒组织，一些研究人员做了大量虚拟微观组织生成理论和算法方面的研究(Zhuang, Wang 和 Lin 等, 2012)，可参考 Cao, Zhuang 和 Wang 等(2009)以及 Zhang, Balint 和 Lin 等(2011a)的著作。

本节概述了 CPFE 分析中虚拟晶粒组织生成的基本概念，更多详细内容可以参考 Zhang(2011)、Zhang, Balint 和 Lin 等(2011a 和 b)以及 Zhang, Karimpour Zhang, Balint 和 Lin 等(2012a 和 b)的著作。

9.3.1　晶粒分布和生成算法

1. 2D Voronoi 图

通过晶粒形核和长大，可以生成多晶材料。假如所有晶粒的长大速度相等，那么所生成晶粒组织可以用 Voronoi 镶嵌法来描述。在 Voronoi 镶嵌法中，每个晶粒的初始形核点被称为该晶粒的种子。Voronoi 镶嵌法和晶粒长大过程类似，首先是进行种子点阵初始化(Boots, 1982)。当晶粒接触到邻近晶粒时，晶粒停止长大。因此，Voronoi 镶嵌法所生成的晶粒组织完全取决于种子点阵和晶粒长大速度。

给定面积为 A_0 的平面，分别沿该平面 x 轴和 y 轴进行独立均匀随机取样，生成种子点阵，经长大后可生成 VT 图，这种图一般被称为 Poisson Voronoi Tessellation(PVT)。在 PVT 图中，种子以点表示。还可以采用 VT 法生成另外一种晶粒组织，假设种子为半径大于 0 的圆，并且在种子点阵上，无种子重叠。经均匀形核和长大后，便可得到另外一种虚拟晶粒组织。后一种晶粒组织被称为可控泊松 Voronoi Tessellation(CPVT)，在生成过程中，以种子的直径作为控制参数，表征相邻晶粒之间的距离。CPVT 生成过程如下：

放置第一个种子后，对于随后的每一个种子 i，只有当其与现有种子之间的距离大于或等于距离 δ_i 时，才能放置成功，即 $d(i, k) \geq \delta_i$，其中 $k=1, 2, \cdots, (i-1)$。假设所有种子的直径均等于 δ，则新生成的种子 i 和已存在的种子 k 之间的距离满足条件 $d(i, k) \geq \delta_i$，$\forall k=1, 2, \cdots, (i-1)$。例如，如图 9.12(a)所示，新种子 g 可以放置成功，因为 g 和其他相邻的种子之间的距离均等于或者大于 δ。

CPVT 法的目标是完全控制镶嵌图的几何规律，以及对应的晶粒尺寸分布，控制参数将用户预期晶粒组织与可生成的虚拟晶粒组织对应起来。根据用户输入，采用 CPVT 法生成晶粒组织的流程图，如图 9.12(b)所示。总的生成过程有如下特点：

- 可输入与工件相关的信息，如工件尺寸和平均晶粒尺寸，这些信息用于获得模型内置参数如镶嵌区域参数 Ω 和晶粒数量 N_{seed}；
- 可输入与晶粒组织相关的信息，包括四种物理参数(后续讨论)，这四种物理参数描述了更高级别的晶粒尺寸分布特征，进而可以确定控制参数 δ；

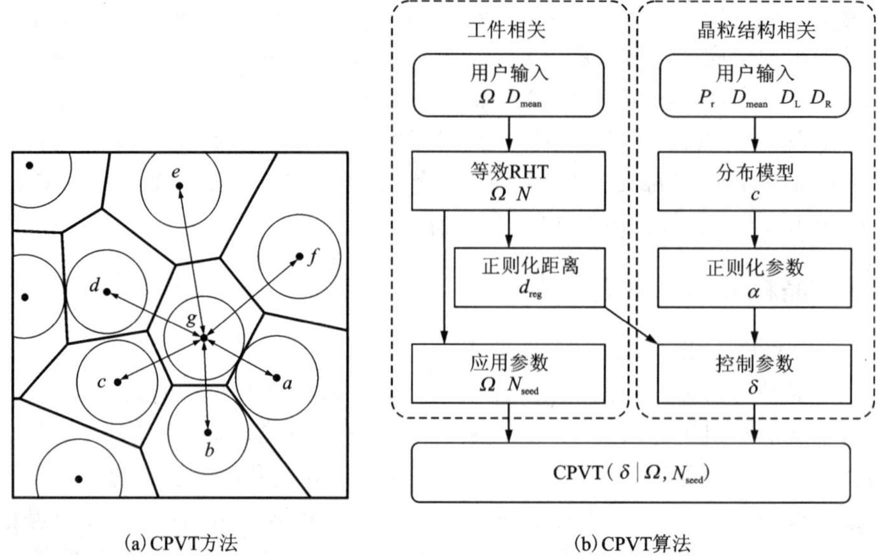

(a) CPVT方法 (b) CPVT算法

图 9.12 (a) 可控泊松 CPVT 示意图，其中所有种子直径均为 δ，种子距离 $d(g, a)=\delta$，$d(g, j)\geqslant\delta$，$j=b, c, \cdots, f$；(b) CPVT 法流程图

(Zhang，Balint 和 Lin，2011a)

- 为了获得具备指定特征的晶粒组织，需要用到两种模块：一种用于建立物理参数与分布参数 c 之间的映射关系，另一种用于建立分布参数 c 与特征参数 α 之间的关系。

现在，可以用 CPVT($\delta | \Omega$, N_{seed})来表示可控泊松 VT 法。在这种方法中，通过不断的对比参数 δ，在模拟区域 Ω 内先后放置所有的 N_{seed} 种子。具体细节将后续讨论。

2. Voronoi 镶嵌的特征规律

为了表征镶嵌图的特征规律，Zhu，Thorpe 和 Windle(2001) 定义了特征规律参数 α，即

$$\alpha = \frac{\delta}{d_{reg}} \tag{9.15}$$

式中：δ 是镶嵌模拟区域内中所有种子之间的最小距离；d_{reg} 是在等价等边六边镶嵌(RHT)图中两相邻种子之间的距离，如图 9.13 所示。根据 RHT 的种子点阵，标准的种子距离 d_{reg} 的计算式为

$$d_{reg} = \left(\frac{2 \cdot A_0}{\sqrt{3} \cdot N}\right)^{1/2} \tag{9.16}$$

式中：A_0 为等价 RHT 的面积；N 为 RHT 中六边形的数量。

这里，“等价”的意思是 VT 图和相对应的 RHT 图中平均晶粒尺寸相等，模拟

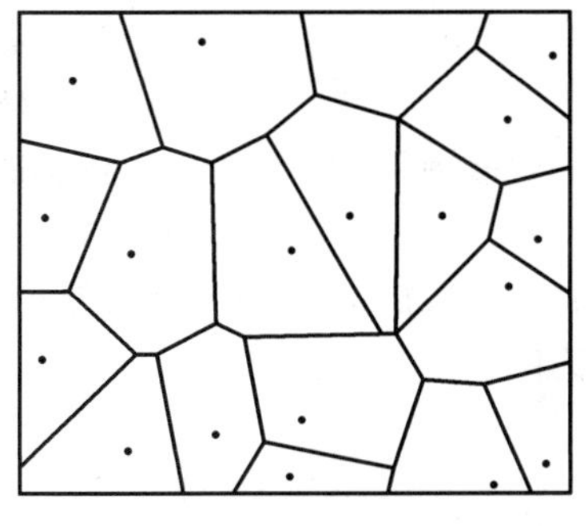

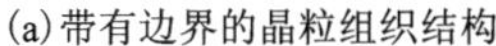
(a)带有边界的晶粒组织结构

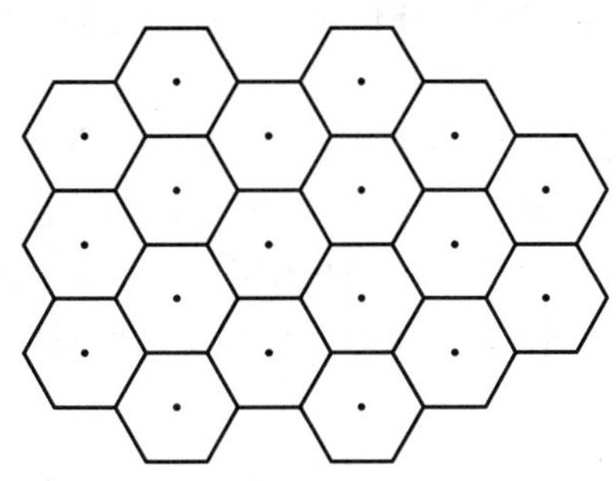
(b)等效RHT图

图 9.13　带有边界的晶粒组织结构及等效 RHT 图

区域面积 A_0 也相等。值得注意的是，等价 RHT 图的模拟区域 A_0 内充满等边六边形，并且相邻六边形之间无重叠。因此，可以根据 RHT 图的模拟区域面积，直接计算出晶粒数量，即

$$N = \frac{A_0}{D_{\mathrm{mean}}} \tag{9.16a}$$

因此，可以借助等价 RHT 图，确定 VT 图中的晶粒数量，从而满足用户需求。

定量金相学根据截线法确定晶粒的数量，即将被晶界切割的晶粒看作半个晶粒。然而，在本书提出的方法中，VT 图的生成流程为：

- 定义模拟区域；
- 在指定模拟区域内生成随机种子；
- 生成晶粒组织。

因此，最终的镶嵌图会忽略掉模拟区域外部的种子，与实际情况吻合。在本 VT 法中，晶粒数量和种子数量近似相等，即

$$N_{\mathrm{seed}} = N \tag{9.17}$$

因此，基于上述方程，可以结合等价 RHT 图和式[9.16(a)]，确定相应 VT 图所需的种子数量。

3. CPVT 法的控制参数 δ

根据模拟区域内最小种子间隔(距离)δ，定义 CPVT 法的控制参数。Zhu，Thorpe 和 Windle(2001)采用 VT 法中的最小种子间隔，计算 VT 的特征规律值，同时使用控制参数来计算期望最小种子间隔，最终得到的 VT 图具有近似的特征规律值 α。这是因为，随着种子的随机放置，最小种子间隔会逐渐收敛到控制参数值。并且，当随机放置的种子数量较小时，最终得到的 VT 图会比预期结果更加规则。不过，当晶粒数量很大时，这种随机误差会减小至可接受范围。

因此，以预期最小种子间隔作为种子生成过程的控制参数。根据式(9.15)定

义的镶嵌特征规律值可知，控制参数 δ 可以表示为，

$$\delta = \alpha \cdot d_{reg} \tag{9.18}$$

可以发现如果 $\alpha = 0$，则 $\delta = 0$，那么对应的镶嵌图是纯泊松 Voronoi 排布方式。若 $\alpha = 1$，则 $\delta = d_{reg}$，那么对应的镶嵌图变为六边形排布方式，如图 9.13(b)所示。随着特征规律值 α 由 0 变化为 1，镶嵌图排布方式逐渐趋于均匀。图 9.14 所示为特征规律值 α 从 0.1 变化到 1 时所对应的镶嵌图。

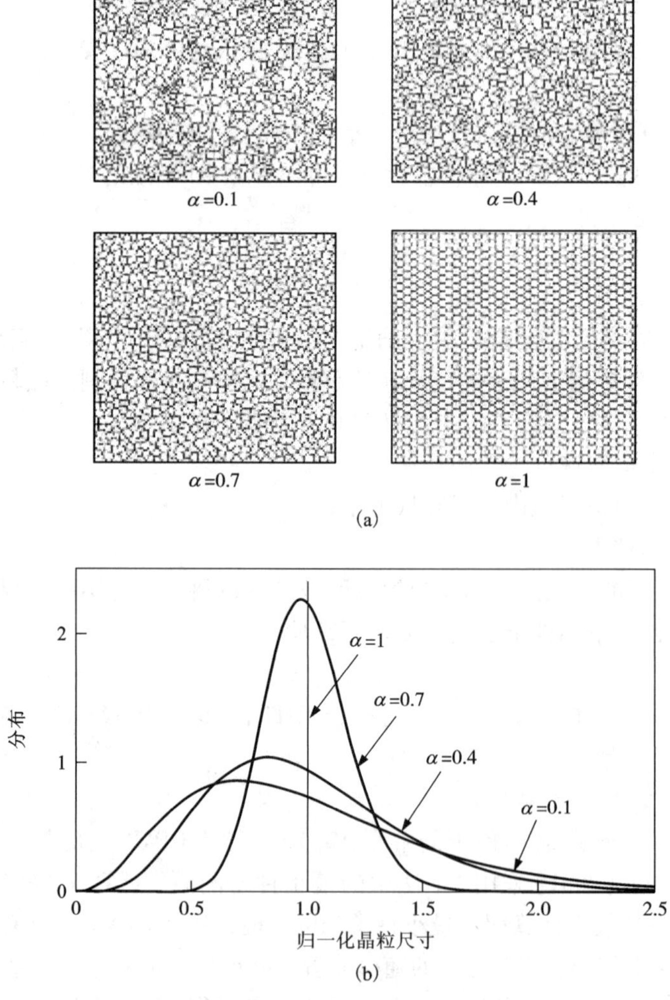

图 9.14 不同 CPVT 特征规律值下的：(a)虚拟晶粒组织图；(b)伽马分布

(Zhang, Karimpour, Balint 和 Lin, 2012a)

总的来说，CPVT 法包括两个步骤：确定嵌入参数$\{\Omega,\ N_{seed}\}$和控制参数δ的微分。首先，根据式(9.17)来确定在 VT 图中放置的种子数量N_{seed}，根据式(9.16)确定标准种子的距离d_{reg}。然后，根据特征规律参数α的值和式(9.18)，确定控制参数δ。

9.3.2　基于物理材料参数的晶粒组织产生

在 CPVT 法中，特征规律参数α与控制参数δ直接相关。然而，工程师和材料科学家广泛使用的是定量金相学中可以测量的物理量，例如晶粒尺寸及大小晶粒尺寸百分比。在这种情况下，尽管特征规律参数是一种很好的数学表征手段，但是在实际应用中并不直观。

接下来将开发两种联系物理参数和特征规律参数的模块。第一个模块是晶粒尺寸分布模型，用于联系镶嵌图的特征规律参数和晶粒尺寸分布，另一个模块用于根据给定物理参数，确定晶粒尺寸分布参数。

1. 分布模型

通常，可以采用伽马分布函数来描述 Voronoi 镶嵌图中的晶粒尺寸分布。已报道的研究成果有 3 参数伽马分布(Hinde 和 Miles，1980)和 2 参数伽马分布(Kumar，Kurtz，Banavar 等，1992)。若用平均晶粒面积对实验数据进行归一化，那么单参数伽马分布也可以准确地描述晶粒尺寸分布(Zhu，Thorpe 和 Windle，2001)。单参数伽马分布函数的表达式为：

$$P_{x,\ x+\mathrm{d}x}=\frac{c^{c}}{\Gamma(c)}x^{c-1}\mathrm{e}^{-cx}\mathrm{d}x \qquad x>0 \tag{9.19}$$

式中：分布参数$c>1$；$\Gamma(c)$为伽马分布函数，定义为

$$\Gamma(c)=\int_0^{\infty}x^{c-1}\mathrm{e}^{-cx}\mathrm{d}x$$

值得注意的是，单参数伽马分布函数中的变量为$1/c$。随着参数c的增大，晶粒尺寸分布变窄，更适合于描述晶粒尺寸近似相等的镶嵌图。此外，用单参数伽马分布描述晶粒尺寸分布的优点如下：与镶嵌特征规律参数相关联的参数只有一个c参数，并且这种分布的平均值为 1，即归一化后的平均晶粒尺寸。

Zhu，Thorpe 和 Windle 进行了一系列统计测试，总结了拟合参数c与特征规律参数α之间的关系，其中α的取值范围为 0 ~ 0.8。Ho、Zhang、Lin 等(2007)，以及 Zhang、Balint 和 Lin(2011a)等，根据 Mika 和 Dowson 的统计数据，提出了一种描述模型：

$$\alpha(c)=A\left[z(c)-z_0\right]^{k+nz(c)} \qquad c_0\leqslant c\leqslant c_{\mathrm{m}} \tag{9.20}$$

其中(Ho、Zhang、Lin 等，2007)：

$$z(c)=\frac{c}{c_{\mathrm{m}}},\ z_0=\frac{c_0}{c_{\mathrm{m}}}$$

$$c_0 = 3.555,\ c_m = 47.524,\ A = 0.74,\ k = 0.324,\ n = -0.4144$$

由式(9.20)和式(9.18)可知，在确定控制参数时，可以采用晶粒尺寸分布模型中的分布参数 c，取代特征规律参数 α。

接下来，使用一组传统物理参数取代特征规律设定用到的分布参数。通过这种方法，可以省略 CPVT 模型所需输入数据中的大部分参数。定量金相学中常用的物理参数有$\{D_L, D_{mean}, D_R, P_r\}$，其中，$D_{mean}$为平均晶粒尺寸，$D_{mean} = 1/N\sum_{i=1}^{N} D_i$，$D_L$ 和 D_R 为两个具体的晶粒尺寸值，P_r 为尺寸在$[D_L, D_R]$范围内的晶粒个数占总晶粒个数 N 的百分比。

$$P_r = \frac{1}{N}\sum_{i=1}^{N} m_i,\ 其中\ m_i = \begin{cases} 1,\ 若\ D_i \in [D_L, D_R] \\ 0,\ 若\ D_i \notin [D_L, D_R] \end{cases}$$

值得注意的是，在本书中，晶粒尺寸 D 为二维空间的变量，表征二维区域内的面积，在三维空间的应用中，D 表示体积。

若晶粒分布模型选用单参数伽马分布，则该组物理参数满足：

$$P_r = \int_{x_1}^{x_2} \frac{c^e}{\Gamma(c)} x^{c-1} e^{-cx} dx$$

式中：x_1 和 x_2 分别为积分上下限。则

$$x_1 = \frac{D_L}{D_{mean}},\ x_2 = \frac{D_R}{D_{mean}}$$

参数 $c = 20$ 的单参数伽马分布，如图 9.15 所示，其中下限 D_L 和上限 D_R 之间的灰色区域面积百分比 $P_R = 0.635$。

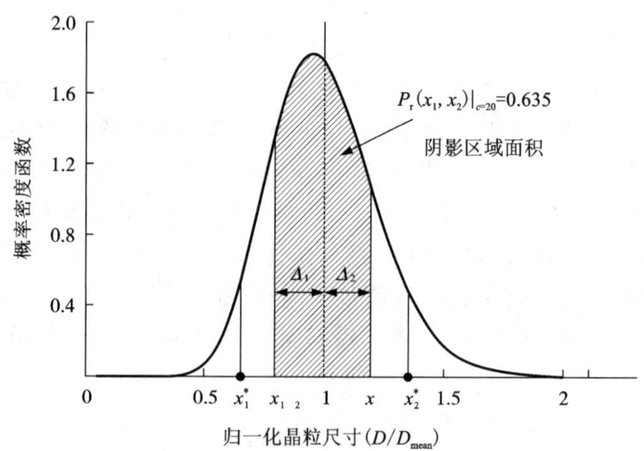

图 9.15 单参数伽马分布

(Zhang, Balint 和 Lin, 2011a)

由上述分析可知，基于该组物理参数，可通过求解式(9.21)得到参数 c。然而，在求解参数 c 的过程中，还需注意以下两点：

(1)参数 c 应是式(9.21)的唯一解。

(2)提高式(9.21)数值求解算法的效率。

2. 唯一性和物理参数

此处唯一性指的是参数 c 应为式(9.21)的唯一解，即在给定物理参数 $\{D_L, D_{mean}, D_R, P_r\}$ 下，存在唯一的参数 c，能够表征对应的单参数伽马分布和晶粒尺寸分布。假设

$$\begin{cases} x_1 = 1 - \Delta_1,\ 0 < \Delta_1 < 1 \\ x_2 = 1 + \Delta_2,\ 0 < \Delta_2 < 1 \end{cases}$$

式中：x_1 和 x_2 分别为式(9.21)的积分上下限；当 $\Delta_1 = \Delta_2 = \Delta_3$ 时，$\bar{x} = (x_1 + x_2)/2 = 1$，也是单参数伽马分布的平均值。

引理 1. 对于任意区间 $S = (x_1, x_2)$，其中 $x_1 < 1 < x_2$，存在区间 $S^* = (x_1^*, x_2^*)$，若 $S \subseteq S^*$，则当 $c \geqslant 1$ 时，随着参数 c 的增加，隐式方程

$$P_r(c) = \int_{x_1}^{x_2} \frac{c^e}{\Gamma(c)} x^{c-1} e^{-cx} dx \tag{9.22}$$

严格单调递增。区间 $S^* = (x_1^*, x_2^*)$ 约为，

$$\begin{cases} x_1^* = 1 - \Delta_1^* \approx 1 - \dfrac{1}{\sqrt{c}} + O(\Delta^{\frac{3}{2}}) \\ x_2^* = 1 + \Delta_2^* \approx 1 + \dfrac{1}{\sqrt{c}} \end{cases} \tag{9.22a}$$

式中：$O(\Delta^{\frac{3}{2}}) > 0$。

定理 1. 给定常数 x_1 和 x_2，以及百分比 $P_r(x_1, x_2)|_c$，其中 $x_1 < 1 < x_2$，若区间 $S = [x_1, x_2] \subset S^* = (x_1^*, x_2^*)$，其中 x_1^* 和 x_2^* 来自于式(9.22a)，式(9.22)中隐式函数 $P_r(c)$ 的定义域为 $D(P_r) \subseteq [1, \infty]$，值域为 $R(P_r) \subseteq [0, 1]$，函数 $P_r(c)$ 具有以下性质：

(1) $P_r(c)$ 为双射函数；

(2) $P_r(c)$ 具有反函数 $P_r^{-1}(c)$，反函数的定义域为 $R(P_r) \subseteq [0, 1]$。

引理 1 和定理 1 表明，物理参数存在一个有效的取值范围，能够保证参数 c 的唯一性。Zhang、Balint 和 Lin 给出了引理 1 和定理 1 的证明，合理地选取下限 D_L 和上限 D_R 以及 D_{mean}，保证 $S = [x_1, x_2] \subset S^* = (x_1^*, x_2^*)$。那么，百分数 P_r 可以唯一地确定参数 c。尽管理论上证明了存在一个合理的物理参数范围，可以保证参数 c 的唯一性。然而，式(9.22a)给出的合理物理参数范围的预测结果过小，在实际应用中并不适用。因此，接下来将讨论如何扩大区间 S^*。

预测区间 S^* 就是寻找能够使 $\partial P_r(c)/\partial c \geqslant 0$ 最大的区间 $S^* = (x_1^*, x_2^*)$。因为 $S^* = (x_1^*, x_2^*) = (1-\Delta_1^*, 1+\Delta_2^*)$，预测区间 S^* 等同于求 Δ_1^* 和 Δ_2^* 可能的最大值。为了简化问题同时又不失普遍性，仅考虑对称情况，即 $\Delta_1 = \Delta_2 = \Delta$。定义最优值为 Δ^*，且能使 $\partial P_r(c)/\partial c \geqslant 0$ 成立的 Δ^* 的最大值 $\Delta \in (0, 1)$。设函数 $\varphi(c, \Delta)$：

$$\begin{aligned}\varphi(c, \Delta) &= \frac{\partial P_r(c, \Delta)}{\partial c} \\ &= \frac{c^c}{\Gamma(c)} \cdot \int_{1-\Delta}^{1+\Delta} x^{c-1} \mathrm{e}^{-cx} \cdot [1 + \ln c - \psi(c) + \ln x - x]\mathrm{d}x \end{aligned} \tag{9.23}$$

此外，从式(9.23)中还可以发现 $\Delta_1^* < \Delta_2^*$。接下来将讨论如何在式(9.23a)所示的3个子区间内选取 Δ^*，则

$$(0, 1) = I_1 \cup I_2 \cup I_3 = (0, \Delta_1^*] \cup (\Delta_1^*, \Delta_2^*) \cup (\Delta_2^*, 1] \tag{9.23a}$$

由引理1可知，对于任意 $\Delta \in I_1$，$x \in (1-\Delta, 1+\Delta)$，均有 $\varphi(c, \Delta) > 1$。因此，下面主要讨论 $\varphi(c, \Delta)$ 在区间 I_2 和 I_3 内的值。

引理2. 存在点 $\Delta^* \in (\tilde{\Delta}_1, \tilde{\Delta}_2)$，其中 Δ_1^* 和 Δ_2^* 来自于式(9.22a)，对于任意 $\Delta \in (0, \Delta^*)$，均有 $\varphi(c, \Delta) > 0$。此外，当 $\Delta \in (0, \Delta^*)$ 时，$\varphi(c, \Delta)$ 严格单调递增，当 $\Delta \in (\Delta^*, 1)$ 时，$\varphi(c, \Delta)$ 严格单调递减。

Zhang、Balint 和 Lin(2011a)给出了引理2的证明。函数 $\varphi(c, \Delta)$ 的形状，如图9.16所示。从图中可以发现，当 Δ 由0增加至 Δ^* 时，$\varphi(c, \Delta)$ 的初始值为正数，随后逐渐增大。当 Δ 大于 Δ^* 后，$\varphi|_{\Delta > \Delta^*}$ 值逐渐减小。则有

$$\min_{\Delta^* < \Delta < 1} \varphi(\Delta) = \lim_{\Delta \to 1} \varphi(\Delta) \tag{9.24}$$

在这种情况下，函数 $\varphi(\Delta)$ 的逼近值十分关键；若 $\lim_{\Delta \to 1} \varphi(\Delta) > 0$，则区间 S^* 为 $(0, 1)$。

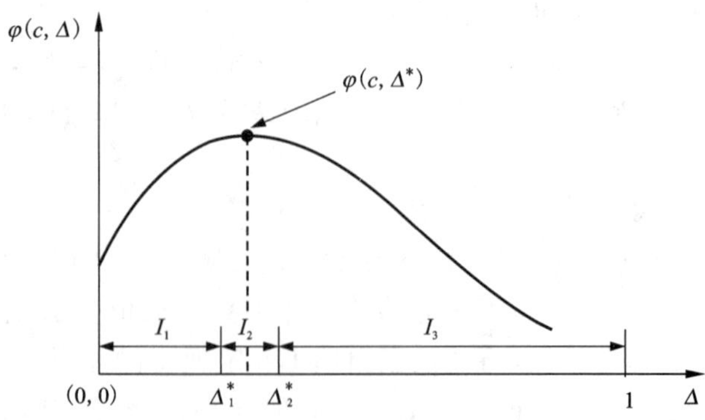

图9.16 函数 $\varphi(c, \Delta)$ 在区间 $\Delta \in (0, 1)$ 和 $c \in (1, \infty)$ 内的值为常数

(Zhang、Balint 和 Lin，2011a)

3. 基于 P_r、c 值求解 D_L 的算法

在式(9.22)给定的区间内，$x_1 = D_L/D_{mean}$，$x_2 = D_R/D_{mean}$，则函数 $P_r(c, x_1, x_2)$随参数 c 的增加而增加；另外，为了满足晶粒尺寸分布建模的要求，函数 P_r 的取值不能过小。基于 $c>1$，得到确定函数 P_r 下界的松弛逼近条件，则函数 $P_r(c, x_1, x_2)$的下界可以表示为：

$$P_r(1, x_1, x_2) = e^{-x_1} - e^{-x_2} \tag{9.25}$$

在对称条件下，即 $x_1 = 1-\Delta$，$x_2 = 1+\Delta$，函数下界可以表示为：

$$P_r(1, \Delta) = e^{\Delta-1} - e^{-\Delta-1} \tag{9.25a}$$

式中：$\Delta \in [0, 0.999]$。

Ho，Zhang，Lin(2007)和 Zhang、Balint 和 Lin(2011b)，采用穷举法求解了参数 c 的值。由于每一步迭代都需要进行多次计算，其中包括一次数值积分，这导致参数 c 的求解过程十分耗时。为了解决这个问题，Zhang、Balint 和 Lin(2011a)提出了一种高效梯度搜索算法。在给定 4 个输入参数 D_{mean}、D_L、D_R、P_r 的条件下，可通过求解下式得到参数 c：

$$P_r = \int_{D_L/D_{mean}}^{D_R/D_{mean}} \frac{c^c}{\Gamma(c)} x^{c-1} e^{-cx} dx \triangleq F(c) \tag{9.26}$$

其中，可由式(9.19a)得到常数 $\Gamma(c)$。参数 c 可由 Newton-Raphson 方法进行计算。

设

$$f(c) = \int_{D_L/D_{mean}}^{D_R/D_{mean}} \frac{c^c}{\Gamma(c)} x^{c-1} e^{-cx} dx - P_r \tag{9.26a}$$

则有

$$f'(c) = \int_{D_L/D_{mean}}^{D_R/D_{mean}} \frac{c^c}{\Gamma(c)} x^{c-1} e^{-cx} [1 + \ln(c) - \psi(c) + \ln(x) - x] dx \tag{9.26b}$$

迭代求解流程为：

$$c_{i+1} = c_i - \frac{f(c)}{f'(c)} \tag{9.27}$$

式中：$i = 1, 2, \cdots, n$。由上述分析可知，分母不能为 0。由于所有分布模型中均有 $c > c_0$，因此迭代过程可以从 $c = c_0$ 开始，直至达到预定公差 ε：

$$|c_{i+1} - c_i| \leqslant \varepsilon \tag{9.28}$$

9.3.3　2D－VGRAIN 系统的建立

为了便于晶粒组织生成及细观力学建模，Zhan 等(Zhan，Zhu，Lin，2012)提出了一种集成系统 VGRAIN。该系统采用 CPVT 模型生成晶粒组织，流程图如

图 9.17 所示，该系统还包含用于描述晶粒取向以及材料性能的模块(Cao, Zhuang, Wang, 2012)，可根据固定织构或者基于均匀分布或者正态分布的随机数发生器为晶粒取向赋值。此外，还可以根据实验结果为晶粒取向赋值。在 VGRAIN 集成系统中，生成的晶粒组织以及晶粒取向可以直接输出到商用有限元软件，例如 ABAQUS 或 CAE，进行下一步的处理，例如网格划分、根据模拟需求设定边界和负载条件等。相关应用案例将在本章最后一节中给出。

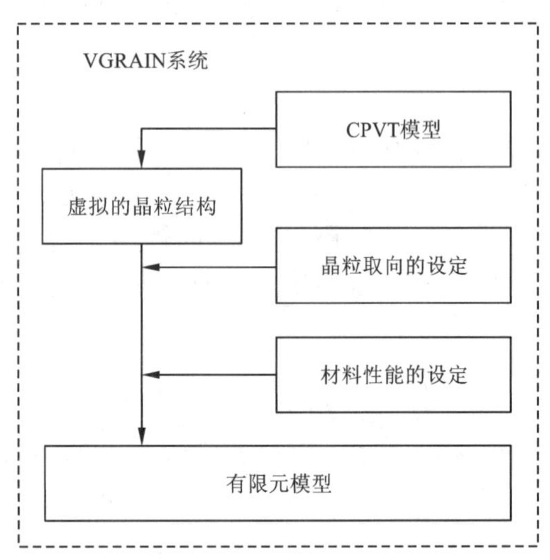

图 9.17　细观力学建模用虚拟微观组织生成系统(2D - VGRAIN)

(Zhang, Balint 和 Lin, 2011a)

CPVT 模型是图 9.17 所示系统晶粒组织生成系统的核心。该系统的执行过程如下：

- 向模型中输入总体参数，如模拟区域 Ω、平均晶粒尺寸 D_{mean}、晶粒尺寸下界 D_L 和上界 D_R，以及晶粒百分数 P_r；
- 根据式(9.25)~式(9.28)，采用 Newton-Raphson 算法计算分布参数 c；
- 根据式(9.19)~式(9.20)，采用经验模型获得特征分布规律参数 α；
- 根据参数 c 和 α，以及距离参数 d_{reg}，计算控制参数 δ[式(9.18)]；
- 根据模型 CPVT($\delta|\Omega$, D_{mean})生成种子点阵，并采用相应的 VT 对晶粒组织进行定义。

更多关于晶粒组织生成的内容，读者可以查阅 Zhang、Balint 和 Lin(2011a)的著作。Zhan, Zhu 和 Lin (2012)编写的用户手册中，也详细介绍了 VGRAIN 系统的使用方法。VGRAIN 系统生成的 2D 虚拟晶粒组织，如图 9.18 所示[图 9.18(c), (e), (f)]。对比实验结果可知[图 9.18(a)和(b)]，图 9.18(d)中的虚拟晶粒组织与实验结果吻合较好。采用内置于 VGRAIN 中的随机理论为晶粒取向赋值，由 ABAQUS/CAE 对晶粒进行网格划分，CPFE 分析中的负载和边界条件也可由 ABAQUS/CAE 进行设定。

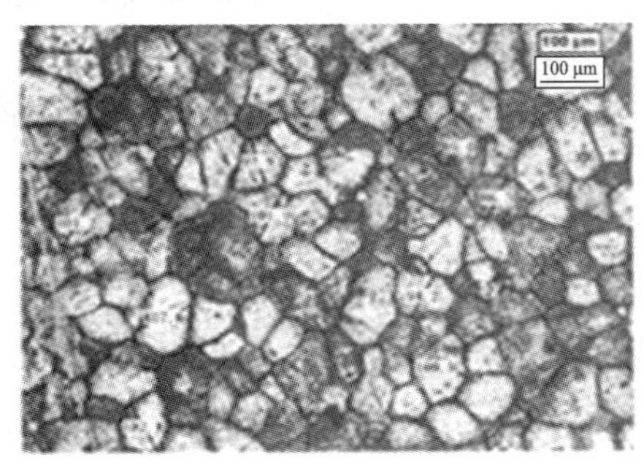

(a)区域1000 μm×730 μm原始金相图

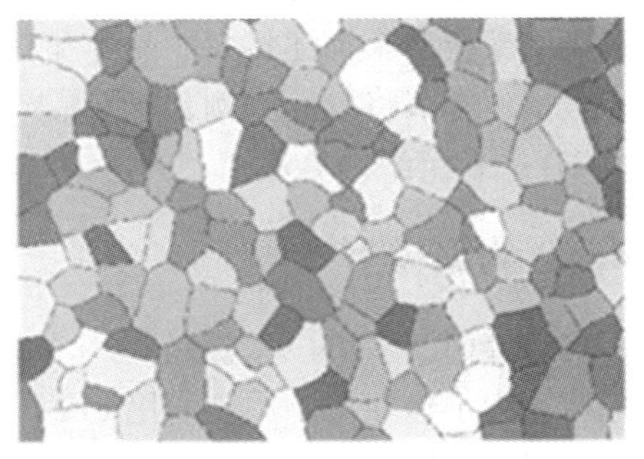

(b)图像处理后的结果-原始晶粒组织被划分为179个晶粒

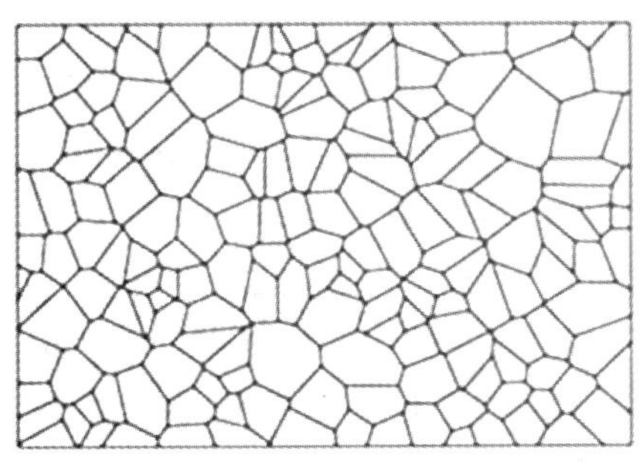

(c)生成的虚拟晶粒组织

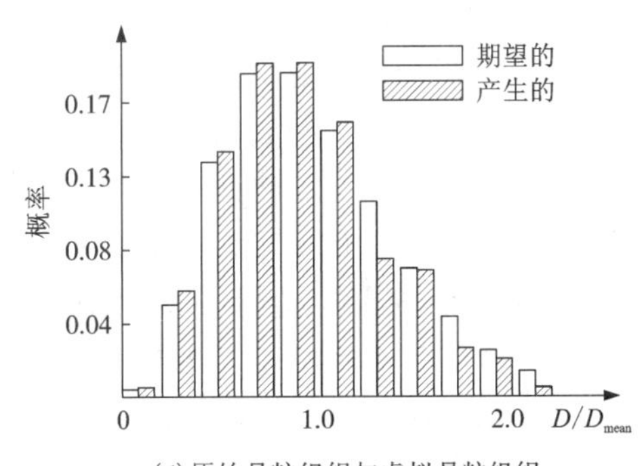

(d)原始晶粒组织与虚拟晶粒组织之间的晶粒尺寸分布对比

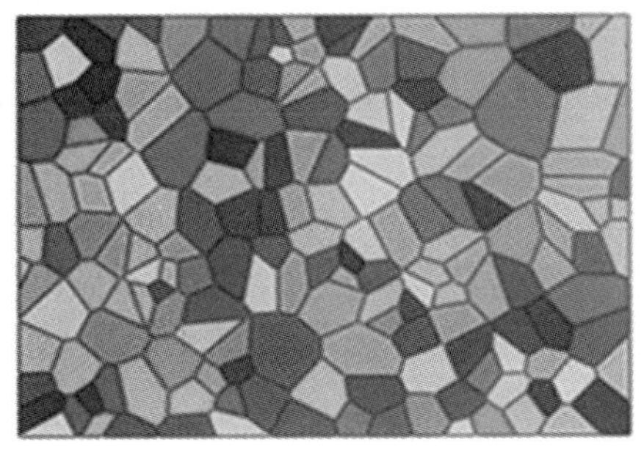

(e)添加了晶粒取向的虚拟晶粒组织

(f)添加了有限元网格

图 9.18　晶粒组织生成

9.4 内聚模型和3D晶粒组织模型的建立

通常，界面的机械性能与基体的有所不同。FE分析软件，例如ABAQUS，通常采用内聚模型来描述材料的晶界和相界。在ABAQUS中，内聚模型以四面体单元来表示。本节将以此为例，介绍晶界内聚模型算法。此外，本节还将简单介绍生成3D晶粒组织的算法。

9.4.1 内聚模型

材料界面(例如晶界，夹杂物和基体之间的界面)的机械性能可以由内聚单元来建模。为了建立可以用于商用FE/CAE软件(如ABAQUS)的CPFE模型，应注意以下三点要求：

(1)两个晶粒之间的每一个界面均应进行单层离散化。

(2)只能由四边形单元对内聚带进行网格划分。

(3)内聚单元的上下边界中至少有一个应约束在晶粒单元上。

可以明显看出，内聚层边界的网格划分十分直观，如图9.19所示。然而，在多层之间的连接位置，例如图9.19(c)所示的三叉节点*ABC*，无法只用单个单元对该内聚带进行划分，需将此三叉节点划分为多个四边形单元。除三叉节点外，还存在许多其他类型的节点。例如，两个连接在一起的三叉节点，如图9.19(d)所示。其中一个内聚层边缘被简化成一个点*A*，两个相邻的三叉节点(也就是*EDA*和*CBA*)在点*A*处相连。此外，还有五叉节点，如图9.19(e)的节点*ABCDE*所示。在CPFE模拟中，通常网格越均匀，模拟结果越准确。然而，上述复杂节点类型，阻碍了内聚区模型在晶体塑性*FE*模拟Voronoi图中的应用。

1. 具有内聚层边界(VTclb)的Voronoi图

为了将普通Voronoi图中的晶界转换为非零厚度晶界，提出了一种偏移法。转换后的VTs可用于描述虚拟晶粒组织，以及用于晶界滑移、晶间裂纹、传播等研究中的内聚层建模。

Voronoi图几何属性的数学表述为：给定具有N个种子的区域$\Omega \subset R^2$，$s_i \in \Omega$ $(i=1, \cdots, N)$，将区域Ω分为N个多边形，每个多边形表示一个晶粒。对于晶粒G_i，此晶粒区域内所有点与种子s_i的距离，均小于与其他种子之间的距离。即：

$$G_i = \{x \in \Omega,\ \| x - s_i \| < \| x - s_j \| \} \tag{9.29}$$

显然，Voronoi图中所有晶粒均为外凸形，并且具有平直的边线。此外，VT中的边线网格区域可以定义为：

$$BN = \{x \in \Omega,\ x \notin G_i,\ i = 1, 2, \cdots, N\} \tag{9.30}$$

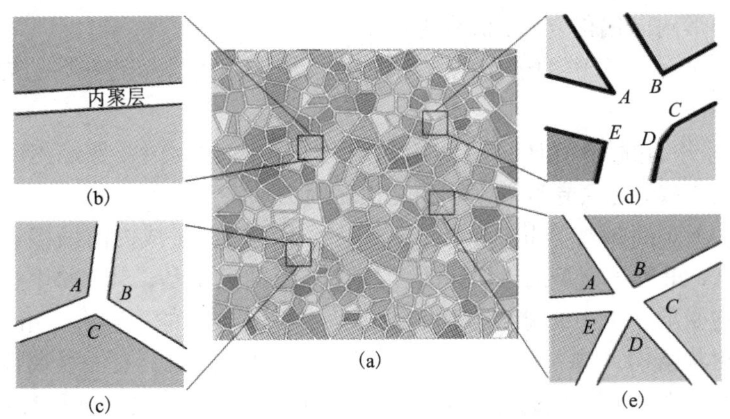

图 9.19　VTclb 及内聚节点类型

(Zhang，2011)

由于晶界全部由线段组成，因此 BN 区域的面积为零。

为了使用内聚模型(CZM)，描述晶间的牵引－分离关系，内聚界面单元应沿晶界嵌入。如上所述，VT 图中的晶界由网络组成。因此，理论上可用内聚层网络直接替代 VT 图中的原始网络，如图 9.20 所示。图 9.20(a)为原始 VT 虚拟晶粒组织图，图 9.20(b)为替代后的 VTclb 图。图中内聚层厚度很薄，然而，不管内聚层多薄，在替代过程中，总会损失一部分小晶粒的晶界，如图 9.20(b)中标注所示。

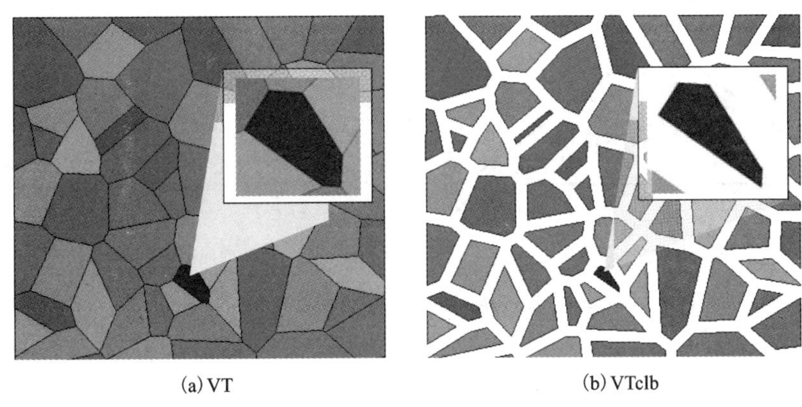

(a) VT　　(b) VTclb

图 9.20　晶界偏移表示的内聚层

(a) VT 虚拟晶粒组织；(b) VTclb 图，重点标注分解了的晶粒，可以发现，偏移导致原始晶界损失了一部分

2. 单晶粒偏移

可通过对每个晶粒进行单独处理，来生成 VT 图中的内聚层。本书提出了一

种外凸多边形内向偏移方法，流程为：

• 偏移所有已分解的边界，然后根据原始拓扑关系重新连接各边界，即原始头尾连接顺序。

• 跟踪并消除闭环（Held，1991）。但是，在当前问题中，跟踪闭环意味着复杂的探索式查找，这会导致效率和稳定性之间的冲突。

Zhang，Karimpour，Balint 和 Lin（2012）提出了一种生成内向偏移多边形的结构化偏移法，得到了完整的 VTclb 图。"结构化"的意思是，对于每个边线，其内向偏移量均受限于由中线分解得到的子多边形。多边形的中轴由一组线段构成，具有平面树状结构，如图 9.21（a）所示。这组线段上的点具有一种属性，即在多边形上具有多个离它最近的点，也就是最少有两条边线与这个点具有相同距离。因此，可以容易地发现，每条中轴上的线段均为相应三角形两边的二等分线。Aggarwal，Saxe 等（1987）提出了建立中轴线的算法，当 n 为多边形的边数时，所需时间复杂度为 $O(n)$。

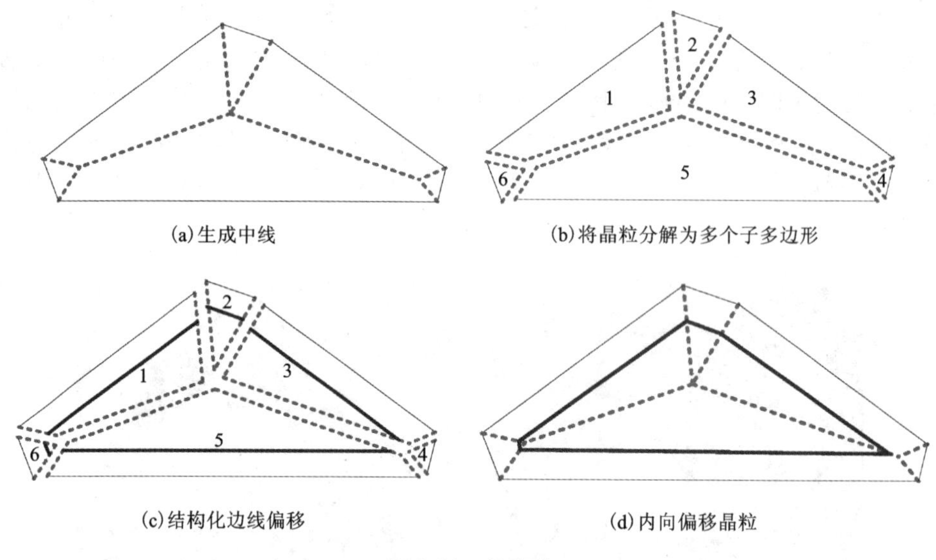

(a) 生成中线　(b) 将晶粒分解为多个子多边形

(c) 结构化边线偏移　(d) 内向偏移晶粒

图 9.21　偏移法

（Zhang，Karimpour，Balint 和 Lin，2012）

3. 三叉节点分割

在实际晶粒组织中，晶粒的分布是无规律的。因此，连接点并不均匀。可能会存在三层边界交叉的情况，形成三叉节点，如图 9.22 所示。此时，需要一种可以将这些三叉节点划分为多边形网格的方法。

图 9.22（a）描述了一种划分三叉节点的方法。这种方法中，直接连接顶点，

包括 A、B、C，以区分三叉节点区域。通过这种连接角顶点的方法，将两个晶粒之间的交叉点和边界层划分为不同的区域。由于此交叉点为三角形区域，因此应进一步细分为四边形单元。可以过三角形区域中点，分别向三角形三条变形做垂线，从而完成三角形区域的网格划分。值得注意的是，这种划分方法包含了自由节点，即交叉节点 m_1、m_2、m_3。尽管可以通过引入线性多点约束(MPC)关系，来限制模型的自由度，但是这种方法无法为这些单元法向和切向的选择提供合理的指导。

图 9.22(b)提供了一种无须引入任何不必要自由节点的方法。在这种方法中，首先连接交叉区域的中点和顶点，即 AO、BO、CO，将内聚区的交叉区域划分为三个相互独立的内聚层，不用像第一种方法那样，将交叉区域单独分离出来。很明显，内聚层的末端不规则。为了尽可能地减小不规则形状对网格划分的影响，需要在内聚层初始网格划分过程中采取一些特殊措施。在初始网格划分中，可通过切除内聚层的一端来生成第一个网格单元，如 $AOBB'$、$BOCC'$、$COAA'$。

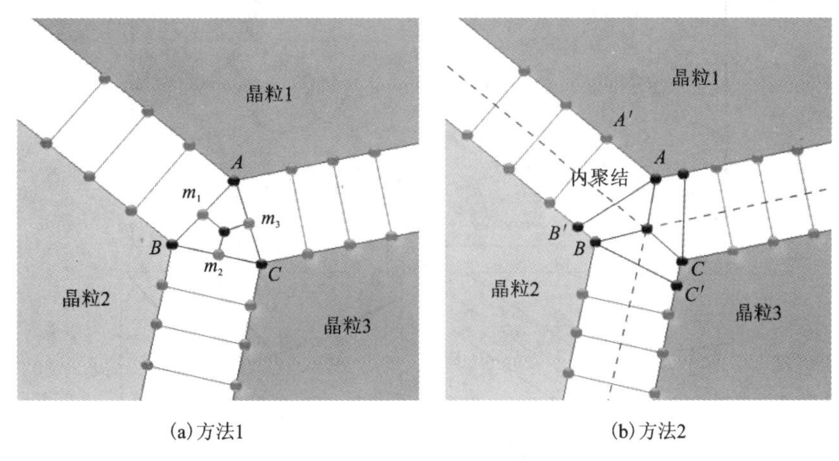

(a)方法1　　(b)方法2

图 9.22　三叉节点内聚层的两种划分方法

(Zhang，Karimpour，Balint 和 Lin，2012)

4. 晶粒交叉点的几何特征

具有内聚层边界的 VT 虚拟晶粒组织图，如图 9.23(a)所示。值得注意的是，VTs 图虽然能够自然地表征晶粒组织，但是同时也显著增加了晶界连接处的复杂程度。因此，在编写自动生成内聚层和分割内聚层接合点的通用算法时，存在的主要的困难是如何解决小边界消失的问题。

在建立 FE 模型过程中应注意以下三点要求：

- 两个晶粒之间的每一个界面均应进行单层离散化；
- 由于四边形单元自带法线及切线方向，因此只能由四边形单元对内聚带，包括内聚层和交叉点，进行网格划分；

- 内聚单元的上下边界中必须至少有一个与晶粒单元重合。

在多层内聚层的交叉位置，如图 9.23[(b)～(e)]所示，无法只用一个单元对该内聚带进行划分，需将此三叉节点划分为多个四边形单元。除三叉节点外，还存在许多其他类型的节点。例如五叉节点，如图 9.23(d)的节点 *ABCDE* 所示。两个连接在一起的三叉节点，如图 9.23(c)所示。其中一个内聚层边缘被简化成一个点 *A*，两个相邻的三叉节点(也就是 *EDA* 和 *CBA*)在点 *A* 处相连。

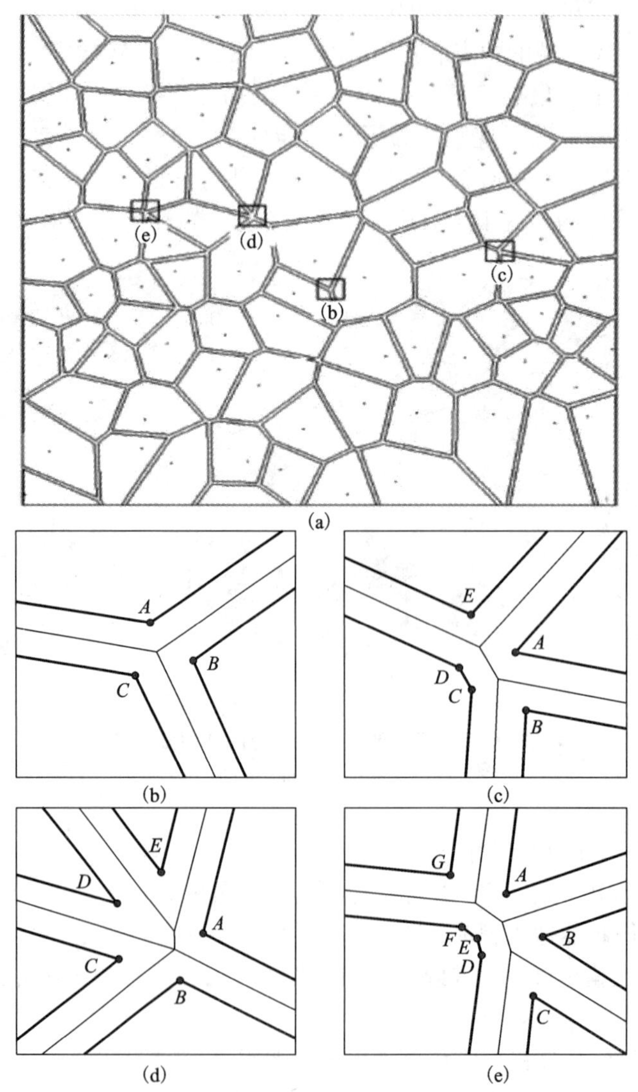

图 9.23　VTclb 图及典型内聚层交叉点

(Zhang, 2011)

图 9.23(e)所示为双重连接的三叉节点。在 CPFE 模拟中，通常网格越均匀，模拟结果越准确。然而，上述复杂的节点类型，导致 VTclb 图很难在交叉点处自动生成均匀网格。

为了解决上述难题，需要将晶界交叉几何特征转换为标准特征。常用转换类型，如表 9.3 所示。第一种为顶角特征，特点是内聚层在顶角处交叉，然而内聚层中线并不与顶点相交。在这种结构中，顶角仍然由两根边线构成，但是在标准内聚层单元中，顶点位于交叉点中央，而这种结构中的顶点是 VT 图的区域顶点。因此，为了保证数据结构均匀性，将这种情况下的中心线顶点移动到顶角的顶点处。

表 9.3　内聚层单元特例(Zhang，2011)

	自然几何例	调整几何数据
顶角	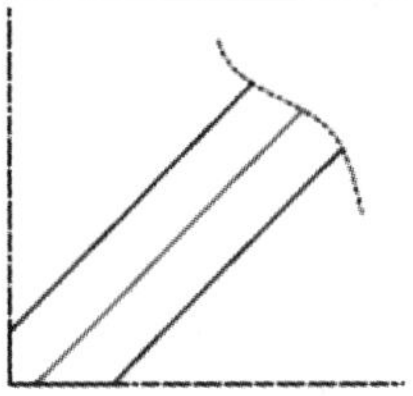	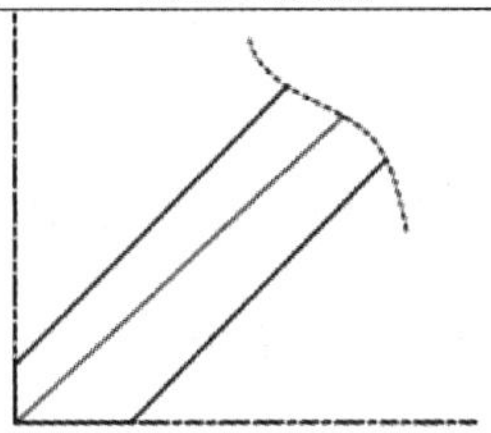
边界	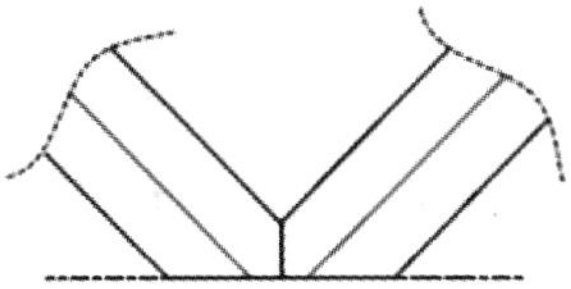	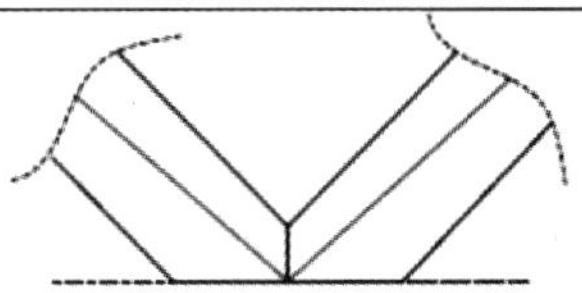
双边退化切割	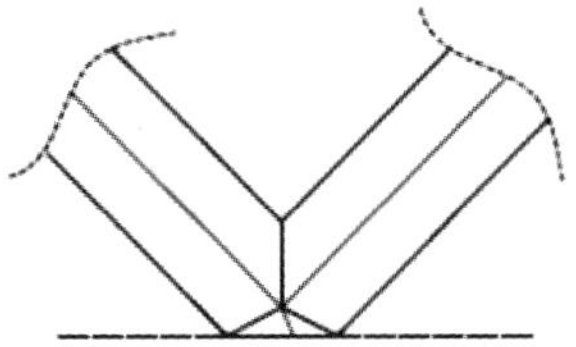	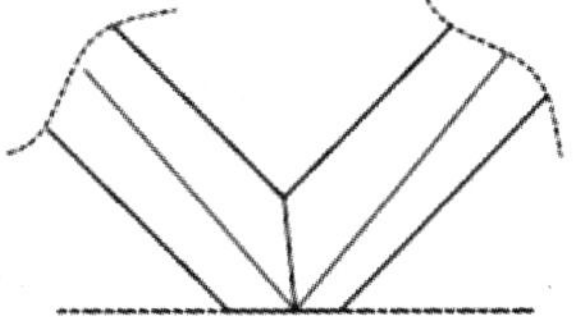
双边退化	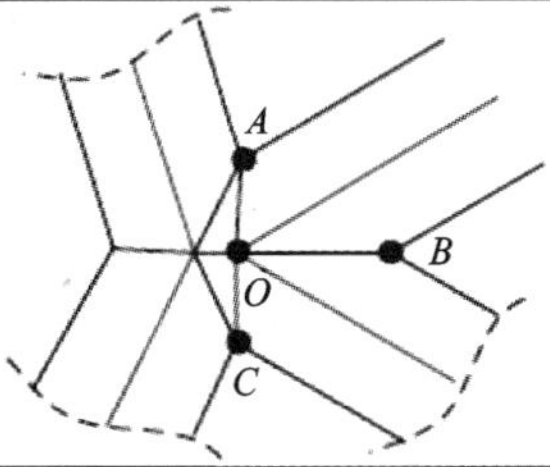 A B O C	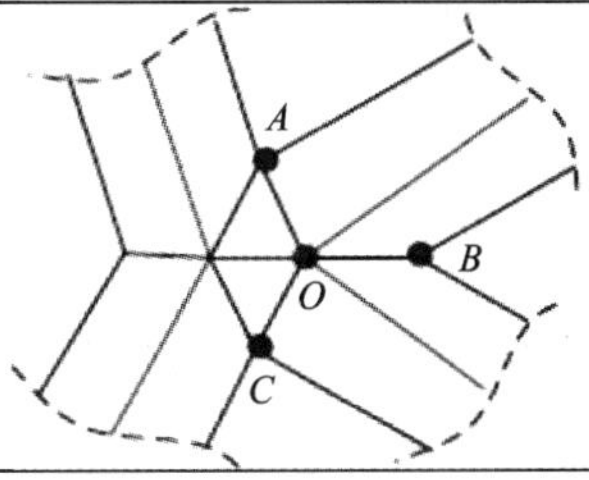 A B O C

第二种为边界特征，指的是内聚层交叉点被边界分割，相应的两条内聚层中心线不在交叉点处相交。尽管在生成网格单元节点时，不需要使用交叉点，但是

每个内聚层单元仍具有两条边界。因此，可以将中心线移动到交叉点处，那么两条中心线的交点就可以作为内聚层交叉区域的中心点。

第三种特征通常出现在 VT 图的区域边界处，边界切割内聚层单元，导致内聚层单元只剩下一部分。这种特征通常被称为双边退化切割特征，因为这种类型的内聚层单元，可以看作是交叉中心移动到了区域边界上，如表 9.3 所示。原始交叉区域较小，因此可以移动此交叉区域，移动后交叉区域的中心位于中线的末端。

第四种特征为双边退化特征。这种特征的形状可能不是凸形，如表 9.3 所示。因此，需要对两个交叉点的位置进行调整。如果内聚层单元的末端是非凸形的，或者一些内角大于用户指定的公差，则将交叉点 O 移动到三角形 ABC 的重心处。

除上述几何特征外，还有其他许多需要进行专门处理的情况。更详细的介绍，读者可以查阅文献 Zhang(2011)、Zhang，Karimpour，Balint 和 Lin(2012a)，本书将不再赘述。

9.4.2 3D 晶粒组织模型

前文介绍了用于生成 2D 虚拟晶粒组织的 Voronoi 法，通过相同的思路，Voronoi 法还可以用于生成 3D 虚拟晶粒组织。在生成 3D 虚拟晶粒组织时，需要计算 2D 泊松 Voronoi 图(PVT)的平均面积和周长、3D PVT 图的平均体积和表面积、典型晶粒的顶点及边线数量以及典型边线的长度等。除此之外，还需要确定一些高级属性，例如晶粒顶点或晶粒中心点的密度，预期边界长度密度和表面积密度。

1. 3D 晶粒组织的特征规律

Zhu，Thorpe 和 Windle(2001)提出了一种类似的参数，可以用于评估常规三维 Voronoi 图的结构特征规律。3D 结构特征规律参数(α)的定义为最小种子间距与等价正八面体或十四面体正则距离之间的比值。

Voronoi 图中最常用的单元为十四面体(TT)，因为十四面体与“Kelvin”多面体近似。Kelvin 多面体是一种表面积最小的三维多面体。需要注意的是，TT 是一种完全有序的 3D Voronoi 单元，其种子位于体心立方(BCC)晶格内。十四面体具有 14 个侧面，其中 8 个为正六边形，6 个为正方形，如图 9.24 所示。TT 中两相邻晶粒在正六边形侧面处重合，其种子之间的距离等于：

$$d_{\text{reg}} = \frac{\sqrt{6}}{2}\left(\frac{D_{\text{mean}}}{\sqrt{2}}\right)^{\frac{1}{3}} \tag{9.31}$$

式中：D_{mean} 为给定 VT 图中的平均晶粒尺寸(以体积计算)。因此，3D 特征规律参数 α 的定义与 2D 的相同。

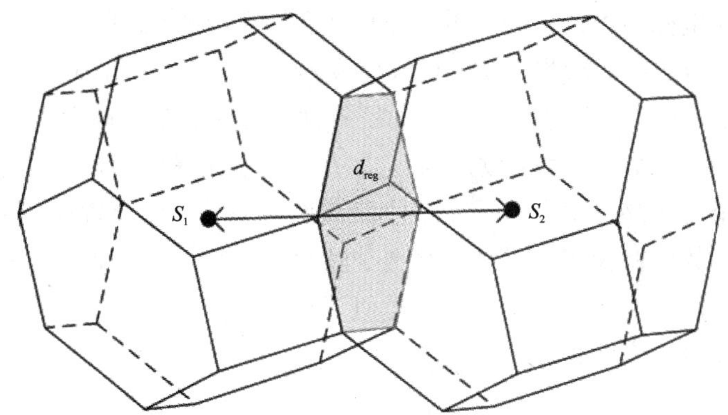

图 9.24　正则距离 d_{reg} 的定义，其中 S_1 和 S_2 为体心立方(BCC)晶格的种子

(Zhang, Karimpour, Balint 和 Lin, 2012b)

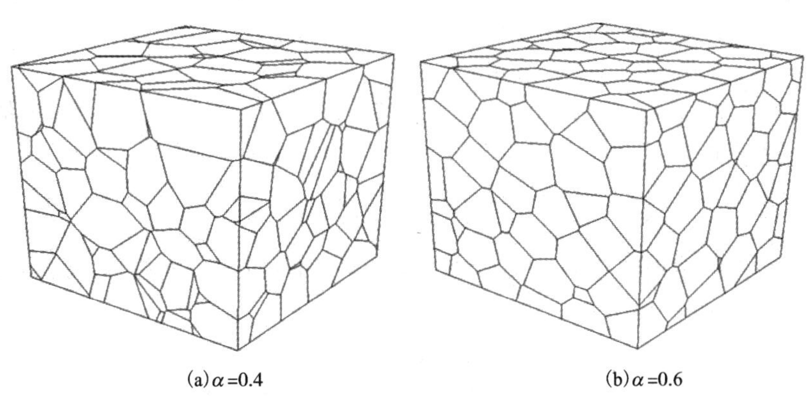

(a) α =0.4　　(b) α =0.6

图 9.25　不同特征规律值的泊松 Voronoi 图

(a) α 值较低的不规则结构；(b) α 值较高的规则结构

(Zhang, Karimpour, Balint 和 Lin, 2012b)

$$\alpha = \frac{\delta}{d_{reg}}$$

式中：δ 是给定 VT 图中的最小种子间距。随着特征规律参数 α 由 1 逐渐减小至 0，相应的 VT 图逐渐变得无序，从均匀 TT 转变为完全随机多面体，即泊松 Voronoi 图。

图 9.25 所示为两种不同特征规律参数 α 时的 VT 图。由此可看出，高 α 值对应的 VT 图更加有序。

2. 晶粒尺寸分布

以笛卡儿坐标系中体积为 V 的立方体为例，介绍 3D 虚拟晶粒组织的生成过程。采用均匀分布随机数发生器，依次生成种子在立方体中的 x、y 和 z 坐标。在置入种子时，只有当该种子与已生成的所有种子之间的距离均大于或等于最小间距 δ 时，才能放置成功。种子数达到 N_{seed} 时，停止运行置入程序。值得注意的是，由于最后一个置入晶格中的种子受最小距离的约束，这会导致最后一个 TT 单元的特征规律参数值略大于指定值。此外，随着种子数 N_{seed} 的增加，相应 VT 图的特征规律参数值逐渐接近于指定值。类似 2D 虚拟晶粒组织，3D 虚拟晶粒组织的平均晶粒尺寸可以表示为：

$$D_{mean} \approx \frac{V}{N_{seed}}$$

由式(9.31)可知，近似平均晶粒尺寸可用于计算等效 TT 图中的种子距离。

可以采用一种优化程序，对 VT 3D 虚拟晶粒组织的晶粒尺寸分布进行调整。这种优化程序以单参数伽马分布 $P(x)$ 为基础，如第 9.3.2 节所述：

$$P(x) = \frac{c^c}{\Gamma(c)} x^{c-1} e^{-cx} dx \quad x > 0 \tag{9.31a}$$

式中：变量 x 为归一化晶粒尺寸，且为 D/D_{mean}；分布参数 $c > 1$，$\Gamma(c)$ 为伽马函数，其定义如下：

$$\Gamma(c) = \int_0^{\infty} x^{c-1} e^{-cx} dx$$

这种分布的平均值为 1，因此可以在下述 10 个间隔中，对模型与实验数据之间的差异进行评估

$$I_i = 0.3 \times [i, i+1]$$

式中：$i = 0, 1, \cdots, 9$。Zhang、Karimpour、Balint 和 Lin(2012)的研究结果表明，定义的截断域为[0, 3]。对于最随机的情况 $\alpha = 0$，几乎没有 $D/D_{mean} > 3$ 的晶粒。

最小二乘误差函数的定义为：

$$E(c) = \sum_{i=1}^{n} [f_i(c) - \mu_i]^2 \tag{9.32}$$

式中：$f_i(c)$ 为间隔 I_i 中的理想概率，且

$$f_i(c) = \int_{0.3i}^{0.3i+0.3} P(x) dx$$

式中：μ_i 为尺寸在间隔 I_i 内的晶粒的频率。可以使用优化算法(Hansen 和 Ostermeier, 2001)，寻找与相应特征规律参数值相匹配的 c 值，优化结果如表 9.4 所示。表 9.4 第二行所示为与模型特征规律参数相匹配的分布参数 c 值，第三行所示为式(9.32)定义的最小二乘误差函数值。

表 9.4　特征规律参数 α、分布参数 c 及相应拟合误差[定义如式(9.32)]的优化结果

(Zhang, Karimpour, Balint 和 Lin, 2012a)

α	0	0.1	0.2	0.3	0.4	0.5	0.6	0.7	0.8
c	5.156	5.209	5.446	6.210	7.702	10.609	16.031	28.971	48.187
$E(c)$	1.9×10^{-5}	1.9×10^{-5}	1.2×10^{-5}	1.5×10^{-5}	6.7×10^{-5}	1.1×10^{-4}	4.6×10^{-5}	2.1×10^{-3}	1.1×10^{-2}

表 9.4 中数据显示，特征规律参数 α 和模型参数 c 之间为非线性映射关系。用于二维 VT 图的式(9.20)，也适用于三维的情况，只不过模型参数需要更新为三维下的优化值。

$$c_0 = 5.156,\ c_m = 370,\ A = 2.4,\ k = 0.33,\ n = 1.5$$

校准后的模型，以及校准过程中用到的 $\alpha - c$ 数据对，如图 9.26 所示。由图可知，模型计算结果与 $\alpha - c$ 数据吻合较好。

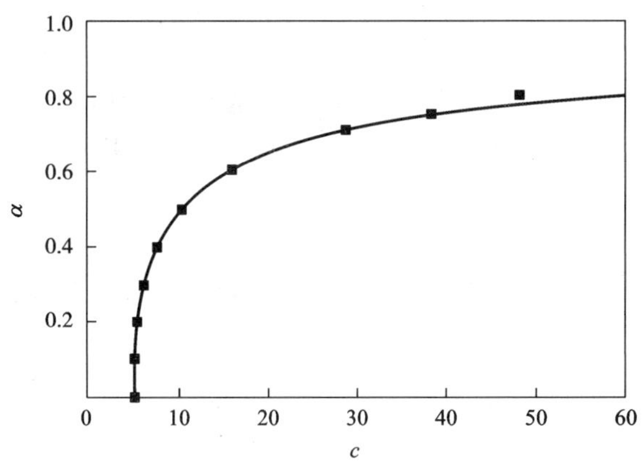

图 9.26　描述特征规律参数 α 与单参数伽马分布函数分布参数 c 之间关系的模型

(Zhang, Karimpour, Balint 和 Lin, 2012a)

3. 物理参数

3D VT 图中用到的物理参数，与二维的相同，即平均晶粒尺寸 D_{mean}、晶粒尺寸下边界 D_L、晶粒尺寸上边界 D_R 和此晶粒尺寸范围内晶粒百分比 P_r。值得注意的是，应根据晶粒体积计算晶粒尺寸 D_{mean}、D_L 和 D_R。由上述 4 种物理参数确定分布参数 c 的核心问题是，在 9.3.2 节中定义的范围内求解隐式方程(9.21)。分布参数 c 的求解过程与生成二维虚拟晶粒组织时所用到的程序相同，故此处不再详述。

9.5 VGRAIN 系统的搭建

本节将简要介绍在使用商业有限元代码进行晶体塑性有限元分析时，虚拟晶粒组织生成系统应满足的要求。为了生成虚拟晶粒组织，伦敦帝国理工学院(Zhang, Zhu 和 Lin, 2012)开发了 VGRAIN 系统，可与用于 CPFE 分析的有限元前处理器 ABAQUS / CAE 耦合。本节将以该系统为例，分析虚拟晶粒组织生成系统的具体需求。VGRAIN 系统的主要理论，已在前面的章节中有所介绍，包括 9.2 节中的晶体塑性本构方程。本书并未介绍相关理论的所有细节，若要进一步学习，读者可以参阅文献 Gao，Zhuang，Wang 和 Li(2010)、Zhang，Balint 和 Lin (2011a)、Zhang，Balint 和 Lin (2011b) 以及 Zhang，Karimpour，Balint 和 Lin (2012b)。

9.5.1 总体系统

1. 系统

基于上述 CPVT 模型，晶粒组织生成系统 VGRAIN 可以生成由物理参数所定义的虚拟晶粒组织。VGRAIN 系统与 FE 平台的集成，如图 9.27 所示。VGRAIN 系统不仅能生成虚拟晶粒组织，还能够生成完整的材料模型，包括晶粒取向和材料特性。利用相应的文本脚本，例如用于 ABAQUS 的 python 脚本，可将最终生成的具有材料性能和内聚层交叉点分层的虚拟晶粒组织，直接输出到商用 FE / CAE 平台，然后由商业求解器进行最终的网格划分。为了进行晶体塑性分析，还

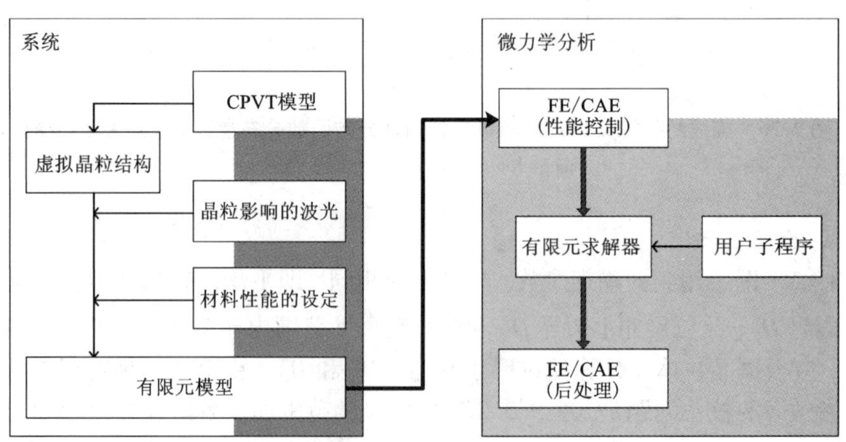

图 9.27 晶粒组织表征系统和 FE/CAE 微观机制的集成模拟

(Zhang, Zhu 和 Lin, 2012)

需进一步划分晶粒网格、设定边界约束和负载条件，这些预处理操作均可在 ABAQUS 内完成。

2. 用户图形界面

VGRAIN 系统不仅可以进行晶粒组织建模，还可以作为一个独立系统，为用户提供所生成的晶粒组织的形貌及取向特征的分析。基于下述考虑，设计了 VGRAIN 系统的图形界面：

• 提供复杂的对话窗口，以便能够输入 CPVT 模型参数、配置材料和组织生成器、选定需要导出的有限元模型；

• 提供足够的信息，包括图像和电子表格，以便分析生成的晶粒组织。

VGRAIN 系统的基本布局，如图 9.28 所示。其中右侧视图为只读区域，允许用户访问与当前虚拟晶粒组织相关的所有信息，例如图像和电子表格。

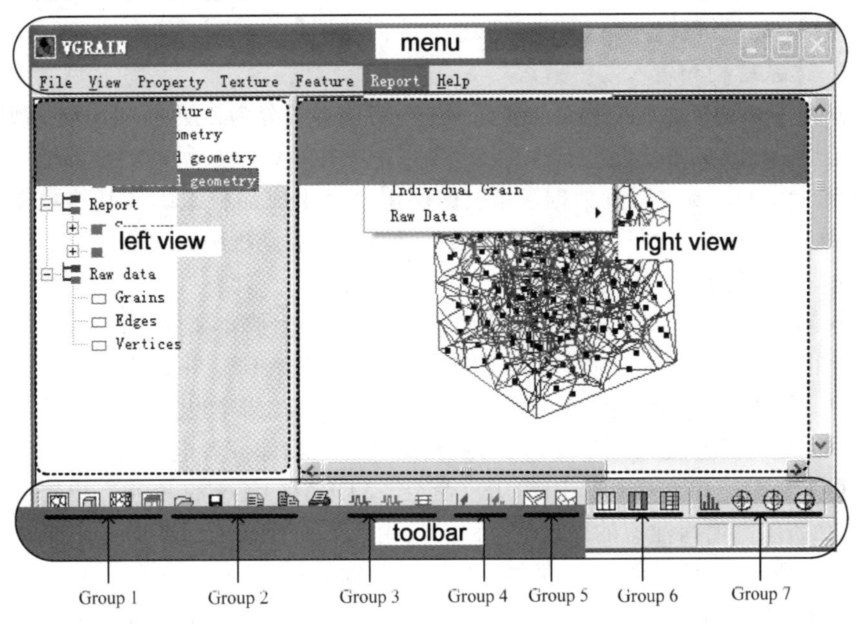

图 9.28　VGRAIN 系统的用户图形界面设计

菜单栏和工具栏包含用户操作此系统所需的所有功能。在工具栏中，有五组按钮用于调用相应的对话框，供用户指定相关参数：

• 第 1 组包括启动 2D、3D、2D 多区域和 3D 多区域 CPVT 模型对话窗口的按钮；

• 第 2 组可实现工作区的保存/打开操作，并可调用将当前虚拟晶粒组织导出到商业 FE 平台文本文件中的对话框。

• 第 3 组可以调用根据相应本构方程为所生成的虚拟晶粒组织指定材料属性的对话框。

• 第 4 组侧重于取向生成，为所生成的晶粒组织分配晶粒取向。

• 第 5 组调用内聚模型界面，供用户指定 CZ 模型的配置，以及进行内聚层交叉区域的网格划分。

第 6、7 组与其他组不同，这两组按钮直接将用户命令传递给绘图视图(即右视图)，并在绘图视图中显示相关信息，例如晶粒组织简单几何图、具有晶粒取向的彩色图、详细的晶粒组织/晶粒尺寸直方图以及各种极图。值得注意的是，工具栏可以在整个图形用户界面(GUI)内浮动，或固定在任意边框上。但当前示意图中，为了清楚地呈现图形信息，将工具栏固定在了底部。

此外，左视图还为用户提供了查看当前模型信息的功能，需要查看的信息将以图像或电子表格的形式呈现在右视图中。可供查询的信息主要包括与晶粒组织相关的图、晶粒统计报告以及晶粒形态和取向数据。

3. 体系结构和输入

根据 VGRAIN 系统的内部工作流程，可将该系统分为三层：CPVT 层、视图层和框架层，如图 9.29 所示。CPVT 层包含虚拟晶粒组织生成所需的全部模块。它从相应对话框中接收配置数据，并根据调用命令生成晶粒组织和其他数据。此外，它还可以执行一系列与外部系统或设备交互的驱动程序或功能。

• 执行当前工作区的保存，打开和打印操作；

• 将当前晶粒组织模型导入指定的 FE/CAE 平台脚本文件中；

值得注意的是，当前版本仅应用于 FE 代码 ABAQUS，并且相关脚本仅针对 ABAQUS 日志文件，不过生成可应用于其他 FE 代码的脚本也并不难。

视图层维持左视图命令流，还可更新右视图的图像或者电子表格，而框架层仅执行工具栏菜单和按钮调用的用户命令。VGRAIN 系统的命令流和数据流如图 9.29 所示。值得注意的是，在这种设计中，系统 GUI 通过菜单和工具栏来接收用户命令，并通过相应的对话框获得用户数据。

VGRAIN 系统允许通过用户对话框，交互地分配或修改用户输入数据，每个模块都有相应的参数输入对话框。核心模块实现了所提出的 CPVT 模型，可生成多种虚拟晶粒组织。主要有五种晶粒组织生成模块：2D CPVT 模块、2D 多区域 CPVT 模块、3D CPVT 模块、3D 多区域 CPVT 模块和内聚模块。各 CPVT 模块均由相应的用户对话框实现数据配置。作为输入参数，Ω 中具有定义晶粒组织特征的参数，包括晶粒组织域的顶点坐标、平均晶粒尺寸 D_{mean}、晶粒尺寸下边界 D_L、晶粒尺寸上边界 D_R 和该晶粒尺寸范围内的晶粒百分比 P_r。详细的计算程序，如图 9.30 所示。

此外，系统中还给出了晶粒取向模块和材料分配模块。晶粒取向模块中包含

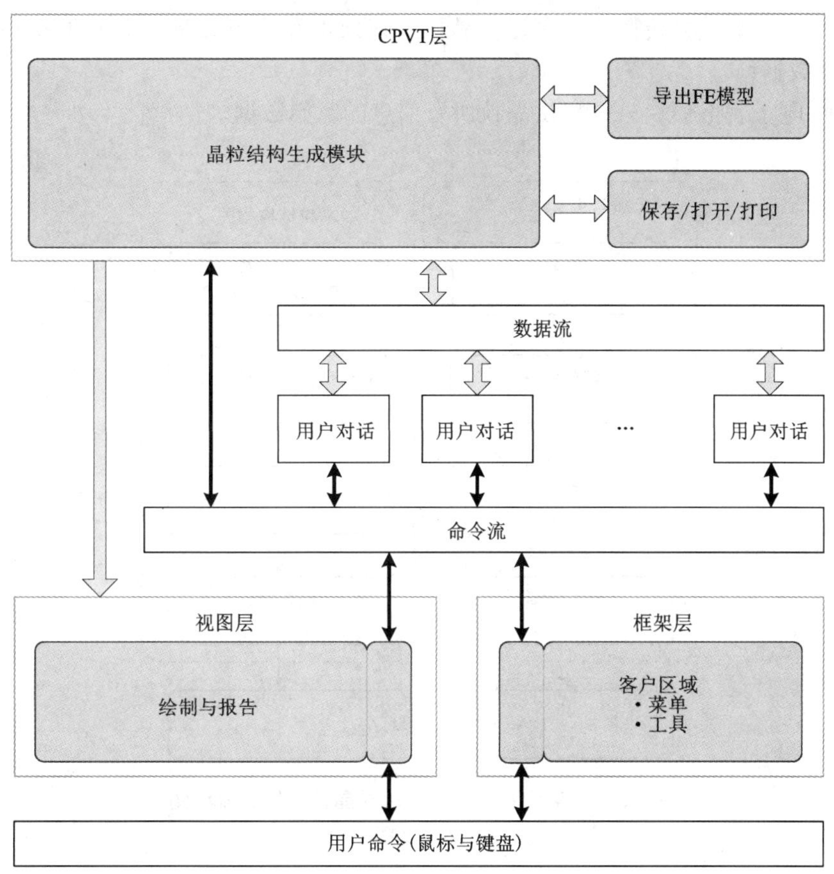

图 9.29　VGRAIN 系统的架构视图，其中细箭头表示流程调用命令；粗箭头表示数据访问关系
(Zhang, Zhu 和 Lin, 2012)

三种晶粒取向分配模型(Cao, Zhuang 和 Wang 等, 2009)，包括:

- 恒定取向分配;
- 均匀分布随机分配;
- 正态分布随机分配。

通过晶粒取向模块中的用户对话框，可以很容易地选择晶粒取向分配模型，以及获取取向信息。

为了能够分析所生成的晶粒组织的特征，VGRAIN 系统中包含其他一系列模块，如:

- 晶粒尺寸分布分析模块——提供所生成晶粒组织和用户指定晶粒组织分布直方图之间的对比;

- 晶粒取向分析模块——提供表征当前晶粒组织取向分布的极图；
- 晶粒形貌分析模块——提供晶粒组织顶点和边界数量以及其他拓扑关系的统计数据；
- 电子表格模块——提供晶粒所有信息的原始数据。

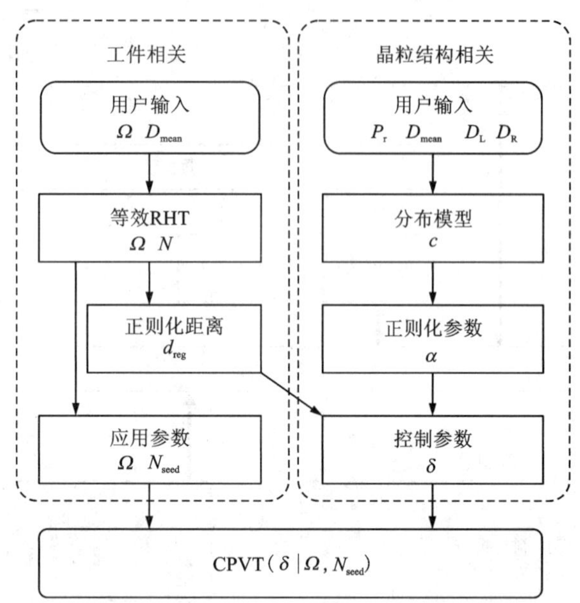

图 9.30 采用 CPVT 模型生成晶粒组织的流程图

(Zhang, Zhu 和 Lin, 2012)

9.5.2 晶粒组织生成

具有不同晶粒分布的晶粒组织虚拟图，如图 9.31 所示。不同的晶粒分布，表征材料不同的热处理状态。根据用户输入的要求，定义了三个子区域并提供了相关的物理参数。图 9.31 给出了所生成的三区域 CPVT 图的几何形貌。

具有 CPFE 模拟所需完整几何形态、晶粒取向、晶界内聚层和材料性能的晶粒组织模型，如图 9.32 所示。图中颜色表示晶粒取向。

VGRAIN 系统已与商业有限元软件 ABAQUS/CAE、DEFORM 耦合，可在商业有限元软件中完成网格划分、边界约束和负载条件的设置。从 VGRAIN 系统的用户菜单中，可发现更多功能(Zhang, Zhu 和 Lin, 2011)。

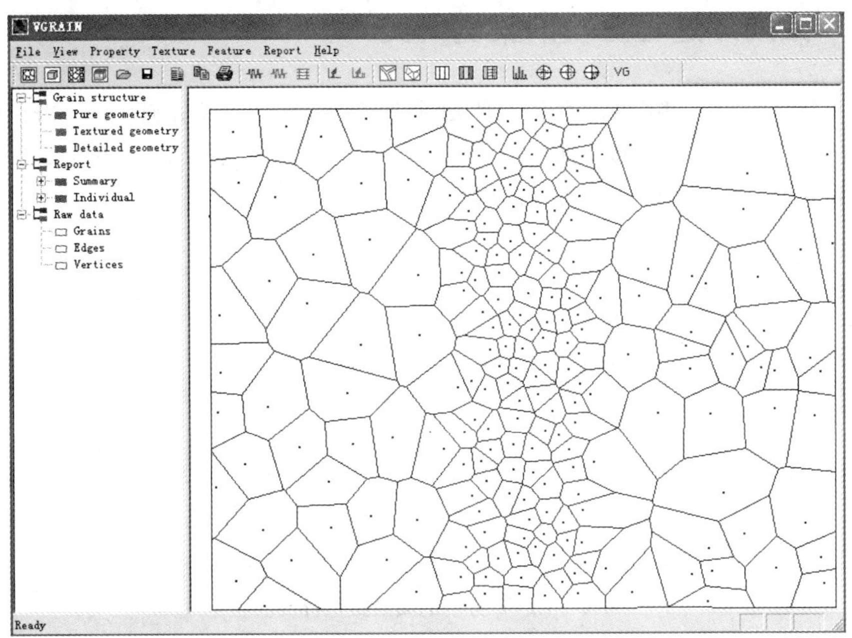

图 9.31　用于生成晶粒组织的 GUIS

(Zhang, 2011)

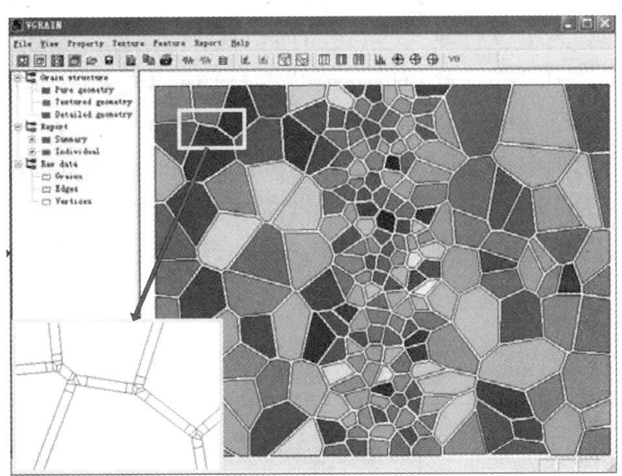

图 9.32　晶粒取向的定义(颜色)和晶界内聚层的生成

(Zhang, 2011)

9.6 微成形过程建模的案例研究

本节将给出一些案例，分析晶体塑性理论的应用，以及如何生成 CPFE 分析所需的虚拟晶粒组织。接下来的所有案例均基于商业有限元软件 ABAQUS，并采用了相同的 CPFE 数值计算流程，如图 9.33 所示。

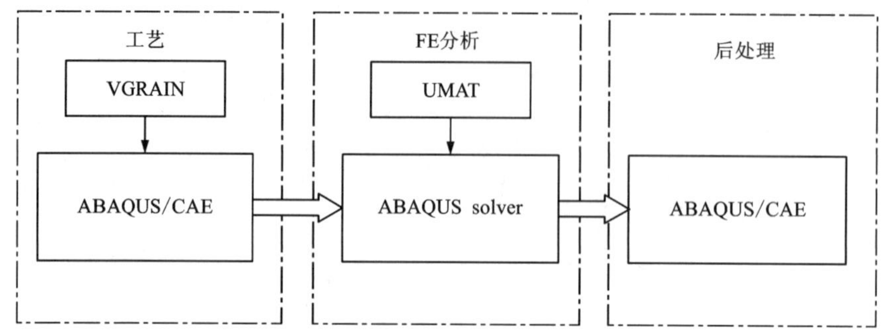

图 9.33 CPFE 分析的集成数值计算流程图

(Cao, Zhuang 和 Wang 等, 2009)

在预处理中，VGRAIN 系统会生成具有取向信息的虚拟晶粒组织。然后在 ABAQUS/CAE 中做进一步的处理，建立具有网格、接触条件、边界和负载条件的完整有限元模型。为了进行显式/隐式晶体塑性 FE 分析，利用用户定义子程序 VUMAT/UMAT，将 9.2 节中介绍的晶体塑性材料模型，嵌入 ABAQUS 中。通过 ABAQUS/CAE 可查看相应计算结果(Cao, Zhuang, Wang 等, 2009)。

在接下来的模拟中，选用 316L 不锈钢材料，材料常数如表 9.5 所示。杨氏模量和泊松比分别为 193 GPa 和 0.34。由于是模拟室温成形，因此选用较大的 n 值，以削弱材料的黏塑性行为。需要指出的是，316L 不锈钢为面心立方结构，滑移系为〈110〉{111}。

表 9.5 式(9.12)~式(9.13)中的材料常数

n	$\dot{\alpha}$ /s^{-1}	h_0 /MPa	τ_s /MPa	τ_0 /MPa
20.0	0.001	225.0	330.0	50.0

9.6.1　平面应变拉伸的颈缩现象

1. *局部颈缩*

薄壳结构在厚度方向上只有少量晶粒。为了研究这种结构的变形和局部颈缩，建立了平面应变有限元模型。工件的整体尺寸以及边界和载荷条件，如图 9.34 所示。在此次模拟中，平均晶粒尺寸约为 12.5 μm，工件厚度方向上约有 4 个晶粒。在工件的右边界施加位移控制条件，对侧面不施加约束。

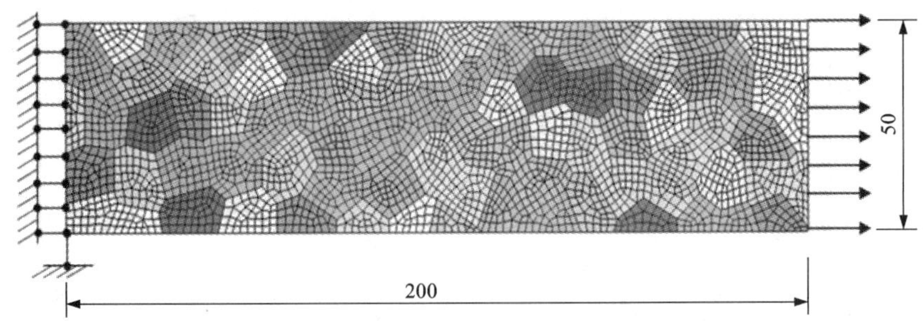

图 9.34　工件几何尺寸和有限元模型(单位：μm)

颜色表示随机分配的晶粒取向(Cao，Zhuang 和 Wang 等，2009)

采用 2D 平面应变有限元模型，进行 CPFE 分析。在模型的右边界处施加 200 μm 的位移。变形体的累积剪切应变分布如图 9.35 所示。晶粒的变形行为可由 9.2 节中提出的晶体塑性本构模型来描述。总体来看，材料变形极不均匀。这是因为，模型中每个晶粒的取向都不相同。在长度方向上的多个区域中，均可观察到明显的局部颈缩现象。此现象与 Harewood 和 McHugh(2007)的研究吻合，一般认为是晶粒间的取向差导致的。

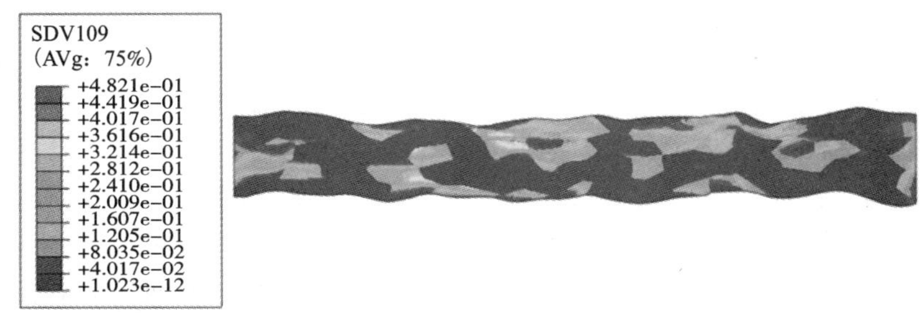

图 9.35　颈缩及累积剪切应变分布

(Cao，Zhuang 和 Wang 等，2009)

由于晶粒取向的原因，应力集中是局部颈缩点和最终失效位置的决定因素。图 9.36 所示为轧制方向上{111}数值极图的对比。晶体塑性分析中极图的定义，可参阅 Cao、Zhuang 和 Wang 等(2009)和 Zhang、Zhu、Lin(2011)的文章。在本案例中，以 120 个晶粒取向来表征变形前、后的晶粒组织。图 9.36 中的第一张极图表征工件变形前的晶粒组织，对应初始假定的晶粒取向。数值极图显示指定平面内晶粒取向的随机分布。工件变形后，晶粒取向发生改变，如图 9.36 中图(2)所示。

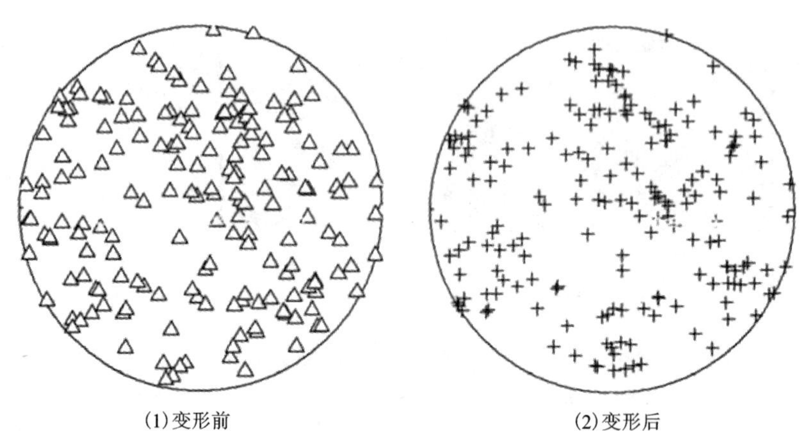

(1)变形前　　(2)变形后

图 9.36　薄壳平面应变拉伸变形轧制方向上{111}数值极图对比

(Cao、Zhuang 和 Wang 等, 2009)

2. 晶粒尺寸效应

为了研究晶粒尺寸对颈缩的影响，以及晶粒取向分布对拉伸成形过程中材料力学响应的影响，建立了厚度方向上分别具有 3 个、6 个、12 个晶粒的薄壳有限元几何模型，如图 9.34 所示。为每种薄壳模型赋予 6 种不同的随机晶粒取向分布，以表征不同的微观组织(即表征晶粒形状、尺寸和取向在空间分布上的变化，但晶粒尺寸平均值、最大值和最小值均相等)。

薄壳变形后的形状，以及相应的最大主应变分布，如图 9.37 所示。其中，薄壳厚度为 W，厚度方向上的晶粒数量分别为 3 个、6 个、12 个。所有薄壳类型上均发生了局部颈缩。随着宽度方向上晶粒数量的增加，局部颈缩量逐渐减小。此外，平均晶粒尺寸相对于厚度越小，整体变形越均匀。同时还发现颈缩点处具有剧烈的应变梯度。颈缩点附近的应变呈带状，表明主要的变形机制为沿着滑移面的位错运动。

值得注意的是，传统成形模拟中的弹塑性或者刚塑性有限元模型，无法预测位移控制拉伸变形过程中的颈缩现象。CPFE 模型考虑了滑移系、晶粒和晶粒取

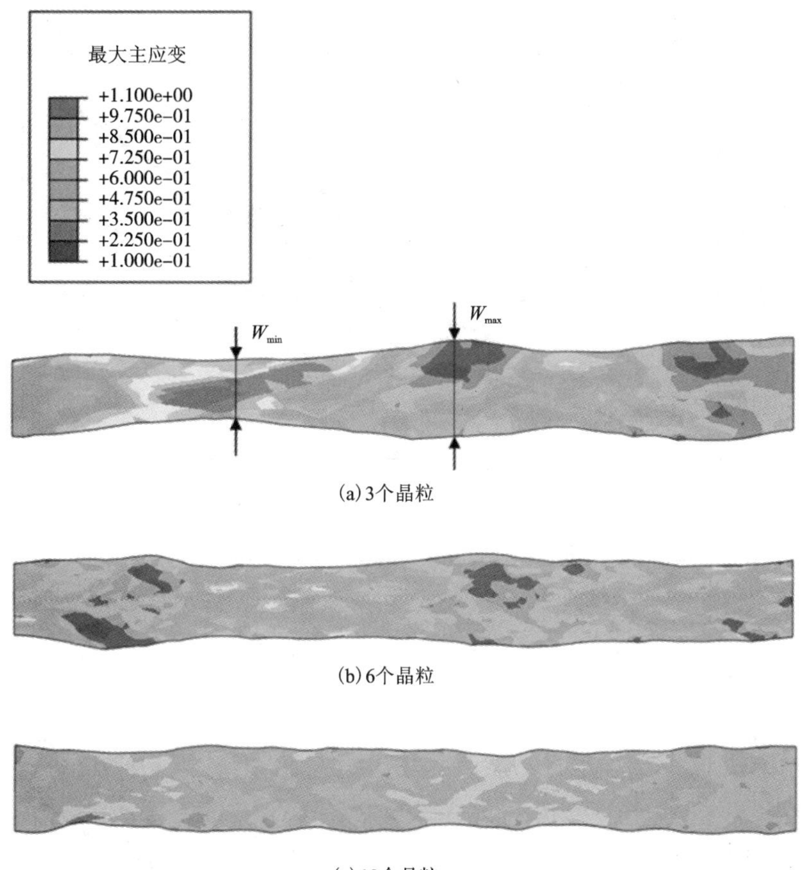

(a) 3个晶粒

(b) 6个晶粒

(c) 12个晶粒

图 9.37　薄壳颈缩及最大主应变分布，其中薄壳在厚度方向上的晶粒数量分别为 3 个、6 个、12 个

向对变形的影响。因此，CPFE 模型可以在薄壳厚度方向上的晶粒数量足够小时，实现对颈缩的预测。

为了定量研究范围，定义颈缩比：

$$R = (W_{max} - W_{min}) / W$$

式中：W_{max}和 W_{min}分别为图 9.37(a) 中所示薄壳厚度方向上的最大尺寸和最小尺寸。根据正态分布概率理论，对每种薄壳模型定义 6 种不同的晶粒取向分布，即总共进行 18 次 CPFE 分析。

图 9.38 所示为薄壳拉伸中的颈缩特征及其分散性。横坐标为薄壳应变，纵坐标为颈缩参数 R，薄壳厚度方向上的晶粒数分别为 3 个或 12 个。由此可知，颈缩比随着应变的增加而增加，并且两种薄壳类型下的分散性都很明显。厚度方向上晶粒数为 3 个或 12 个时所对应的平均颈缩分散程度分别约为 +50% 和 +40%。

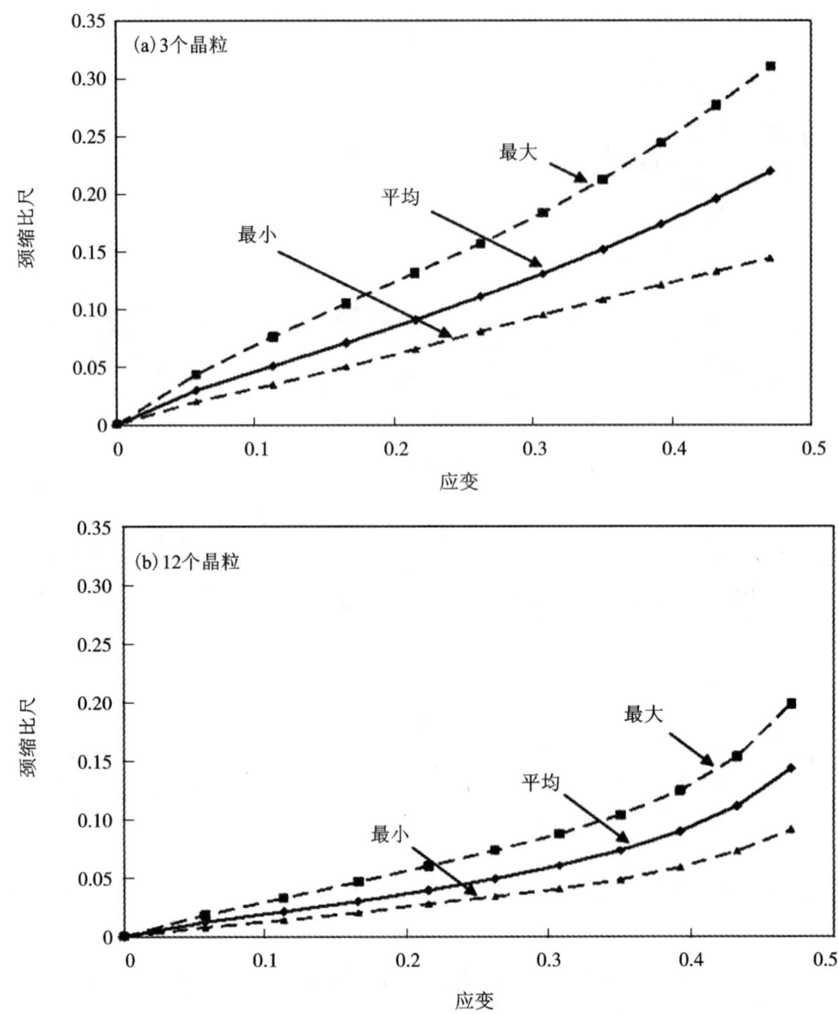

图 9.38　薄壳拉伸中颈缩与应变的关系

(a)厚度方向上有 3 个晶粒时，分散程度约为 +50%；(b)厚度方向上有 12 个晶粒时，分散程度约为 +40%（Wang，Zhuang，Balint 和 Lin，2009a）

这种分散程度表明，所定义的颈缩比 R 可以很好地描述多晶材料中不同晶粒之间的局部取向错配。由于每次模拟中的晶粒取向均为随机分配，因此从理论上来讲，颈缩理应具有广泛的分散性。厚度方向上的晶粒数越少，颈缩比越大，如图 9.37 所示。

不同颈缩比下临界应变与薄壳厚度/平均晶粒尺寸比之间的关系，如图 9.39 所示。颈缩比 R 分别为 3%、6% 和 12%。临界应变（ε_{cr}）的定义为，颈缩比达到指定值(如 3%)时所对应的应变。颈缩比与应变、W/D_{mean}有关。例如，工程应用中可接受的最大颈缩比 $R=3\%$ ，那么此时所对应的轴向应变为临界应变（Wang，Zhuang，Balint 和 Lin，2009a）。临界应变随着 W/D_{mean} 的增大而增大。

同时，临界应变也随着局部许可颈缩比的增大而增大。对于给定的颈缩比许可值，如果峰值应变小于临界应变，则可使用基于宏观机制的有限元分析技术。如果在应用中，峰值应变超过了临界应变(图 9. 39)，则必须使用 CPFE 分析方法，否则会导致分析中的误差过大。如图 9. 39 所示的关系，可以用于判断尺寸效应何时变得显著，薄壳零件成形中应使用何种模拟技术，或者晶体塑性有限元方法是否可以应用于一些特殊的领域。

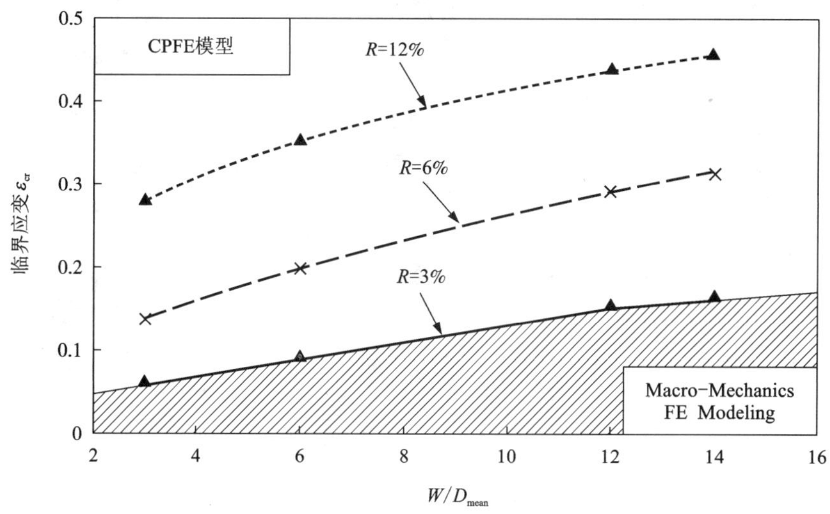

图 9.39　颈缩比与临界应变、W/D_{mean}之间的关系

(Wang、Zhuang、Balint 和 Lin，2009a)

9.6.2　挤压微型销

影响挤压微型销质量的因素有材料晶粒尺寸、晶粒取向以及晶粒分布，基于连续介质的有限元成形模拟技术可以捕捉到微型销的几何缺陷。CPFE 分析方法可以用于微型销的挤压工艺。图 9. 40(a)所示为直径为 0. 57 mm、平均晶粒尺寸为 211 μm 的挤压微型销（Krishnan、Cao 和 Dohda，2007）。微型销直径方向有 2 ~ 3 个晶粒，在挤压过程中可以观察到不可控的弯曲现象(Krishnan、Cao 和 Dohda，2007)。

采用本书提出的 CPFE 集成仿真系统，对微型销挤压过程进行了数值模拟研究。由 VGRAIN 系统生成了平均晶粒尺寸为 211 μm、晶粒位置及晶粒取向随机

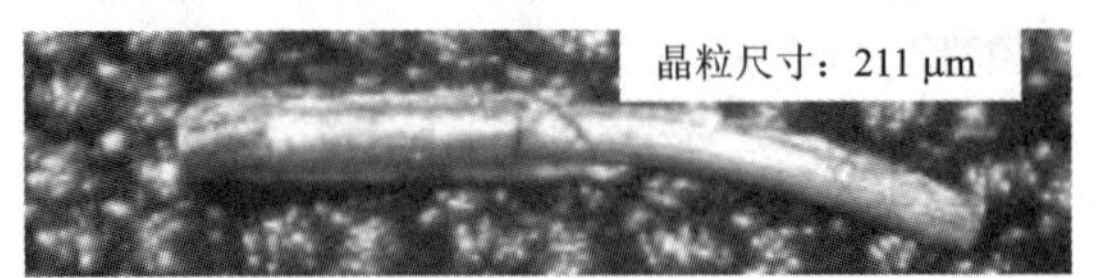

(a)挤压的微型销(Cao, Krishnan, Wang, 等, 2004)

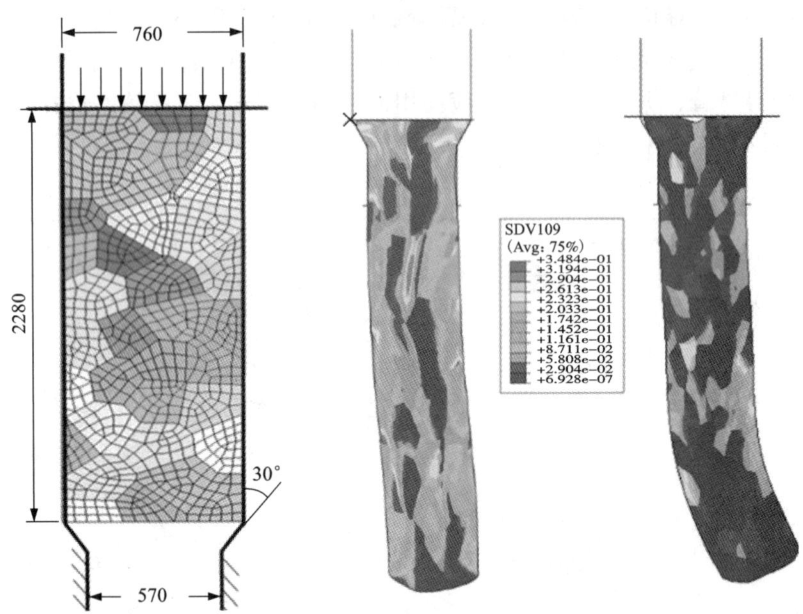

(b)模型与模拟结果(Cao, Zhuang, Wang和 Lin, 2010)

图 9.40　挤压微型销对比：(a)实验结果；(b)仿真结果

有限元模型的尺寸单位为 μm，CPFE 挤压微型销中的颜色表示剪切应变

分布的虚拟晶粒组织[图 9.40(b)]。微型销及模具的尺寸，如图 9.40(b)所示，与 Krishnan、Cao 和 Dohda(2007)所给出的相同。不同的是，为了简化研究过程，选用了平面应变模型。由 ABAQUS/CAE 生成有限元网格，所用网格单元为三角形混合单元(CPE4R)。

挤压凸模的位移为 2280 μm，模具与工件之间的摩擦系数取 0.1，对应润滑冷挤压过程。相应的 CPFE 模型，如图 9.40(b)所示，其中晶粒取向随机分配。尽管当前 CPFE 模型基于平面应变假设进行了简化，与圆形微型销的挤压过程有所不同，但是仍然能够观察到与实际挤压微型销相似的几何变形特征。

微型销 CPFE 模型和两种 CPFE 分析中累积剪切应变分布情况如图 9.40(b)所示。两种 CPFE 分析中所用到的有限元模型和晶粒组织形貌相同，不过虚拟晶粒组织的取向分布不同。可以清楚地发现，两种挤压微型销的几何误差不同。微型销挤压实验表明，当微型销直径以及材料晶粒尺寸很小时，不可控弯曲是微型销的主要几何缺陷。CPFE 模拟结果也证明了此实验结论。

CPFE 分析结果表明，所提出的 CPFE 工具能够可靠地描述晶粒尺寸和晶粒取向在微型销成形中的作用。同时还发现，最大累积剪切应变沿着晶界分布。在基于宏观机制的有限元分析中，无法建立这种不可控弯曲特征（图 9.40）的模型。CPFE 模型可以清楚地显示晶粒尺寸在微成形过程中的作用。因此，CPFE 模型在这类特征的预测中不可或缺。

图 9.41（a）中所示微型销的尺寸及材料与图 9.40 所示微型销相同，但是平均晶粒尺寸更细（32 μm）。在此案例中，微型销厚度方向的晶粒数约为 20，挤压后的微型销未发生弯曲（Krishnan，Cao 和 Dohda，2007）。对此案例进行了 CPFE 分析，模拟结果如图 9.41（b）所示。结果表明，挤压微型销的仿真结果中也未发现弯曲（Cao、Zhuang、Wang 和 Lin，2010）。因此，基于宏观机制的有限元分析可以应用于此案例，尺寸效应对该成形零件几何状态的影响并不明显。

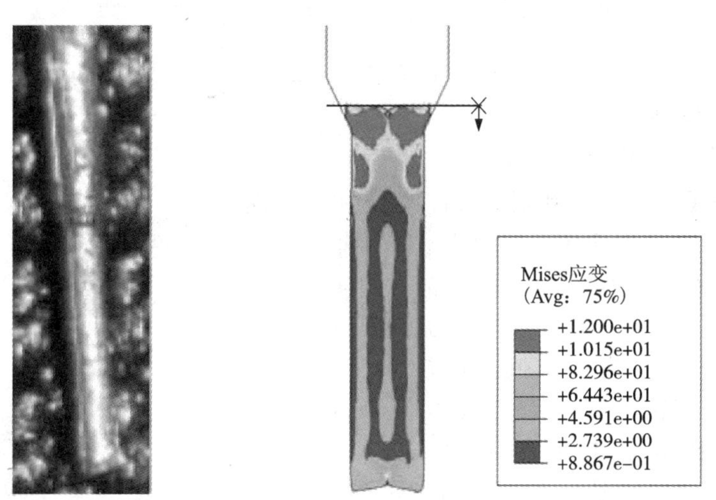

(a)实验结果（Cao、Krishnan和Wang等，2004）　(b)仿真结果（Cao、Zhuang、Wang和Lin，2010）

图 9.41　挤压微型销的对比

有限元模型尺寸与图 9.40 相同，平均晶粒尺寸为 32 μm

9.6.3　微管液压成形

1. 平面应变 CPFE 模型

图 9.42（a）所示为一些液压成形的微管。管坯初始外径为 800 μm、壁厚 40 μm，成品的外径为 1030 μm。以相同工艺参数加工多个微管，发现局部颈缩会导致微管开裂，而开裂位置并不固定（Zhuang、Wang、Lin 等，2012）。进一步

观察材料的微观组织发现，微管厚度方向上只有约 2 个晶粒，如图 9.42(b)所示。采用晶体塑性有限元分析方法，对微管成形中的随机失效特征进行研究。

(a)开裂的液压成形微管

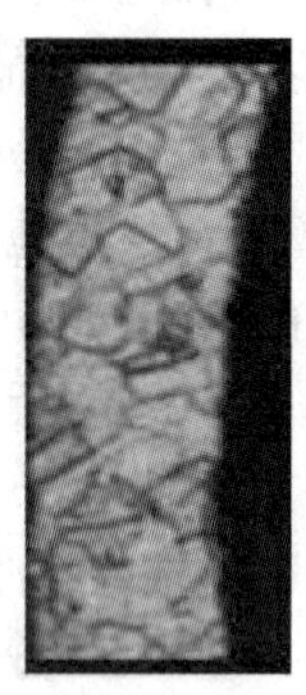

(b)微管厚度方向上的晶粒尺寸分布

图 9.42　开裂的液压成形微管以及微管厚度方向上的晶粒尺寸分布

管坯初始壁厚为 40 μm，外径为 800 μm（Zhuang、Wang 和 Lin 等，2012）

微管横截面的几何形状和有限元模型，如图 9.43 所示。以微管 1/4 横截面为研究对象，沿 $X=0$ 和 $Y=0$ 施加对称约束，建立相应 CPFE 模型。材料的最小晶粒尺寸、平均晶粒尺寸和最大晶粒尺寸分别为 25 μm、30 μm 和 40 μm，晶粒尺寸区间内的晶粒百分数为 95%。采用 VGRAIN 系统生成虚拟晶粒组织及其晶粒取向，将生成的虚拟晶粒组织导入 ABAQUS/CAE 中，进行网格划分、施加边界和载荷条件。在 ABAQUS/CAE 中定义模具为刚体。所施加的最大应力为 400 MPa，从而保证工件可以充分变形，并与模具完全接触。在成形过程中，当工件和模具发生接触时，两者之间的摩擦系数取为 0.1。为了简化分析过程，这里进行的是 2D 平面 CPFE 分析。

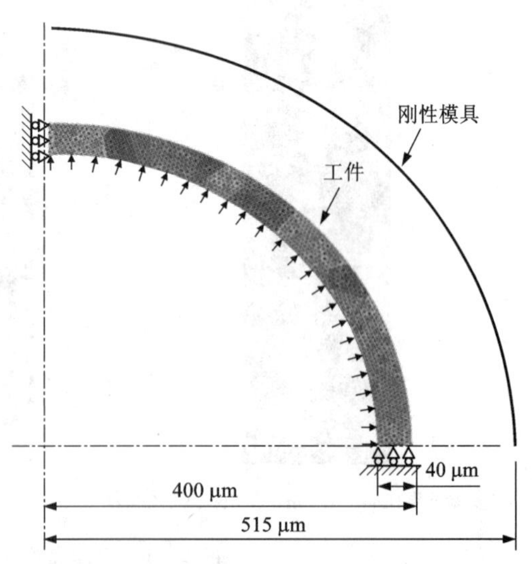

图 9.43　微管液压成形的 CPFE 模型

晶粒及晶界如图所示，不同颜色表示不同晶粒取向

（Zhuang、Wang 和 Cao 等，2010）

值得一提的是，大应变、多晶 CPFE 分析所需 CPU 计算时间过长。2D 简化

(即平面应变)不仅可以显著减少计算时间,还可以捕获到微管液压成形过程中的一些关键特征,比如局部颈缩、失效等。如果能够有效地构建出初始微管的3D晶粒组织形貌,那么CPFE分析技术就可以很容易地应用于3D液压成形模拟。当前材料模型已在9.6.1节中有所介绍。

2. 单晶中的晶粒取向效应

为了研究局部颈缩特征与晶粒取向、外加载荷的关系,建立了单晶(单晶,取向均匀分布)材料的横截面模型(Zhuang、Wang、Lin等,2012)。两种不同坐标系下的面心立方单晶,如图9.44(a)所示,两种坐标系分别为立方晶体坐标系和全局坐标系,$X-Y-Z$。假设立方晶体坐标系相对于全局坐标系仅绕Z轴有一个旋转运动,如图9.44(a)所示,图中以潜在滑移系{111} <110>为参照物。因此,未考虑任意旋转的影响,仅由一个旋转角θ所描述的旋转运动,足以描述晶粒取向对颈缩的影响。

图9.44(b)所示为相对于微管角度θ的晶粒织构(全局坐标系)。位于角度θ处的周向应力σ_θ是零件成形的主要驱动力,其方向与微管横截面(此处只考虑薄壁微管)正切方向相同,且保持微管整个横截面上的晶体取向恒定不变。虚线表示⟨110⟩{111}滑移系,指定了此滑移系相对于[100]方向的取向,标出了滑移面垂直于XY平面的投影$\boldsymbol{n}$和滑移方向$\boldsymbol{s}$。值得注意的是,周向应力方向和滑移面垂直于XY平面上的投影之间的夹角,与周向应力方向和滑移面法线本身的夹角相同。可写为:

$$\boldsymbol{n}=\boldsymbol{N}-(\boldsymbol{N}\cdot\hat{\boldsymbol{K}})\hat{\boldsymbol{K}}$$

式中:$\boldsymbol{N}$为滑移面法线,$\hat{\boldsymbol{K}}$为Z方向上的单位矢量。很明显,XY平面内任意一个矢量与$\boldsymbol{n}$的内积,以及两者之间的夹角,与这个矢量和$\boldsymbol{N}$的内积相等。因此,可以使用垂直方向的投影来计算施密特因子,本书将采用这样的计算方法,且将以$\boldsymbol{n}$直接表示滑移面的法线。

微管角度θ处相对于晶体取向α的施密特因子为$\cos(\pi/4-\alpha+\theta)\cos(\pi/4+\alpha-\theta)$。当$\theta=\alpha$时,分解剪切应力最大,此处⟨110⟩{111}滑移系最容易发生塑性变形,有$\tau^\alpha=\tau^{\max}=\sigma_\theta/2$。最难发生塑性变形的位置位于$|\theta-\alpha|=\pi/4$处,有$\tau^\alpha=\tau^{\min}=0$。换句话说,最难发生塑性变形的位置与最容易发生塑性变形的位置之间的夹角为45°。值得注意的是,在⟨110⟩{111}滑移系特定位置上的τ^α值,并不意味着此处不会发生塑性变形;而滑移系中的其他平面也有可能会发生滑移,但是不管是在什么情况,其他位置的塑性变形都会比⟨110⟩{111}滑移系中τ^α较大处的塑性变形小。例如,若$\alpha=45°$,那么$\theta=45°$处的塑性变形最大,$\theta=0°$和$\theta=90°$处的塑性变形最小。

由于微管横截面上的晶粒取向是恒定的,周向应力的方向将随滑移方向的改变而改变,可以预见颈缩将发生在最大分解剪切应力处,即周向应力方向与

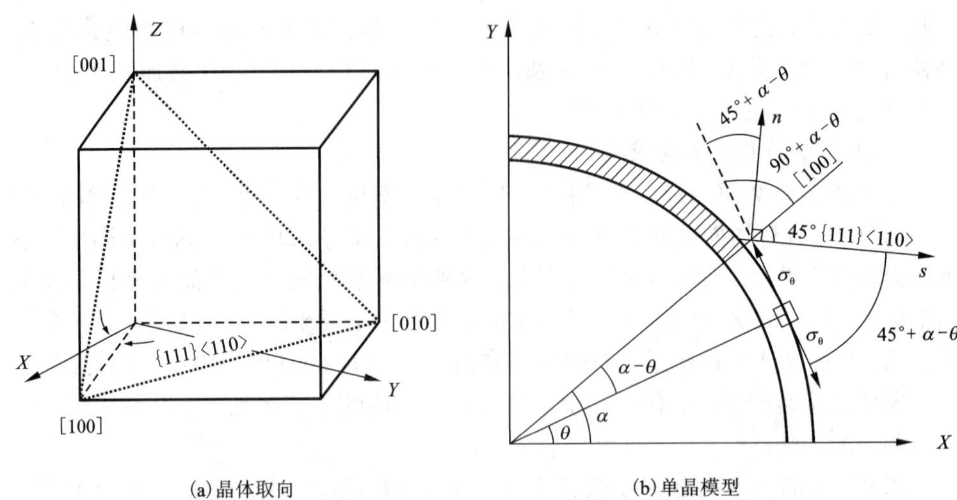

(a) 晶体取向　　(b) 单晶模型

图 9.44　仅相对于微管全局坐标系统的 Z 轴发生转动的 FCC 单晶和液压成形微管的截面模型

虚线表示滑移方向，角度 α 为[100]方向，角度 θ 表示微管在全局坐标系统中的位置

[100]以及/或者[010]方向相互垂直的位置。在上述 1/4 模型中，只有一个周向应力方向与[100]和[010]同时垂直的位置，位于 $\alpha=0$ 处；当 α 为正时，只有一个满足上述条件的位置取决于[100]方向；当 α 为负时，只有一个满足上述条件的位置取决于[010]方向。若材料为多晶组织，则 1/4 模型中可能会有多个发生颈缩的位置。1/4 模型中虽然采用了对称边界条件，但是模型却假设局部颈缩位置并无对称关系。因为当 $\alpha>0°$时，[010]方向被完全忽略掉，另一个 1/4 模型中的滑移，则对应的是第一个 1/4 模型中关于全局坐标系对称轴的滑移。然而，颈缩位置是相互独立的，相互之间无明显作用，并且不管在何种情况，1/4 模型的假设都不会对模拟过程中出现的定量行为产生影响，这也是本研究的目的。

取晶粒取向 $\alpha=60°$进行数值模拟研究。微观横截面处为单晶组织，基于上述载荷和边界条件进行分析。微观横截面变形以及累积塑性剪切应变等值线，如图 9.45 所示。可以发现，模拟结果和上述分析一致，微观变形后的壁厚随着周向应力方向的变化而变化。

颈缩比的定义为最小壁厚与最大壁厚之比。图 9.45 所示模拟结果中的颈缩比为 0.74。单晶微管成形后，最小壁厚(29.3 μm)出现在晶轴[100]指示的位置，最大壁厚(39 μm)出现在滑移方向〈110〉{111}[图 9.44(a)]和周向应力相互垂直处(此时〈110〉{111}滑移系上的分解剪切应力为 0)。最大壁厚位置位于晶轴[100]的顺时针 45°处。尽管材料硬化对局部颈缩行为有所影响，但是成形微管的壁厚变化主要还是滑移系和局部周向应力方向之间的夹角变化导致的。

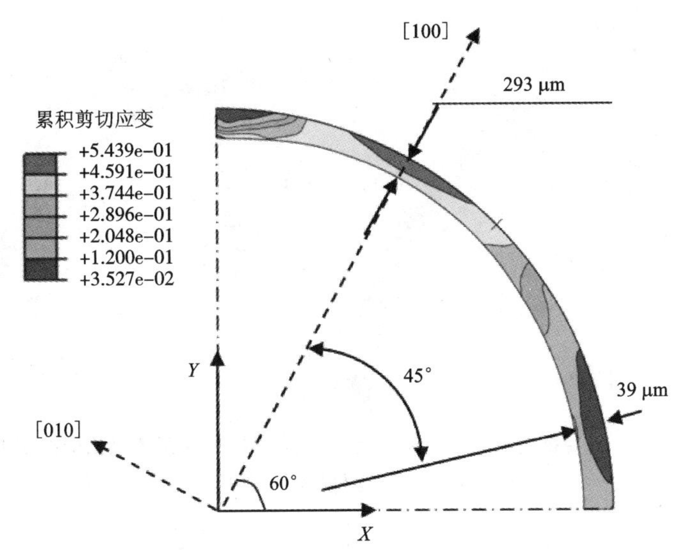

图 9.45 全局坐标系中单晶组织局部颈缩预测结果(晶粒取向为 60°)

(Zhuang、Wang 和 Lin 等, 2012)

3. 多晶组织的随机颈缩位置

采用 VGRAIN 系统自动生成多晶组织和晶粒取向，如图 9.43 所示。为了模拟相同初始材料液压成形微管的变形和颈缩行为，以相同的组织控制参数(最大晶粒尺寸、最小晶粒尺寸、平均晶粒尺寸)生成两个晶粒组织。基于 VGRAIN 系统内置的取向概率分布模型，在所生成的两个晶粒组织中随机分配晶粒取向(Zhuang、Wang 和 Lin 等, 2012)。两个 CPFE 模型的晶粒组织和取向可能有所不同，但均处于指定材料参数范围内。

液压成形微管的模拟结果，如图 9.46 所示。可以发现两个案例中微管变形后壁厚的最小值和最大值，图 9.46(a)(分别是 20.2 μm 和 31.4 μm)与图 9.46(b)(分别是 20.7 μm 和 33.1 μm)有所不同。两个微管的晶粒取向随机分布，变形后壁厚分布不均匀，并且难以预测。这是晶粒尺寸、晶粒取向以及相邻晶粒间取向差角的空间分布差异导致的，传统宏观有限元技术无法描述这一现象。同时，还发现由于工件材料晶粒取向的随机性，局部颈缩发生在不同的位置，导致在实际加工中很难控制这种颈缩的发生，除非在成形过程中采用晶粒尺寸足够小(与变形比相比)的材料。

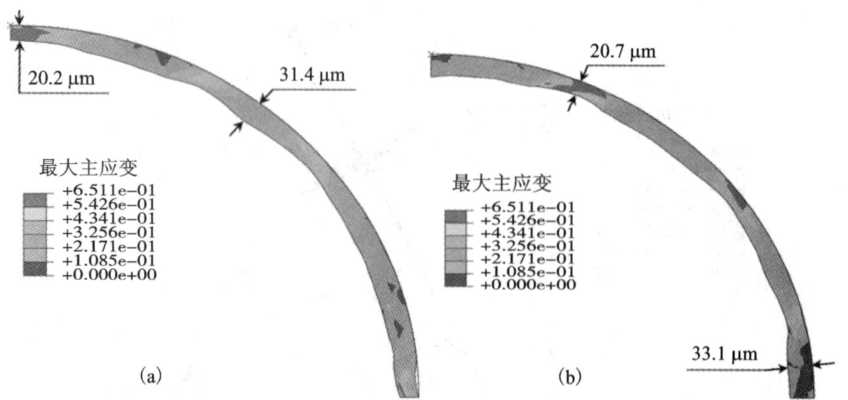

图 9.46　局部颈缩特征对比，两种微观组织均由 VGRAIN 系统以相同控制参数生成

（Zhuang、Wang 和 Lin 等，2012）

9.6.4　微柱压缩

1. 微柱压缩的 CPFE 模型

图 9.47 所示为高为 180 μm，底面半径为 30 μm，母线与垂直方向夹角为 2°的锥形微柱。在所有模拟中，微柱顶面的位移均为 $U = 54$ μm（相当于工程应变 0.3）；底面采用固定约束，其他面为自由约束。进行两组模拟：其中一组模拟关注晶粒组织规律（即晶粒尺寸分布规律）对压缩变形的影响；另一组模拟关注晶粒尺寸对微柱不均匀行为的影响（Zhuang、Karimpour、Balint 和 Lin，2012b）。

采用 9.2 节详述的式（9.12）和式（9.13），材料参数如表 9.6 所示。表中参数适用于 1100℃下易切工具钢，并均已校准（Karimpour，2012）。杨氏模量和泊松比分别为 6.06 GPa 和 0.3。

表 9.6　式（9.12）和式（9.13）中用到的材料常数

（Karimpour，2012）

n	$\dot{a}$ /s^{-1}	h_0 /MPa	τ_s /MPa	τ_0 /MPa
3	10	33	150	23

注：表中参数适用于 1100℃下易切工具钢。

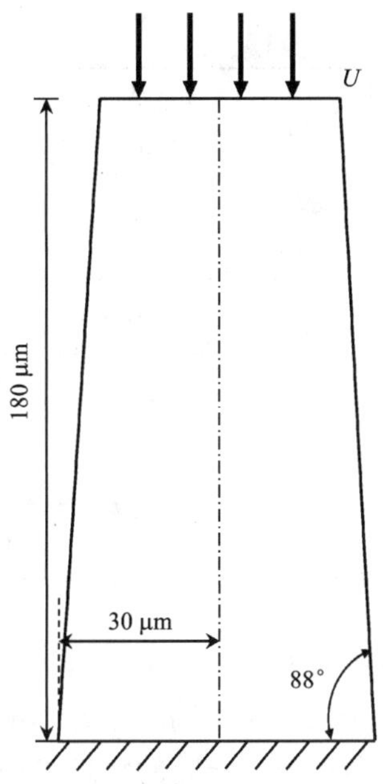

图 9.47　微柱压缩 CPFE 模拟简图

(Zhuang、Karimpour、Balint 和 Lin, 2012b)

2. 晶粒组织规律对变形的影响

在本组模拟中，生成了三个具有不同晶粒组织规律特征的试样。如表 9.7 所示，试样 R-1 为完全随机晶粒组织，即 $\alpha=0$。试样 R-2 的规律特征参数 $\alpha=0.4$。试样 R-3 的组织规律性最强，$\alpha=0.8$。生成三种晶粒组织时用到的物理参数列于表 9.7 中，同时，表中还给出了由 CPFE 模型获得的嵌入参数。值得注意的是，输入 CPFE 模型中的晶粒尺寸是以晶粒体积的形式计算的，计算时将晶粒等效为球状。

表 9.7　两组模拟中用到的物理参数及相应的晶粒组织特征

(Karimpour, 2012)

标号	物理参数 /μm³				平均晶粒尺寸 /μm	CPFE 模型参数			
	D_{mean}	D_L	D_R	P_r /%	$\widetilde{D}_{mean}$	d_{reg} /μm	α	δ /μm	N
R-1	14140	7070	21210	76.6	30	26.4	0.0	0	46
R-2	14140	9900	18380	60.3	30	26.4	0.4	10.5	46

续表 9.7

标号	物理参数 /μm³				平均晶粒尺寸 /μm	CPFE 模型参数			
	D_{mean}	D_L	D_R	P_r /%	$\widetilde{D}_{mean}$	d_{reg} /μm	α	δ /μm	N
R-3	14140	11310	16970	87.6	30	26.4	0.8	21.1	46
S-1	8080	5730	10630	60.3	25	22.0	0.4	8.8	78
S-2	4190	2930	5450	60.3	20	17.6	0.4	7.0	154
S-3	1770	1240	2300	60.3	15	13.2	0.4	5.3	361

具有指定特征规律参数值的未变形微柱，如图9.48所示。值得一提的是，尽管CPFE模型以相同物理参数生成的多个虚拟晶粒组织之间存在微小的差异，但是所有虚拟晶粒组织的统计参数均与指定的物理参数一致。图9.48所示晶粒组织还具有晶粒取向，这些晶粒取向是由VGRAIN系统采用平均分布随机数生成器进行分配的。微柱试样的变形特征，证明了三维晶粒取向规律以及晶粒尺寸控制，比较了不同晶粒尺寸分布下的变形特征差异。三个试样的平均晶粒尺寸相同，均为30 μm。累积切应变等值线图表明，当晶粒组织充分规则时，塑性应变集中程度较低；相对于不规则晶粒组织 $\alpha=0$、$\alpha=0.4$ 而言，$\alpha=0.8$ 时的 γ 的最大值较小。尽管由于晶粒取向差异的影响，不同微柱变形特征在本质上会有所不同，但是 $\alpha=0.8$ 时的轴向偏差均较小。

不规则晶粒组织的变形特征，例如当前案例中的轴向偏差，在本质上有着更大的差异性。当平均晶粒尺寸恒定时，晶粒组织不规则性越强，晶粒组织中最大晶粒尺寸值越大。最大晶粒是否会在其所在截面的变形过程中起主导作用，取决于最大晶粒的取向，而晶粒取向是随机分配的。相反地，规则晶粒组织的晶粒尺寸分布更加均匀，排除了大晶粒的产生，避免了大晶粒在拥有合适取向下为剧烈的滑移集中提供空间，即具有较高施密特因子的晶界。

具有相同特征规律参数（$\alpha=0.4$，中等规则）、不同平均晶粒尺寸的微柱试样，如图9.49所示。经标准化后，不同微柱试样的晶粒尺寸分布在统计角度上是相同的。由图可知，在给定特征规律参数下，变形试样的轴向偏差随着平均晶粒尺寸的增大而增大。材料晶粒尺寸越小，变形越均匀。图9.49(c)中所示模拟结果，可以清晰地反映这种规律。图中 γ 的最大值较小，微柱基本保持了其外形轮廓，变形后未出现轴向偏离。CPFE模拟结果清楚地反映了晶粒尺寸对变形特征的影响。

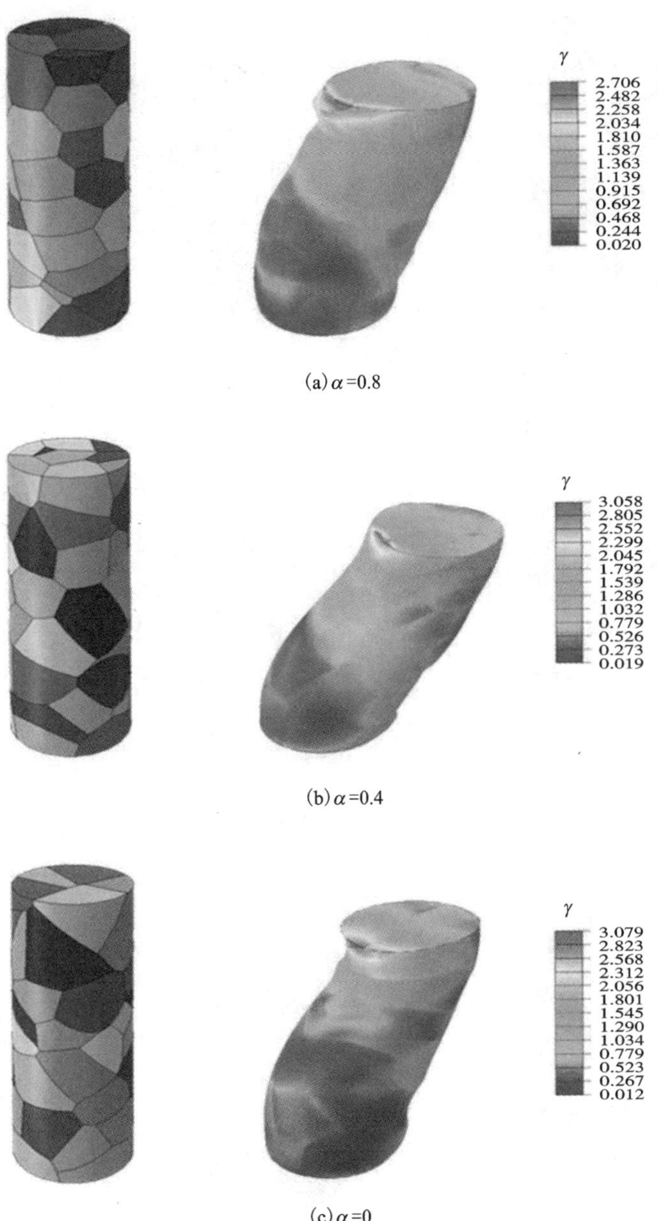

(a) $\alpha=0.8$

(b) $\alpha=0.4$

(c) $\alpha=0$

图 9.48　规则和不规则晶粒组织微柱压缩 CPFE 模拟

(Zhang, Karimpour, Balint, Lin, 2012b)

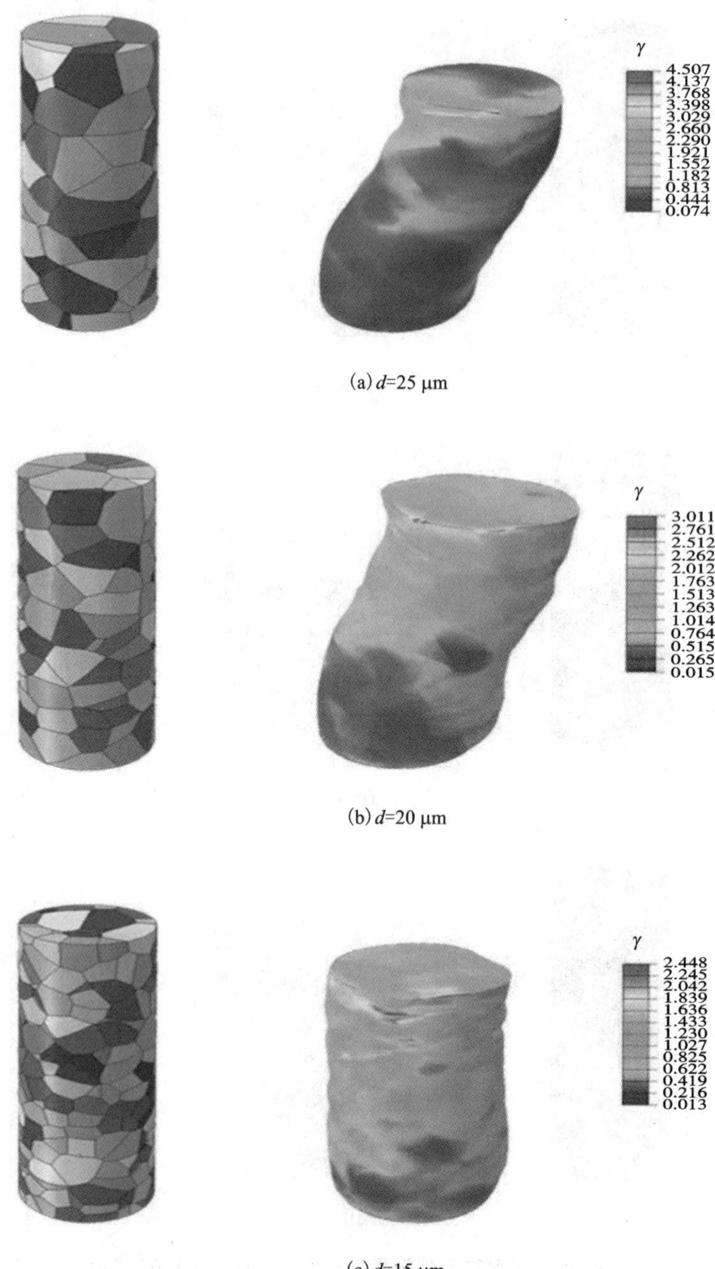

(a) d=25 μm

(b) d=20 μm

(c) d=15 μm

图 9.49　不同晶粒尺寸微柱压缩 CPFE 模拟

(Zhang, Karimpour, Balint 和 Lin, 2012b)

参考文献*

Abramowitz, M. and Stegun, I. A. (eds.) (1972). Handbook of Mathematical Functions with Formulas, Graphs, and Mathematical Tables, Dover, New York.

Afshan, S. (2013). Micro-mechanical modelling of damage healing in free cutting steel, PhD thesis, Imperial College London, UK.

Aggarwal, A., Guibas, L., Saxe, J. et al. (1987). A linear time algorithm for computing the Voronoi diagram of a convex polygon, Proceedings of the Nineteenth Annual ACM Symposium on Theory of Computing, 39 – 45.

Ali, W. J. and Balod, A. O. (2007). Theoretical determination of forming limit diagram for steel, brass and aluminium alloy sheets, Al-Rafidain Engineering, 15(1), 40 – 55.

Andersson, H. (1977). Analysis of a model for void growth and coalescence ahead of a moving crack tip, Journal of the Mechanics and Physics of Solids, 25, 217 – 233.

Andrade, E. N. da C. (1914). The flow in metals under large constant stress, Proceedings of the Royal Society London, 90A, 329 – 342.

Ashby, M. F. and Dyson, B. F. (1984). Creep damage mechanics and micro-mechanisms, ICF Advances In Fracture Research, Pergamon, Press, pp. 3 – 30.

Ashby, M. F. and Jones, D. R. H. (2005). Engineering Materials 1: An Introduction to Properties, Applications and Design, Elsevier Butterworth-Heinemann, Amsterdam.

Bäck, T. and Schwefel, H-P. (1993). An overview of evolutionary optimisation for parameter optimisation, Evolutionary Computation, 1(1), 1 – 23.

Bai, Q. (2012). Development of a new process for high precision gas turbine blade forging, PhD thesis, Imperial College London, UK.

Bai, Q., Lin, J., Dean, T. A. et al. (2013). Modelling of dominant softening mechanisms for Ti – 6Al – 4V in steady state hot forming conditions, Materials Science & Engineering A, 559, 352 –

* 因是译作，为尊重原著，参考文献按原格式排版

358.

Bai, Q., Lin, J., Zhan, L., Dean, T. A., et al. (2012). An efficient closed-form method for determining interfacial heat transfer coefficient in metal forming, Int. J. of Machine Tools & Manuf., 56(1), 102 - 110.

Baker, T. J. and Charles, J. A. (1972). Deformation of MnS Inclusions in Steel, Journal of the Iron and Steel Institute, 210, 680 - 690.

Balluffi, R. W., Allen, S. M. and Carter, W. C. (2005). Kinetics of Materials, Wiley, Hoboken, NJ.

Balint, D. S., Deshpande, V. S., Needleman, A. et al. (2008). Discrete dislocation plasticity analysis of the grain size dependence of the flow strength of polycrystals, International Journal of Plasticity, 24, 2149 - 2172.

Banthia, V. and Mukherjee, S. (1985). On an improved time integration scheme for stiff constitutive models of inelastic deformation, Journal of Engineering Materials and Technology, 107, 282 - 285.

Barton, N. R., Bernier, J. V., Lebensohn, R. A. et al. (2009). 'Direct 3D simulation of plastic flow from EBSD data', in Schwartz, Kumar, Adams et al. (eds), Electron Backscatter Diffraction in Materials Science, Springer, New York, pp. 155 - 167.

Bhandari, Y., Sarkar, S., Groeber, M. et al. (2007). 3D polycrystalline microstructure reconstruction from FIB generated serial sections for FE analysis, Computational Materials Science, 41, 222 - 235.

Boots, B. (1982). The arrangement of cells in random networks. Metallography, 15, 53 - 62.

Boyer, J.-C., Vidal-Sallé, E. and Staub, C. (2002). A shear stress dependent ductile damage model, Journal of Materials Processing Technology, 121(1), 87 - 93.

Brust, F. W. and Leis, B. N. (1992). A new model for characterizing primary creep damage, International journal of fracture, 54(1), 45 - 63.

Brozzo, P., De Luca, B. and Rendina, R. (1972). A new method for the prediction of formability limits in metal sheets, Proceedings of the 7th Biennial International Deep Drawing Research Group Conference on Sheet Metal Forming and Formability.

BSI, (2008). Metallic materials - Sheet and strip - Determination of forming-limit curves, Part 2: Determination of forming-limit curves in the laboratory, p. 27.

Brunet, M., Godereaux, S. and Morestin, F. (2000). Nonlinear kinematic hardening identification for anisotropic sheet metals with bending-unbending tests, Journal of Engineering Materials and Technology, 123(4), 378 - 383.

Caraher, S. K., Polmear, I. J. and Ringer, S. P. (1998). Effects of Cu and Ag on precipitation in Al - 4Zn - 3Mg (wt. %), Proceedings 6th International Conference on Aluminum Alloys (ICAA6), 2, 739 - 744.

Cao, J. (2006). A study on the determination of unified constitutive equations, PhD thesis, University of Birmingham, UK.

Cao, J., Krishnan, N., Wang, Z. et al. (2004). Micro-forming: experimental investigation of the extrusion process for micropins and its numerical simulation using RKEM, Trans. ASEM, 126, 642 – 652.

Cao, J. and Lin, J. (2008). A study on formulation of objective functions for determining material models, Int. J. of Mech. Sci., 50, 193 – 204.

Cao, J., Lin, J. and Dean, T. A. (2008a). An implicit unitless error and step-size control method in integrating unified viscoplastic/creep ODE-type constitutive equations, Int. J. for Numerical Methods in Engineering, 73, 1094 – 1112.

Cao, J., Lin, J. and Dean, T. A. (2008b). User's manual for OPT-CCE (An Optimiser for Determining Constants in Constitutive Equations), Report in Metal Forming and Materials Modelling Group, Imperial College London.

Cao, J., Zhuang, W., Wang, S. et al. (2010). Development of a VGRAIN system for CPFE analysis in micro-forming applications, Int. J. of Adv Manuf. Tech., 47, 981 – 991.

Cao, J., Zhuang, W., Wang, S. et al. (2009). An integrated crystal plasticity FE system for micro-forming simulation, J. MultiscaleModelling, 1, 107 – 124.

Chow, C. L. (2009). Anisotropic damage-coupled sheet metal forming limit analysis, Int. J. of Damage Mechanics, 18(4), 371 – 392.

Cottingham, D. M. (1966). The hot workability of low-carbon steels, Proceedings of The Conference on Deformation Under Hot working Conditions, 146 – 156.

Cheong, B. H (2002). Modelling of microstructural and damage evolution in superplastic forming, PhD thesis, University of Birmingham, UK.

Cheong, B. H., Lin, J. and Ball A. A. (2000). Modelling of the hardening characteristics for superplastic materials, Journal of Strain Analysis, 35(3), 149 – 157.

Cheong, B. H., Lin, J. and Ball A. A. (2001). Modelling of the hardening due to grain growth for a superplastic alloy, J. of Mat. Proc. Tech., 119, 361 – 365.

Chaboche, J. L. (1977). Viscoplastic constitutive equations for the description of cyclic and anisotropic behaviour of metals, Bull. Acad. Pol. Sci. Ser. Sci. Tech., 25, 33.

Chaboche, J. L. (1987). Continuum damage mechanics: present state and future trends, Nuclear Engineering and Design, 105, 19 – 33.

Chaboche, J. L. and Rousselier, G. (1983). On the plastic and viscoplastic constitutive equations—part II: application of internal variable concepts to the 316 stainless steel, J. Pressure Vessel Technol., 105(2), 159 – 164.

Chu, C. C. and Needleman, A. (1980). Void nucleation effects in biaxially stretched sheets, Journal of Engineering Materials and Technology, 102, 249 – 257.

Cockcroft, M. G. and Latham, D. J. (1968). Ductility and the workability of metals, J. Inst. Met., 96, 6.

Cocks, A. C. F. and Ashby, M. F. (1980). Intergranular fracture during power-law creep under multiaxial stresses, Metal Science, 14, 395 – 402.

Cocks, A. C. F. and Ashby, M. F. (1982). On creep fracture by void growth, Progress in Material Science, 27, 189 – 244.

De Paoli, M. and Bennett, M. E-report: II. 4 Diffusive Mass Transfer, in Microscopic Rheological Deformation of the Lithosphere, [Online]. Available at: http://www.geosci.usyd.edu.au/users/prey/Teaching/Geol – 3101/RheologyOne02/diffuse.htm.

Den Toonder, J., Van Dommelen, J. and Baaijens, F. (1999). The relation between single crystal elasticity and the effective elastic behaviour of polycrystalline materials: theory, measurement and computation, Modelling and Simulation in Materials Scienceand Engineering, 7(6), 909 – 928.

Deschamps, A., Solas, D. and Bréchet, Y. (1999). Modelling of microstructure evolution and mechanical properties in age-hardening aluminium alloys, Proc. EUROMAT 99, 3, 121 – 132.

Deschamps, A., Solas, D. and Bréchet, Y. (2005). 'Modelling of microstructure evolution and mechanical properties in age-hardening aluminium alloys', in Bréchet, Y. (ed.), Microstructures, Mechanical Properties and Processes - Computer Simulation and Modelling, Wiley-VCH Verlag GmbH & Co. KGaA, Weinheim, FRG.

Dieter, G. E., Mullin, J. V. and Shapiro, E. (1966). Fracture of inconel under conditions of hot working, Proceedings of The Conference on Deformation under Hot Working Conditions, 7 – 12.

Ding R., Guo Z. X. and Wilson A. (2002). Microstructural evolution of a Ti – 6Al – 4V alloy during thermomechanical processing, Materials Science and Engineering: A, 327, 233 – 245.

Djaic, R. A. P. and Jonas, J. J. (1972). Static recrystallisation of austenite between intervals of hot working, Journal of Iron Steel Institute, 210, 256 – 261.

Doherty, R. D. (2005). 'Primary recrystallisation', in Cahn, R. W. et al., Encyclopedia of Materials: Science and Technology, Elsevier, Amsterdam, pp. 7847 – 7850.

Doherty, R. D., Hughes, D. A., Humphreys, F. J. et al. (1997). Current issues in recrystallisation: a review, Materials Science and Engineering, A238, 219 – 274.

Dunne, F. P. E. and Hayhurst, D. R. (1992). Continuum damage based constitutive equations for copper under high temperature creep and cyclic plasticity, Proceedings of The Royal Society A: Mathematical, Physical & Engineering Sciences, A437, 545 – 566.

Dunne, F. P. E. and Petrinic, N. (2005), Introduction to Computational Plasticity, Oxford University Press, Oxford, UK.

Dunne, F. P. E., Rugg, D. and Walker, A. (2007). Lengthscale-dependent, elastically anisotropic, physically-based HCP crystal plasticity: application to cold-dwell fatigue in Ti alloys, International Journal of Plasticity, 23, 1061 – 1083.

Dunne, F. P. E., Kiwanuka, R. and Wilkinson, A. J. (2012). Crystal plasticity analysis of micro-deformation, lattice rotation and geometrically necessary dislocation density, Proceedings of the Royal Society A: Mathematical, Physical & Engineering Sciences, 468, 2509 – 2531.

Dyson, B. F. (1988). Creep and fracture of metals: mechanisms and mechanics, Rev. Phys. Appl., 23, 605 – 613.

Dyson, B. F. (1990). 'Physically-based models of metal creep for use in engineering design', in

Embury, J. D. and Thompson, A. W. (eds), Modelling of Materials Behaviour and Design, The Minerals, Metals and Materials Society, pp. 59 - 75.

Dyson, B. F. and Loveday, M. S. (1981). 'Creep fracture in nomonic 80A under triaxial tensile stressing', in Ponter, A. R. S. and Hayhurst, D. R. (eds), Creep in Structure, Springer-Verlag, Berlin, pp. 406 - 421.

Dyson, B. F. and McLean, M. (1983). Particle-coarsening, and tertiary creep, ActaMetallurgica, 30, 17 - 27.

Dyson, B. F., Verma, A. K. and Szkopiak, Z. C. (1981). The influence of stress state on creep resistance: experimentation and modelling, ActaMetallurgica, 29, 1573 - 1580.

Dyson, B. F. and McLean, D. (1977). Creep of Nimonic 80A in torsion and tension, Metals Science, 2(11), 37 - 45.

Edington, J. W., Melton, K. N. and Cutler, C. P. (1976). Superplasticity, Progress in Materials Science, 21, 63 - 169.

Eliaz, N., Shemesh, G. and Latanision, R. M. (2002). Hot corrosion in gas turbine components, Engineering Failure Analysis, 9(1), 31 - 43.

Engel, U. and Eckstein, R. (2002). Micro-forming - from basic research to its realization, Journal of Materials Processing Technology, 125 - 126, 35 - 44.

Estrin, Y. (1991). 'A versatile unified constitutive model based on dislocation density evolution', in Constitutive Modelling: Theory and Application, MD-Vol. 26/AMD-Vol. 121, ASME, New York pp. 65 - 75.

Estrin, Y. (1996). 'Dislocation-density-related constitutive modelling', in Krausz, A. S. and Krausz, K. (eds), Unified Constitutive Laws of Plastic Deformation, Academic Press, USA.

Evans, R. W. and Wilshire, B. (1985). Creep of Metals and Alloys, The Institute of Metals, London.

Fan, X. G. and Yang, H. (2011). Internal-state-variable based self-consistent constitutive modelling for hot working of two-phase titanium alloys coupling microstructure evolution, International Journal of Plasticity, 27, 1833 - 1852.

Faruque, M. O., Zaman, M. and Hossain, M. I. (1996). Creep constitutive modelling of an aluminium alloy under multiaxial and cyclic loading, International Journal of Plasticity, 12(6), 761 - 780.

Ferragut, R., Somoza, A. and Tolley, A. (1999). Microstructural evolution of 7012 alloy during the early stages of artificial ageing, ActaMaterialia, 47, 4355 - 4364.

Fogel, D. B. (1991). System Identification Through Simulated Evolution: A Machine Learning Approach to Modelling, Ginn Press, Needham Heights, MA.

Ford, H. and Alexander, J. M. (1977). Advanced Mechanics of Materials, Ellis Horwood Ltd., England.

Foster, A. D., Dean, T. A. and Lin, J. (2012). Process for forming aluminium alloy sheet component, International Patent No.: WO2010/032002 A1, UK Patent Office.

Foster, A. D., Lin, J., Farrugia, et al. (2011). A test for evaluating the effects of stress-states on damage evolution with specific application to the hot rolling of free-cutting steels, International Journal of Damage Mechanics, 20(1), 113 - 129.

Foster, A. D., Lin, J., Farrugia, D. C. J. et al. (2007). Investigation into damage nucleation and growth for a free-cutting steel under hot rolling conditions, Journal of Strain Analysis, 42(4), 227 - 235.

Foster, A. D., Mohamed, M., Lin, J. et al. (2008). An investigation of lubrication and heat transfer for a sheet aluminium Heat, Form-Quench (HFQ) process, Steel Research International, 79(11) II, 133 - 140.

Gaskell, J., Dunne, F. P. D., Farrugia, D. C. J. et al. (2009). A multiscale crystal plasticity analysis of deformation in a two-phase steel, Journal of MultiscaleModelling, 1(1), 1 - 19.

Garett, R. P., Lin, J. and Dean, T. A. (2005). An investigation of the effects of solution heat treatment on mechanical properties for AA 6xxx alloys: experimentation and modelling, International Journal of Plasticity, 21(8), 1640 - 1657.

Geiger, M., Kleiner, M., Eckstein, R. et al. (2001). Microforming, CIRP Annals, 50(2), 445 - 462.

Gelin, J. C. (1995) 'Theoretical and numerialmodelling of isotropic and anisotropic ductile damage in metal forming processes', in Ghosh, S. K. and Predeleanu, M. (eds), Materials Processing Defects, Elsevier, Amsterdam, pp. 123 - 140.

Gelin, J. C. (1998). Modelling of damage in metal forming processes, Journal of Materials Processing Technology, 80 - 81, 24 - 32.

Ghosh, A. K. and Hamilton, C. H. (1979). Mechanical behaviour and hardening characteristics of a superplastic Ti 6AL 4V alloy, Metallurgical Transactions A, 10A(6), 699 - 706.

Goods, S. H. and Brown, L. M. (1979). The nucleation of cavities by plastic deformation, ActaMetallurgica, 27, 1 - 15.

Groover, M. P. (1996). Fundamental of modern manufacturing, Prentice-Hall International (UK) Ltd., London.

Gurson, A. L. (1977). Continuum theory of ductile rupture by void nucleation and growth: Part I - Yield criteria and flow rules for porous ductile media, Journal of Engineering Materials and Technology: Transactions of the ASME, 99, 2 - 15.

Hall, E. O. (1951). The deformation and ageing of mild steel: III discussion of results. Proceedings of the Physical Society. Section B, 64, 747.

Hansen, N. and Ostermeier, A. (2001). Completely derandomized self-adaptation in evolution strategies, Evolutionary Computation, 9, 159 - 195.

Harewood, F. J. and McHugh, P. E. (2007). Comparison of the implicit and explicit finite element methods using crystal plasticity, Computational Materials Science, 39, 481 - 494.

Hayhurst, D. R. (1972). Creep rupture under multiaxial states of stress, Journal of Mechanics and Physics of Solids, 20, 381 - 390.

Hayhurst, D. R. (1983). 'On the role of creep continuum damage in structural mechanics', in Wilshire, B. and Owen, D. R. J. (eds), Engineering Approaches to High Temperature Design, Pineridge Press, Swansea, pp. 85 – 176.

Hayhurst, D. R., Dimmer, P. R. and Morrison, C. J. (1984). Development of continuum damage in the creep rupture of notched bars, Philosophical Transactions of the Royal Society, A311, 103 – 129.

Hayhurst, D. R., Dyson, B. R. and Lin, J. (1994). Breakdown of the skeletal stress technique for lifetime prediction of notched tension bars due to creep crack growth, Engineering Fracture Mechanics, 49(5), 711 – 726.

Held, M. (1991). 'On the computational geometry of pocket machining', in Lecture Notes In Computer Science, Springer-Verlag, New York

Hill, R. (1950). The Mathematical Theory of Plasticity, Clarendon Press, Oxford.

Hill, R. (1966). Generalized constitutive relations for incremental deformation of metal crystals by multislip, Journal of Mechanics and Physics of Solids, 14(2), 95 – 102.

Hill, R. and Rice, J. R. (1972). Constitutive analysis of elastic-plastic crystals at arbitrary strain, Journal of Mechanics and Physics of Solids, 20(6), 401 – 413.

Hinde, A. and Miles, R. (1980). Monte Carlo estimates of the distributions of the random polygons of the Voronoi tessellation with respect to a Poisson process, Journal of Statistical Computation and Simulation, 10(3), 205 – 223.

Ho, K. C. (2004). Modelling of age-hardening and springback in creep age-forming, PhD thesis, University of Birmingham, UK.

Ho, K. C., Zhang, N., Lin, J. et al. (2007). An integrated approach for virtual microstructure generation and micro-mechanics modelling for micro-forming simulation, Proceedings of ASME MNC2007, 203 – 211.

Holman, M. C. (1989). Autoclave age forming large aluminium aircraft panels, Journal of Mechanical Working Technology, 20, 477 – 488.

Hosford, W. F. (1992). The Mechanics of Crystals and Textured Polycrystals, Oxford University Press, Oxford.

Hsu, E., Carsley, J. E. and Verma, R. (2008). Development of forming limit diagrams of aluminum and magnesium sheet alloys at elevated temperatures, Journal of Materials Engineering and Performance, 17, 288 – 296.

Huang, Y. (1991). A User-Material Subroutine Incorporating Single Crystal Plasticity in the ABAQUS Finite Element Program, Harvard University Press, Cambridge, MA.

Humphreys, F. J. (1999). A new analysis of recovery, recrystallisation and grain growth, Materials Science and Technology, 15, 37 – 44.

Humphreys, F. J. and Hatherly, M. (2004). Recrystallisation and Related Annealing Phenomena, Elsevier, Amsterdam.

Jeunechamps, P. P., Ho, K. C., Lin, J et al. (2006). A closed form technique to predict springback in creep age-forming, International Journal of Mechanical Sciences, 48, 621 – 629.

Kachanov, L. M. (1986). Introduction to Continuum Damage Mechanics, MartinusNijhoff, Dordricht.

Kachanov, L. M. (1958). The Theory of Creep, (English translation edited by Kennedy, A. J.), National Lending Library, Boston Spa.

Kalpakjian, S. and Schmid, S. R. (2001). Manufacturing Engineering and Technology, 4th Edition, Prentice-Hall International (UK) Ltd., London.

Karimpour, M. (2012). Modelling of interfacial problems at micro and nano scales in polycrystalline materials, PhD thesis, Imperial College London, UK.

Kaye, M. (2012). Advanced damage modelling of free cutting steels, PhD thesis, Imperial College London, UK.

Khan, A. S., Sung Suh, Y. and Kazmi, R. (2004). Quasi-static and dynamic loading responses and constitutive modelling of titanium alloys, International Journal of Plasticity, 20, 2233 – 2248.

Kim, T. W. and Dunne, F. P. E. (1997). Determination of superplastic constitutive equations and strain rate sensitivity for aerospace alloys, Journal of Aerospace Engineering, 211, 367 – 380.

Kim, S. B., Huh, H., Bok, H. H. et al. (2011). Forming limit diagram of auto-body steel sheets for high-speed sheet metal forming, Journal of Materials Processing Technology, 211, 851 – 862.

Kocks, U. F. (1976). Laws for work hardening and low temperature creep, Journal of Engineering Materials and Technology, 98, 76 – 85.

Kowalewski, Z. L., Hayhurst, D. R. and Dyson, B. F. (1994). Mechanisms-based creep constitutive equations for an aluminium alloy, Journal of Strain Analysis, 29, 309 – 316.

Kowalewski, Z. L., Lin, J. and Hayhurst, D. R. (1994). Experimental and theoretical evaluation of a high-accuracy uniaxial creep testpiece with slit extensometer ridges, International Journal of Mechanical Science, 36(8), 751 – 769.

Krajcinovic, D. (1989). Damage mechanics, Mechanics of Materials, 8(2 – 3), 117 – 197.

Krishnan, K., Cao, J. and Dohda, K. (2007). Study of the size effect on friction conditions in micro-extrusion: Part 1: Micro-extrusion experiments and analysis, Journal of Manufacturing Science and Engineering-ASME, 129, 669 – 676.

Kumar, S., Kurtz, S., Banavar, J. et al. (1992). Properties of a three-dimensional Poisson-Voronoi tessellation: a Monte Carlo study, Journal of statistical physics, 67, 523 – 551.

Leckie, F. A. and Hayhurst, D. R. (1977) Constitutive equations for creep rupture, ActaMetallurgica, 25, 1059 – 1070.

Lee, E. H. (1969). Elastic-plastic deformation at finite strains, Journal of Applied Mechanics, 36, 1 – 6.

Lemaitre, J. and Chaboche, J. L. (1990). Mechanics of Solid Materials, Cambridge University Press, Cambridge, UK.

Lagos, M. (2000). Elastic instability of grain boundaries and the physical origin of superplasticity, Physical Review Letters, 85(11), 2332 – 2335.

Lee, D. (1969). The nature of superplastic deformation in the Mg-Al eutectic, ActaMetallurgica, 17,

1057.

Leroy, G. (1981). A model of ductile fracture based on the nucleation and growth of voids, Actametallurgica, 29(8), 1509 - 1520.

Li, N. (2013). Fundamentals of materials modelling for hot stamping of UHSS panels with gradied properties, PhD thesis, Imperial College London, UK.

Li, N., Mohamed, M. S., Cai, J. et al. (2011). Experimental and numerical studies on the formability of materials in hot stamping and cold die quenching processes, The 14th Int. ESAFORM Conf. on Material Forming, AIP Conf. Proc., 1353, 1555 - 1561.

Li, Z. H., Bilby, B. A. and Howard, I. C. (1994), A study of the internal parameters of ductile damage theory, Fatigue and Fracture of Engineering Materials and Structures, 17(9), 1075 - 1087.

Li, D. and Ghosh, A. K. (2004). Biaxial warm forming behaviour of aluminum sheet alloys, Journal of Materials Processing Technology, 145, 281 - 293.

Li, J., Lin, J. and Yao, X. (2002). A novel evolutionary algorithm for determining unified creep damage constitutive equations, International Journal of Mechanical Sciences, 44(5), 987 - 1002.

Lin, J. (2003). Selection of material models for predicting necking in superplastic forming, International Journal of Plasticity, 19(4), 469 - 481.

Lin, J., Ball, A. A. and Zheng, J. J. (1988). Surface modelling and mesh generation for simulating superplastic forming, Journal of Materials Processing Technology, 80/81, 613 - 619.

Lin, J., Cao, J. and Balint, D. (2011). Development of determination of unified viscoplastic constitutive equations for predicting microstructure evolution in hot forming processes, International Journal of Mechatronics and Manufacturing Systems, 4(5), 387 - 401.

Lin, J., Cao, J. and Balint, D. (2012). 'Chapter 7: Determining unified constitutive equations for modelling hot forming of steel', in Lin, J., Balint, D. and Pietrzyk, M. (eds), Microstructural Evolution in Metal Forming Processes, Woodhead Publishing Ltd., Sawston, UK, pp. 180 - 209.

Lin, J., Cheong, B. H. and Yao, X. (2002). Universal multi-objective function for optimising superplastic-damage constitutive equations, Journal of Materials Processing Technology, 125 - 126, 199 - 205.

Lin, J. and Dean, T. A. (2005). Modelling of microstructure evolution in hot forming using unified constitutive equations, Journal of Materials Processing Technology, 167, 354 - 362.

Lin, J., Dean, T. A., Foster, A. D. (2011). A method of forming a component of complex shape from aluminium alloy sheet, UK Patent No: GB2473298, UK Patent Office.

Lin, J., and Dunne, F. P. E. (2001). Modelling grain growth evolution and necking in superplastic blow-forming, International Journal of Mechanical Sciences, 43(3), 595 - 609.

Lin, J., Dunne, F. P. E. and Hayhurst, D. R. (1999). Aspects of testpiece design responsible for errors in cyclic plasticity experiments, International Journal of Damage Mechanics, 8(2), 109 -

137.

Lin, J., Dunne, F. P. E. and Hayhurst, D. R., 1998, Approximate method for the analysis of component under cyclic plasticity damage. Journal of Strain Analysis, 33(1), pp55-65.

Lin, J., Dunne, F. P. E. and Hayhurst, D. R. (1996). Physically-based temperature dependence of elastic viscoplastic constitutive equations for copper between 20 and 500 ° C, Philosophical Magazine A, 74(2), 655-676.

Lin, J., Foster, A. D., Liu, Y. et al. (2007). On micro-damage in hot metal working Part 2: Constitutive modelling, Journal of Engineering Transactions, 55(1), 1-18.

Lin, J. and Hayhurst, D. R. (1993a). The development of a bi-axial tension test facility and its use to establish constitutive equations for leather, European Journal of Mechanics, 12(4), 493-507.

Lin, J. and Hayhurst, D. R. (1993b). Constitutive equations for multiaxial straining of leather under uni-axial stress, European Journal of Mechanics, 12(4), 471-492.

Lin, J., Hayhurst, D. R. and Dyson, B. F. (1993a). A new design of uni-axial creep testpiece with slit extensometer ridges for improved accuracy of strain measurement, International Journal of Mechanical Sciences, 35(1), 63-78.

Lin, J., Hayhurst, D. R. and Dyson, B. F. (1993b). The standard ridged uni-axial testpiece: computed accuracy of creep strain, Journal of Strain Analysis, 28(2), 101-115.

Lin, J., Hayhurst, D. R., Howard, I. C. et al. (1992). Modelling of the performance of leather in a uni-axial shoe last simulator, Journal of Strain Analysis, 27(4), 187-196.

Lin, J., Ho, K. C. and Dean, T. A. (2006). An integrated process for modelling of precipitation hardening and springback in creep age-forming, International Journal of Machine Tools and Manufacture, 46(11), 1266-1270.

Lin, J., Liu, Y. and Dean, T. A. (2005). A review on damage mechanisms, models and calibration methods under various deformation conditions, International Journal of Damage Mechanics, 14(4), 299-319.

Lin, J., Kowalewski, Z. L. and Cao, J. (2005). Creep rupture of copper and aluminium Alloy under combined loadings - Experiments and their various descriptions, International Journal of Mechanical Sciences, 47, 1038-1058.

Lin, J., Liu, Y., Farrugia, D. C. J. et al. (2005). Development of dislocation based-unified material model for simulating microstructure evolution in multipass hot rolling Philosophical Magazine A, 85(18), 1967-1987.

Lin, J., Mohamed, M., Balint, D. et al. (2014). The development of continuum damage mechanics-based theories for predicting forming limit diagrams for hot stamping applications, International Journal of Damage Mechanics, 23(5), 684-701.

Lin, J., and Yang, J. (1999). GA-based multiple objective optimisation for determining viscoplastic constitutive equations for superplastic alloys, International Journal of Plasticity, 15(2), 1181-1196.

Lin, J. Zhan, L. and Zhu, T. (2011). 'Chapter 8: Constitutive equations for superplastic forming simulations', in Giuliano, G. (ed.), Superplastic Forming of Advanced Metallic Materials, World Publishing, Woodhead, pp. 154-222.

Liu, Y., Lin, J., Dean, T. A. et al. (2005). A numerical and experimental study of cavitation in a hot tensile axisymmetric testpiece, Journal of Strain Analysis, 40(6), 571-586.

Liu, Y. (2004). Characterization of microstructure and damage evolution in hot deformation, PhD thesis, University of Birmingham, UK.

Mahadevan, S. and Zhao, Y. (2002). Advanced computer simulation of metal alloy microstructure, Computer Methods in Applied Mechanics and Engineering, 191, 3651-3667.

Maire, E., Bordreuil, C., Babout, L. et al. (2005). Damage initiation and growth in metals. Comparison between modelling and tomography experiments, Journal of the Mechanics and Physics of Solids, 53, 2411-2434.

Marciniak, Z., Kuczynski, K. and Pokora, T. (1973). Influence of the plastic properties of a material on the forming limit diagram for sheet metal in tension, International Journal of Mechanical Sciences, 15, 789-805.

McClintock, F. A. (1968). A criterion for ductile fracture by the growth of holes, Journal of Applied Mechanics, 35, 363-371.

Mecking, H. and Knocks, U. F. (1981). Kinetics of flow and strain-hardening, ActaMetallurgica, 29(11), 1865-1875.

Medina, S. F. and Hernandez, C. A. (1996a). Modelling of the dynamic recrystallisation of austenite in low alloy and micro-alloyed steels, ActaMetallurgica, 44(1), 165-171.

Medina, S. F. and Hernandez, C. A. (1996b). General expression of the zener-hollomon parameter as a function of the chemical composition of low alloy and micro-alloyed steels, ActaMetallurgica, 44(1), 137-148.

Meyers, M. A. and Chawla, K. K. (1999). Mechanical Behavior of Materials, Prentice Hall, Upper Saddle River, NJ, pp. 555-557.

Mika, D. P. and Dawson, P. R. (1998). Effects of grain interaction on deformation in polycrystals, Materials Science and Engineering A, 257, 62-76.

Miller, A. K. and Shih, C. F. (1977). An improved method for numerical integration of constitutive equations of the work hardening recovery type, Journal of Engineering Materials and Technology, 99(3), 275-277.

Miller, A. K. and Tanaka, T. G. (1988). NONSS: A new method for integrating unified constitutive equations under complex histories, Journal of Engineering Materials and Technology, 110, 205-211.

Moffatt, W. G., Pearsall, G. W. and Wulff, J. (1976). The Structure and Properties of Metals, Vol. 1, John Wiley & Sons, New York.

Mohamed, M. S. (2010). An investigation of hot forming quenching process for AA6082 aluminium alloys, PhD thesis, Imperial College London, UK.

Mohamed, M. S., Foster, A. D., Lin, J., et al. (2012). Investigation of deformation and failure features in hot stamping of AA6082: Experimentation and modelling, International Journal of Machine Tools and Manufacture, 53, 27 – 38.

Mohamed, M. S., Lin, J., Foster, A. D. et al. (2014). A new test design for assessing formability of materials in hot stamping, ICTP 2014 Conference.

Nakazima, K., Kikuma, T. andAsaku, K. (1968). Study on the formability of steel sheet, Yawata Technical Report, p. 264.

Needleman, A. (1972). Void growth in an elastic-plastic medium, Journal of Applied Mechanics, 39, 964 – 970.

Nemat-Nasser, S. (2004). Plasticity: A Treatise on the Finite Deformation of Heterogeneous Inelastic Materials, Cambridge University Press, Cambridge.

Nicolaou, P. D. and Semiatin, S. L. (2003). An experimental and theoretical investigation of the influence of stress state on cavitation during hot working, ActaMaterialia, 51, 613 – 623.

Nieh, T. G., Wadsworth, J. and Sherby, O. D. (1997). Book Review: Superplasticity in Metals and Ceramics, pp. 32 – 48.

Omerspahic, D. and Mattiasson, K. (2007). Oriented damage in ductile sheets: constitutive modelling and numerical integration, International Journal of Damage Mechanics, 16, 35 – 56.

Othman, A. M., Lin, J., Hayhurst, D. R. et al. (1993). Comparison of creep rupture lifetimes of single and double notched tensile bars, ActaMetallurgicaetMaterialia, 41, 17 – 24.

Pearson, C. E. (1934). The viscous properties of extruded eutectic alloys of lead-tin and bismuth-tin, Journal of the Institute of Metals, 54, 111 – 116.

Peirce, D., Asaro, R. J. and Needleman, A. (1982). An analysis of nonuniform and localized deformation in ductile single crystals, ActaMetallurgica, 30, 1087 – 1119.

Petch, N. J. (1953). The cleavage strength of polycrystals, The Journal of the Iron and Steel Institute, 173, 25 – 28.

Picu, R. C. and Majorell, A. (2002). Mechanical behavior of Ti – 6Al – 4V at high and moderate temperatures - Part II: constitutive modelling, Materials Science and Engineering: A, 326, 306 – 316.

Pietrzyk, M., Cser, L. and Lenard, J. G. (1999). Mathematical and Physical Simulation of the Properties of Hot Rolled Products, Elsevier, Amsterdam.

Pilling, J. and Ridley, N. (1986). Effect of hydrostatic pressure on cavitation in superplastic aluminium alloys, ActaMetallurgica, 34, 669 – 679.

Pilling, J. and Ridley, N. (1989). Superplasticity in Crystalline Solids, The Institute of Metals, London.

Politis, D. (2013). Process development for forging lightweight multi-material gears, PhD thesis, Imperial College London, UK.

Poole, W. J., Sæter, J. A., Skjervold, S. et al. (2000). A model for predicting the effect of deformation after solution treatment on the subsequent artificial ageing behaviour of AA7030 and AA7108 alloys, Metallurgical and Materials Transactions A, 31(9), 2327 – 2338.

Press, W. H. , Flannery, B. P. , Teukolsky, S. A. et al. (2007). Numerical recipes in C: the Art of Scientific Computing, Cambridge University Press, Cambridge.

Quested, T. (2003). As-cast wrought-grade aluminium alloy micrograph, Department of Materials Science and Metallurgy, University of Cambridge, [Online]. Available at: http: //www. doitpoms. ac. uk/miclib/micrograph_record. php? id = 712 [Accessed 30 Oct 2011].

Rice, J. R. (1972). Inelastic constitutive relations for solids: An internal-variable theory and its application to metal plasticity, Journal of the Mechanics and Physics of Solids, 19(6), 433 -455.

Rice, R. J. and Tracey, D. M (1969). On the ductile enlargement of voids in triaxial stress fields, Journal of the Mechanics and Physics of Solids, 17, 201 -217.

Ridley, N. (1989). 'Cavitations and superplasticity', in Superplasticity, AGARD Lecture Series No. 168, Specialised Printing Services Limited, Essex, pp. 4. 1 -4. 14.

Ringer, S. P. and Hono, K. (2000). Microstructural evolution and age hardening in aluminium alloys: Atom probe field-ion microscopy and transmission electron microscopy studies, Materials Characterization, 44(1 -2), 101 -131.

Ritz, H. and Dawson, P. R. (2009). Sensitivity to grain discretization of the simulated crystal stress distributions in fccpolycrystals, Modelling and Simulation in Materials Science and Engineering, 17, 1 -21.

Rollett, A. D, Luton, M. J. and Srolovitz, D. J. (1992). Microstructural simulation of dynamic recrystallisation, ActaMetallurgica, 40(1), 43 -55.

Rossler, J. and Arzt, E. (1990). A new model-based creep equation for dispersion strengthened materials, ActaMetallurgicaetMaterialia, 38, 671 -686.

Sandstrom, R. and Lagneborg, R. (1975). A model for hot working occurring by recrystallization, ActaMetallurgica, 23, 387 -398.

Schmid, E. and Boas, W. (1935). KristallplastizitaetmitbesondererBeruecksichtigung der Metalle. (Strukter und Eigenschaften der Materie, XVII), KristallplastizitaetmitbesondererBeruecksichtigung der Metalle, ISSU.

Semiatin, S. L. and Bieler, T. R. (2001). The effect of alpha platelet thickness on plastic flow during hot working of TI -6Al -4V with a transformed microstructure, ActaMaterialia, 49(17), 3565 - 3573.

Semiatin, S. L. and Furrer, D. U. (2008). Modelling of microstructure evolution during the thermomechanical processing of titanium alloys, in ASM Handbook, Volume 22A: Fundamentals of Modelling for Metals Processing, pp. 536 -552.

Semiatin, S. L. , Seetharaman, V. and Weiss, I. (1999). Flow behavior and globularization kinetics during hot working of Ti -6Al -4V with a colony alpha microstructure, Materials Science and Engineering A, 263, 257 -271.

Shao, Z. , Bai, Q. , Lin, J. et al. (2014). Experimental investigation of forming limit curves and deformation features in warm forming of an aluminium alloy, In Press.

Shi, Z. , Doel, T. J. A. , Lin, J. et al. (2010). ModellingThermomechanicalBehaviourOf Cr-Mo-V Steel, Joining of Advanced and Speciality Materials XII, 2596 – 2607.

Shi, Z. , Mohamed, M. , Wang, L. (2012). Forming limit curves of AA5754 under warm forming conditions, WAFT project Deliverable Report, Imperial College London, UK.

Socha, G. (2003). Experimental investigations of fatigue cracks nucleation, growth and coalescence in structural steel, International Journal of Fatigue, 25, 139 – 147.

Staub, C. J. and Boyer, C. (1996). An orthotropic damage model for visco-plastic materials, Journal of Materials Processing Technology, 60, 297 – 304.

Stefansson, N. and Semiatin, S. (2003). Mechanisms of globularization of Ti – 6Al – 4V during static heat treatment, Metallurgical and Materials Transactions A, 34, 691 – 698.

Weiss, I. and Semiatin, S. L. (1998). Thermomechanical processing of beta titanium alloys—an overview Materials Science and Engineering A, 243, 46 – 65.

Taylor, G. I. (1934). The mechanism of plastic deformation of crystals. Part I. Theoretical, Proceedings of the Royal Society of London. Series A, 145 (855), 362 – 387.

Taylor, G. I. (1938). Plastic strain in metals, Journal of the Institution of Metals, 62, 307 – 324.

Talbert, S. H. and Avitzur, B. (1996). Elementary Mechanics of Plastic Flow in Metal Forming, John Wiley & Sons, New York.

Thomason, P. F. (1990). Ductile Fracture of Metals, Pergamon Press, Oxford.

Tvergaard, V. (1990). Material failure by void growth to coalescence, Advances in Applied Mechanics, 27, 83 – 147.

Tvergaard, V. (1981). Influence of voids on shear band instabilities under plane strain conditions, International Journal of Fracture, 17, 389 – 407.

Tvergaard, V. (1982). On localization in ductile materials containing spherical voids, International Journal of Fracture, 18, 237 – 252.

Tvergaard, V. and Needleman, A. (1984). Analysis of the cup-cone fracture in a round tensile bar, ActaMetallurgica, 32, 157 – 169.

Tvergaard, V. (1985). Effect of grain boundary sliding on creep-constrained diffusive cavitation, Journal of the Mechanics and Physics of Solids, 33(5), 447 – 446.

Tvergaard, V. and Needleman, A. (2001). 'The modified Gurson model', in Lematire, J. (ed.), Handbook of Materials Behavior Models, Academic Press, London, pp. 430 – 435.

Uchic, M. D. , Dimiduk, D. M. , Wheeler, R. et al. (2006). Application of micro-sample testing to study fundamental aspects of plastic flow, ScriptaMaterialia, 54, 759 – 764.

Vetrano, J. S. , Simonen, E. P. and Bruemmer, S. M. (1999). Evidence for excess vacancies at sliding grain boundaries during superplastic deformation, ActaMaterialia, 47 (15 – 16), 4125 – 4129.

Vinod, K. A. (1996). Efficient and accurate explicit integration algorithms with application to viscoplastic models, International Journal for Numerical Methods in Engineering, 39, 261 – 279.

Wang, L. , Strangwood, M. , Balint et al. (2011). Formability and failure mechanisms of AA2024 under hot forming conditions, Materials Science & Engineering A, 528, 2648 – 2566.

Wang, S., Zhuang, W., Balint, D. S. et al. (2009a) A crystal plasticity study of the necking of microfilms under tension, Journal of MultiscaleModelling, 1(3), 331 – 345.

Wang, S., Zhuang, W., Balint, D. S. et al. (2009b). A virtual crystal plasticity simulation tool for micro-forming, Procedia Engineering, 1(1), 75 – 78.

Watcham, K. (2004), Airbus A380 takes creep age-forming to new heights, Materials World, 12 (2), 10 – 11.

Weiss, I., Froes, F. H., Eylon, D. et al. (1986). Modification of alpha morphology in Ti – 6Al – 4V by thermomechanical processing, Metallurgical and Materials Transactions A, 17, 1935 – 1947.

Weiss, I. and Semiatin, S. L. (1998). Thermomechanical processing of beta titanium alloys—an overview, Materials Science and Engineering A, 243(1 – 2), 46 – 65.

Wesley, A. S., Joshua, J. J., Timothy, A. M. et al. (2010). Effect of electrical pulsing on various heat treatments of 5xxx series aluminum alloys, Proceedings of the ASME 2010 World Conference on Innovative Virtual Reality WINVR2010, Ames, IA.

Williams, J. G. (1973) Stress Analysis of Polymers, Longmans Harlow, Essex.

Williams, J. G. (2013). Sir Hugh Ford, Biographical Memoirs of Fellows of the Royal Society, 59, 145 – 156.

Wong, C. C., Dean, T. A. and Lin, J. (2003). A review of spinning, shear forming and flow forming processes, International Journal of Machine Tools and Manufacture, 43, 1419 – 1435.

Yang, H. (2013). Creep age forming investigation on aluminium alloy 2219 and related studies, PhD thesis, Imperial College London, UK.

Yang, H., Davies, C. M., Lin, J. et al. (2013). Prediction and assessment of springback in typical creep-age forming tools, Proceedings of IMechE, Part B: Journal of Engineering Manufacture, 227(9), 1340 – 1348.

Yao, X., Liu, Y. and Lin, G. (1999). Evolutionary programming made faster, IEEE Transactions on evolutionary computation, 3(2), 82 – 102.

Zeng, Y. S., Yuan, S. J., Wang, F. Z. et al. (1997). Research on the integral hydrobulge forming of ellipsoidal shell, Journal of Materials Processing Technology, 72, 28 – 31.

Zhan, L., Lin, J., Dean, T. A. et al. (2011). Experimental studies and constitutive modelling of the hardening of AA7055 under creep age forming conditions, International Journal of Mechanical Sciences, 53, 595 – 605.

Zhan, L., Lin, J. and Dean, T. A. (2011). A review of the development of creep age forming: experimentation, modelling and applications, International Journal of Machine Tools and Manufacture, 51(1), 1 – 17.

Zhang, P. (2011). A virtual grain structure representation system for micro-mechanics modelling, PhD thesis, Imperial College London, UK.

Zhang, P., Balint, D. and Lin, J. (2011a). An integrated scheme for crystal plasticity analysis:

virtual grain structure generation, Computational Materials Science, 50(10), 2854 -2864.

Zhang, P., Balint, D. and Lin, J. (2011b) Controlled Poisson Voronoi tessellation for virtual grain structure generation: a statistical evaluation, Philosophical Magazine, 91(36), 4555 -4573.

Zhang, P., Karimpour, M., Balint, D. et al. (2012a). Cohesive zone representation and junction partitioning for crystal plasticity analyses, International Journal for Numerical Methods in Engineering, 92, 715 -733.

Zhang, P., Karimpour, M., Balint, D. et al. (2012b). Three-dimensional virtual grain structure generation with grain size control, Mechanics of Materials, 55, 89 -101.

Zhang, P., Karimpour, M., Balint, D. et al. (2012). A controlled Poisson Voronoi tessellation for grain and cohesive boundary generation applied to crystal plasticity analysis, Computational Materials Science, 64, 84 -89.

Zhang, P., Zhu, T. and Lin, J. (2012). User's Manual for VGRAIN - (Virtual Grain Structure Generation System), Imperial College London, UK.

Zhang, P., Balint, D. and Lin, J. (2012). User's manual for OPT-CAF: the optimisation tool for calibrating creep constitutive equations, Report in Metalforming and Materials Modelling Group, Imperial College London, UK.

Zhao, K. M. and Lee, J. K. (2000). Generation of cyclic stress-strain curves for sheet metals, Journal of Engineering Materials and Technology, 123(4), 391 -397.

Zheng, M., Hu, C., Luo, Z. J. et al. (1996). A ductile damage model corresponding to the dissipation of ductility of metal, Engineering Fracture Mechanics, 53(4), 653 -659.

Zhou, M. and Dunne, F. P. E. (1996). Mechanism-based constitutive equations for the superplastic behaviour of a titanium alloy, Journal of Strain Analysis, 31(3), 187 -196.

Zhuang, W., Wang, S., Cao, J. et al. (2010). Modelling of localised thinning features in the hydroforming of micro-tubes using the crystal-plasticity FE method, International Journal of Advanced Manufacturing Technology, 47, 859 -865.

Zhuang, W., Wang, S., Lin, J. et al. (2012). Experimental and numerical investigation of localised thinning in hydroforming of micro-tubes, European Journal of Mechanics A/Solids, 31 (1), 67 -76.

Zhu, H. X., Thorpe, S. M. and Windle, A. H. (2001). The geometrical properties of irregular two-dimensional Voronoi tessellations, Philosophical Magazine A, 81, 2765 -2783.

Zhu, A. W. and Starke Jr., E. A. (2001) Materials aspects of age-forming of Al-xCu alloys, Journal of Materials Processing Technology, 117, 354 -35.

附录 A

统一本构方程组

为讨论方便，书中针对不同应用场合列出了一些统一黏塑性方程组(特别是第 7 章和第 8 章)。在这些统一黏塑性方程组中，符号“ · ”表示对于时间的微分，例如，$\dot{\varepsilon}^{\mathrm{p}} = \mathrm{d}\varepsilon^{\mathrm{p}}/\mathrm{d}t$。在此，本节将给出每一个方程组的简单描述。同时，为了说明在数值积分和推导目标函数中遇到的单位问题(特别是第 7 章)，这里也给出了每一个方程的单位。

A.1　方程组 Ⅰ：基本弹性 - 黏塑性本构方程

在金属热/温成形过程中，工件/材料处于黏塑性变形状态。如果不考虑再结晶、晶粒尺寸变化和塑性变形导致的损伤(Lin 和 Dean，2005)，在基于应变硬化和应变速率硬化的情况下对弹性 - 黏塑性变形过程建模时，下列本构方程组可用于大部分金属和合金在高温下的变形过程。每一个方程的详细推导过程可参见第 5 章。

塑性应变速率(s^{-1})：

$$\dot{\varepsilon}^{\mathrm{p}} = [(\sigma - R - k)/K]^{n} \qquad (\text{Ⅰ}.1)$$

位错密度演化速率(s^{-1})：

$$\dot{\bar{\rho}} = A(1-\bar{\rho})\dot{\varepsilon}^{\mathrm{p}} - C\bar{\rho}^{\gamma_0} \qquad (\text{Ⅰ}.2)$$

应力变化速率($\mathrm{MPa \cdot s^{-1}}$)：

$$\dot{\sigma} = E(\dot{\varepsilon}^{\mathrm{T}} - \dot{\varepsilon}^{\mathrm{p}}) \qquad (\text{Ⅰ}.3)$$

其中：各向同性硬化系数 R 与归一化的位错密度$\bar{\rho}$直接相关，可以简单表示为：

$$R = B\bar{\boldsymbol{\rho}}^{1/2}$$

而 k，K，n，A，C，γ_0和 B 是需要通过实验测定的材料常数。归一化位错密度$\bar{\rho}$在 0 (材料的初始状态)和 1.0(材料的饱和位错网格状态)之间变化，并用于模拟位错硬化(即应变硬化)。这些方程组是在空淬状态下的微合金钢的温/热成形过程得到的。方程组中的杨氏模量 E 取 850℃时的数值 110 GPa。方程中材料常数的数值如表 A.1 所示。

表 A.1 方程组 I 中的材料常数列表（Cao，Lin 和 Dean，2008a）

k/MPa	K/MPa	n(-)	A(-)	C/s^{-1}	γ_0(-)	B/MPa
0.34	51.67	1.31	10.49	0.25	1.01	200.18

A.2 方程组Ⅱ：蠕变损伤本构方程

在铝合金中，基于两个损伤变量的连续介质损伤力学已经很好地用于模拟特定显微结构中由于晶界孔洞形核、长大和老化引起的第三阶段蠕变。其本构方程(Kowalewski，Hayhurst 和 Dyson，1994)如下：

蠕变应变速率(h^{-1})：

$$\dot{\varepsilon}=\frac{A}{(1-\omega_2)^n}\sinh\left[\frac{B\sigma(1-H)}{1-\varphi}\right] \tag{Ⅱ.1}$$

初始硬化速率(h^{-1})：

$$\dot{H}=\frac{h_0}{\sigma}\left(1-\frac{H}{H^*}\right)\dot{\varepsilon} \tag{Ⅱ.2}$$

时效软化速率(h^{-1})：

$$\dot{\varphi}=\frac{K_c}{3}(1-\varphi)^4 \tag{Ⅱ.3}$$

蠕变损伤率(h^{-1})：

$$\dot{\omega}_2=D\,\dot{\varepsilon} \tag{Ⅱ.4}$$

其中：A，B，h_0，H^*，K_c 和 D 都是材料常数，n 可以表示为

$$n=\frac{B\sigma(1-H)}{1-\varphi}\coth\left[\frac{B\sigma(1-H)}{1-\varphi}\right]$$

引入状态变量 H 是为了模拟材料在初始蠕变阶段的硬化过程。即使是用不同形式的方程来表示，这一硬化过程与位错硬化本质也是一样的。H^* 是状态变量 H 的饱和值。方程(Ⅱ.3)模拟了时效引起的粒子粗化，这一过程能使铝合金软化，但还不至于导致失效。对蠕变损伤本构方程的更详细描述可参见 Kowalewski、Hayhurst 和 Dyson 在 1994 年的著作。这一方程组是在 150℃下铝合金的蠕变过程中得到的，方程中的材料常数列于表 A.2。

表 A.2　方程组Ⅱ中的材料常数(Kowalewski，Hayhurst 和 Dyson，1994)

A/h^{-1}	B/MPa	h_0/MPa	$H^*(-)$	K_c/h^{-1}	$D(-)$
4.04×10^{-15}	0.11	2.95×10^{4}	0.11	1.82×10^{-4}	2.75

A.3　方程组Ⅲ：统一黏塑性－损伤本构方程

在金属温成形过程中，工件/材料处于黏塑性变形状态。为了模拟弹性黏塑性变形和材料硬化过程，基于微合金钢的黏塑性变形提出了以下本构方程组(Foster，2006)：

塑性应变速率(s^{-1})：

$$\dot{\varepsilon}^{\mathrm{p}}=\left[\frac{\sigma-(R+k)(1-D)}{K}\right]^{n}.(1-D)^{-\gamma_1} \tag{Ⅲ.1}$$

位错密度演化速率(s^{-1})：

$$\dot{\rho}=A(1-\rho)\,|\dot{\varepsilon}^{\mathrm{p}}|-C\rho^{\gamma_2} \tag{Ⅲ.2}$$

各向同性硬化率($\mathrm{MPa\cdot s^{-1}}$)：

$$\dot{R}=\frac{1}{2}B\rho^{-1/2}\dot{\rho} \tag{Ⅲ.3}$$

损伤率(s^{-1})：

$$\dot{D}=\beta\frac{1-\tanh(-\eta\,\dot{\varepsilon}_{\mathrm{p}})}{(1-D)^{\gamma_4}}\dot{\rho}^{\gamma_3} \tag{Ⅲ.4}$$

应力变化速率($\mathrm{MPa\cdot s^{-1}}$)：

$$\dot{\sigma}=E(\dot{\varepsilon}-\dot{\varepsilon}^{\mathrm{p}}) \tag{Ⅲ.5}$$

其中：杨氏模量 $E=110$ GPa，k、K、n、γ_1、A、C、γ_2、B、β、γ_3、η 和 γ_4 为材料常数。相关的材料常数取自 850℃下可淬火微合金钢在三种不同的应变速率下($\dot{\varepsilon}=0.01\ \mathrm{s}^{-1}$，$0.1\ \mathrm{s}^{-1}$和 $1.0\ \mathrm{s}^{-1}$)的黏塑性变形过程，如表 A.3 所示。

表 A.3　方程组Ⅲ中的材料常数(Cao 和 Lin，2008)

k/MPa	K/MPa	$n(-)$	$\gamma_1(-)$	$A(-)$	$C(-)$
2.30×10^{-3}	89.90	4.55	2.99	2.19	4.26×10^{-3}
γ_2	B/MPa	$\beta(-)$	$\gamma_3(-)$	$\eta(-)$	$\gamma_4(-)$
0.38	2.60×10^{2}	0.11	0.77	3.30	7.63

A.4 方程组Ⅳ：基于力学的统一黏塑性本构方程

下面这组方程的提出是为了描述晶粒尺寸、动/静态再结晶和位错密度演化的动力学过程。这组方程可用于预测金属和合金在热变形过程中以及热变形后的组织演化。该方程组尤其适用于热压缩成形应用过程的模拟，因为热压缩过程的黏塑性变形不考虑失效和损伤问题。Lin、Liu 和 Farrugia 等(2005)利用这组方程模拟了钢的热轧过程。

塑性应变速率(s^{-1})：

$$\dot{\varepsilon}^{p}=A_1\sinh[A_2(\sigma-R-k)]d^{-\gamma_4} \tag{Ⅳ.1}$$

再结晶速率(s^{-1})：

$$\dot{S}=Q_0\cdot[x\bar{\rho}-\bar{\rho}_c(1-S)]\cdot(1-S)^{N_q} \tag{Ⅳ.2}$$

起始再结晶速率(s^{-1})：

$$\dot{x}=A_0(1-x)\bar{\rho} \tag{Ⅳ.3}$$

位错密度演化速率(s^{-1})：

$$\dot{\bar{\rho}}=\left(\frac{d}{d_0}\right)^{\gamma_d}(1-\bar{\rho})|\dot{\varepsilon}^{p}|-c_1\bar{\rho}^{c_2}-c_3\frac{\bar{\rho}}{1-S}\dot{S} \tag{Ⅳ.4}$$

各向同性硬化率(MPa·s^{-1})：

$$\dot{R}=B\dot{\bar{\rho}} \tag{Ⅳ.5}$$

晶粒尺寸变化速率(μm·s^{-1})：

$$\dot{d}=\alpha_0 d^{-\gamma_0}-\alpha_2\dot{S}^{\gamma_3}d^{\gamma_2} \tag{Ⅳ.6}$$

应力变化速率(MPa·s^{-1})：

$$\dot{\sigma}=E(\dot{\varepsilon}-\dot{\varepsilon}^{p}) \tag{Ⅳ.7}$$

其中：杨氏模量 $E=100$ GPa，A_1、A_2、k、γ_4、Q_0、$\bar{\rho}_c$、N_q、c_1、c_2、c_3、d_0、γ_d、A_0、B、α_0、γ_0、α_2、γ_2和γ_3是材料常数。相关材料常数的数值由 Lin、Liu 和 Farrugia 等(2005)从 Medina 和 Hernandez(1996a; 1996 b)报道的碳锰钢的实验数据中提取得到。这些实验是在 1100℃的条件下进行的，初始的平均晶粒尺寸为 189 μm，方程中的材料常数列于表 A.4。在第 8 章中，以案例分析的方式给出了有关这些方程在模拟热轧过程中的更多讨论和应用。

表 A.4 方程组Ⅳ中的材料常数(Lin，Liu，Farrugia 等，2005)

A_1/s^{-1}	A_2/MPa^{-1}	$\gamma_4(-)$	$Q_0(-)$	$\bar{\rho}_c(-)$	$N_q(-)$
1.81×10^{-6}	3.14×10^{-1}	1.00	30.00	1.84×10^{-1}	1.02

续表 A.4

$c_1(-)$	$c_2(-)$	$c_3(-)$	$d_0/\mu m$	$\gamma_d(-)$	$A_0(-)$
16.00	1.43	8.00×10^{-2}	36.38	1.02	40.96
B/MPa	$\alpha_0/\mu m$	$\gamma_0(-)$	$\alpha_2/\mu m$	$\gamma_2(-)$	$\gamma_3(-)$
75.59	1.44	3.07	78.68	1.20×10^{-1}	1.06

A.5　方程组 V：统一黏塑性 - 损伤本构方程

Liu(2004)和 Lin, Foster, Liu 等(2007)建立了一套基于力学的统一黏塑性损伤本构方程，用于模拟晶粒尺寸、动/静态再结晶、位错密度和微观损伤演化的动力学过程。同时，该方程组也模拟了晶粒尺寸和变形速率对晶界损伤的影响。由于热成形过程中的材料失效和损伤是需要研究的重要问题，因此这些方程在热成形应用中的模拟非常有用。该方程组已被用于模拟含铅易切削钢在热轧过程中的边裂问题(Liu, 2004)。

塑性应变速率(s^{-1})：

$$\dot{\varepsilon}^{p}=A_1\left[\frac{\sigma}{1-D_{gb}}-(R+k)\cdot(1-D_{pi})\right]^{A_2}\cdot d^{-\gamma_1} \tag{V.1}$$

再结晶速率(s^{-1})：

$$\dot{S}=H\cdot[x\bar{\rho}-\rho_c(1-S)]\cdot(1-S)^{\gamma_s} \tag{V.2}$$

位错密度演化速率(s^{-1})：

$$\dot{\bar{\rho}}=\left(\frac{d}{d_0}\right)^{\gamma_d}(1-\bar{\rho})|\dot{\varepsilon}^{p}|-c_1\bar{\rho}^{\gamma_2}-c_2\frac{\bar{\rho}}{1-S}\dot{S} \tag{V.3}$$

起始再结晶速率(s^{-1})：

$$\dot{x}=A_3(1-x)\bar{\rho} \tag{V.4}$$

各向同性硬化率($MPa\cdot s^{-1}$)：

$$\dot{R}=\frac{1}{2}\cdot B\cdot\rho^{-1/2}\cdot\dot{\bar{\rho}} \tag{V.5}$$

晶粒尺寸变化速率($\mu m\cdot s^{-1}$)：

$$\dot{d}=a_1d^{-\gamma_3}-a_2\cdot|\dot{S}|\cdot d^{\gamma_5} \tag{V.6}$$

应力变化速率($MPa\cdot s^{-1}$)：

$$\dot{\sigma}=E\cdot(\dot{\varepsilon}_T-\dot{\varepsilon}_p) \tag{V.7}$$

总损伤率(s^{-1})：

$$\dot{D}_T=\dot{D}_g+\dot{D}_p \tag{V.8}$$

其中：

$$\dot{D}_g = a_4 \cdot \eta \cdot \{a_7(1-D_g)\dot{\bar{\rho}} + [1/(1-D_g)^{n_3} - (1-D_g)] \cdot |\dot{\varepsilon}^p|\}$$

$$\eta = \exp[-a_5(1-d/d_c)^2]$$

$$d_c = a_6(|\dot{\varepsilon}^p|)^{-n_1}$$

$$\dot{D}_p = a_9 \cdot [(1-D_p)\dot{\bar{\rho}} + a_8 \cdot (D_p d)/(1-D_p)^{n_5} \cdot (|\dot{\varepsilon}^p|^{n_6})]$$

总损伤 D_T 为晶界损伤(蠕变型)D_g 和塑性损伤 D_p 之和，参数 η 和 d_c 分别表示晶粒尺寸和变形对晶界损伤的影响，这在第 6 章已经介绍过。杨氏模量 $E=110$ GPa，A_1、A_2、k、γ_1、H、$\bar{\rho}_c$、γ_s、d_0、γ_d、c_1、γ_2、c_2、A_3、B、a_1、a_2、γ_3、γ_5、a_4、n_1、a_5、a_6、a_7、n_3、a_9、n_5和 n_6是材料常数，这些常数也可能与温度有关。该方程组应用于 1273 K 下的易切削钢。相关材料常数如表 A.5 所示。关于该方程组更详细的讨论可参见 Lin Foster 和 Liu 等的著作(2007)。

表 A.5　方程组 V 中的材料常数(Lin，Foster，Liu 等，2007)

A_1/s^{-1}	A_2	k/MPa	γ_1	H/s^{-1}	$\bar{\rho}_c(-)$	γ_s	$d_0/\mu m$	γ_d
3.00	3.60	5.00	3.58	9.37×10^{-2}	0.10	0.50	31.67	6.00
c_1/s^{-1}	γ_2	c_2	A_3	B/MPa	a_1/s^{-1}	a_2	γ_3	γ_5
8.20	1.07	10.07	6.46	146.89	7.48	1.80	5.89	1.82
a_4	n_1	a_5	a_6	a_7	n_3	a_9	n_5	n_6
0.41	0.17	6.0×10^{-3}	2.16	1.00	8.53	4.28×10^{-2}	8.53	1.08

A.6　方程组Ⅵ：与温度相关的统一黏塑性 - 损伤本构方程

Li、Mohamed 和 Cai 等(2011)建立了一套统一黏塑性 - 损伤本构方程用于硼钢和铝合金板的热冲压过程，该方程组如下：

$$\dot{\varepsilon}^p = \dot{\varepsilon}^o \cdot \left(\frac{\left|\frac{\sigma}{1-f_d}\right| - R - k}{K}\right)_+^{n_1} \cdot \frac{1}{(1-f_d)^{\gamma_1}} \quad (\text{Ⅵ}.1)$$

如果 $\left|\frac{\sigma}{1-f_d}\right| - R - k \leqslant 0$，则 $\dot{\varepsilon}^p = 0$；

且有 $\dot{\varepsilon}^o = \begin{cases} 1，当\ \sigma > 0\ 时 \\ -1，当\ \sigma < 0\ 时 \end{cases}$

$$\dot{\bar{\rho}} = \cdot (1-\bar{\rho}) \cdot |\dot{\varepsilon}^p| - C \cdot \bar{\rho}^{n_2} \quad (\text{Ⅵ}.2)$$

对于硼钢，有：

$$f_d = D_1 \cdot \frac{\sigma \cdot |\dot{\varepsilon}^p|}{(1-f_d)^{\gamma_2}} \tag{Ⅵ.3}$$

对于铝合金，有：

$$f_d = D_1 \cdot f_d^{\gamma_2} \cdot |\dot{\varepsilon}^p|^{d_1} + D_2 \cdot |\dot{\varepsilon}^p|^{d_2} \cdot \cosh(D_3 |\varepsilon^p|)$$
$$\sigma = E \cdot (1-f_d) \cdot (\varepsilon^T - \varepsilon^p) \tag{Ⅵ.4}$$

其中：材料硬化因子 $R(R = B \cdot \bar{\rho}^{n_0})$ 与位错密度直接相关。在热冲压变形的后期过程，基于孔洞形核和长大的机制可以模拟由于损伤引起软化而导致的流动应力降低，这可以根据公式(Ⅵ.4)定义有效损伤的演化，其中在变形初始阶段的损伤被定义为0。k、K、n_1、B、C、E、D_1和D_2等参数都是与温度相关的，而A、n_2、γ_1、C、E、D_1和D_2是材料常数。E是杨氏模量。下列方程表示了与温度相关参数的Arrhenius方程形式，其中κ是通用气体常数，Q是激活能。

$$k = k_0 \exp\left(\frac{Q_k}{KT}\right) \quad B = B_0 \exp\left(\frac{Q_B}{KT}\right) \quad D_1 = D_{10} \exp\left(\frac{Q_1}{KT}\right)$$

$$K = K_0 \exp\left(\frac{Q_k}{KT}\right) \quad C = C_0 \exp\left(-\frac{Q_C}{KT}\right) \quad D_2 = D_{20} \exp\left(\frac{Q_2}{KT}\right)$$

$$n_1 = n_{10} \exp\left(\frac{Q_n}{KT}\right) \quad E = E_0 \exp\left(\frac{Q_E}{KT}\right)$$

方程组中材料常数分别取自硼钢和AA6082铝合金在一定范围的应变速率和温度条件下的实验数据，如表A.6所示(Li, Mohamed, Cai 等, 2011)。

表A.6　硼钢和AA6082铝合金黏塑性-损伤本构方程中的材料常数

(Li, Mohamed, Cai 等, 2011)

常数	A	n_2	γ_1	γ_2	d_1
硼钢	5.222	1.54	3.1	17.5	—
AA6082 铝合金	13	1.8	0	1.2	1.0101
常数	d_2	D_3	k_0/MPa	n_0	K_0/MPa
硼钢	—	—	12.4	0.4	30
AA6082 铝合金	0.5	26.8	0.89	0.5	0.219
常数	n_{1o}	B_0/MPa	C_o	E_0/MPa	D_{1o}
硼钢	0.0068	80	55500	1100	1.39×10^{-4}
AA6082 铝合金	5	4.91	0.26	322.8191	10.32

续表 A.6

常数	D_{2o}	Q_k /(J·mol^{-1})	Q_k /(J·mol^{-1})	Q_n /(J·mol^{-1})	Q_B /(J·mol^{-1})
硼钢	—	8400	8400	50000	8400
AA6082 铝合金	5.49×10^{-19}	6679	27687.1	0	11625.8

常数	Q_C /(J·mol^{-1})	Q_E /(J·mol^{-1})	Q_1 /(J·mol^{-1})	Q_2 /(J·mol^{-1})	K /(J·mol^{-1})
硼钢	99900	17500	10650	—	8.3
AA6082 铝合金	3393.4	12986.7	6408.4	119804.6	8.3

图书在版编目(CIP)数据

金属加工技术的材料建模基础：理论与应用 /（英）林建国著；周科朝等译. —长沙：中南大学出版社，2019.12

ISBN 978 - 7 - 5487 - 3476 - 5

Ⅰ.①金… Ⅱ.①林… ②周… Ⅲ.①金属加工—研究 Ⅳ.①TG

中国版本图书馆 CIP 数据核字(2018)第 253105 号

金属加工技术的材料建模基础——理论与应用

JINSHU JIAGONG JISHU DE CAILIAO JIANMO JICHU——LILUN YU YINGYONG

[英]林建国　著
周科朝　蔺永诚　宋　旼　陈　超　译

□**责任编辑**　胡　炜
□**责任印制**　易红卫
□**出版发行**　中南大学出版社
社址：长沙市麓山南路　　邮编：410083
发行科电话：0731 - 88876770　　传真：0731 - 88710482
□**印　　装**　长沙市宏发印刷有限公司

□**开　　本**　710 mm × 1000 mm　1/16　□**印张** 24　□**字数** 494 千字
□**版　　次**　2019 年 12 月第 1 版　□2019 年 12 月第 1 次印刷
□**书　　号**　ISBN 978 - 7 - 5487 - 3476 - 5
□**定　　价**　150.00 元

图书出现印装问题，请与经销商调换